L'Univers dévoilé

Une histoire de l'astronomie de 1910 à aujourd'hui

James Lequeux

Astronome à l'Observatoire de Paris

EDP SCIENCES

17, avenue du Hoggar
Parc d'activités de Courtabœuf, BP112
91944 Les Ulis Cedex A, France

ISBN : 2-86883-792-1

Sommaire

Avant-propos

La plupart des Histoires de l'astronomie, même récentes, s'arrêtent à la découverte par Hubble de l'expansion de l'Univers, qui date de 1929, ou au mieux au milieu du XXe siècle. Faut-il voir là le résultat d'une certaine timidité vis-à-vis de l'histoire contemporaine dont certains acteurs sont toujours vivants, ou vis-à-vis de la complexité croissante de la science ? Pourtant, le dernier siècle a vu d'incroyables progrès dans notre connaissance de l'Univers, comparables à ceux réalisés au XVIe et au XVIIe siècles par les grands pionniers qu'étaient Nicolas Copernic, Tycho Brahe, Johannes Kepler, Galilée et Isaac Newton. Si l'on a pu parler pour cette période de révolution astronomique, on peut affirmer que l'essentiel de l'Univers nous est aujourd'hui dévoilé. Ce sont l'histoire et les moyens des progrès de l'astronomie depuis cent ans que veut résumer ce livre.

Devant l'immensité de la tâche que serait l'écriture d'une véritable histoire de l'astronomie au cours du dernier siècle, on ne peut que rester modeste. Aussi le présent ouvrage n'est-il qu'un embryon d'histoire de l'astronomie contemporaine. Mon but est de faire partager à un public aussi large que possible quelques idées et opinions sur l'évolution récente d'une science que j'ai vécue activement depuis cinquante ans. J'espère aussi lui communiquer mon enthousiasme pour les progrès récents de notre vision de l'Univers.

Le livre suit un ordre chronologique. Le premier chapitre couvre les années 1910 à 1950, et le suivant une période de vingt années, ce qui nous amène à 1970. Ensuite, le rythme des découvertes s'accélère tellement que les trois chapitres suivants, qui insistent sur les techniques d'observation, ne couvrent chacun qu'une décennie. Les chapitres 6 et 7 font l'état des lieux à l'orée du XXIe siècle, et le chapitre suivant tente quelques projections sur ce que pourrait être l'avenir de l'astronomie. Bien entendu, j'ai dû faire des choix dans les sujets que j'ai développés ; pour ne pas lasser le lecteur, j'ai fait souvent l'impasse sur des sujets quelque peu arides comme la photométrie, malgré son importance pratique pour les astronomes[a].

---

[a] L'histoire de la photométrie astronomique au XXe siècle est bien développée dans l'ouvrage de Leverington D. (1995) *A history of astronomy from 1890 to the present*, Springer-Verlag, Berlin. Pour l'histoire de l'astronomie solaire et stellaire, voir Tassoul J.-L., Tassoul M. (2004) *A concise history of solar and stellar physics*, Princeton University Press.

Je me suis efforcé de ne pas entrer dans trop de détails techniques, mais c'était quelquefois impossible. Un glossaire devrait aider à comprendre quelques-uns des concepts et la nomenclature de base de l'astronomie d'aujourd'hui, et des textes encadrés et deux appendices détaillent des points particulièrement dignes d'intérêt. De nombreuses notes donnent des références aux articles de recherche originaux, qui permettront aux lecteurs les approfondissements qu'ils jugeront souhaitables. Il ne m'a évidemment pas été possible de citer tous les articles importants, ni même le nom de tous les collègues qui me paraissent avoir contribué de façon fondamentale aux progrès de l'astronomie, et dont certains sont mes amis : qu'ils veuillent bien m'en excuser.

Je tiens à remercier mon épouse Geneviève, Claudine Laurent et Charles Ryter pour leur relecture attentive de cet ouvrage, et pour leurs commentaires et critiques particulièrement constructifs.

Chapitre 1

1910-1950, les débuts de l'astronomie contemporaine. Physique et astronomie, l'ère des grands télescopes

L'état de l'astronomie au début du XXe siècle

On a peine à imaginer à quel point nos connaissances sur l'Univers étaient rudimentaires au début du XXe siècle. La différence entre ce que l'on savait à l'époque et ce que l'on sait aujourd'hui est encore plus considérable en astronomie qu'en physique. Toute la physique classique — en gros l'essentiel de ce que l'on enseigne au lycée — était alors construite, bien que les connaissances en physique de l'atome et des particules élémentaires fussent encore des plus primitives. Mais en astronomie, de même qu'en biologie et en sciences de la Terre, tout ou presque restait à faire.

Les seules branches de l'astronomie qui, en 1900, avaient atteint leur majorité, depuis longtemps d'ailleurs, étaient l'astronomie de position et la mécanique céleste. La théorie des mouvements des planètes et des satellites avait acquis un degré de perfection tout à fait remarquable, fruit notamment d'une très importante participation française — il suffit de citer les noms de Joseph-Louis de Lagrange, Pierre-Simon de Laplace, Urbain Le Verrier, Charles Delaunay, Félix Tisserand et plus récemment d'Henri Poincaré. Le reste était bien moins avancé. On possédait bien quelques idées qualitatives sur la nature et la composition du Soleil : François Arago avait montré en 1811, en constatant l'absence de polarisation de sa lumière, que la surface du Soleil et de certaines étoiles était gazeuse et non solide ou liquide. Cette conclusion fut confirmée par l'observation de l'assombrissement des bords de l'image du Soleil sur les daguerréotypes pris par Hippolyte Fizeau et Léon Foucault en 1844-45[1] (Fig. 1.1). Il faut voir là la naissance de l'astrophysique, c'est-à-dire de l'application de la physique à l'astronomie. En 1860, les Allemands Robert Bunsen et Gustav Kirchhoff avaient reconnu dans le spectre du Soleil les raies caractéristiques de plusieurs éléments chimiques : le fer, le calcium, le magnésium, le nickel et le chrome[2]. Aux États-Unis, Henry A. Rowland avait trouvé par spectroscopie 36 éléments dans le Soleil, incluant l'hélium qui ne fut que plus tard identifié sur Terre[3]. Mais les idées que l'on avait sur l'atmosphère

Figure 1.1. Daguerréotype du Soleil pris par Fizeau et Foucault en 1845. C'est une des toutes premières photographies d'objets célestes. On y voit des taches et aussi l'assombrissement des bords du Soleil, qui a permis de confirmer la nature gazeuse de l'astre.

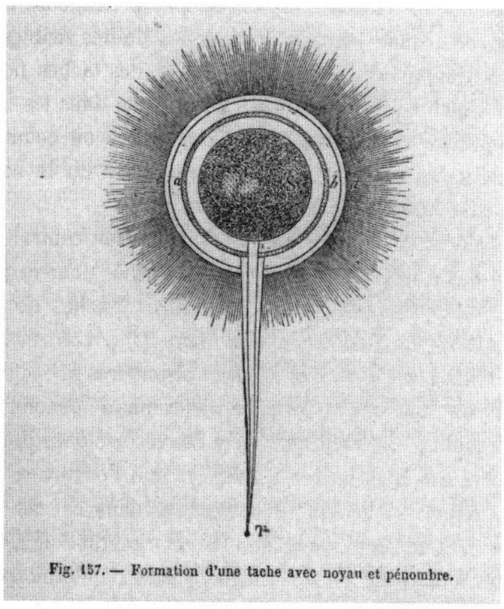

Figure 1.2. Comment Arago concevait le Soleil[4]. Il avait montré que la partie visible du Soleil était faite d'un gaz incandescent. Cependant il pensait que les taches solaires sombres, et la pénombre de luminance intermédiaire qui les entoure, étaient des zones plus profondes du Soleil vues à travers des trous, zones qui n'étaient pas forcément gazeuses.

solaire (Fig. 1.2) étaient à peine plus exactes que du temps du Père Athanasius Kircher, jésuite qui avait fait les premières observations systématiques des taches du Soleil vers 1635. En 1900, on ignorait tout de l'intérieur du Soleil et de l'origine de son énergie.

Quant à l'astronomie planétaire, c'était un domaine où l'imagination atteignait au délire, étayée par des observations fantaisistes comme celle des fameux « canaux » de Mars, qui étaient supposés avoir été construits par des êtres vivants. La célèbre *Astronomie populaire* de Camille Flammarion, et ses autres ouvrages, notamment *La Planète Mars et ses conditions d'habitabilité,* publié en 1892, en sont des témoignages poétiques et farfelus. Voici un extrait de ce dernier livre (p. 588) :

> « *Les variations considérables observées en ce réseau aquatique* [sic !] *sont pour nous un témoignage que cette planète [Mars] est le siège d'une énergie volatile. [...] Tandis que nous observons tranquillement ces continents et ces mers [...], tandis que nous nous demandons sur lequel de ces rivages il serait le plus agréable de vivre, peut-être y a-t-il là, en ce moment même, des orages, des volcans, des tempêtes, des tumultes sociaux et tous les combats de la lutte pour la vie.* »

Lorsque l'imagination supplée l'absence de connaissances scientifiques, les vieux mythes de l'humanité surgissent avec toute leur force. Ils n'ont pas disparu aujourd'hui, même dans l'esprit de certains astronomes, ainsi qu'en témoigne la naïveté des idéogrammes emportées par plusieurs sondes spatiales, qui sont destinés à être déchiffrés par d'éventuels habitants d'autres mondes. Les coûteuses expériences emportées par les sondes VIKING dans le but de détecter des traces de vie sur Mars, presque d'emblée vouées à l'échec car trop rudimentaires, n'étaient-elles pas elles-mêmes des manifestations de la poursuite de ces mythes ?

La connaissance des parties plus lointaines de l'Univers n'était guère plus avancée. Cependant les astronomes du XIXe siècle avaient déjà découvert qu'il existe du gaz entre les étoiles. William Herschel s'était demandé en 1791 en quoi consistait le « fluide brillant », visiblement de nature non stellaire, qui forme certaines des « nébuleuses » cataloguées vingt ans auparavant par le Français Charles Messier (l'encadré 1.1 définit ce que l'on a entendu jusqu'au milieu du XXe siècle par le terme de nébuleuse). En 1864, Sir William Huggins reconnaissait dans le spectre de plusieurs de ces nébuleuses des raies d'émission semblables à celles qui sont produites en laboratoire par un gaz dilué soumis à une décharge électrique[5]. D'autres nébuleuses, notamment la grande Nébuleuse d'Andromède, ne montraient cependant pas de raies d'émission (ou du moins elles n'étaient pas détectables avec les instruments de l'époque), mais plutôt, comme les étoiles, un spectre continu avec des raies d'absorption. On commença à réaliser qu'il pouvait s'agir d'objets de nature différente : les uns faits de gaz et les autres d'étoiles, groupées en amas trop éloignés pour qu'elles puissent y être observées séparément.

Encadré 1.1. Les nébuleuses

Au XVIIIe siècle, les chercheurs de comètes étaient gênés par la présence dans le ciel d'objets nébuleux qu'ils ne pouvaient pas distinguer par l'observation visuelle : il fallait attendre plusieurs nuits pour que le mouvement éventuel de l'objet par rapport aux étoiles permette de l'identifier ou non comme une comète. C'est pourquoi l'astronome parisien Charles Messier, lui-même découvreur de nombreuses comètes, a publié en 1771 le premier catalogue de « nébuleuses », catalogue dont la nomenclature est toujours utilisée. Ce catalogue a été considérablement enrichi au XIXe siècle sous la forme du *New General Catalogue* (NGC), qui répertorie près de 8 000 nébuleuses. Ces catalogues contiennent plusieurs catégories de nébuleuses que l'on ne peut distinguer les unes des autres que par une observation détaillée, notamment spectroscopique. On y trouve :

- des *nébuleuses extragalactiques*, aujourd'hui appelées *galaxies* : par exemple, la galaxie des Chiens de chasse (Fig. 1.3) est l'objet M 51 de Messier ou NGC 5194-5195 du *New General Catalogue* (deux numéros car elle est double) ; leur spectre peut comporter des raies d'absorption dues aux étoiles qui les forment, ou des raies d'émission dues au gaz ionisé lumineux qu'elles contiennent éventuellement, ou les deux à la fois ;

Figure 1.3. La galaxie des Chiens de Chasse M 51. La structure spirale exceptionnellement marquée de cette galaxie est principalement due à l'action gravitationnelle du compagnon apparemment situé au bout d'un bras. Cette photographie a été obtenue avec une caméra CCD à grand champ au foyer du télescope CFH.

Figure 1.4. La nébuleuse planétaire NGC 6369, observée avec le télescope spatial Hubble. Le gaz éjecté par une étoile entoure le reste de cette étoile, visible au centre de l'image ; le rayonnement ultraviolet intense de ce reste très chaud ionise le gaz et le rend lumineux. Vues dans une petite lunette avec une faible résolution angulaire, les nébuleuses planétaires ressemblent au disque d'une planète, d'où leur nom.

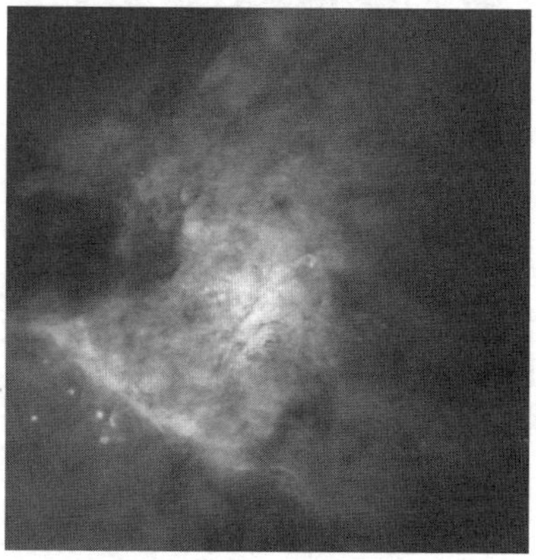

Figure 1.5. La nébuleuse d'Orion, observée avec le télescope spatial Hubble. C'est le prototype des nébuleuses gazeuses ou régions HII, faites de gaz ionisé par des étoiles chaudes (ici les quatre étoiles formant le Trapèze, dont deux sont visibles au centre). La barre en bas à gauche est à l'interface entre la nébuleuse et un nuage sombre.

- des *nébuleuses planétaires* (Fig. 1.4), ainsi nommées car on peut éventuellement les confondre avec des planètes ; il s'agit de gaz et de poussières expulsés par les étoiles de masse moyenne à la fin de leur vie, le gaz étant ionisé par le rayonnement ultraviolet émis par le reste très chaud de l'étoile ; leur spectre montre de nombreuses raies d'émission très intenses ;

- des *restes de supernovae*, formés comme les nébuleuses planétaires de gaz et de poussières expulsés par les étoiles, cette fois de grande masse, à la fin de leur vie ; on y trouve également des particules de haute énergie ; le seul objet de ce type dans le catalogue de Messier est la Nébuleuse du Crabe M 1 (voir Fig. 2.17) ; le spectre des restes de supernovae montre des raies d'émission différentes de celles des nébuleuses planétaires ;

- des *nébuleuses gazeuses*, également appelées *régions HII* et autrefois *nébuleuses galactiques* (Fig. 1.5), formées de gaz interstellaire ionisé par le rayonnement ultraviolet d'étoiles chaudes nées en leur sein ; leur spectre (voir Fig. 1.11) est assez semblable à celui des nébuleuses planétaires, mais leur morphologie est généralement beaucoup plus irrégulière ;

- des *nébuleuses par réflexion* (Fig. 1.6), dont la lumière est celle d'une étoile brillante diffusée par les poussières interstellaires environnantes ; leur spectre montre les mêmes raies d'absorption que l'étoile.

Il faudrait y ajouter les *nébuleuses obscures* (Fig. 1.6 et 1.7), aussi appelées *nuages sombres*, *globules*, etc., qui sont des concentrations de matière interstellaire dont les poussières absorbent la lumière des étoiles situées à l'arrière, et qui apparaissent donc comme des trous dans la distribution des étoiles. Elles font l'objet de catalogues spécialisés.

La base de données SIMBAD du Centre de données astronomiques de Strasbourg (CDS : http://simbad.u-strasbg.fr) permet de s'y retrouver dans cet imbroglio.

Dès la fin du XVIIIe siècle, Herschel s'était interrogé sur la nature de la Voie lactée, cette grande bande lumineuse qui traverse le ciel d'été, et avait conclu que celle-ci était un système aplati auquel appartiennent toutes les étoiles (Fig. 1.8). Analyser la structure de ce système et estimer ses dimensions était une autre affaire. Le XIXe siècle a accumulé à cet effet un grand nombre d'observations d'étoiles, mais ce n'est qu'en 1908 que le Hollandais Jacobus Kapteyn put obtenir une idée assez correcte de l'épaisseur locale de la Voie lactée[6], appelée aussi *Galaxie* avec un G majuscule (Fig. 1.9) ; cependant, l'incertitude la plus grande régnait encore sur les estimations de son diamètre et sur la localisation du Système solaire en son sein. Comme on pouvait s'y attendre, l'idée selon laquelle le Soleil pourrait occuper une position plutôt centrale a alors dominé ; elle devait se révéler fausse.

Figure 1.6. La région de la Tête de cheval. Un nuage sombre, dont la Tête de cheval est une protubérance qui se découpe sur un fond lumineux, occupe toute la partie inférieure de la figure. En bas à gauche, la nébuleuse brillante est la nébuleuse par réflexion NGC 2023, qui résulte de la diffusion par les poussières qu'elle contient de la lumière d'une étoile centrale. Cette photographie a été obtenue avec une caméra CCD à grand champ au foyer du télescope CFH.

Figure 1.7. Les nuages sombres comme celui-ci, B 68, sont des objets caractéristiques de la matière interstellaire. Leur opacité est due aux poussières interstellaires, et le gaz qu'ils contiennent est principalement sous forme moléculaire. Ce sont les lieux où se forment les étoiles. Photographie obtenue avec le VLT de l'ESO.

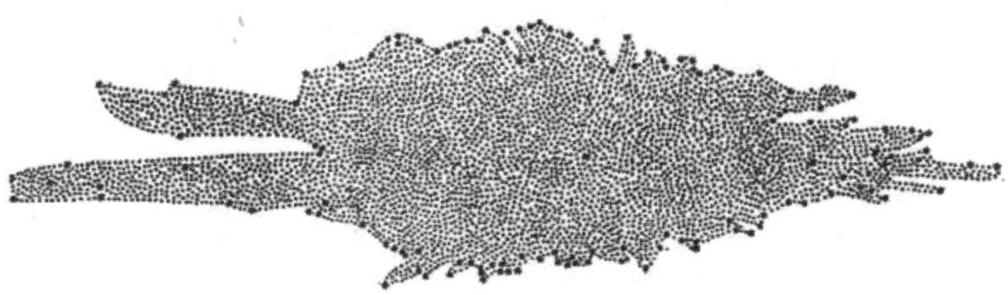

Figure 1.8. Herschel fut parmi les premiers à tenter de se faire une idée de la forme de la Galaxie, à l'aide de comptages d'étoiles. Le résultat présenté dans cette figure est bien différent de la réalité. En particulier, il plaçait le Soleil presque au centre du système.

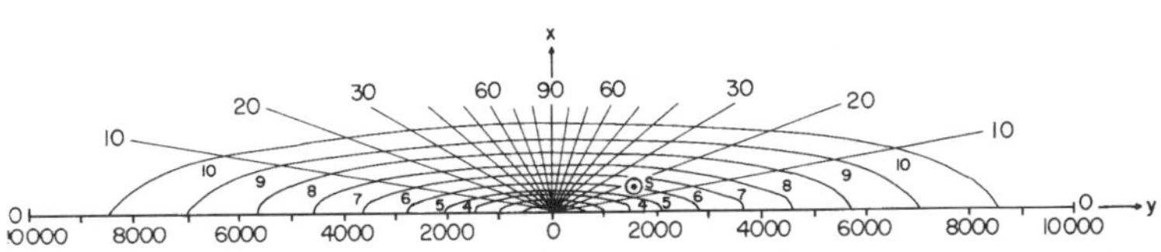

Figure 1.9. La Galaxie d'après Kapteyn en 1922[7]. Sa conception n'avait pas changé depuis 1908, elle était seulement devenue plus précise. Il supposait le Soleil S proche du centre de la Galaxie. Les courbes sont des lignes d'égale densité d'étoiles, la densité près du Soleil étant prise comme unité.

Enfin, on ignorait complètement au début du XXe siècle s'il y avait d'autres galaxies en dehors de notre Galaxie, et à quoi elles pourraient bien ressembler si elles existaient vraiment. Certes des esprits hardis s'étaient aventurés à imaginer l'existence de tels « univers-îles » ; cependant personne ne parvenait vraiment à concevoir que les nébuleuses dont l'aristocrate anglais William Parsons, Earl of Rosse, avait découvert dans certains cas la structure spirale grâce à son télescope énorme pour l'époque, puissent être en fait des galaxies semblables à la nôtre, mais extrêmement éloignées. La notion d'Univers infini, ou du moins extrêmement grand, qui est aujourd'hui universellement admise, était encore purement théorique. La conception de l'Univers restait fortement anthropocentrique, et ne différait en essence de celle des Anciens que par un point, à dire vrai fondamental : la certitude que l'on avait de pouvoir connaître à distance les propriétés physiques et dynamiques des astres, contrairement à la célèbre affirmation d'Auguste Comte en 1842 selon laquelle une telle démarche serait à jamais impossible puisqu'on ne peut aller sur place[8].

Malgré cet espoir, l'astrophysique naissante était encore dans le même état que la vieille astronomie d'avant Kepler et Newton : l'abondance de données et de faits récemment accumulés n'était pas intégrée dans des théories solides. Ce n'était pas la faute de l'astronomie, mais celle de la physique. Celle-ci n'avait pas encore énoncé, par exemple, la théorie atomique qui eût permis d'interpréter correctement le spectre des astres. Les seuls domaines développés de l'astronomie étaient évidemment ceux pour lesquels existaient les outils physiques et mathématiques nécessaires. D'autres devaient bientôt voir le jour : au cours de la période que nous abordons dans ce chapitre, nous verrons l'astronomie progresser parallèlement à la physique, avec laquelle elle a entretenu les liens les plus étroits pour leur bénéfice mutuel. Mais l'histoire des progrès de l'astronomie montre à quel point ils dépendent aussi de ceux des techniques.

Il ne m'est pas possible de retracer ici en détail l'ensemble de l'évolution de l'astronomie dans les années 1910-1950. Je désire seulement montrer quelles ont été les relations entre l'astronomie, la physique atomique et la physique nucléaire, et enfin comment, grâce au développement des grands instruments, l'homme a commencé à se faire une idée correcte des distances dans l'Univers.

Après 1910 : astronomie et physique atomique

L'interprétation du spectre des objets célestes

Dès la fin du XIXe siècle, on connaissait bien le spectre du Soleil et de divers types d'étoiles. On avait reconnu que certaines étoiles étaient semblables au Soleil, et qu'il existait des étoiles dont le spectre était différent (Fig. 1.10). On comprenait aussi que leur surface était plus ou

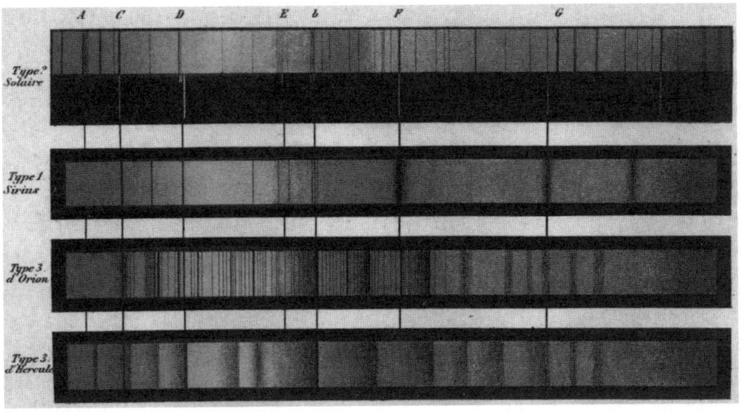

Figure 1.10. Quatre spectres stellaires typiques, dessinés dans les années 1870 par le Père Angelo Secchi d'après ses observations visuelles[9]. La longueur d'onde croît de la gauche vers la droite. Les raies principales sont repérées par des lettres, mais très peu étaient alors identifiées ; les deux spectres du bas sont dominés par des bandes moléculaires. Du haut en bas : étoile de type solaire (classe spectrale G1) ; Sirius = α Canis Majoris (« Type 1 » = A1) ; Bételgeuse = α Orionis (« Type 3 d'Orion » = M1) ; α Herculis (« Type 3 d'Hercule » = M5). On ne savait pas encore alors que les étoiles différaient surtout par leur température de surface. Comparer à la figure 1.12.

moins chaude ; l'opinion générale était que ces températures variées correspondaient à différents stades d'évolution le long d'une séquence unique, idée qui devait se révéler fausse et assez paralysante.

Les spectrographes, ainsi que les techniques photographiques nécessaires pour enregistrer les spectres, étaient déjà remarquablement perfectionnés. Par exemple, la construction dès 1887 d'excellents réseaux concaves par l'Américain Henry A. Rowland lui avait permis d'obtenir un spectre du Soleil où l'on dénombrait plus de 20 000 raies[10]. Ce qui manquait était une théorie des spectres permettant de s'y retrouver dans un tel imbroglio. On avait cependant remarqué au laboratoire que les raies spectrales des différents éléments n'étaient pas réparties au hasard, mais que leurs longueurs d'onde présentaient souvent des relations numériques simples ; la première, concernant les raies de l'hydrogène, avait été découverte en 1885 par l'Allemand Johann Jakob Balmer[11]. Par ailleurs, les raies sont souvent groupées en paires ou *doublets* (par exemple les fameuses raies D du sodium), en *triplets* ou en *multiplets*, d'une façon qui est liée à la position des éléments correspondants dans la classification périodique de Dimitri Mendeleïev. Mais on savait trop peu de choses sur la structure des atomes pour relier ces groupements spectraux aux propriétés atomiques.

Le modèle atomique du Danois Niels Bohr, élaboré en 1913, devait fournir la clé permettant de déchiffrer le message codé contenu dans les spectres[12]. Fondé sur la description de l'atome donnée deux ans auparavant par le Néo-Zélandais Ernest Rutherford sur la base de ses propres expériences — un noyau chargé positivement entouré d'électrons négatifs —, le modèle de Bohr incluait la théorie des quantas de Max Planck : chaque raie d'émission ou d'absorption est produite par la transition entre deux états atomiques d'énergie différente mais bien déterminée (quantifiée), et l'énergie des photons correspondants est égale à la différence entre l'énergie de ces deux états. Il devenait alors possible de réduire de nombreuses raies spectrales à quelques niveaux d'énergie. Dès lors, les progrès de l'analyse des spectres astronomiques devaient suivre très étroitement ceux de la spectroscopie de laboratoire et de la théorie atomique, et éventuellement y contribuer.

Les raies interdites

Parmi les découvertes les plus remarquables dans ce domaine, il faut citer l'identification de raies observées dans divers objets astronomiques qui ne correspondent à aucune raie détectée au laboratoire. Telles sont par exemple certaines raies d'émission fort intenses visibles dans le spectre des nébuleuses gazeuses comme la nébuleuse d'Orion (Fig. 1.11), et que l'on avait initialement attribuées à un élément inconnu, le « nébulium ». C'est seulement en 1928 que le physicien américain Ira S. Bowen en donna l'explication[13] : il s'agit tout simplement de raies d'éléments et d'ions très abondants que l'on s'attend à trouver dans le gaz interstellaire ionisé, comme l'oxygène ionisé une ou deux fois, l'azote ionisé une fois, etc., mais ces raies correspondent à des transitions très peu probables, dites avec un peu d'exagération *transitions interdites.* Au laboratoire, les atomes ou ions excités perdent leur énergie par d'autres processus que par l'émission de ces raies, notamment en échangeant de l'énergie avec des électrons ou d'autres ions avec lesquels ils entrent en collision. Dans le milieu interstellaire, cependant, la densité est généralement si faible que ces collisions sont fort rares, si bien que les atomes et ions en question, pour perdre leur excès d'énergie, ne peuvent qu'émettre ces raies interdites qui sont alors observables.

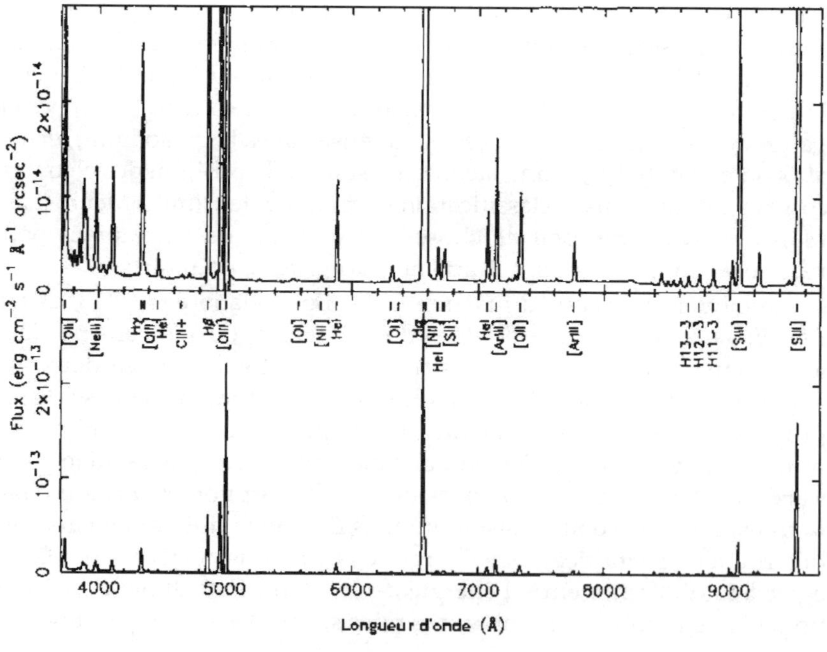

Figure 1.11. Spectre de la nébuleuse d'Orion[14]. L'intensité est portée en fonction de la longueur d'onde. En bas, le spectre est présenté de manière à faire voir les raies fortes, et en haut pour mettre en évidence les raies faibles. Les raies interdites sont identifiées entre crochets, les autres sont des raies de recombinaison de l'hydrogène, de l'hélium et du carbone. Conformément à l'usage des astronomes, les ions sont repérés par des chiffres romains : par exemple, OIII symbolise l'ion oxygène deux fois ionisé O^{++}, OII l'ion une fois ionisé O^{+} et OI l'atome neutre O, parfois écrit O^{0}. Certaines raies interdites comme [OIII] à 5 007 Å (500,7 nanomètres) sont aussi intenses que les raies de recombinaison les plus fortes.

Cet exemple illustre bien l'intérêt qu'ont les observations astronomiques pour compléter les expériences de laboratoire : l'étude astronomique des raies interdites a en effet beaucoup apporté à notre connaissance des atomes. D'autres raies interdites, émises cette fois par la couronne du Soleil, c'est-à-dire par la haute atmosphère très chaude et très ténue de l'astre, ont résisté plus longtemps à l'identification : elle n'a été réalisée qu'en 1941 par le Suédois Bengt Edlén[15], qui se servait d'indications fournies par Walter Grotrian[16]. Ces raies du « coronium », découvertes dès 1870, sont des raies interdites du fer, du calcium et du nickel très fortement ionisés, auxquels il ne reste plus que quelques électrons par atome. La France est malheureusement restée à l'écart de la plupart des progrès théoriques liés à la spectroscopie astronomique, malgré une bonne position sur le plan de l'instrumentation; presque tout s'est fait aux États-Unis, en Angleterre, ainsi qu'en Allemagne surtout avant la prise de pouvoir par Hitler, autour de remarquables écoles de physiciens dont il n'existait guère l'équivalent dans notre pays.

La formation des raies spectrales et la composition chimique des étoiles

C'est également dans ces pays que fut élaborée la théorie de la formation des raies spectrales. En Allemagne, Gustav Kirchhoff avait déjà montré en 1859 que les éléments contenus dans un gaz froid produisent des raies d'absorption dans le spectre continu émis par un corps plus chaud devant lequel il est interposé; au contraire, si le gaz est plus chaud que le fond, les raies apparaissent en émission[17]. Cette idée fut bientôt appliquée au Soleil : on pensa que puisque les raies solaires étaient des raies d'absorption, elles devaient être produites dans une couche gazeuse relativement froide surmontant des couches plus chaudes où se formait le spectre continu. Cette explication devait se révéler simpliste et même fausse.

La construction d'un modèle satisfaisant de rayonnement du Soleil fut une entreprise de longue haleine, commencée en 1906 par l'Allemand Karl Schwarzchild, qui introduisit le principe de l'équilibre radiatif[18] : la température en chaque élément de l'atmosphère solaire est déterminée par ce qu'il absorbe du rayonnement en provenance de toutes les régions voisines, lequel lui apporte une énergie qui compense celle du rayonnement qu'il émet lui-même. Pour aller plus loin, il fallut établir les lois du transfert de rayonnement : ce fut l'œuvre de Schwarzchild lui-même (1910), puis d'Albert Einstein[19] en 1917[a]. La théorie du rayonnement solaire put alors atteindre un grand degré de perfectionnement, grâce entre autres à l'Indien Meghnad Saha, à Karl Schwarzchild, et aux Anglais Edward A. Milne et Sir Arthur S. Eddington; ce dernier nom est l'un des plus grands de l'astronomie contemporaine.

[a] Einstein découvrit notamment, par un raisonnement purement phénoménologique, l'existence de l'émission induite, qui est à la base du fonctionnement des lasers et des masers inventés bien plus tard.

Leur travail (1920-1923) conduisit à une conception totalement renouvelée de l'atmosphère du Soleil et des étoiles, et à la compréhension de la formation des raies spectrales. Le rayonnement continu et les raies apparaissent comme le résultat du transfert du rayonnement dans une grande épaisseur de l'atmosphère, sans qu'on puisse assigner à la formation du continu et des raies une profondeur particulière. Les raies se forment par diffusion : les atomes d'une certaine couche absorbent dans une de leurs transitions le rayonnement provenant principalement de couches plus profondes où il est plus intense que dans les couches plus superficielles, et le ré-émettent dans cette même transition dans toutes les directions, autant vers l'extérieur que vers l'intérieur. Le rayonnement vers l'extérieur, celui que nous pouvons observer, est donc plus faible que celui qui existe dans les couches intérieures ; il en résulte à la sortie de l'atmosphère un affaiblissement du rayonnement à la longueur d'onde de la transition, et la raie apparaît en absorption (Figs. 1.10 et 1.12). Les raies d'absorption du Soleil et des étoiles ne correspondent donc ni à une décroissance de la température ni à une décroissance de la densité, mais apparaissent simplement parce que l'atmosphère est ouverte vers l'extérieur en ce qui concerne le rayonnement.

Beaucoup de travail restait à faire pour compléter ce tableau. En particulier, il fallait encore expliquer l'origine de la largeur des raies spectrales ; ici encore, les progrès de l'astronomie sont liés étroitement

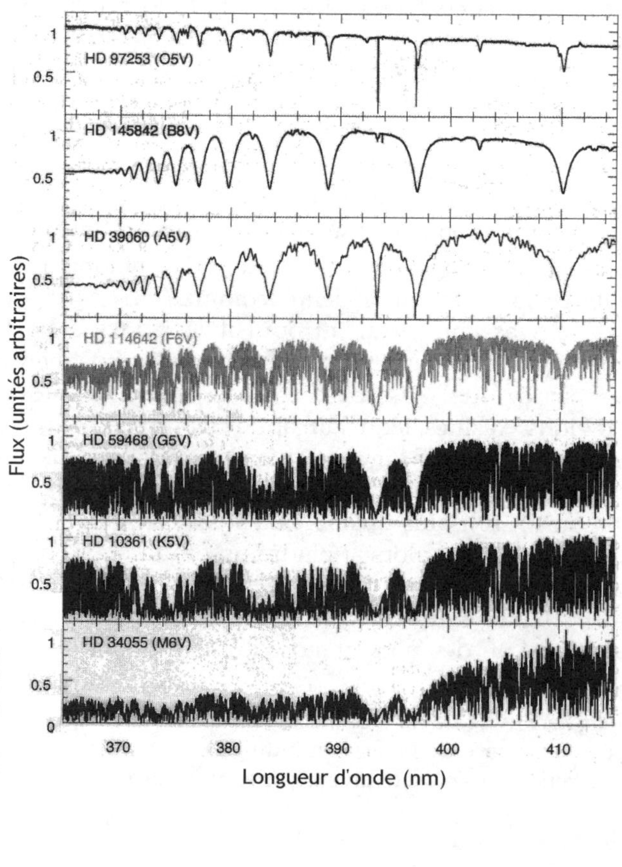

Figure 1.12. Spectres d'étoiles de différents types obtenus avec le VLT de l'ESO entre 360 et 420 nanomètres de longueur d'onde. Les étoiles sont de plus en plus chaudes de bas en haut, avec un spectre de moins en moins riche en raies. Celui des étoiles froides est dominé par des bandes moléculaires. Dans le spectre du haut, les deux raies d'absorption étroites à 393,4 et 396,8 nm sont dues au calcium ionisé interstellaire. Comparer à la figure 1.10.

à ceux de la physique. On devait enfin utiliser quantitativement les intensités des raies des divers éléments pour mesurer leurs abondances respectives dans l'atmosphère du Soleil et des étoiles. Beaucoup d'astronomes y ont participé, mais il faut citer surtout ici le nom de l'Allemand Albrecht Unsöld[20]. Le fait le plus remarquable qui émerge de leurs travaux est l'abondance considérable de l'hydrogène dans le Soleil et les étoiles : en gros, 90 atomes sur 100 sont des atomes d'hydrogène, 8 des atomes d'hélium et 1 ou 2 des atomes d'éléments plus lourds, où dominent le carbone, l'azote, l'oxygène, le silicium et le fer. Les différences considérables qui existent entre les spectres des étoiles sont surtout dues aux différences de conditions physiques qui y règnent (la température joue un rôle prédominant) ; il existe cependant d'une étoile à l'autre des différences de composition chimique.

D'autres progrès sur le Soleil

Une dernière découverte que je veux mentionner à propos du Soleil date de 1939 et est due à l'Allemand Rupert Wildt. Il s'agit de l'origine physique du rayonnement continu du Soleil et de nombreuses étoiles, qui était restée mystérieuse malgré l'état très avancé des idées sur l'atmosphère solaire. Wildt a montré que les atomes d'hydrogène, qui sont composés d'un proton et d'un électron, peuvent capturer et relâcher un deuxième électron[21]. L'énergie nécessaire pour cette capture ou cette libération se retrouve sous la forme d'un rayonnement continu qui s'étend de l'ultraviolet à l'infrarouge. Ces processus sont peu fréquents, mais il y a tellement d'hydrogène dans l'atmosphère du Soleil et des étoiles qu'ils y deviennent globalement très importants. N'est-il pas curieux que le rayonnement du Soleil soit principalement émis par ce phénomène somme toute accidentel et secondaire ?

Je ne parlerai guère ici de l'activité du Soleil, de ses taches, connues depuis Galilée, et de ses éruptions découvertes en 1859 par l'anglais Richard Carrington et redécouvertes en 1926 par George E. Hale au Mont Wilson en Californie. En effet, tous ces phénomènes ont relevé jusqu'en 1950 du domaine de la pure description. Tout ce qu'on en savait jusqu'aux environs de 1950 est qu'ils avaient quelque chose à voir avec le champ magnétique solaire. Ce dernier avait été découvert dès 1908 par le même Hale[22] — une intéressante application de l'effet de dédoublement des raies spectrales par un champ magnétique, mis en évidence au laboratoire douze ans auparavant par le Hollandais Pieter Zeeman. Ce qui me paraît intéressant du point de vue de l'Histoire des sciences au cours de la période 1910-1950, dans le domaine de la spectroscopie astronomique, est qu'elle a vu se réaliser un rêve : la détermination à distance, à partir de la seule observation, des propriétés physiques des astres et de leur composition. Cette idée qui nous paraît aujourd'hui naturelle a rempli d'émerveillement les contemporains.

La physique des nébuleuses gazeuses

Cet émerveillement s'est accru lorsqu'on a réalisé la variété et l'exotisme des conditions astrophysiques, ce qui a d'ailleurs rendu difficile le diagnostic même de ces conditions. Alors que les atmosphères stellaires montrent certes des températures élevées, mais des densités « normales », le milieu interstellaire n'a commencé à être compris que beaucoup plus tard, tout simplement parce sa densité est bien plus faible que celle des meilleurs vides réalisables au laboratoire : nous avons vu que c'est pour cette raison que les nébuleuses interstellaires ionisées émettent des raies interdites pratiquement inobservables dans les conditions du laboratoire. Après les travaux de pionnier du Hollandais Herman Zanstra[23] et du Danois Bengt Strömgren[24] qui ont montré comment le rayonnement ultraviolet d'étoiles très chaudes ionisait le gaz de ces nébuleuses, c'est à l'Américain Donald H. Menzel que l'on doit, dans les années 1937-1945, les bases approfondies de la théorie des nébuleuses gazeuses et de leur émission de raies « normales » (les raies non interdites qui proviennent de la recombinaison de l'ion hydrogène ou hélium avec un électron)[25]. Quant à l'émission des raies interdites, elle n'a été comprise à fond, et une théorie quantitative élaborée, que par le groupe de Michael J. Seaton à Londres, après la dernière guerre mondiale.

Cette lenteur dans la construction des modèles de nébuleuses gazeuses, dont la théorie est pourtant plus simple par beaucoup d'aspects que celle des atmosphères stellaires, tient entièrement à ce qu'elle fait intervenir une notion nouvelle, celle d'*écarts à l'équilibre thermodynamique*. Dans les laboratoires terrestres, où la densité est relativement grande et le champ de rayonnement habituellement plutôt faible, la distribution des atomes ou des ions dans leurs différents niveaux d'énergie est presque toujours dominée par les collisions avec les autres particules du milieu et avec les parois : c'est l'équilibre thermodynamique au sens strict, ou *équilibre collisionnel*. Dans ce cas, les populations des divers niveaux d'énergie ne dépendent que de la température et des propriétés de l'atome en question, selon une loi énoncée dès 1896 par l'Autrichien Ludwig Boltzmann dans un contexte plus général[26] (Boltzmann ignorait alors l'existence de niveaux d'énergie discrets dans les atomes).

Dans l'atmosphère solaire, la situation est inverse, mais également familière aux physiciens depuis Kirchhoff : le rayonnement ambiant est si intense que la population des niveaux d'énergie est entièrement dominée par les échanges d'énergie avec ce rayonnement aux longueurs d'onde des transitions entre ces niveaux. Il y a cette fois un *équilibre radiatif*. Dans les nébuleuses gazeuses — et dans le gaz interstellaire en général — la densité est très faible, donc il y a peu de collisions, et le champ de rayonnement est également faible ; leurs effets sur les populations des niveaux d'énergie atomiques ou ioniques sont du même ordre de grandeur, sans que l'un ou l'autre domine totalement en général. Il y a là une situation nouvelle plus complexe qui, bien qu'elle ne présente aux yeux du physicien et de l'astronome d'aujourd'hui aucune difficulté conceptuelle, en a apparemment présenté de considérables autrefois. Les astronomes qui s'occupaient de matière interstellaire l'ont dominée les premiers. Les astronomes stellaires ont été très longs à accepter que l'équilibre ne soit qu'une approximation dans les atmosphères stellaires et qu'il faille dans certains cas (notamment dans les couches supérieures de ces atmosphères) envisager sérieusement l'existence d'écarts à l'équilibre thermodynamique. C'est seulement dans les années 1950 que ces concepts ont été totalement assimilés.

Astronomie et physique nucléaire

Il me faut maintenant dire quelques mots des relations entre l'astronomie et la physique nucléaire. L'histoire est toujours la même : l'astronomie a suivi de très près les balbutiements et le développement de la physique nucléaire. Mais il y a eu ici choc en retour : lorsque l'on a réalisé que l'énergie du Soleil et des étoiles était d'origine thermonucléaire, on a conçu du même coup l'espoir de domestiquer l'énergie nucléaire, avec les conséquences que l'on sait.

D'où vient l'énergie du Soleil ?

L'origine thermonucléaire de l'énergie du Soleil est aujourd'hui si connue que nous avons grand peine à imaginer que cette idée soit relativement récente et ait eu une élaboration difficile. Pourtant ce n'est pas d'hier que les astronomes se sont posé le problème de l'origine de l'énergie du Soleil et des étoiles. Dès 450 avant notre ère, Anaxagore attribuait la température élevée de ces astres au frottement sur un « éther » au sein duquel ils étaient censés se déplacer. Une telle conception, étonnamment moderne par son côté physique, devait apparemment rester sans lendemain jusqu'au XIXe siècle. Après l'énoncé en 1842 par l'Allemand Robert Mayer du principe de la conservation de l'énergie, on réalisa qu'à moins d'un apport extérieur d'énergie, le rayonnement du Soleil devait nécessairement s'accompagner d'une modification de sa structure interne, et que le réservoir d'énergie quel qu'il fut ne pouvait être inépuisable. Robert Mayer lui-même suggéra que l'énergie rayonnée par le Soleil pourrait provenir de l'énergie cinétique de météorites, transformée en chaleur lorsqu'elles tombent sur sa surface. Cette hypothèse *a priori* raisonnable devait rapidement se révéler fausse.

L'explication proposée en 1853 par l'Allemand Hermann von Helmholtz était beaucoup plus astucieuse. Il fit remarquer que si le Soleil se contractait, le rapprochement de ses différentes parties devrait correspondre à une libération d'énergie gravitationnelle qui pouvait aisément être convertie en énergie thermique. L'énergie gravitationnelle actuelle du Soleil lui permettrait en principe de rayonner au taux présent pendant 25 millions d'années environ, la contraction nécessaire n'étant que de 150 mètres par an, ce qui serait pratiquement impossible à mesurer (Helmholtz avait donné de façon erronée des chiffres différents par un facteur 2). Cette hypothèse avait l'avantage supplémentaire d'être en relation avec la théorie cosmogonique d'Emmanuel Kant et de Pierre-Simon de Laplace, qui devait, elle, résister aux années : le Système solaire et le Soleil en particulier résulteraient de la contraction d'un nuage gazeux primitif. Si le dégagement d'énergie correspondant s'était effectué au taux actuel du rayonnement solaire, la contraction aurait duré environ 18 millions d'années : ceci donnerait en principe un ordre de grandeur de l'âge du Système solaire, et de la Terre en particulier.

À l'époque, on n'avait aucune autre notion de l'âge du Système solaire ou de l'âge de l'Univers, mais on ne croyait plus guère dans les milieux scientifiques à la généalogie biblique, qui fixait cet âge à quelques milliers d'années seulement. Cependant l'âge relativement faible de quelques dizaines de millions d'années mentionné plus haut apparut progressivement incompatible avec les échelles de temps bien plus longues révélées par les progrès de la datation des roches. Dès lors, il fallait abandonner l'idée de Helmholtz, au moins dans le cas du Soleil. Elle devait cependant continuer à faire son chemin : il est maintenant certain que les étoiles peuvent effectivement alimenter leur rayonnement en se contractant, à partir de leur énergie gravitationnelle, pendant différents stades de courte durée de leur évolution.

En révélant les énergies énormes emprisonnées dans le noyau des atomes, la radioactivité, découverte en France dès 1896 par Henri Becquerel, puis précisée par Pierre Curie et Marie Curie, et en Angleterre par Ernest Rutherford et Frederik Soddy, ouvrait une nouvelle possibilité. Cependant la radioactivité elle-même ne peut constituer une source d'énergie importante pour le Soleil, l'abondance des éléments radioactifs naturels étant très insuffisante. L'énoncé par Einstein de l'équivalence de la masse et de l'énergie, qui date de 1905, laissait entrevoir une autre solution, encore très peu claire. La découverte de la possibilité de transmutations nucléaires par Rutherford et ses élèves (1919-1925), c'est-à-dire de la transformation d'un noyau d'une certaine espèce en un noyau d'une autre espèce par réactions nucléaires, permettait de penser que l'énergie du Soleil et des étoiles pourrait être d'origine nucléaire. On remarquait cependant que les particules responsables de ces réactions devaient avoir de grandes énergies cinétiques, que l'on ne pouvait trouver dans l'intérieur des étoiles que si la température y était extrêmement élevée — bien plus du million de degrés. Les étoiles apparurent donc comme d'énormes fours, qui, nourris par l'énergie produite dans ces transmutations, se maintenaient d'eux-mêmes aux températures extrêmement élevées qui sont nécessaires pour que les réactions nucléaires se produisent. Cependant la nature de ces réactions devait rester encore longtemps mystérieuse.

Dans son ouvrage célèbre de 1926 sur la constitution interne des étoiles[27], Eddington ne pouvait qu'avancer deux hypothèses : soit l'annihilation directe d'un proton positif et d'un électron négatif, que l'on sait maintenant impossible, soit la conversion d'hydrogène en hélium. Cette dernière hypothèse présente la solution définitive du problème. La quantité d'énergie libérée dans la transmutation d'hydrogène en hélium est telle qu'elle pourrait permettre en principe au Soleil de briller avec son éclat actuel pendant cent milliards d'années (en fait d'autres phénomènes limitent la durée de vie d'une étoile comme le Soleil à une dizaine de milliards d'années). Le problème était de savoir comment cette transformation d'hydrogène en hélium se produisait, et dans quelles conditions. Ceci nécessita un énorme travail, dans deux directions : vers une meilleure connaissance de la structure interne de l'étoile, et vers une meilleure connaissance des réactions nucléaires importantes. Robert Emden vers 1907, puis Eddington — encore une fois — furent les principaux artisans de l'étude de la structure interne des étoiles.

Les premiers modèles d'étoiles

Eddington supposa, dès ses premiers travaux en 1916, que les étoiles étaient entièrement gazeuses et en équilibre radiatif[28]. Il était alors assez facile d'écrire les équations qui régissent le comportement des différents paramètres physiques (densité, température) à l'intérieur de l'étoile, pourvu que l'on sache à quelle profondeur et en quelle quantité l'énergie était libérée. En l'absence de connaissances sur ces derniers points, Eddington avait envisagé diverses hypothèses, l'énergie étant créée soit au centre de l'étoile, soit uniformément partout dans son volume.

Par un heureux hasard, les résultats obtenus dans ces deux cas ne sont pas très différents. Ils sont tout à fait fantastiques : dans les régions centrales du Soleil, par exemple, la température calculée atteint 18 millions de degrés, et la pression 9 milliards de bars. On réalisa vite que ces conditions extrêmes et, il faut le dire, plutôt inattendues, sont propices aux réactions nucléaires susceptibles de libérer de l'énergie. Les résultats surprenants des calculs d'Eddington furent assez facilement acceptés par la communauté scientifique, d'autant plus qu'ils lui avaient permis de prédire une relation entre la masse et la luminosité intrinsèque des étoiles qui s'est trouvée en parfait accord avec l'observation des étoiles naines ordinaires[29] (Fig. 1.13). Cependant certaines étoiles plus rares, les étoiles géantes et les naines blanches, n'obéissaient pas à cette relation. D'autre part, Eddington avait négligé l'existence de la convection, qui dans certaines étoiles joue un rôle prépondérant, ainsi que d'autres instabilités non moins

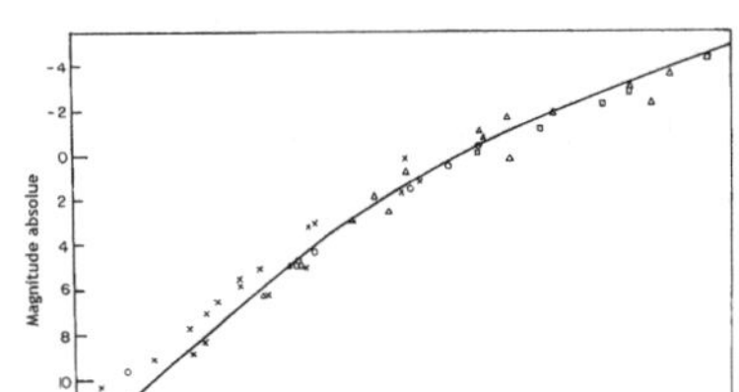

Figure 1.13. La relation entre la luminosité (magnitude absolue visuelle) et la masse (unités logarithmiques) pour les étoiles naines ordinaires, d'après Eddington[31]. La ligne représente la relation théorique qu'il a établie.

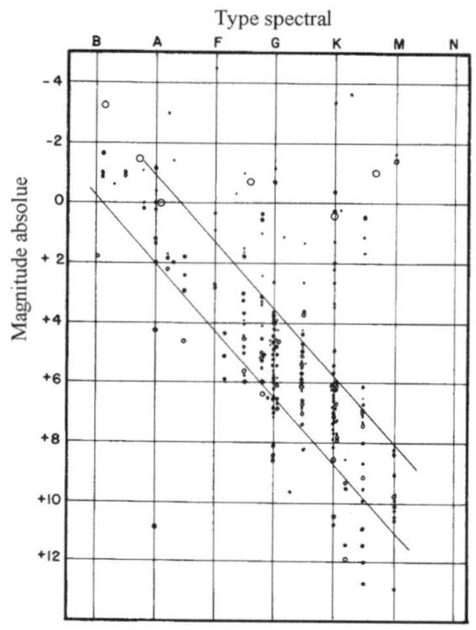

Figure 1.14. Le premier diagramme de Hertzprung-Russell[32]. Dans ce diagramme, qui date de 1914, la luminosité absolue (magnitude absolue visuelle) d'étoiles de distance connue est portée en fonction de leur type spectral. Les étoiles les plus lumineuses sont en haut. Le type spectral des étoiles est lié à leur température de surface, qui augmente de la droite vers la gauche. Les deux lignes obliques délimitent la séquence principale des étoiles, où celles-ci passent la plus grande partie de leur vie (on les appelle alors étoiles naines). Les étoiles situées bien au-dessus sont des géantes. Le point isolé en bas à gauche est une naine blanche, le compagnon de l'étoile double σ^2 Eridani.

importantes découvertes par les théoriciens beaucoup plus tard. On était donc encore très loin d'expliquer l'évolution des étoiles, et de comprendre leur distribution dans le diagramme température de surface — luminosité construit en 1905-1915 par le Danois Ejnar Hertzprung et l'Américain Henry N. Russell[30] (Fig. 1.14) ; ce diagramme est aujourd'hui un des outils essentiels de l'astronome. Pour en rendre compte, il est indispensable de savoir quelles sont les sources d'énergie dans les étoiles, et comment les réactions nucléaires correspondantes varient avec la température. Ces réactions modifient la composition chimique de l'étoile, dont les propriétés dépendent bien entendu de cette composition.

Comment l'hydrogène se transforme en hélium

Nous constatons donc que le problème de l'évolution des étoiles est d'une complexité extrême. En fait, il n'a commencé à connaître un début de solution qu'après la seconde guerre mondiale. Il fallait d'abord attendre patiemment les progrès de la physique nucléaire. L'astronomie ne pouvait guère y contribuer, l'intérieur des étoiles où se produisent les réactions nucléaires étant inaccessible à l'observation directe, et les connaissances étant trop rudimentaires pour tirer enseignement de ce que l'on pouvait observer de la composition chimique des astres, résultat de l'histoire nucléaire antérieure. Les progrès décisifs datent de 1938. Cette année-là, l'Allemand Carl Friedrich von Weizsäcker[33] et l'Américain d'origine allemande Hans A. Bethe[34], utilisant les connaissances empiriques récemment accumulées sur les réactions nucléaires, proposèrent simultanément deux schémas détaillés de conversion d'hydrogène en hélium dans les étoiles, en précisant les conditions physiques dans lesquelles cette conversion est efficace. Von Weizsäcker, qui était autant astronome que physicien (il a laissé des travaux importants en cosmologie ainsi que sur l'origine du Système solaire), a proposé le cycle dit proton-proton, qui est celui qui fonctionne dans le Soleil (voir l'encadré 1.2). Bethe est un des noms les plus fameux de la physique nucléaire, et nous aurons l'occasion de le retrouver plus loin ; il a proposé un autre scénario, le cycle du carbone, où le carbone sert de catalyseur à la fusion de l'hydrogène en hélium, cycle qui exige une température plus élevée que le cycle proton-proton. Non seulement ces résultats donnaient l'explication finale de l'origine de l'énergie des étoiles, mais ils fondaient une nouvelle branche de l'astronomie, l'astrophysique nucléaire, qui ne devait connaître un remarquable développement qu'après 1950 : dans les années 1940, les physiciens nucléaires et les astronomes qui avaient des compétences dans ce domaine étaient occupés à d'autres tâches que l'astronomie...

Encadré 1.2. Les réactions nucléaires dans les étoiles

L'énergie du Soleil résulte de la transformation de l'hydrogène en hélium. Celle-ci se produit principalement par les réactions suivantes (von Weizsäcker), où ^1H est un noyau d'hydrogène (proton), e^+ est un positron, ν un neutrino et γ un photon :

$^1H + {}^1H \rightarrow {}^2H + e^+ + \nu$, où ^2H symbolise le deutérium, suivie de

$^2H + {}^1H \rightarrow {}^3He + \gamma$.

L'hélium 3 (^3He) se transforme en hélium 4 (^4He) de deux façons principales :

$^3He + {}^3He \rightarrow {}^1H + {}^1H + {}^4He$ (86 % des cas), et $^3He + {}^4He \rightarrow {}^7Be + \gamma$ (14 % des cas), suivie de

$^7Be + e^- \rightarrow {}^7Li + \nu$, puis
$^7Li + {}^1H \rightarrow {}^4He + {}^4He$. Be symbolise le béryllium et Li le lithium.

On peut résumer tout ceci par la réaction symbolique :
$4{}^1H \rightarrow {}^4He + 2e^+ + 2n + 24{,}7$ MeV.

Dans les étoiles massives, la température centrale est plus élevée que dans le Soleil ce qui permet les réactions suivantes (Bethe), beaucoup plus rapides, où l'hydrogène se transforme en hélium 4 en utilisant le carbone (C), l'azote (N) et l'oxygène (O) pré-éxistants comme catalyseurs (le tri-cycle CNO). Un premier cycle est :

$^{12}C + {}^1H \rightarrow {}^{13}N + \gamma$
$^{13}N \rightarrow {}^{13}C + e^+ + \nu$
$^{13}C + {}^1H \rightarrow {}^{14}N + \gamma$
$^{14}N + {}^1H \rightarrow {}^{15}O + \gamma$
$^{15}O \rightarrow {}^{15}N + e^+ + \nu$
$^{15}N + {}^1H \rightarrow {}^{12}C + {}^4He$; il s'y greffe un deuxième cycle:
$^{15}N + {}^1H \rightarrow {}^{16}O + \gamma$
$^{16}O + {}^1H \rightarrow {}^{17}F + \gamma$
$^{17}F \rightarrow {}^{17}O + e^+ + \nu$
$^{17}O + {}^1H \rightarrow {}^{14}N + {}^4He$, et aussi un troisième cycle :
$^{17}O + {}^1H \rightarrow {}^{18}F + \gamma$
$^{18}F \rightarrow {}^{18}O + e^+ + \nu$
$^{18}O + {}^1H \rightarrow {}^{15}N + {}^4He$.

Le bilan final – la fusion de 4 atomes d'hydrogène en un atome d'hélium — est le même que dans le cas du premier processus.

Naissance de l'astronomie galactique et extragalactique ; les débuts de la cosmologie moderne

Distances stellaires, forme et dimensions de la Galaxie

Je voudrais maintenant aborder ce dernier volet de la recherche astronomique de la période 1910-1950. Au début de ce chapitre, j'ai décrit l'état très rudimentaire dans lequel se trouvaient en 1910 nos connaissances sur la Galaxie, dont Kapteyn avait cependant réussi à estimer l'épaisseur. Il ne possédait encore de la distance des étoiles lointaines que des déterminations de nature statistique qui ne lui permettaient pas d'obtenir celle d'objets individuels, étoiles ou amas d'étoiles. Seule la distance des étoiles les plus proches peut être obtenue directement par une méthode de triangulation déjà ancienne dite méthode des *parallaxes géométriques* (utilisant l'orbite terrestre comme base) ; elle ne permettait pas à l'époque d'aller à plus de quelques dizaines d'années-lumière — notre voisinage immédiat. C'est apparemment au début des années 1910 qu'on a réalisé que d'autres méthodes étaient possibles (Encadré 1.3).

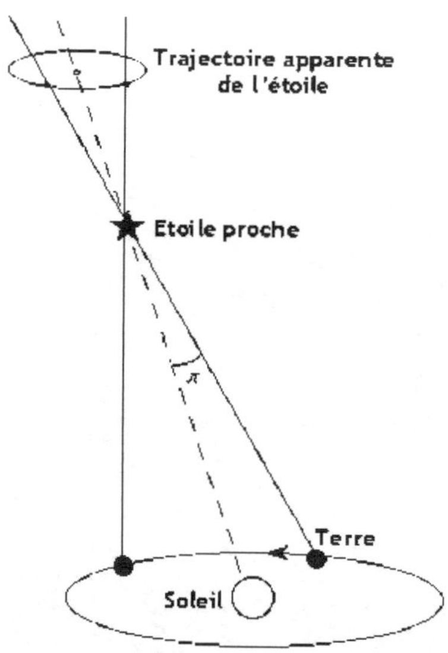

Figure 1.15. Parallaxe géométrique. Au cours de la révolution annuelle de la Terre autour du Soleil, une étoile proche paraît se déplacer par rapport aux objets lointains selon une ellipse.

Encadré 1.3. La mesure des distances stellaires

Plusieurs méthodes permettent de déterminer la distance d'une étoile :

La méthode de la *parallaxe géométrique* (Fig. 1.15) consiste à observer la position de l'étoile au cours de l'année, avec comme référence des objets extrêmement éloignés (étoiles lointaines ou quasars). La direction de l'étoile paraît décrire en un an une petite ellipse. La parallaxe π est le demi-grand axe de cette ellipse ; exprimée en radians, la parallaxe est égale au rapport du rayon de l'orbite terrestre à la distance de l'étoile. Si le demi-grand axe de l'ellipse est égal à 1 seconde de degré, la distance est de 1 parsec = 3,26 années-lumière = $3{,}08\ 10^{16}$ mètres. Le satellite HIPPARCOS a permis de mesurer la parallaxe géométrique de très nombreuses étoiles par rapport aux quasars avec une précision de l'ordre du millième de seconde de degré, donc par exemple une distance de 10 parsecs à 1 % près, ou de 100 parsecs à 10 % près.

La méthode de la *parallaxe photométrique* consiste à comparer l'éclat de l'étoile avec celui d'une étoile identique (ce qui implique que leurs spectres soient les mêmes, ou dans le cas des céphéides et des étoiles RR Lyrae que la variation de leur luminosité aient la même période), et de distance connue : le rapport des éclats est alors inversement proportionnel au rapport des carrés des distances. L'éclat E d'une étoile est exprimé par sa *magnitude* m telle que $\log E = -2{,}5\ m$

+ constante. On appelle *magnitude absolue* M la magnitude de l'étoile supposée être à la distance de 10 parsecs. Si l'étoile est en fait à la distance d, sa magnitude apparente est donc telle que $m = M + 5 \log(d/10 \text{ pc})$. La quantité $m - M$ est le *module de distance*.
La méthode de la *parallaxe statistique* s'applique à des groupes d'étoiles dont on estime qu'elles sont physiquement associées, et qu'elles ne se déplacent pas en moyenne par rapport à leur environnement galactique. Le Système solaire se déplace par rapport à l'environnement à une vitesse v de 20 km/s, dans une direction connue (l'*apex*). Les étoiles relativement proches paraissent donc se déplacer en sens inverse par rapport aux objets lointains, avec une vitesse angulaire (dite mouvement propre) $\mu = v \sin\theta/d$, où d est leur distance et θ l'angle entre leur direction et celle de l'apex (Fig. 1.16). La mesure de ce mouvement propre, qui nécessite des observations espacées de plusieurs années, permet d'obtenir la distance du groupe.

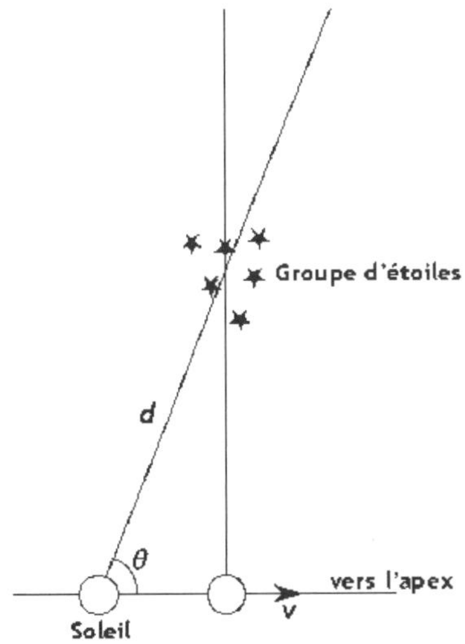

Figure 1.16. Parallaxe statistique. Le Soleil et donc la Terre se déplaçant, un groupe d'étoile fixes relativement proches paraît se déplacer en sens inverse par rapport aux objets lointains.

La méthode des *parallaxes photométriques* a eu un immense développement (voir l'encadré 1.3). Elle nécessite un critère permettant d'affirmer l'identité des deux étoiles, ou du moins une relation entre l'éclat et une propriété observable de l'étoile. L'Américaine Henrietta S. Leavitt eut le mérite de découvrir en 1912 un de ces critères en observant des étoiles variables, dites *céphéides,* appartenant au Petit Nuage de Magellan : elle remarqua que les plus lumineuses sont celles dont la période de variation est la plus lente[35] (Fig. 1.17). Cependant on connaissait alors très mal la distance des Nuages de Magellan, satellites de notre Galaxie, et la relation période-luminosité de Leavitt n'était pas directement utilisable. Il aurait fallu trouver dans la Galaxie une céphéide de distance connue, dont on aurait déterminé la période. Malheureusement la céphéide galactique la plus proche est déjà trop loin pour avoir une distance mesurable par la méthode des parallaxes géométriques. Le premier étalonnage de la relation période-luminosité, dû à Hertzprung, était indirect et très incertain car il supposait une détermination indépendante de la distance des Nuages de Magellan. Hertzprung situait le Petit Nuage à 30 000 années-lumière, alors que sa distance est actuellement estimée à environ 200 000 années-lumière[b].

Néanmoins la méthode des parallaxes photométriques reste encore aujourd'hui la seule permettant de mesurer les grandes distances en astronomie. Harlow Shapley, de Harvard, l'utilisa peu après Hertzprung pour obtenir la distance d'amas stellaires dans notre Galaxie (en particulier d'amas globulaires), à l'aide d'autres étoiles variables moins lumineuses mais plus nombreuses que les céphéides, les étoiles *RR Lyrae* du nom de leur prototype.

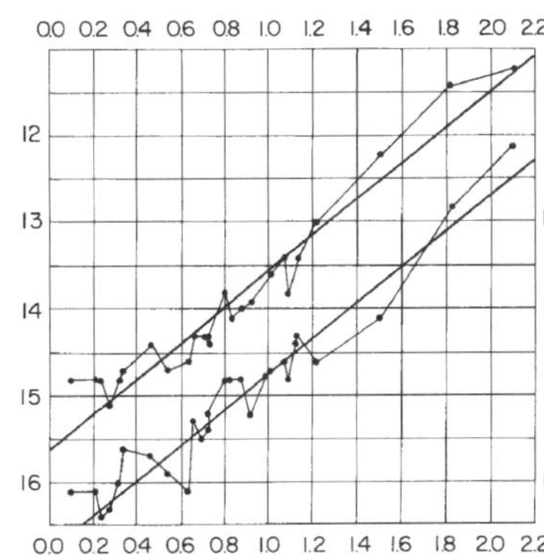

Figure 1.17. La relation période-luminosité des céphéides[36]. La période avec laquelle varie l'éclat de l'étoile est en abscisses (logarithme de la période en jours) et la luminosité en ordonnées (magnitude apparente visuelle), pour 25 céphéides du Petit Nuage de Magellan (1912) ; les deux lignes droites sont tracées à travers les magnitudes maximales et minimales, et leur pente donne la relation période-luminosité, qui est à la base de la mesure de la distance des galaxies proches.

[b] En 1930, Trumpler donnait encore une distance très sous-estimée de 100 000 années-lumière: voir la Fig. 1.18.

Il en déduisit à partir de 1918 un modèle de la forme de la Galaxie fort différent de ce qui était alors admis : pour Shapley, la Galaxie était un disque plat d'environ 60 000 années-lumière de diamètre (il indiqua même 300 000 années-lumière en 1921[37]) ; le Soleil s'y trouvait plutôt au bord, à 50 000 années-lumière du centre. Le modèle de Shapley dérangeait assez les idées reçues, elles-mêmes fondées sur les travaux de Kapteyn, pour que plusieurs années aient été nécessaires pour qu'il fut admis après des controverses acharnées.

Le flambeau des études galactiques devait être repris par le Suédois Bertil Lindblad[38] et le Hollandais Jan Hendrik Oort, qui apportèrent plusieurs contributions remarquables à notre connaissance de la structure galactique. Oort reconnut que la Galaxie tourne sur elle-même, ce qui explique sa forme aplatie ; il montra qu'elle ne tourne cependant pas comme un corps solide mais se déforme continuellement, les parties centrales tournant plus vite que les régions externes. Cette découverte fondamentale date de 1927[39]. Par ailleurs, Oort parvint d'une façon ingénieuse à déterminer le potentiel d'attraction gravitationnelle du disque de la Galaxie, d'où il put déduire la densité moyenne de la matière près du Soleil. Lindblad (le plus théoricien des deux) et Oort sont les véritables fondateurs de l'astronomie galactique moderne.

La période 1910-1950 a vu aussi des progrès considérables dans l'étude de la distribution de la matière interstellaire, gaz et poussières, dans la Galaxie. Sans entrer dans les détails, on peut mentionner que les premières raies d'absorption atomiques produites par le gaz interstellaire dans le spectre des étoiles furent découvertes dans la période 1904-1919 ; vers 1940, on a trouvé des raies semblables produites par des molécules, grâce à Walter S. Adams, Andrew McKellar aux États-Unis et au Canada, et à Pol Swings et Léon Rosenfeld à Liège[40]. D'admirables spectres pris par Adams avec le télescope du Mont Wilson en Californie constituèrent un matériel de choix pour l'étude de la cinématique et de la distribution de ce gaz. L'étude des poussières fut plus coriace : c'est seulement en 1930 que l'Américain Robert J. Trumpler établit avec certitude que la lumière des étoiles est atténuée par une absorption due aux poussières interstellaires, et ceci d'autant plus qu'elles sont plus éloignées. C'est en fait cette extinction interstellaire qui est à l'origine de la mauvaise qualité des premières estimations des distances dans la Galaxie. Trumpler n'est certainement pas le premier à avoir découvert l'existence de zones obscures dans la Galaxie et à les avoir correctement interprétées, mais il donna les premières valeurs assez sûres des dimensions de la Galaxie (Fig. 1.18). C'est à la suite de ses travaux que les astronomes réalisèrent à quel point l'extinction interstellaire était importante et allait gêner leurs futures recherches.

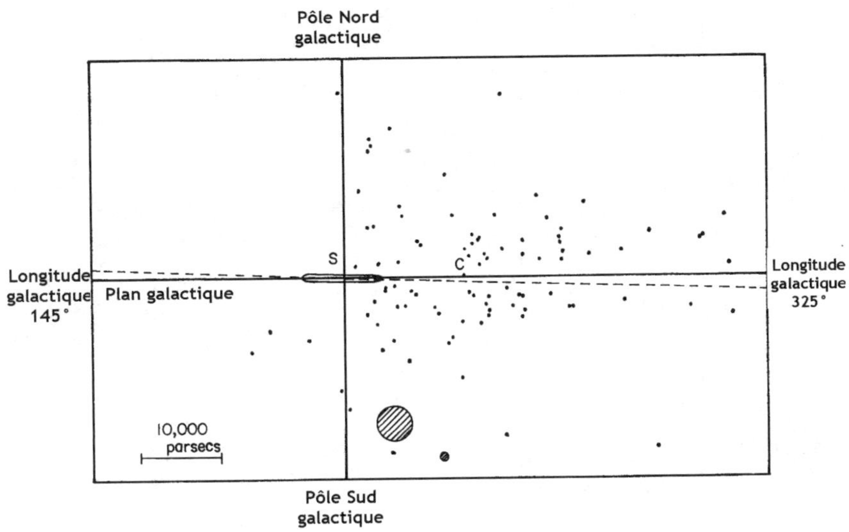

Figure 1.18. La Galaxie d'après Trumpler[41]. Ayant le premier corrigé les distances dans la Galaxie de l'extinction interstellaire, Trumpler put déterminer la distance des amas globulaires et obtenir pour la première fois en 1930 une bonne estimation des dimensions de la Galaxie. Les amas globulaires sont distribués dans le halo, dont le centre C est celui de la Galaxie, à environ 15 000 parsecs du Soleil S (la valeur admise actuellement est de l'ordre de 8 000 parsecs). La figure aplatie autour du Soleil représente la distribution de ceux des amas ouverts jeunes qui sont visibles : cette distribution est limitée par l'extinction en direction du centre galactique. Les deux cercles hachurés représentent les deux Nuages de Magellan, dont la distance est encore très fortement sous-estimée.

La distance des galaxies et la découverte de Hubble

Une fois connues les dimensions approximatives de notre Galaxie, le problème fut de savoir où étaient situées les « nébuleuses spirales », c'est-à-dire les galaxies. Au cours d'une célèbre controverse qui date de 1921, Shapley affirmait qu'elles ne se trouvaient qu'aux confins de notre Galaxie, alors qu'Herbert D. Curtis les considérait comme des « univers-îles » semblables à notre système galactique, et situés à de grandes distances; ni l'un ni l'autre n'avaient à vrai dire d'arguments bien solides, et il faut se garder de trouver en Curtis un meilleur astronome que Shapley sous prétexte qu'il avait eu l'intuition de la bonne solution[42]. De fait, Shapley a laissé des contributions plus importantes que Curtis, y compris à partir de 1921 dans le domaine extragalactique. C'est finalement à Edwin P. Hubble que devait revenir l'honneur de montrer définitivement que les galaxies sont situées à de grandes distances hors de notre Galaxie. Sans la construction du grand télescope de 2,50 m du Mont Wilson (près de Los Angeles) dont il disposa à son achèvement en 1919 (Fig. 1.19), Hubble aurait sans doute eu les plus grandes difficultés à parvenir à ce résultat. Non seulement le télescope du Mont Wilson lui permit de détecter dans les grandes nébuleuses spirales les plus proches, la Nébuleuse d'Andromède M 31 et celle du Triangle M 33, des céphéides semblables à celles des Nuages de Magellan, mais il parvint en 1924-1926 à résoudre ces nébuleuses en étoiles individuelles. Il en conclut que ces deux objets sont environ dix fois plus éloignés que les Nuages de Magellan, soit à environ 900 000 années-lumière compte tenu de l'estimation de la distance de ceux-ci à l'époque (le chiffre actuel est d'environ 3 millions d'années-lumière)[43]. C'est alors, et seulement alors, que ces nébuleuses

Figure 1.19. Le télescope Hooker de 2,5 m de diamètre au Mont Wilson en Californie, inauguré en 1917, est le premier grand télescope moderne. C'est grâce à lui que les premiers progrès importants ont été réalisés en astronomie extragalactique. Fermé en 1986, il a été rénové puis réouvert en 1994 et est équipé d'un système d'optique adaptative.

(que l'on commença à désigner sous le nom de galaxies) furent réellement considérées comme des objets dignes d'étude.

Hubble, et de leur côté Shapley et Adelaïde Ames, recherchèrent systématiquement et cataloguèrent des milliers de ces objets. En utilisant divers critères de distance, Hubble parvint à déterminer plus ou moins grossièrement la distance de galaxies fort éloignées. C'est alors qu'intervint sa découverte capitale. Dès 1916, Vesto M. Slipher[44] et Francis G. Pease avaient commencé à obtenir de nombreux spectres de nébuleuses et y avaient identifié des raies bien connues ; ils avaient observé et mesuré le décalage spectral, souvent important, de leur longueur d'onde par rapport à celle du laboratoire. Même avec le télescope du Mont Wilson, obtenir ces spectres était une opération héroïque car les émulsions photographiques étaient peu sensibles : il fallait accumuler 20 heures de pose pour les objets les plus faibles. Comme l'avait remarqué Shapley en 1919, la plupart de ces décalages sont vers le rouge, ce qui indique, s'ils sont dus à l'effet Doppler-Fizeau, que les nébuleuses correspondantes s'éloignent de nous. Mais il n'avait pas proposé d'explication à ce phénomène. C'est en 1929 que Hubble découvrit que la vitesse d'éloignement augmentait proportionnellement à la distance de la galaxie, autrement dit que l'Univers était en expansion (Fig. 1.20) ; à vrai dire le strasbourgeois Karl Wilhelm Wirtz avait déjà remarqué en 1921 la proportionnalité vitesse/distance[45], mais Hubble disposait de données bien meilleures.

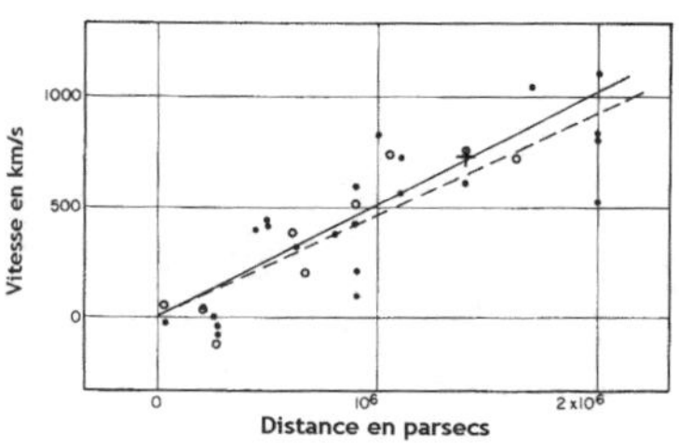

Figure 1.20. Le diagramme de Hubble[46]. Ce diagramme, qui date de 1929, montre la relation entre la vitesse radiale et la distance pour des nébuleuses extragalactiques (galaxies). Les droites en trait plein et en trait interrompu représentent deux solutions possibles pour la relation. Sa pente est le paramètre de Hubble, qui de sa valeur initiale de 500 km/s par million de parsecs est passé actuellement à 71 de ces unités.

Nous avons peine à imaginer, familiers comme nous le sommes avec l'idée d'un Univers en expansion, à quel point la découverte de Hubble a bouleversé les conceptions antérieures, de même que la découverte des taches solaires par Galilée avait porté un coup mortel au dogme de la perfection des cieux. Pour beaucoup de gens, autrefois et sans doute encore aujourd'hui, l'Univers est intuitivement supposé immuable, après peut-être une brève période de création. Or Hubble a montré qu'il n'est pas immuable ; de plus, si on extrapole son expansion vers le passé, on est conduit à l'idée d'un instant initial, où les galaxies étaient en quelque sorte empilées les unes sur les autres. Assimiler cet instant avec la Création était bien naturel, aussi beaucoup de croyants trouvèrent dans la découverte de Hubble un motif de satisfaction, l'effet inverse étant évidemment produit sur beaucoup d'athées : nous en verrons quelques conséquences au chapitre suivant. Ce qui surprit tout le monde, c'est l'idée si inattendue d'un Univers en expansion, et aussi la date très reculée du début de l'expansion (environ 2 milliards d'années, pensait-on en 1929 ; aujourd'hui on l'estime à 13,7 milliards d'années).

Relativité générale et cosmologie

La découverte de Hubble arriva à un moment où les discussions sur la nature de l'espace et du temps étaient très actives. La théorie de la relativité générale avait été formulée par Einstein à partir de 1911. C'est une théorie de la gravitation incluant et dépassant celle de Newton, où la géométrie de l'Univers est déterminée par l'ensemble des masses et de l'énergie qu'il contient, et détermine à son tour la propagation de la lumière et des points matériels. Dès 1919, cette théorie recevait une confirmation éclatante avec l'observation de la déflexion de la lumière des étoiles par le champ de gravitation du Soleil (Figs. 1.21 et 1.22).

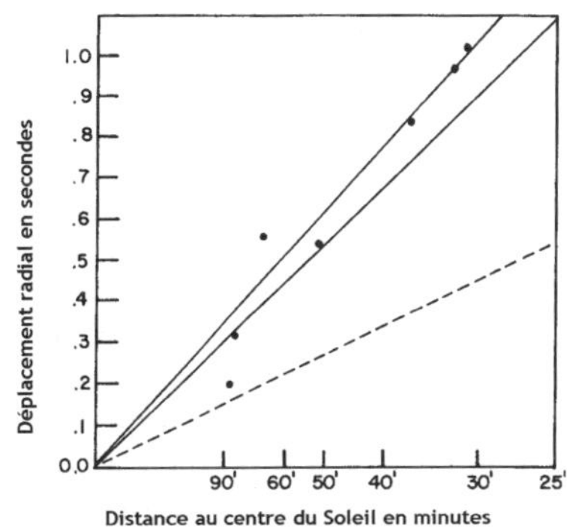

Figure 1.21. La première observation de la déviation gravitationnelle de la lumière[47]. Le déplacement radial en secondes de degré de la position d'étoiles proches du Soleil observé pendant l'éclipse totale du 29 mai 1919, en fonction de leur distance au centre du Soleil en minutes de degré. Le déplacement calculé dans la vieille théorie corpusculaire de Newton, où la lumière est supposée faite de corpuscules massifs déviés par la gravitation du Soleil, est représenté en traits interrompus, celui donné par la relativité générale d'Einstein est représenté par la droite du milieu, et la ligne supérieure, très proche, est une moyenne parmi les points observationnels. La théorie de la relativité générale est très bien vérifiée.

Pendant un certain temps, la relativité générale resta une affaire de spécialistes. Le fait est que l'on ne voyait pas très bien quelles conséquences pratiques elle pourrait avoir : on pensait que les champs gravitationnels ne seraient jamais assez forts pour qu'il y ait des différences notables entre ses prédictions et celles de la théorie newtonienne. Cependant quelques cosmologistes commencèrent à bâtir des modèles d'univers fondés sur la relativité générale : Einstein lui-même, le Hollandais Willem de Sitter, le Russe Alexander Friedmann et le Belge Georges Lemaître. Il s'agissait à l'époque de constructions mathématiques fort abstraites, dont on n'osait pas vraiment penser qu'elles puissent avoir un réel rapport avec l'Univers physique.

Cependant, certains de ces modèles ont d'intéressantes propriétés : par exemple, Friedmann découvrit en 1922 que les équations de la relativité générale appliquées à un univers homogène et isotrope ont des solutions telles que cet univers peut être en expansion[49]. Einstein n'aimait pas cette idée d'expansion (c'était bien avant la découverte de Hubble) et s'ingénia à trouver une solution statique à ses équations : il y parvint en donnant une valeur particulière à une certaine constante d'intégration, dite *constante cosmologique*, qui s'introduisait tout naturellement dans le calcul. Cependant, après la

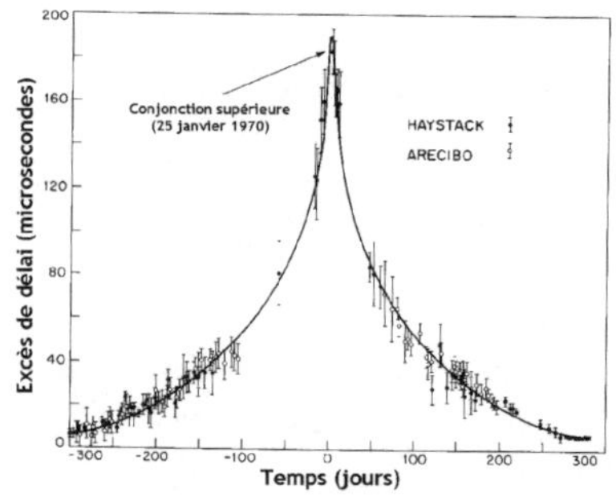

Figure 1.22. Un nouveau test de la relativité générale[48]. Ce test consiste à mesurer l'augmentation du temps de propagation de la lumière lorsqu'elle passe près d'une grande masse, par exemple le Soleil. Ce test a été mis en œuvre en mesurant le petit délai supplémentaire d'un écho radar sur Vénus lorsque la planète passe à l'arrière du Soleil, sans toutefois être occultée (conjonction supérieure). Ce délai, en millionnièmes de seconde, est porté en fonction du temps, en jours, de part et d'autre de la date de la conjonction supérieure de Vénus avec le Soleil. La courbe est le délai supplémentaire calculé à l'aide de la théorie de la relativité générale, les points avec leurs barres d'erreur sont les mesures faites avec deux radiotélescopes différents. L'accord est excellent, vérifiant une fois de plus la relativité générale.

découverte de l'expansion de l'Univers, Einstein se rallia à l'évidence et la plupart des cosmologistes (à de notables exceptions près) négligèrent la constante cosmologique et utilisèrent les modèles de Friedmann. Nous verrons cependant au chapitre 7 qu'elle a fait ces dernières années un retour spectaculaire.

Un trait important de ces modèles est qu'ils impliquent l'existence d'une époque singulière dans le passé, où la densité de l'Univers était infinie. Cette implication ne fut pas prise trop au sérieux à l'époque, où l'on pensait que les conditions physiques dans l'Univers réel n'avaient jamais pu être aussi extrêmes. Ce n'est qu'en 1927 que Lemaître fit clairement l'option de choisir une singularité comme début de l'Univers, devenant ainsi le père de ce qu'on désigne habituellement sous le vocable anglais de « Big Bang »[50]. Et c'est seulement en 1965-1970 que les Anglais Roger Penrose et Stephen Hawking et les Soviétiques Evguenni Lifshitz, Izaak Khalatnikov et Vladimir Belinsky montrèrent que l'on ne peut échapper à la réalité de cette singularité, si du moins la relativité générale est correcte dans ces conditions extrêmes. Est-elle correcte ? Einstein a lui-même exprimé des doutes sur ce point. Le problème qui se pose, et qui ne peut être encore considéré comme résolu aujourd'hui, est celui de la quantification de la relativité générale, c'est-à-dire de son intégration avec la mécanique quantique, qui est alors une nécessité. Nous reviendrons sur cette question au chapitre 7.

Objets compacts et masse manquante

Une découverte théorique importante, qui n'est pas sans rapport avec le problème de cette singularité, fut l'œuvre dans les années 1930 de Subrahmanyan Chandrasekhar et de Lev Landau, aux États-Unis et en Union soviétique respectivement. Elle concerne les étoiles naines blanches. Quelque temps après la découverte de ces étoiles par Adams en 1914-1915, suivie de sa démonstration que ces objets étaient extrêmement denses, Ralph H. Fowler montra qu'elles étaient formées de matière dégénérée où les atomes deviennent indiscernables[51]. C'était une application du principe d'exclusion de Pauli, qui venait juste d'être démontré : aux densités extrêmement élevées qui règnent dans ces objets très denses, une grande partie des électrons, qui ne peuvent occuper le même état quantique, se trouve dans des états d'énergie très élevés. Ceci crée une pression importante, capable de s'opposer à la gravité et de stabiliser l'étoile. Le travail de Fowler était fait dans le cadre de la théorie newtonienne de la gravitation, et reçut immédiatement l'approbation d'Eddington, qui était devenu le pape de l'astronomie. Cependant, plusieurs physiciens, notamment Chandrasekhar et Landau, remarquèrent que dans ces conditions les électrons deviennent relativistes, c'est-à-dire que leur énergie cinétique est supérieure à leur énergie de masse au repos. Il est donc nécessaire d'appliquer une correction, et c'est ainsi qu'ils trouvèrent qu'il y avait une limite supérieure à la masse d'une naine blanche, au-delà de laquelle la gravité ne peut plus être compensée par la pression des électrons de la matière dégénérée[52]. Cette masse est de 1,44 fois celle du Soleil, d'après les estimations récentes. Au-delà, la pression du gaz d'électrons ne peut plus s'opposer à la gravité et l'étoile doit s'effondrer. Curieusement, Eddington, qui était pourtant un ardent défenseur de la relativité, n'accepta jamais cette idée et s'opposa directement à Chandrasekhar, qui en fut très affecté. Ce dernier fit appel à des physiciens célèbres, Léon Rosenfeld, Niels Bohr et Wolfgang Pauli, qui trouvèrent les arguments d'Eddington sans valeur mais ne purent, ou ne voulurent pas se mouiller davantage. Chandrasekhar se résigna alors à abandonner la lutte pendant plusieurs années. Il est curieux de constater que de grands esprits comme Eddington, ou même Einstein en ce qui concerne la cosmologie et même la mécanique quantique, aient pu se buter à ce point sur certaines questions qui n'auraient pas dû présenter de difficulté pour eux[53].

Que deviennent les étoiles de masse supérieure à la limite de Chandrasekhar ? Elles ne peuvent plus être supportées par la pression du gaz dégénéré et ne peuvent que s'effondrer, jusqu'à ce que la pression ordinaire prenne éventuellement le dessus[c]. Dans les années 1930, Walter Baade et Fritz Zwicky aux États-Unis ont imaginé l'existence d'étoiles plus denses que les naines blanches, où même les noyaux atomiques ne sont plus reconnaissables, les *étoiles à neutrons* : cette fois, c'est la pression des neutrons qui joue le rôle de celle des électrons dans les naines blanches. La théorie devait en être faite aux États-Unis par George A. Gamow puis par Jacob Robert Oppenheimer et George M. Volkoff[54]. Leur champ de gravitation est extrêmement grand et l'on doit, pour les décrire correctement, se placer dans le cadre de la relativité générale. À l'heure actuelle, les estimations, qui dépendent des propriétés encore mal connues de la matière à haute densité, donnent environ deux fois la masse du Soleil. Or nous savons bien qu'il existe des étoiles de masse encore plus grande que deux masses solaires ! Qu'arrive-t-il lorsqu'elles ont épuisé leur combustible nucléaire et ne peuvent plus se maintenir à des températures élevées ? Oppenheimer et son collègue américain Hartland S. Snyder suggérèrent la réponse en 1939 : l'étoile s'effondre sur elle-même sous sa propre gravité jusqu'à

---

[c] Eddington avait bien réalisé que ce serait la conséquence de l'existence d'une masse limite au delà de laquelle la pression du gaz dégénéré ne pourrait plus s'opposer à la gravité. Il écrit : « *L'étoile doit [alors] continuer à rayonner et à se contracter jusqu'à ce que, je suppose, son rayon ne soit plus que de quelques kilomètres, auquel cas la gravité devient assez forte pour retenir le rayonnement, et l'étoile atteint enfin le repos* ». Cette préfiguration des trous noirs lui parut absurde, et c'est ce qui motiva son refus de l'existence de la limite de Chandrasekhar.

Figure 1.23. L'amas de galaxies de Coma Berenices, où Zwicky a découvert la matière noire. Comme beaucoup d'amas, celui-ci possède au centre une galaxie géante, qui résulte probablement de la fusion de nombreuses galaxies plus petites.

se réduire à une singularité, un point matériel[55]. Cette idée était si étrange que la plupart des scientifiques de l'époque, y compris Einstein et évidemment Eddington, se refusèrent à l'admettre. Einstein écrivit même en 1939 un article où il prétendait que les objets effondrés singuliers (ce que nous appelons maintenant les *trous noirs*) ne pouvaient pas exister. L'opinion communément répandue alors — elle l'était encore dans les années 1950 et il en subsiste des traces — était que les étoiles s'arrangent pour perdre assez de masse à la fin de leur vie pour que le reste soit moins massif que la limite de Chandrasekhar. C'est seulement vers 1960 que John A. Wheeler et d'autres chercheurs réussirent à persuader leurs collègues qu'il s'agissait d'un problème des plus sérieux et qu'il paraissait difficile d'éviter l'existence des trous noirs. Nous y reviendrons plus loin.

Fritz Zwicky, un Suisse alémanique établi aux États-Unis, est certainement un des personnages les plus originaux et les plus inventifs qu'il m'ait été donné de rencontrer. En dehors de l'idée des étoiles à neutrons, il a à son actif la découverte de la *matière noire* qui ne se manifeste que par son action gravitationnelle, dont il a suspecté qu'elle formait une grande partie de la masse des amas de galaxies. Il a pu en effet estimer la masse du grand amas de galaxies de la constellation Coma Berenices (Fig. 1.23) à partir de la mesure de la vitesse radiale (vitesse d'éloignement ou de rapprochement) d'un échantillon des galaxies qu'il contient ; il utilisa le fait que les galaxies sont en équilibre entre l'attraction gravitationnelle, qui tend à les rassembler au centre de l'amas, et leur agitation qui tend à les disperser[56]. Zwicky a ainsi constaté que la masse de l'amas de Coma est très supérieure à la somme des masses des galaxies qu'il contient, ce qui indique la présence de masse invisible optiquement. Cette découverte fondamentale, dont on reparlera plus loin, n'a pas suscité beaucoup d'intérêt à l'époque. Il est vrai que le franc-parler de Zwicky, personnage assez picaresque, lui a créé bien des ennemis. En voici un exemple : lors d'un séminaire donné au California Institute of Technology par Geoffrey Burbidge, astronome célèbre qui y développait des théories cosmologiques plutôt discutables, l'auditoire, dont je faisais partie, eut la surprise d'entendre, dans l'obscurité temporaire que nécessitait la projection d'une diapositive, une voix tonitruante issue du fond de la salle, qui proférait « That's all bullshit » (tout ça, c'est de la m...). La lumière revenue, on put voir Zwicky dressé comme un Jupiter tonnant, pointant du doigt le malheureux conférencier... qui heureusement en avait vu d'autres.

Pour conclure l'examen de cette période de l'histoire de l'astronomie contemporaine, je voudrais faire remarquer encore une fois à quel point l'astronomie a été liée à la physique et même aux mathématiques et comment ces disciplines se sont mutuellement fécondées. En fait, une grande partie des astronomes qui ont marqué la période 1910-1950 ont également apporté des contributions fondamentales en physique, et *vice-versa*. On peut citer par exemple Eddington et Sir James Jeans en

Angleterre, Bowen aux États-Unis, Edlén en Suède, etc. Parmi les physiciens qui ont fortement contribué à l'astronomie, on notera chez les théoriciens Einstein, mais aussi les Soviétiques Landau et Lifshitz, les Américains Bethe et Oppenheimer, et chez les expérimentateurs Albert A. Michelson, également Américain, qui mesura le premier le diamètre d'une étoile en 1920 avec Pease[57]. Cette conjonction ne fait que prolonger ce qui s'est passé au XVIIe siècle : Galilée, Christiaan Huygens et Isaac Newton n'étaient-ils pas à la fois astronomes et physiciens? Cependant, même à l'heure actuelle, l'astronomie et la physique ne sont pas encore entièrement intégrées l'une à l'autre, au moins dans notre pays. Ce retard regrettable dans une évolution pourtant inéluctable tient à la routine et aussi à la spécialisation croissante des astronomes et des physiciens; pourtant, n'ont-ils pas de plus en plus besoin les uns des autres?

Et en France?

On ne trouve aucun Français parmi les noms qui viennent d'être cités. De fait, la France a surtout brillé par son absence dans le prodigieux développement de l'astronomie entre 1910 et la seconde guerre mondiale : pour la première fois dans l'histoire de la science, les anglosaxons ont nettement dominé la scène de la recherche. Il est intéressant d'essayer de cerner les causes de cette désaffection, causes qui me paraissent multiples. D'une part l'astronomie française au XIXe siècle et au début du XXe siècle, bien qu'elle ait paru florissante, était entièrement axée sur l'astronomie dite fondamentale et la mécanique céleste, et cultivait donc plus l'aspect mathématique que l'aspect physique. Certes la mécanique céleste devait connaître son heure de gloire avec Charles Delaunay, Félix Tisserand et surtout Henri Poincaré, dont les contributions sont particulièrement remarquables en ce qu'elles préfigurent la théorie du chaos. De son côté, l'astrométrie a continué à occuper l'essentiel de l'activité de nombreux astronomes, en particulier avec l'entreprise considérable qu'était l'établissement de la Carte photographique du ciel, qui fut d'ailleurs un semi-échec. Ces aspects de l'astronomie ont survécu, principalement au Bureau des longitudes et au Bureau de l'heure de l'Observatoire de Paris, qui devait devenir international en 1919, avec d'ailleurs quelques beaux résultats comme la découverte par Nicolas Stoyko des irrégularités aléatoires de la rotation de la Terre; il faut y ajouter d'autres activités astrométriques en divers observatoires. Le moins que l'on puisse dire est que la plupart des astronomes de cette école, tout bons scientifiques qu'ils aient été et malgré leur dynamisme (il faut citer ici les plus actifs d'entre eux, l'amiral Ernest Mouchez et le général Gustave Ferrié), ne s'intéressaient guère à l'aspect physique du ciel. Pourtant dès 1876 Jules Janssen avait créé l'Observatoire de Meudon, qui devint en 1926 la Section d'astrophysique de l'Observatoire de Paris; mais faute de grand télescope[d] (Fig. 1.24), l'astrophysique s'est limitée au Soleil et aux planètes jusqu'à la dernière guerre mondiale, à quelques exceptions près comme la remarquable étude cinématique et la détermination de la température de la Nébuleuse d'Orion par Henri Buisson, Charles Fabry et H. Bourget à l'Observatoire de Marseille[58]. De leur côté, Henri Mineur, Jean-Claude Pecker et Evry Schatzman avant et après la dernière guerre mondiale, et plus récemment Roger Cayrel et son épouse Giusa Cayrel de Strobel, ont fait de belles contributions à la

Figure 1.24. Le télescope de 80 cm de Foucault à l'Observatoire de Marseille dans sa coupole, due également à Foucault et malheureusement détruite.

[d] Les plus grands télescopes en fonctionnement en France jusqu'à la deuxième guerre mondiale étaient le télescope de 1 m de diamètre de Meudon, qui date de 1893, et celui de 80 cm de diamètre de l'Observatoire de Marseille, construit par Foucault en 1864. Un télescope de 120 cm de diamètre à Paris était inutilisable car son miroir était défectueux. La grande lunette de 83 cm de diamètre installée à Meudon en 1893 ne pouvait servir à autre chose qu'à l'étude des planètes, des satellites et des étoiles doubles. Pas de quoi lutter avec les États-Unis !

théorie des atmosphères stellaires et à celle des naines blanches, tandis que Daniel Barbier, Daniel Chalonge et Lucienne Divan construisaient un système de classification stellaire à partir des spectres ultraviolets, qui n'a pas eu l'avenir escompté malgré ses qualités car la concurrence est rude en ce domaine. L'astronomie extragalactique faisait son apparition grâce aux efforts de Jean Dufay, tandis que Jean Delhaye développait un peu plus tard l'astronomie galactique.

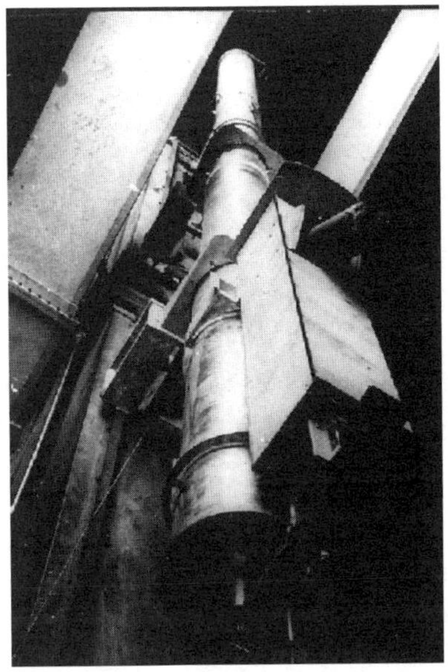

Figure 1.25. Le coronographe de Bernard Lyot à l'Observatoire du Pic du Midi, en 1935.

Pour étudier le Soleil, des instruments nouveaux furent construits : par exemple, l'observation de la couronne a été rendue aisée et systématique grâce à l'invention, en 1931, du coronographe (Fig. 1.25) par Bernard Lyot. De son côté, Henri Deslandres, qui fut non seulement un habile constructeur d'instruments et astronome observateur mais un physicien moléculaire de renom, inventait indépendamment de George Hale aux États-Unis le spectrohéliographe, qui permet d'obtenir des images du Soleil dans les raies spectrales les plus intéressantes. Cependant on a surtout accumulé des observations dont on n'a guère tiré parti pour une meilleure compréhension de la physique de l'astre. On ne saurait en blâmer les astronomes, cette compréhension nécessitant des bases de physique des plasmas qui n'ont pas été développées avant les années 1950. Le choix du Soleil comme objet presque exclusif d'étude était donc une erreur. Il est regrettable que cette spécialisation trop étroite ait paralysé les développements dans des voies plus accessibles à l'interprétation physique, et donc plus prometteuses.

Certes il est vrai que la physique fut loin d'être brillante en France pendant la première moitié du XXe siècle. Anatole Abragam a très bien analysé les causes de cette défaillance[59]. Je peux de mon côté témoigner de la médiocre qualité de l'enseignement de la physique et de la chimie à la Sorbonne autour de 1950, époque où il était presque impossible de suivre un cours de mécanique quantique et où les chimistes paraissaient toujours ignorer l'électron[e]. Les grands physiciens français de la première moitié du XXe siècle qu'étaient Marie Curie, Paul Langevin, Jean Perrin, Frédéric Joliot-Curie et son épouse Irène, Louis de Broglie, etc., étaient souvent marginaux vis-à-vis de l'Université. Ils ne se sont malheureusement pas plus intéressés à l'étude de l'Univers que leurs collègues de la Sorbonne. Seul Jean Perrin a compris, bien qu'un peu tard, l'intérêt de l'astrophysique : juste après avoir créé en 1936 la Caisse nationale de la recherche scientifique, aujourd'hui le CNRS (Centre national de la recherche scientifique), il décida la construction de l'Observatoire de Haute-Provence[60] et de l'Institut d'astrophysique de Paris. Le premier journal professionnel français en astrophysique, les *Annales d'Astrophysique*, a été fondé en 1937. Mais il est vrai aussi

[e] Il y avait heureusement de meilleurs cours à l'École normale supérieure, et quelques bons livres d'enseignement (Bruhat, Rocard pour la physique, Danjon, Schatzman et Pecker pour l'astronomie). Georges Bruhat est un des rares physiciens français à s'être intéressé à l'astronomie : il a écrit deux livres de vulgarisation : *Le Soleil* et *Les étoiles*.

que les astronomes d'avant la seconde guerre mondiale ne se penchaient guère sur des sujets qui eussent pu attirer les physiciens, ayant surtout des liens avec les mathématiciens : d'où un certain mépris réciproque qui créa une situation difficilement réversible. Les seuls physiciens qui se soient réellement intéressés à l'astronomie ont été des expérimentateurs comme Fabry, qui appartenait à la brillante école française d'optique. De ces rares collaborations résultèrent un certain nombre d'observations, solaires ou non, mais peu d'interprétation.

Les constructeurs d'instruments dont j'ai parlé sont issu de cette lignée. On y trouve Lyot, par ailleurs excellent observateur du Soleil et des planètes[f], André Lallemand qui développa les photomultiplicateurs et inventa la caméra électronique, et enfin André Couder, qui fut un grand constructeur de télescopes, pour ne parler que des disparus. Mais peu d'astronomes ont su utiliser à bon escient ces instruments, venus d'ailleurs bien tard, et interpréter leurs propres observations pour en tirer des résultats astrophysiques ; tous, ou presque tous, sont passés à côté de la véritable révolution qui avait lieu aux États-Unis, en Angleterre et en Allemagne.

La séparation entre théoriciens et observateurs, qui s'est accompagnée d'une dichotomie partielle entre observateurs et constructeurs d'instruments, a donc été, avec le choix malheureux du Soleil comme principal sujet de recherche, un gros obstacle au développement de l'astronomie dans notre pays avant la seconde guerre mondiale. Un autre obstacle fut, je l'ai dit, le manque d'intérêt des physiciens pour l'astronomie. Il en subsiste encore quelques séquelles, car l'évolution des esprits est lente et tout cela est inscrit dans nos structures.

---

[f] La *seule* publication française reproduite dans l'ouvrage de référence de Lang K.R., Gingerich O., Eds., *A Source Book in Astronomy and Astrophysics, 1900-1975* (voir la bibliographie ; ici désigné par le sigle **LG**) est un article de Bernard Lyot sur la polarisation de la Lune, de Mars et de Mercure (1924, *Comptes rendus des séances hebdomadaires de l'Académie des sciences* 178, p. 1796). Cet ouvrage reproduit pour la période qu'il considère (peu d'articles datant en fait d'après 1965) 88 articles américains, 20 anglais, 19 allemands, 11 hollandais et 10 russes. Même en tenant compte d'un biais évident en faveur des américains, le bilan est peu glorieux pour notre pays.

Chapitre 2

1950-1970, nouveaux domaines, nouveaux objets

Comme pour bien des activités, la seconde guerre mondiale fut pour l'astronomie une période de rupture, une époque sombre où tout fut mis en sommeil, même dans les pays qui paraissaient le plus à l'abri de la tourmente. Seule exception : les États-Unis où le *black-out* des lumières des villes a permis des observations avec une qualité de ciel jamais retrouvée depuis. Grande était cependant l'activité scientifique et technique dans les domaines militaire et paramilitaire. Il devait en résulter un développement prodigieux de la physique nucléaire, et aussi de certaines techniques comme l'électronique, développement dont les répercussions sur l'évolution de l'astronomie ont été considérables. Les nécessités du relèvement économique, la reconversion des hommes vers les activités civiles, et aussi le secret qui couvrait le résultat des recherches militaires, amenèrent cependant un délai de plusieurs années dans leur application à l'astronomie. Il m'a donc paru justifié de ne faire commencer la période « moderne » qui fait l'objet de ce chapitre qu'aux environs de 1950, peu après la mise en service du télescope géant du Mont Palomar en 1948 [a] (Fig. 2.1).

Avant d'aborder cette étude, il n'est pas inutile de faire le point sur ce que l'on savait alors de l'Univers. Pas grand chose, somme toute, sur le système planétaire qui n'ait été déjà connu au début du siècle : tout au plus l'étude par Bernard Lyot de la polarisation de la lumière réfléchie par la Lune et les planètes avait-elle apporté d'intéressantes informations sur la nature de leur surface[1], et la spectroscopie permis aux Américains Slipher, Theodore Dunham et Adams et à l'Allemand Wildt de savoir quelles planètes possédaient une atmosphère et d'en identifier quelques constituants[2]. Cependant — et c'est là un des apports majeurs de la période précédente — on avait compris dans ses très

[a] À côté du télescope de 5 m, on a aussi construit un télescope à grand champ (télescope de Schmidt) de 1,22 m de diamètre. Cet instrument est conçu comme un télescope d'exploration capable de détecter des objets intéressants à observer en détail avec le grand télescope. Il a permis la couverture photographique complète du ciel, en collaboration avec des instruments semblables construits plus tard à l'Observatoire anglo-australien en Australie et à l'Observatoire européen austral au Chili.

Figure 2.1. Le télescope de 5 m de diamètre du Mont Palomar, vu avec un appareil photographique à très grand champ. L'astronome peut observer soit dans une cabine située directement au foyer du miroir primaire (*foyer primaire*), soit au foyer Cassegrain, soit pour la spectroscopie à haute résolution dans un local situé sous le télescope, où la lumière est renvoyée par un jeu de miroirs (*foyer coudé*).

grandes lignes la structure de l'intérieur et de l'atmosphère du Soleil et des étoiles, et découvert que la source de leur énergie est la fusion thermonucléaire. Cependant on n'avait encore que des notions très vagues sur l'évolution des étoiles, et on ne savait rien de l'origine des divers éléments qui les composent. Si l'existence de gaz et de poussières entre les étoiles était bien établie, on ignorait pratiquement tout de leur composition, de leur physique, de leur origine et même de leur distribution à grande échelle dans la Galaxie, sauf en ce qui concerne les nébuleuses gazeuses ionisées par les étoiles chaudes. La forme et les dimensions de la Galaxie étaient à peu près connues, mais il paraissait à jamais impossible d'en observer les régions lointaines, et en particulier le centre, en raison de l'extinction par les poussières interstellaires. Enfin, on avait appréhendé l'immensité de l'Univers, rempli de millions de galaxies dont la nôtre n'est qu'une parmi d'autres, et découvert son expansion. Mais on n'avait pas abordé l'étude de la formation et de l'évolution des galaxies, sur lesquelles nos connaissances n'étaient que purement descriptives : la cosmologie était encore beaucoup plus mathématique que physique.

Bien que certains pionniers aient montré depuis longtemps que l'observation du ciel dans des longueurs d'onde invisibles à nos yeux – les ondes radio, l'infrarouge, l'ultraviolet, les rayons X et gamma (Fig. 2.2) — pourrait nous apporter des informations utiles et peut-être même essentielles, la communauté astronomique n'imaginait pas qu'elle pût rapidement en bénéficier. Il est vrai que si les techniques de détection optique avaient atteint un degré de raffinement considérable, il n'en était pas de même aux autres longueurs d'onde. Il faut cependant citer, plutôt en tant qu'exception, les remarquables observations planétaires et stellaires dans l'infrarouge des Américains Edison Pettit et Seth B. Nicholson, publiées dans les années 1920, qui leur avaient permis d'obtenir une bonne idée de la température de la surface visible

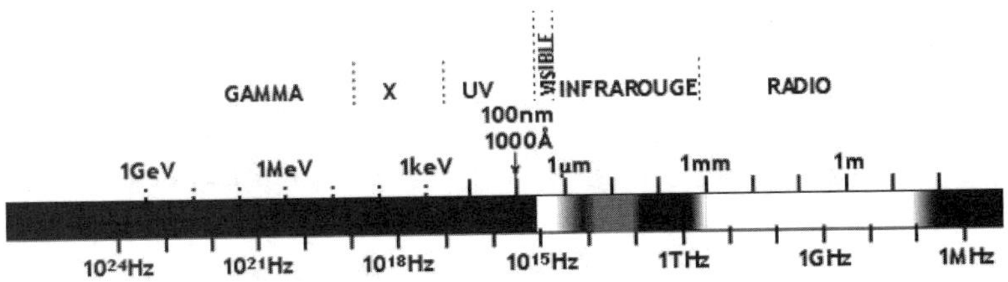

Figure 2.2. La transparence de l'atmosphère terrestre pour l'ensemble des ondes électromagnétiques est schématisée en fonction de la fréquence (échelle du bas) ou de la longueur d'onde (échelle supérieure) ; en rayons X et gamma, on a indiqué selon l'usage l'énergie du photon en électron-volts, au lieu de la longueur d'onde. Les zones noires correspondent à une opacité complète, les blanches à une bonne transparence. Remarquer l'étroitesse du domaine visible (de 0,4 à 0,9 micromètre).

de la Lune et de certaines planètes[3]. Personne, ou à peu près, ne songeait parmi les astronomes à la possibilité d'observations spatiales, bien que la technique des fusées fut en plein développement ; avions et ballons n'avaient été utilisés qu'exceptionnellement pour l'astronomie.

C'est dans ce contexte qu'eurent lieu les premiers efforts des radioastronomes et des pionniers de l'astronomie spatiale. Je vais tout d'abord décrire ces efforts, puis faire un « tour d'Univers » pendant lequel nous verrons à quel point l'astronomie a été renouvelée par ces nouvelles techniques dès leur apparition.

Les débuts et le développement de la radioastronomie

La préhistoire

Bien que tout le monde sache aujourd'hui que l'on peut étudier le ciel en ondes radio, ce n'était pas du tout évident il y a trente ou quarante ans. Pourtant il y avait eu des essais, dont les premiers datent des débuts de la radio. Thomas A. Edison avait pensé dès 1890 que l'on pourrait détecter une éventuelle émission radio liée à l'activité du Soleil, mais cette idée ne fut pas poursuivie. Des essais furent effectués avant 1900 en Angleterre et en Allemagne. La tentative la plus connue fut en 1902 celle de Charles Nordmann[4], qui installa une antenne de 175 m de long à 3 100 m d'altitude, sur les flancs du mont Blanc, « pour éliminer autant que possible l'action absorbante de l'atmosphère ». Cette tentative ne donna pas de résultat et tomba dans l'oubli. Celui qui découvrit effectivement l'émission radio du ciel fut un Américain, Karl G. Jansky, ingénieur aux Bell Telephone Laboratories. En effectuant des essais d'antennes, il observa en 1931 des « parasites » d'origine inconnue qui apparaissaient régulièrement lorsque l'antenne était pointée en direction de la Voie lactée. Il en déduisit fort correctement qu'il était en train de recevoir l'émission radio de la Galaxie. Bien que trois articles aient relaté cette découverte dans une revue d'électronique bien distribuée[5], et qu'elle ait même eu les honneurs de la première page du *New York Times*, elle ne suscita qu'un intérêt des plus modérés chez les astronomes.

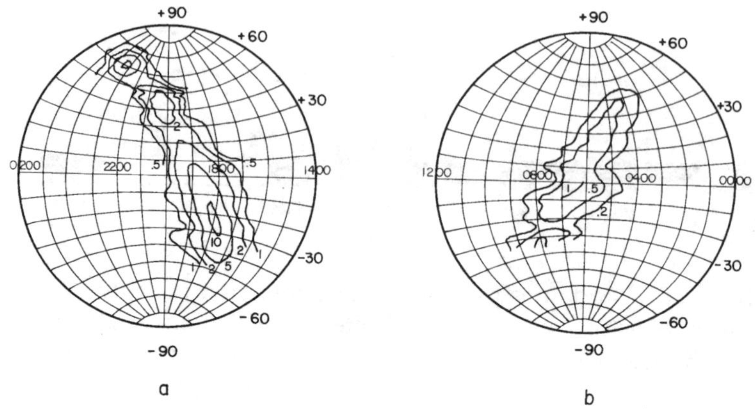

Figure 2.3 La première carte d'isophotes radio de la Galaxie, obtenue par Reber pendant la dernière guerre mondiale, à 1,87 m de longueur d'onde[6]. À gauche, l'hémisphère céleste qui contient le centre galactique, la région la plus intense ; l'autre hémisphère est à droite. Les chiffres sur la ligne centrale de chaque cercle représentent l'ascension droite, et ceux qui entourent les cercles correspondent à la déclinaison. Les régions au sud de la déclinaison –40° étaient inobservables.

Un autre ingénieur radio américain, astronome amateur, Grote Reber, reprit en 1936 le travail de Jansky en construisant dans son jardin une antenne parabolique orientable de dimensions respectables (9,5 m de diamètre) avec laquelle il réussit à faire une première cartographie de l'émission radio galactique (Fig. 2.3). Ce travail, bien que terminé en pleine guerre, attira davantage l'attention que celui de Jansky, surtout de la part de quelques ingénieurs radio et radar juste après la guerre. Certains de ces ingénieurs radar étaient par ailleurs au courant d'une découverte fortuite faite pendant la guerre, notamment par James S. Hey en Angleterre (elle avait également eu lieu du côté allemand) et qui avait été tenue secrète : on avait observé que lorsqu'un radar était pointé en direction du Soleil, il recevait de celui-ci un rayonnement radio si intense qu'il pouvait brouiller les échos obtenus sur les avions. Il était donc clair, au moins aux yeux de quelques-uns, que l'on pouvait détecter et étudier le rayonnement radio provenant soit du Soleil, soit de la Galaxie. Certains de ces ingénieurs radio, la guerre une fois terminée, rêvèrent de mettre à profit pour faire de l'astronomie les immenses progrès faits dans les récepteurs radio et les antennes, notamment en ondes courtes. C'est grâce à des associations avec des physiciens, et non avec des astronomes, qu'ils y parvinrent dans plusieurs pays, créant ainsi la radioastronomie.

Les premières équipes

L'apparition de la radioastronomie, sous-discipline à caractère nettement technique, au sein de l'astronomie traditionnelle, est un phénomène tout à fait nouveau dans l'histoire des sciences[7]. La radioastronomie est née simultanément en Angleterre, en Australie, aux États-Unis, aux Pays-Bas, en France, en Union soviétique, et un peu plus tard dans d'autres pays, y compris l'Allemagne. Certains de ces pays avaient pu développer pendant la guerre un potentiel technique directement utilisable pour l'observation astronomique : c'était le cas des trois premiers. La situation était différente aux Pays-Bas et en France, où l'élément déterminant fut la disponibilité d'antennes de grande dimension pour l'époque, anciens radars allemands récupérés comme prises de guerre. C'est ainsi que grâce aux efforts d'Yves Rocard, alors directeur du laboratoire de Physique de l'École normale supérieure, plusieurs antennes de 7 m de diamètre dites « antennes Würzburg » purent être transportées en France (Fig. 2.4). Il s'agissait d'antennes paraboliques de construction très robuste, d'une technique fort avancée pour l'époque, et utilisables en ondes décimétriques (on peut encore voir l'une d'elles en fonctionnement à l'Observatoire de Bordeaux). Des projecteurs paraboliques antiaériens allemands de 1 m de diamètre, utilisables en ondes centimétriques, furent également rapportés en France ; l'un d'eux, monté sur le toit du Laboratoire de physique de l'École normale supérieure, en plein Quartier latin, fut le premier instrument du petit groupe de radioastronomes de ce laboratoire, créé en 1947 par Jean-François Denisse. Il est significatif que ce groupe ait été fondé au sein d'un laboratoire de physique et non d'un observatoire, et que son fondateur ait été un physicien des plasmas et non un astronome.

Figure 2.4. Deux antennes provenant de radars allemands Würzburg photographiées dans les années 1960 à la station de radioastronomie de Nançay. Ces deux antennes, mobiles sur une voie ferrée Nord-Sud (comme sur cette photo) ou sur une voie Est-Ouest, formaient un interféromètre qui a fonctionné de 1959 à 1964.

De même, en Angleterre un groupe de radioastronomie fut fondé au sein du prestigieux Cavendish Laboratory de Cambridge, et un autre à Jodrell Bank, dépendant de l'Université de Manchester. Aux États-Unis, les premières équipes furent celles du Naval Research Laboratory et du Department of Terrestrial Magnetism de la Carnegie Institution à Washington. Tous ces groupes étaient constitués d'ingénieurs radio formés pendant la guerre, à l'esprit de recherche très ouvert, et de jeunes physiciens provenant d'horizons divers. Aucun n'avait au départ de connaissances en astronomie. En revanche, la diversité même de leur formation devait se révéler extrêmement bénéfique aussi bien sur le plan technique que sur le plan scientifique, chacun apportant des éléments originaux et souvent complémentaires. Cette période, que j'ai connue dès 1954, date à laquelle je rejoignis comme tout jeune étudiant sans aucune formation en astronomie le groupe de l'École normale supérieure, était particulièrement excitante. Tout était à faire, et il fallait inventer des solutions à bien des problèmes techniques, alors que les observations nous révélaient des aspects de l'Univers tout à fait inattendus. L'interprétation de ces observations, qui nécessitait bien plus de connaissances en physique qu'en astronomie traditionnelle, était aussi ardue que la conception et la réalisation des instruments.

L'apparition des interféromètres

Les difficultés les plus considérables de l'observation radioastronomique tenaient au manque de résolution angulaire, et à l'impossibilité d'obtenir d'un seul coup l'image d'une portion du ciel. Ces difficultés sont bien moindres en optique, où il suffit d'un instrument de 10 cm d'ouverture pour atteindre une résolution de l'ordre de la seconde de degré, la limite imposée par l'atmosphère terrestre, et où l'œil et la plaque photographique sont capables d'enregistrer l'image d'objets étendus avec un luxe considérable de détails. La diffraction limite la résolution angulaire d'un récepteur d'ondes électromagnétiques, que ce soit un télescope ou une antenne, à un angle de l'ordre de λ/D radians, où λ est la longueur d'onde d'observation et D le diamètre de l'instrument utilisé. En optique, la longueur d'onde est très petite (de l'ordre de 0,5 µm) et il suffit d'un instrument de dimensions réduites pour percevoir des détails très fins. Avec les longueurs d'onde radio, qui vont du centimètre à la dizaine de mètres, les instruments doivent être beaucoup plus grands. Si l'on désire par exemple obtenir un pouvoir de résolution d'environ 1 minute de degré (qui est celui de l'œil humain), à la longueur d'onde déjà courte de 20 cm, il faut une antenne de 700 m de diamètre. Il est encore impensable aujourd'hui de construire une antenne parabolique orientable aussi grande : un tel monstre, en admettant qu'il soit réalisable, serait effroyablement coûteux. Heureusement les ingénieurs radio et radar avaient déjà trouvé diverses solutions à ce problème, d'une façon souvent empirique. En effet, il n'est pas nécessaire d'avoir une antenne d'un seul tenant pour atteindre le pouvoir de résolution désiré : plusieurs petites antennes connectées par des lignes électriques à un même récepteur mais distribuées sur une grande étendue remplissent la même fonction. Un tel instrument est un *interféromètre* (l'appendice 1 développe l'histoire de l'interférométrie en France, aussi bien en optique qu'en radio).

Ces possibilités pour obtenir un bon pouvoir de résolution ont été effectivement mises en œuvre pour la radioastronomie dans la période 1950-1960, et ont fonctionné avec succès dans divers pays. Pendant ce temps, des radioastronomes mettaient à profit leurs connaissances mathématiques pour élaborer une théorie satisfaisante des interféromètres : ce fut notamment l'œuvre de Jacques Arsac en France et de Ronald N. Bracewell aux États-Unis, qui se sont d'ailleurs inspirés de travaux de physiciens (surtout opticiens), comme Michelson ou en France Pierre-Michel Duffieux et André Maréchal. Par l'intermédiaire de ces derniers, la florissante école d'optique française apportait par une voie détournée une importante contribution à l'astronomie. Ces développements mathématiques suscitèrent à leur tour de nouveaux types d'instruments[b].

L'ingéniosité des radioastronomes parvint aussi à résoudre l'autre difficulté dont j'ai parlé : celle qu'il y a à obtenir de véritables images

---

[b] Par ailleurs les progrès dans ce domaine se répercutèrent bientôt sur les techniques optiques : il n'est pas douteux que c'est en partant à la fois d'une réflexion sur la nature de la lumière et de leur expérience radioastronomique que Robert Hanbury-Brown et Richard Q. Twiss parvinrent à mettre au point en Australie, en 1956, un remarquable interféromètre optique comportant deux télescopes reliés ensemble électroniquement, qui leur permit de mesurer le diamètre des étoiles les plus brillantes (Fig. 2.5).

Figure 2.5. L'interféromètre optique de Hanbury Brown et Twiss[8]. Situé en Australie, cet interféromètre à deux miroirs mosaïques mobiles sur une voie ferrée circulaire, qui concentrent la lumière sur des tubes photomultiplicateurs supportés par la perche, a permis de mesurer le diamètre angulaire des étoiles les plus brillantes. Il a été ensuite abandonné en raison d'un manque de sensibilité lié à son principe même. Hanbury Brown a également construit sur un principe analogue un des premiers interféromètres radio.

radio du ciel. Pour cartographier une région donnée du ciel, une antenne unique doit en effet l'explorer point par point, ce qui est fort long. On peut, bien entendu, disposer côte à côte au foyer de l'antenne plusieurs récepteurs fonctionnant simultanément pour observer plusieurs points à la fois ; cette solution coûteuse est souvent employée, mais le système devient vite complexe et on ne peut aller très loin dans cette direction. Les interféromètres offrent d'autres possibilités, développées simultanément dans divers pays, mais principalement à Cambridge en Angleterre où elles ont valu à Sir Martin Ryle le prix Nobel de physique en 1974. Avec un réseau d'antennes fixes, par exemple, on peut faire varier la direction de réception sans changer la position des antennes, à condition de les réunir aux récepteurs par des longueurs de ligne différentes, judicieusement choisies pour que la somme des trajets des ondes radio jusqu'à l'antenne puis de l'antenne au récepteur soit la même pour chaque antenne[c] (Fig. 2.9). On peut également séparer la sortie de chaque antenne en plusieurs voies et combiner les voies correspondantes à autant de récepteurs avec des longueurs de ligne électrique différentes. On réalise ainsi plusieurs directions de réception différentes mais simultanées (Fig. 2.6). Un tel système, dont le premier a été construit par Émile-Jacques Blum à Nançay en France en 1956, est adapté à la cartographie d'objets rapidement variables dans le temps comme le Soleil (Fig. 2.7), mais implique une électronique complexe.

Aux longueurs d'onde décamétriques, il devient difficile d'avoir une bonne résolution angulaire car il faut pour cela des instruments de

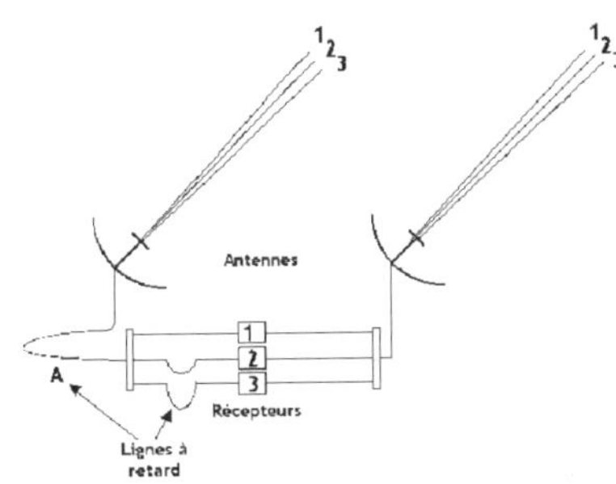

Figure 2.6. Principe d'un interféromètre à plusieurs directions simultanées de réception. Deux antennes seulement sont représentées, qui sont réunies aux récepteurs par des câbles de longueur différente. La longueur supplémentaire **A** (ligne à retard) compense la différence de marche entre les plans d'onde qui arrivent sur les deux antennes, si bien que la frange centrale d'interférence se trouve dans la direction **1**. Lorsqu'il y a de nombreuses antennes, ce qui est toujours le cas, c'est la direction de réception de l'interféromètre. On divise le signal de chaque antenne et on ajoute de petites longueurs pour les signaux ainsi séparés : la frange centrale se trouve alors décalée dans les directions **2**, **3**, etc., qui sont autant de directions de réception simultanées, ce qui permet de faire des images.

[c] Il faut cependant que les antennes soient omnidirectionnelles, ce qui est le cas des dipôles simples, ou si elles ne le sont pas que chacune d'elles suive la source étudiée au cours de son mouvement dans le ciel.

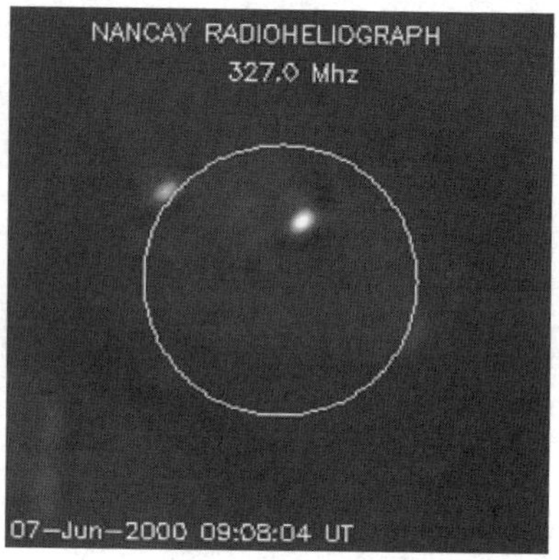

Figure 2.7. Une image radio instantanée du Soleil obtenue avec le radiohéliographe de Nançay. Cet instrument est un interféromètre en forme de T qui permet plusieurs directions de réceptions simultanées dans la direction Est-Ouest et dans la direction Nord-Sud. On peut donc obtenir d'un seul coup une image à deux dimensions. Elle montre deux centres d'activité radio sur le Soleil ; le disque visible est indiqué par un cercle.

Figure 2.8. L'interféromètre de Nançay pour ondes décamétriques. Cet instrument, conçu pendant les années 1970, comporte 144 antennes de 9 m de haut, faites d'un fil conducteur enroulé sur un cône, réparties sur une surface de 10 000 m^2. Elles permettent la réception de signaux sur une large bande de longueur d'onde : 3 à 30 m.

dimensions gigantesques. On se contente donc souvent d'interféromètres assez compacts qui permettent simplement de ne recevoir que le rayonnement de l'objet à étudier, le plus souvent le Soleil, Jupiter ou Saturne (Fig. 2.8). Ces objets étant très rapidement variables, il faut des récepteurs spécifiques très rapides (plusieurs dizaines de milliers de mesures par seconde). Il existe cependant de très grands interféromètres pour ondes décamétriques, par exemple à Kharkov en Ukraine.

Si l'objet ne varie pas, on peut utiliser les techniques dites de *synthèse* ou de *supersynthèse d'ouverture* (Encadré 2.1). L'électronique est alors plus simple, mais la réalisation d'une carte nécessite des calculs fort lourds qui ne peuvent être effectués qu'avec des ordinateurs. Aussi les radioastronomes ont-ils été les premiers à vouloir utiliser les ordinateurs pour réaliser leurs observations proprement dites : il n'est pas surprenant que le premier ordinateur installé à l'observatoire de Meudon vers 1959 l'ait été par un radioastronome (Jacques Arsac). C'était une machine IBM 650 à lampes, bien moins puissante et beaucoup plus lente qu'un bon calculateur de poche d'aujourd'hui, et de plus très souvent en panne ; mais elle m'a été bien utile dans mon travail de thèse qui portait justement sur l'étude de la structure des radiosources à partir d'observations interférométriques faites à Nançay, thèse que j'ai soutenue en 1962. Je conserve une certaine nostalgie de cette époque où l'on devait tout faire, depuis l'entretien de l'électronique jusqu'au déplacement des antennes sur une voie ferrée. Il fallait les tirer avec un camion, les caler et en ajuster la position en actionnant de grands leviers. Il fallait également bien entendu calculer et interpréter. Si ces deux opérations n'ont pas changé, au moins dans leur principe, l'observation radioastronomique, comme d'ailleurs toute observation astronomique, est aujourd'hui devenue beaucoup plus automatisée, donc plus impersonnelle.

Encadré 2.1. Synthèse et supersynthèse d'ouverture

Pour tirer le maximum d'information d'observations interférométriques, il faut disposer du plus grand nombre possible de bases (distances entre antennes ou télescopes) et du plus grand nombre d'orientations possibles pour ces bases. Des cas favorables de ce point de vue sont ceux d'interféromètres en forme de croix, de T ou de Y dont les bras égaux comportent de nombreuses antennes régulièrement espacées, toutes connectées les unes aux autres (Fig. 2.9). Si l'on ne dispose pas de toutes les antennes nécessaires, on peut combiner *a posteriori* plusieurs observations en déplaçant les antennes de telle manière que les positions précédentes soient toutes occupées successivement. C'est le principe de la *synthèse d'ouverture* introduit en 1960 à Cambridge en Angleterre par Sir Martin Ryle et Anthony Hewish[9]. Un perfectionnement de cette méthode consiste

Figure 2.9. La croix de Mills, en Australie. Cet interféromètre radio comporte deux séries d'antennes dipôles disposées sur les deux bras Est-Ouest et Nord-Sud d'une croix. Fonctionnant sur 3,5 m de longueur d'onde, il a permis l'établissement d'un des premiers catalogues complets de radiosources et la découverte du premier pulsar associé à un reste de supernova.

à suivre la source le plus longtemps possible dans son mouvement diurne avec un interféromètre dont les antennes sont orientables : vues de la source (c'est cela qui compte), les différentes bases voient leur orientation et leur longueur apparente changer au cours du temps, ce qui est encore plus favorable. C'est la *supersynthèse d'ouverture*, inventée en 1962 par les mêmes Ryle et Hewish[10]. Elle leur a valu (avec, pour Hewish, la découverte des pulsars) le Prix Nobel de physique en 1974, le premier décerné à des astronomes.

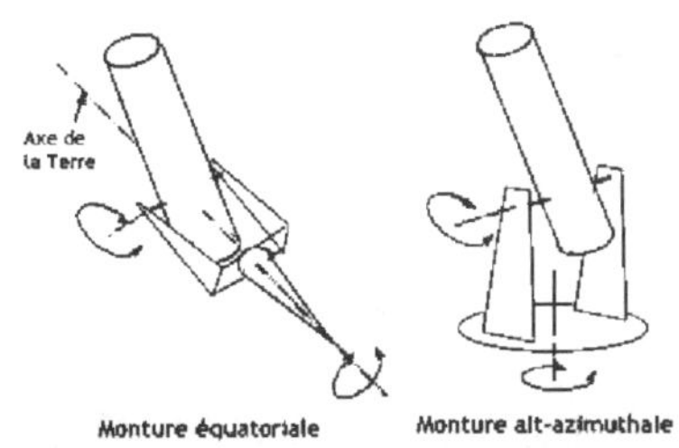

Figure 2.10. Les deux montures des télescopes ou des radiotélescopes. La monture alt-azimuthale, la plus simple mécaniquement, exige un pilotage par ordinateur.

Radiotélescopes géants

Les premiers instruments construits spécialement pour la radioastronomie furent soit des antennes multiples, mécaniquement assez simples, fonctionnant en interféromètres, soit des paraboloïdes d'assez grandes dimensions. Étant donné la faiblesse des signaux radio provenant du ciel, on pensa bientôt à construire des radiotélescopes géants, à la limite des possibilités techniques et financières. Le premier fut celui de Jodrell Bank en Angleterre. Terminé en 1957, cet instrument était en monture alt-azimuthale (Encadré 2.2) ce qui nécessitait un calculateur analogique pour l'orienter et suivre le ciel. C'était un paraboloïde orientable de dimensions impressionnantes, avec ses 76 m de diamètre (Fig. 2.11). Il a aussitôt permis de détecter l'émission de SPOUTNIK, le premier satellite artificiel, ce qui lui a procuré une notoriété considérable auprès du public et des militaires. Il n'était malheureusement pas adapté à l'observation de la raie de l'hydrogène neutre à 21 cm de longueur d'onde, qui fut découverte seulement deux ans après : il dut donc être re-surfacé ultérieurement pour atteindre les performances nécessaires à ces observations. Beaucoup mieux conçu grâce à l'expérience acquise à Jodrell Bank, le radiotélescope de 64 m de Parkes en Australie, inauguré en 1962, reste l'un des meilleurs instruments en

Figure 2.11. Le radiotélescope de 76 m de diamètre de Jodrell Bank, près de Manchester. En monture alt-azimuthale comme tous les grands radiotélescopes, il tourne sur une voie ferrée circulaire et son mouvement en élévation est réalisé par des moteurs agissant sur deux énormes roues dentées.

Figure 2.12. Le radiotélescope de 64 m de diamètre à Parkes, en Australie. Sa monture alt-azimuthale est portée par une tour en béton. La partie extérieure du miroir est grillagée ; la partie intérieure pleine permet des observations à des longueurs d'onde inférieures au centimètre avec une ouverture réduite.

Figure 2.13. Le radiotélescope de la station de l'Observatoire de Paris à Nançay (Cher). Il est formé d'un miroir plan de 200 × 40 m, au Nord, mobile en élévation autour d'un axe Est-Ouest, qui renvoie les ondes radio reçues de la source sur un miroir sphérique fixe de 300 × 35 m. Celui-ci, au Sud, focalise les ondes sur un cornet récepteur mobile situé entre les deux miroirs, qui permet de suivre la source pendant une demi-heure de part et d'autre de son passage au méridien. La surface des deux miroirs est un grillage.

fonctionnement (Fig. 2.12). Le radiotélescope géant de Nançay en France, de conception originale mais d'utilisation assez difficile, ne fut mis en service régulier qu'en 1968[d] (Fig. 2.13). Aux États-Unis, le National Radioastronomy Observatory (NRAO) construisait au début des années 1960 un radiotélescope de 43 m de diamètre, de bonne qualité mais en monture équatoriale pour le prix astronomique de 15 millions de dollars, 7 fois plus cher que l'instrument de Parkes[11] ! Comme son achèvement (en 1965) a pris beaucoup plus longtemps que prévu, NRAO a pu réaliser entre temps, en 1962, un radiotélescope méridien de 91 m de diamètre pour la raie à 21 cm, de construction légère, à vrai dire si légère qu'il s'est effondré spontanément en 1988.

Encadré 2.2. Les montures des télescopes et des radiotélescopes

La monture est un élément essentiel d'un télescope : elle assure sa stabilité et lui permet de suivre le mouvement apparent de l'objet visé dans le ciel, en compensant l'effet de la rotation de la Terre sur elle-même (Fig. 2.10). Dès le XVIIIe siècle, on a construit, pour les lunettes et les télescopes, des montures équatoriales, qui permettent de suivre l'astre grâce à un seul mouvement, autour d'un axe parallèle à l'axe des pôles de la Terre. Grâce à une rotation autour d'un autre axe perpendiculaire, on peut pointer l'instrument dans n'importe quelle direction. Cependant la monture équatoriale est mécaniquement peu satisfaisante, et, dans le cas d'un télescope, nécessite que la coupole qui l'abrite ait de grandes dimensions. La monture alt-azimuthale, où l'un des axes est vertical et l'autre horizontal, est mécaniquement idéale et permet de réduire considérablement les dimensions de la coupole : ces deux facteurs diminuent beaucoup le prix du télescope. Elle nécessite cependant de calculer continuellement la position que doit viser l'instrument, et aussi de faire tourner l'instrument focal autour de l'axe optique pour compenser l'inévitable rotation de l'image au cours de la pose. Ceci n'a été possible qu'avec l'apparition des ordinateurs. Aujourd'hui, tous les grands télescopes et radiotélescopes sont en monture alt-azimuthale.

[d] Il s'agit d'un instrument méridien, qui ne permet d'observer une source donnée que pendant une heure par jour ; il est asymétrique si bien que le pouvoir de résolution angulaire n'est pas le même dans le sens Est-Ouest et dans le sens Nord-Sud. Un projet concurrent s'était présenté : un interféromètre à deux antennes mobiles de 25 m de diamètre. Je n'étais à l'époque qu'un étudiant et n'avais pas voix au chapitre, mais j'étais déjà persuadé qu'il aurait mieux valu choisir ce dernier projet ; un interféromètre identique fut d'ailleurs réalisé par le California Institute of Technology à l'Observatoire de Owens

L'avènement de l'astronomie spatiale

Des ballons aux fusées

L'histoire des débuts de l'astronomie spatiale est proche de celle de la radioastronomie, car elle est entièrement liée aux développements techniques nouveaux : comme la radioastronomie, cette sous-discipline ne fut pas initialement le fait des astronomes. Depuis longtemps, on lançait des ballons pour étudier le rayonnement cosmique, dont l'origine extra-terrestre fut ainsi prouvée dès 1911-1912 par l'autrichien Victor Franz Hess[12]; il reçut pour cela en 1936 le prix Nobel de physique. L'utilisation des ballons ne s'est jamais arrêtée par la suite. Dans les années 1950, il était tout à fait courant de lancer des ballons pour l'étude des phénomènes d'interaction entre le Soleil et la Terre, en particulier pour observer l'augmentation de l'intensité des rayons cosmiques dans la haute atmosphère terrestre à la suite des éruptions solaires : une bonne centaine furent lancés dans ce but aux États-Unis, et beaucoup d'autres ailleurs, au cours de l'Année géophysique internationale (1957-1958).

La première fusée à emporter un équipement destiné à l'observation astronomique fut lancée aux États-Unis le 10 octobre 1946 ; elle prit un spectre ultraviolet du Soleil. Ce n'est cependant que lorsqu'on réussit à construire un dispositif de pointage automatique s'affranchissant des mouvements de la fusée que l'on parvint à obtenir des résultats de bonne qualité ; cet objectif fut atteint en 1952, toujours aux États-Unis. En 1956-1957, le lancement des fusées était devenu une opération suffisamment sûre pour que l'on puisse en faire partir « sur alerte », par exemple au moment d'une éruption du Soleil.

La technique des instruments embarqués à bord de ces ballons et fusées était en grande partie adaptée des réalisations des physiciens

---

Valley ; je l'ai utilisé par la suite. La construction du radiotélescope de Nançay est un exemple de bricolage assez typique de l'époque. L'obtention des crédits n'a posé aucun problème : les temps étaient fastes en cette période gaullienne. En revanche, nous ne disposions que d'un seul ingénieur, Marcel Parize, mécanicien au demeurant fort compétent, et la compagnie chargée de la construction métallique, bien qu'également compétente dans son domaine, ne savait pas comment pointer le télescope ni suivre les radiosources. Les chercheurs ont donc dû « boucher les trous » en inventant au besoin les techniques nécessaires : ce fut essentiellement le travail de Jean-Louis Steinberg, de Michel Ginat, décédé peu après dans un accident de montagne, et de moi-même. Il fallait inventer aussi des solutions nouvelles pour l'antenne focale et les récepteurs, ce qui fut la tâche d'autres chercheurs. Nous y sommes parvenus tant bien que mal, alors que le reste de l'équipe attendait que cela marche ; mais nous avons presque tous quitté temporairement ou définitivement le laboratoire à l'achèvement de l'ouvrage.

pour détecter au laboratoire le rayonnement ultraviolet et X, ou les particules sortant des accélérateurs. Les énormes accélérations et les vibrations rencontrées au moment du lancement des fusées, et la nécessité d'un fonctionnement dans une ambiance hostile (vide et froid) nécessitèrent cependant des perfectionnements très poussés de ces instruments pour améliorer leur fiabilité et leur robustesse. Il fallut également développer des dispositifs de télécommande, de télémétrie pour transmettre au sol les résultats de mesure, voire d'enregistrement à bord, et aussi des automatismes de toute nature. Tout était nouveau : seuls les militaires et les physiciens et ingénieurs nucléaires responsables de la construction et du fonctionnement d'accélérateurs et de réacteurs avaient précédemment été confrontés à de tels problèmes de télémesure, de télécommande, d'automatisme et de fiabilité. L'industrie privée, au moins en Europe, était à cet égard dans une situation très peu satisfaisante : on a peine à croire à quel point ces domaines étaient peu développés il y a seulement cinquante ans.

De nouveaux types de laboratoires

Il n'est pas surprenant que les laboratoires de recherche spatiale, confrontés à des techniques nouvelles, difficiles et coûteuses, se soient développés tout à fait en dehors de la communauté astronomique traditionnelle, qui ne pouvait pas lui apporter grand-chose sur le plan technique. La situation est différente en ce qui concerne la géophysique dite « externe » (qui s'occupe de la haute atmosphère terrestre), laquelle s'est pratiquement développée *avec* la recherche spatiale, *dans* les laboratoires spatiaux. Souvent ceux-ci faisaient indifféremment de l'astronomie et de la géophysique en fonction des techniques qu'ils développaient. Si la motivation initiale des pionniers de la recherche spatiale était bien de faire de la science, leur travail était tellement dominé par les difficultés techniques que l'objectif semble souvent être passé au second plan devant le but élémentaire de « faire marcher la manip ». Il faut dire qu'au début les échecs étaient fréquents et les résultats rares. Les chercheurs spatiaux pensaient donc plutôt à améliorer leurs instruments, voire à s'engager dans d'autres développements instrumentaux, qu'à interpréter à fond les maigres résultats obtenus précédemment, tâche pour laquelle ils manquaient souvent de préparation et de disponibilité. Cette tendance à la fuite en avant devait s'accélérer avec l'apparition des satellites artificiels. Le premier SPOUTNIK soviétique fut lancé le 4 octobre 1957, et l'année suivante la NASA lançait EXPLORER 1 qui emportait déjà des dispositifs d'observation scientifique. Les satellites scientifiques devaient alors se succéder rapidement (Tableau 2.1), ainsi que les sondes vers la Lune à partir de 1959, puis vers les planètes en 1961 (Tableau 2.2).

Cet énorme développement n'est lié que très partiellement, bien entendu, à la pression exercée par les astronomes, les géophysiciens et éventuellement les biologistes pour disposer de nouvelles possibilités

Tableau 2.1. Les principaux satellites artificiels d'astronomie.

Satellite	Participants	Lancement	Remarques
		Astronomie gamma	
SAS 2	NASA	1972	
COS-B	ASE	1975	
HEAO-2	NASA	1979	Bonne résolution spectrale
GRANAT	URSS	1989	Avec l'expérience française SIGMA
CGRO	NASA	1991	
INTEGRAL	ASE, Russie	2002	Spectroscopie et imagerie
SWIFT	NASA	2004	Sursauts gamma
		Astronomie en rayons X	
UHURU	NASA	1970	1er catalogue de sources X
EINSTEIN	NASA	1978	
ARIEL 6	UK	1979	
EXOSAT	ASE	1983	
GINGA	Japon	1987	variabilité
ROSAT	D, NASA	1990	
ASCA	Japon	1993	
RXTE	NASA	1995	variabilité
BEPPO-SAX	I, NASA	1996	
AXAF-CHANDRA	NASA	1999	
XMM-NEWTON	ASE	1999	
		Astronomie UV, visible, proche IR	
TD1	ASE	1972	Photométrie UV
COPERNICUS	NASA	1972	Spectroscopie UV lointain
IUE	ASE, NASA	1978	Spectroscopie UV ; orbite géosynchrone
HST (HUBBLE)	NASA, ASE	1990	Spectroscopie et imagerie UV à IR proche
EUVE	NASA	1992	Spectroscopie UV extrême
FUSE	NASA, F	1999	Spectroscopie UV lointain
GALEX	NASA	2003	Imagerie UV grand champ
		Astronomie IR moyen et lointain, submilllimétrique et radio	
IRAS	NL, UK, NASA	1983	Imagerie IR moyen et lointain
COBE	NASA	1989	Cosmologie, submillimétrique et radio
IRTS	Japon	1995	Spectroscopie/imagerie IR moyen et lointain
ISO	ASE	1995	Spectroscopie/imagerie IR moyen et lointain
HALCA	Japon	1997	Interférométrie radio à très longue base
SWAS	NASA	1998	Spectroscopie submillimétrique
WIRE	NASA	1999	Imagerie en infrarouge moyen
ODIN	S, F, etc	2001	Spectroscopie submillimétrique
WMAP	NASA	2001	Cosmologie, radio ; au point de Lagrange L2
SPITZER	NASA	2003	Spectroscopie et imagerie IR moyen et lointain ; orbite solaire derrière la Terre
		Satellites astronomiques spécialisés	
SMM	NASA	1980	Soleil. 1er satellite réparé par la navette
HIPPARCOS	ASE	1989	Astrométrie
YOHKHO	Japon	1991	Imagerie du Soleil en rayons X
SOHO	ASE, NASA	1995	Imagerie et spectroscopie du Soleil, oscillations ; au point de Lagrange L1
CLUSTER 2	ASE, Russie	2000	Magnétosphère terrestre ; 4 satellites

Tableau 2.2. Les principales sondes spatiales.

Sonde	Organisme	Lancement	Remarques
LUNA 3	URSS	1959	Premières images de la face cachée de la Lune
MARINER 2	NASA	1962	Premier survol de Vénus ; perturbations du vent solaire liées à l'activité du Soleil
MARINER 4	NASA	1965	Premières images de Mars
LUNA 10	URSS	1966	Premier satellite autour de la Lune
Lunar orbiters	NASA	1966-67	5 sondes. Photos de la Lune
VENERA 4	URSS	1967	Capsule dans l'atmosphère de Vénus
APOLLO 11, 12, 14, 15, 16, 17	NASA	1969-72	6 missions ; débarquement humain sur la Lune, véhicule, retour d'échantillons
LuNA 17	URSS	1970	Premier véhicule sur la Lune
MARINER 9	NASA	1971	Premier satellite autour de Mars
PIONEER 10	NASA	1972	Premier survol de Jupiter, sortie du Système solaire
PIONEER 11	NASA	1973	Premier survol de Saturne, sortie du Système solaire
MARINER 10	NASA	1973	Premier survol de Mercure
VIKING 1 et 2	NASA	1975	Atterrissage sur Mars
VENERA 9	URSS	1975	Premières images du sol de Vénus
LUNA 24	URSS	1976	Retour automatique d'échantillons lunaires
VOYAGER 1 et 2	NASA	1977	Survol de Jupiter, Saturne, Uranus, Neptune. Se dirigent hors du Système solaire
PIONEER VENUS 2	NASA	1978	4 sondes dans l'atmosphère de Vénus
ICE	NASA	1985	Sonde vers 2 comètes
GIOTTO	ASE	1985	Première sonde européenne, vers la comète de Halley
PHOBOS 2	URSS	1988	Spectres IR de Mars, images de Phobos
MAGELLAN	NASA	1989	Orbiteur autour de Vénus, images radar
GALILEO	NASA	1989	Sonde vers Vénus puis orbiteur autour de Jupiter
ULYSSES	ASE, NASA	1990	Milieu interplanétaire, survol d'un pôle du Soleil
CLEMENTINE	NASA, F	1994	Cartographie lunaire
MARS PATHFINDER	NASA	1996	Orbiteur + véhicule sur Mars
MARS GLOBAL SURVEYOR	NASA	1996	Orbiteur autour de Mars
CASSINI-HUYGENS	NASA, ASE	1997	Arrivée à Saturne en 2004, Titan en 2005
DEEP SPACE 1	NASA	1998	Images du noyau de la comète Borrelly
STARDUST	NASA	1999	Collecte et retour de poussières de la comète Wild-2
2001 Mars ODYSSEY	NASA	2001	Orbiteur autour de Mars
GENESIS	NASA	2001	Images de comètes, collecte et retour de poussières interplanétaires ; s'est écrasée au sol à son retour
MARS EXPRESS	ASE, Russie	2003	Première mission européenne vers Mars
MARS EXPLORATION ROVERS	NASA	2003	Deux missions déposant deux véhicules sur Mars
SMART-1	ASE	2003	Technologique (propulsion électrique), puis orbiteur Lunaire
ROSETTA	ASE	2004	Mission vers une comète

Seules sont indiquées les sondes ayant fourni des résultats importants, ou étant actuellement en fonctionnement.

d'observation ou d'expérience. Les motivations principales étaient le désir de développer des techniques nouvelles dont les applications pratiques furent évidentes dès le départ (applications militaires, notamment à la surveillance, application aux télécommunications, à la météorologie, à la navigation, etc.), et aussi la recherche de démonstrations de puissance technique, particulièrement dans le cas des États-Unis et de l'Union soviétique.

Les satellites artificiels

Quoi qu'il en soit, les possibilités d'observation offertes par les satellites artificiels sont apparues beaucoup plus intéressantes pour les scientifiques que celles des fusées ou ballons, en raison des altitudes élevées que l'on pouvait atteindre et surtout du temps beaucoup plus long dont on pouvait disposer pour l'observation : plusieurs mois, voire plusieurs années, contre quelques minutes avec les fusées. Mais le prix à payer dans ce but est grand, et sur deux fronts. D'une part, les satellites étant des engins coûteux ne pouvant (en principe) être employés à la légère, les dispositifs embarqués sur satellites doivent être considérablement plus fiables que sur les ballons ou fusées et avoir une durée de vie plus longue; les automatismes, télécommandes et transmissions doivent être plus nombreux et plus performants. On est souvent amené à mettre plusieurs instruments à bord d'un satellite, expériences qui doivent être conçues pour ne pas se perturber mutuellement. D'autre part, la date de lancement d'un satellite étant en général fixée rigidement, et les différentes parties devant être impérativement terminées et intégrées avant le lancement, les laboratoires spatiaux doivent se soumettre aux exigences d'un échéancier rigoureux. Celui-ci leur impose une discipline et une distribution des responsabilités et des tâches semblables à ce qui se fait dans les industries les plus avancées.

La complexité et la variété des techniques nécessaires à la construction d'un satellite sont telles qu'il reste encore exceptionnel qu'un laboratoire de recherche, même très important, puisse prendre en charge la construction ou même la maîtrise d'œuvre d'un satellite dans son ensemble. Les gouvernements des pays qui se sont lancés dans la recherche spatiale (États-Unis, Union soviétique, Grande-Bretagne, Pays-Bas, France pour ne citer que les premiers historiquement) ont donc créé des organismes nationaux chargés de ces fonctions, les instruments scientifiques embarqués proprement dits étant construits par les laboratoires avec l'aide de ces organismes, qui leur fournissent l'essentiel du financement et éventuellement des conseils et des contrôles en gestion et administration. La plupart des pays européens se sont aussi associés pour fonder l'ESRO (European Space Research Organisation), devenue en 1975 l'Agence spatiale européenne (ASE, ou ESA, pour *European Space Agency*), qui a son propre programme spatial tant sur le plan des applications que sur celui de la recherche fondamentale.

Une situation sociologique et économique nouvelle

Le développement de la radioastronomie et de la recherche spatiale a engendré au sein de la communauté astronomique une situation nouvelle : à côté des astronomes classiques faisant soit de l'observation au sol et de l'instrumentation optique avec des moyens traditionnels, soit de la théorie, se développaient indépendamment des groupes à orientation fortement technique, beaucoup plus ouverts par nécessité et souvent même par goût sur la physique et sur l'industrie, beaucoup mieux organisés, et de surcroît gros consommateurs de crédits. Les moyens que demandaient les radioastronomes n'étaient cependant pas si considérables qu'ils ne puissent s'intégrer dans certains cas dans les établissements astronomiques traditionnels. C'est ainsi que, grâce à l'ouverture d'esprit d'André Danjon, Directeur de l'Observatoire de Paris-Meudon qui avait compris les potentialités du domaine radio, et à qui je tiens à rendre hommage ici, le groupe de radioastronomie du Laboratoire de physique de l'École normale supérieure put migrer à l'Observatoire dès 1954, tout en conservant quelques liens avec son institution d'origine. L'Observatoire a aussi hébergé par la suite un groupe de recherche spatiale, initialement dirigé par Jean-Louis Steinberg et consacré à la radioastronomie à très basse fréquence qui n'est pas possible depuis le sol, et dont les compétences se sont plus tard élargies.

Un demi-siècle plus tard, on désigne toujours les chercheurs initiaux des groupes de radioastronomie, et même les plus jeunes, sous le nom de radioastronomes alors que leurs activités se sont passablement diversifiées. Il a longtemps subsisté chez certains astronomes un mythe de la radioastronomie, selon lequel les observations radio sont trop complexes et difficiles pour n'être pas réservées à des spécialistes. De leur côté, les radioastronomes ont quelquefois considéré les observations optiques comme trop difficiles pour eux. Tout ceci relevait simplement de la paresse intellectuelle. Dans un pays comme le nôtre où tout a une certaine inertie, cette attitude s'est accompagnée d'une méfiance réciproque qui a retardé le développement du domaine radio, pourtant si riche en découvertes et en promesses.

Quant à la recherche spatiale, elle ne se serait peut-être jamais développée en France si elle n'avait été financée par le CNES (Centre National d'Études Spatiales) de façon indépendante de la recherche astronomique au sol. Il s'est trouvé longtemps des voix pour dire que l'espace est trop cher pour les résultats qu'il fournit. En réalité, le budget consolidé (c'est-à-dire comprenant les salaires) de l'astronomie spatiale en France est comparable à celui de l'astronomie au sol, compte tenu de nos participations internationales, et on ne peut pas dire que les résultats obtenus par l'observation spatiale soient moins intéressants que ceux de l'astronomie traditionnelle. En Angleterre, astronomie au sol et astronomie spatiale sont depuis longtemps financées par la même cassette, ce qui n'empêche nullement une coexistence pacifique dans leur intérêt mutuel. Depuis une dizaine d'années, elles sont même intégrées à la physique des particules au sein du PPARC (Particle Physics and Astronomy Research Council), ce qui ne semble pas non plus poser de problèmes insurmontables.

Les progrès de l'astronomie de 1950 à 1970 : planètes, Soleil et étoiles

Plus encore qu'au cours de la période précédente, l'astronomie a été tributaire des développements techniques dont je viens de parler, développements qui ont seuls permis la découverte de nouveaux objets. Comme il n'est pas question dans cet ouvrage de faire une étude exhaustive de l'astronomie contemporaine, mais plutôt de décrire l'évolution de ses méthodes, je me contenterai de mentionner les découvertes les plus marquantes.

C'est certainement la radioastronomie qui a le plus fait progresser notre conception de l'Univers durant cette période. Cela vient de ce que les mécanismes d'émission naturels et les énergies mises en jeu dans la production des ondes radio sont fort différents de ceux des ondes visibles, ce qui a permis la détection d'objets nouveaux tout à fait inattendus, et aussi l'apport d'un regard neuf sur les objets déjà connus. L'ouverture d'autres domaines de longueur d'onde grâce à l'astronomie spatiale a produit des effets comparables, mais avec un certain délai ; ils appartiennent plutôt aux décennies suivantes.

Les planètes

En attendant l'exploration spatiale directe, les progrès les plus importants sur les planètes ont été le fait de la radioastronomie. Par exemple, les Américains Cornell H. Mayer, Thimothy P. McCullough et Russell M. Sloanaker ont montré dès 1958 par l'observation radio, bien avant l'arrivée de la sonde soviétique VENERA 4 sur Vénus en 1967 et l'atterrissage de VENERA 7 en 1970, que la température du sol de cette planète était très élevée, de l'ordre de 500 °C[13] : en effet, les nuages de Vénus, si épais qu'ils ne laissent passer aucun rayonnement visible, ultraviolet ou infrarouge, sont transparents aux ondes radio émises par le sol, dont l'intensité indique la température[e]. Dans un autre ordre d'idée, les Américains Bernard F. Burke et Kenneth L. Franklin ont eu la surprise de découvrir dès 1955 que Jupiter émet un flux radio intense et très variable, surtout en ondes décamétriques[14]. Ceci est la signature de l'existence autour de la planète d'une ceinture de particules chargées de haute énergie, maintenues dans cette zone par un fort champ

[e] La température de la couche nuageuse visible mesurée en infrarouge n'est que de 0 °C.

magnétique. Ces particules sont accélérées sporadiquement. La Terre est également entourée de particules réparties dans les ceintures, découvertes en 1958 par James A. Van Allen et ses collaborateurs, et qui donnent des émissions radio variables en ondes kilométriques (Fig. 2.14).

Le Soleil

Le Soleil a été l'astre le plus étudié au début de la radioastronomie et de l'observation spatiale, car c'est le plus brillant donc le plus aisé à observer. L'observation radio a radicalement renouvelé les notions que l'on pouvait en avoir, permettant l'étude de la haute couronne en dehors des éclipses, et surtout découvrant toutes sortes d'émissions sporadiques, généralement intenses, qui sont des manifestations de l'activité solaire. Notre pays, où la tradition de l'astronomie solaire était solide, a pris une grande part à ces découvertes. L'interprétation des propriétés des sursauts radio, dont on observa également à partir de satellites quelques équivalents en rayons X, ne fut rendue possible que par les connaissances en physique des gaz ionisés (plasmas) qu'apportaient des membres des équipes de radioastronomie. Certains sursauts sont émis par des particules chargées de haute énergie, qui sont accélérées par le champ magnétique dans l'atmosphère solaire elle-même. Ces particules peuvent éventuellement quitter le Soleil et se propager jusqu'à la haute atmosphère de la Terre où elles produisent divers effets : ceci a été constaté directement au moyen de véhicules spatiaux. Ces observations permirent de comprendre la nature de la plupart des interactions entre le Soleil et la Terre, qui avaient à l'époque une grande importance, car les perturbations apportées par le Soleil sur la haute atmosphère affectent les communications radio sur ondes courtes (l'avènement ultérieur des communications par l'intermédiaire de satellites a quelque peu diminué l'intérêt pratique de ces études, mais l'électronique embarquée reste sensible aux perturbations d'origine solaire). Par ailleurs, elles mettaient en évidence ou précisaient l'accélération naturelle de particules chargées jusqu'à des énergies tout à fait considérables. C'était une étape importante vers la compréhension de l'origine des rayons cosmiques, encore que les étoiles de type solaire ne soient que pour peu de chose dans leur production.

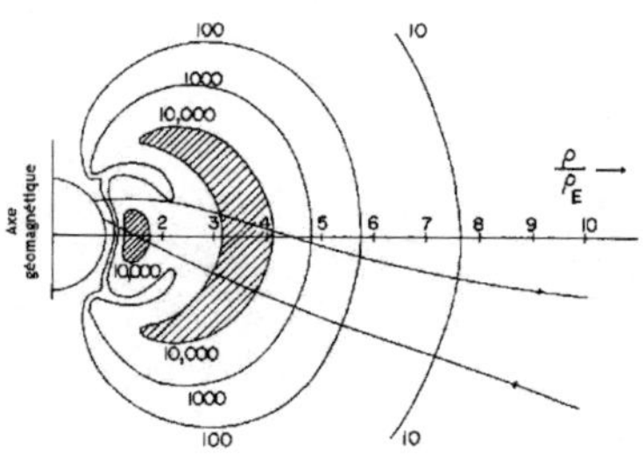

Figure 2.14. Les ceintures de Van Allen[15]. Il s'agit du diagramme original de Van Allen[16] où sont représentées en coupe les surfaces d'égale intensité des particules chargées emprisonnées par le champ magnétique terrestre. ρ/ρ_E est la distance au centre de la Terre, en rayons terrestres. Les lignes courbes avec flèches représentent deux portions de la trajectoire de la sonde PIONEER III. Le zones hachurées sont les ceintures de particules.

La synthèse des éléments dans les étoiles

Les étoiles sont des émetteurs radio trop faibles pour être détectables, sauf circonstances particulières : certaines étoiles produisent d'énormes éruptions optiques et radio, et l'on a plus récemment observé avec les radiotélescopes ou les interféromètres les plus puissants l'émission thermique d'étoiles proches très chaudes. L'astronomie spatiale dans ses débuts n'a pas non plus donné de résultats importants dans le domaine stellaire, et l'observation au sol n'a fait que préciser des connaissances acquises depuis déjà quelque temps. Les progrès ont donc été essentiellement théoriques, dans la lignée des travaux d'Eddington dont j'ai longuement parlé au chapitre précédent. En 1950, la physique nucléaire était assez avancée pour que l'on puisse espérer comprendre plus en détail les réactions de fusion qui se produisent dans l'intérieur des étoiles, et aborder deux problèmes qui n'avaient encore reçu aucune amorce de solution : l'évolution stellaire et l'origine des éléments chimiques. Ces problèmes sont intimement liés : le facteur essentiel qui détermine la structure d'une étoile est, outre sa masse, la libération d'énergie nucléaire dans ses régions profondes. Les combustibles nucléaires s'épuisent tout en formant des éléments de plus en plus lourds, ce qui détermine l'évolution de l'étoile en même temps que le changement de sa composition chimique.

Le progrès le plus remarquable de l'époque est dû aux Américains Martin Schwarzchild et Allan R. Sandage, qui ont les premiers compris à fond et étudié en détail en 1952 ce qui se passe lorsqu'une étoile a épuisé l'hydrogène dans ses régions centrales[17] : dépourvu de source d'énergie, son noyau se contracte sous l'effet de la gravité. Sa température augmente alors considérablement, ce qui permet à de nouvelles réactions nucléaires de s'amorcer à sa périphérie ; l'énergie ainsi libérée provoque l'expansion de l'enveloppe de l'étoile, qui devient une géante rouge. On avait ainsi compris pourquoi il y avait des étoiles naines et des étoiles géantes.

En ce qui concerne la nucléosynthèse, la recherche ne se fit pas sans tâtonnements. Vers 1931, on avait réalisé que les différents éléments ne pouvaient pas être synthétisés dans les étoiles dans les mêmes conditions de densité et de température, et ceci conduisit Georges Gamow, ainsi que Ralph A. Alpher et Hans Bethe, à abandonner l'idée de la nucléosynthèse stellaire et à proposer la synthèse de tous les éléments dans le Big Bang. Mais là aussi il y avait des difficultés insurmontables. C'est finalement l'anglais Fred Hoyle dès 1946[18], ainsi que l'Estonien Ernst Öpik en 1951[19] et l'Américain Edwin E. Salpeter en 1952[20], qui posèrent les premières pierres d'un édifice que devaient consolider le même Hoyle, dans une publication célèbre de 1957 co-signée avec les Anglais Margaret Burbidge, son époux Geoffrey, et l'Américain William A. Fowler, article véritablement fondateur de l'étude de la nucléosynthèse dans les étoiles[21]. Assez curieusement, c'est le seul Fowler qui reçut en 1983 le prix Nobel de physique (avec Chandrasekhar), alors que c'est probablement Hoyle qui a le plus contribué à cet article[f]. Par ailleurs le Canadien Alastair G.W. Cameron avait fait une étude semblable, bien que moins détaillée et publiée dans des journaux moins accessibles[22] ; sa contribution originale est d'avoir montré la possibilité

[f] Il est vrai qu'Hoyle avait dans les années 1980 une réputation sulfureuse en raison de son attachement à l'idée de l'Univers stationnaire, en dépit de preuves contraires : voir la fin de ce chapitre.

d'une nucléosynthèse dans les explosions de supernovae, idée qui devait se révéler très féconde. Ce n'est cependant qu'après l'introduction des ordinateurs, seuls capables de maîtriser les problèmes passablement complexes que pose l'étude de la structure et de l'évolution des étoiles, que l'on put en aborder les détails et construire des modèles réalistes. Cette œuvre a pris une vingtaine d'années et ne peut pas être encore considérée comme totalement achevée. L'encadré 2.3 résume de façon succincte nos connaissances sur la nucléosynthèse stellaire.

Encadré 2.3. La nucléosynthèse dans les étoiles[23]

Dans les étoiles de masse semblable à celle du Soleil, l'hélium se transforme en éléments plus lourds lorsque l'étoile devient une géante rouge, par les réactions suivantes qui se produisent à une température très élevée, quelques centaines de millions de degrés :

$^{4}He + {}^{4}He \rightarrow {}^{8}Be$, isotope très instable du béryllium mais dont la faible quantité réagit avec ^{4}He :

$^{4}He + {}^{8}Be \rightarrow {}^{12}C$. On écrit souvent l'ensemble de ces deux réactions comme

$^{4}He + {}^{4}He + {}^{4}He \rightarrow {}^{12}C$, dite réaction 3α (la particule α n'est autre qu'un noyau d'hélium ^{4}He). On a aussi :

$^{12}C + {}^{4}He \rightarrow {}^{16}O + \gamma$

$^{16}O + {}^{4}He \rightarrow {}^{20}Ne + \gamma$,

où γ symbolise un photon.

L'énergie fournie par ces réactions alimente l'étoile pendant quelque temps. Quand l'hélium est épuisé, le noyau de l'étoile se contracte et sa température augmente encore, ce qui permet d'autres réactions nucléaires qui amènent jusqu'au silicium et au fer, du moins dans les étoiles les plus massives.

Le fer étant un noyau particulièrement stable, il n'est pas possible de synthétiser à partir de lui des éléments plus lourds pendant l'évolution « normale » des étoiles. Tous ces éléments, et aussi divers isotopes d'éléments moins lourds que le fer, sont formés lors de l'explosion des novae et surtout des supernovae. La théorie permet de reproduire assez convenablement les proportions dans lesquelles tous les éléments se trouvent dans la nature.

La Nébuleuse du Crabe et la découverte du rayonnement synchrotron

Cependant, la radioastronomie devait avoir un impact considérable dans notre conception de l'évolution finale des étoiles. L'événement majeur de ce point de vue est l'identification d'une des sources d'onde radio les plus intenses du ciel à la Nébuleuse du Crabe (c'est en 1946 que les Anglais J.S. Hey, S.J. Parsons et J.W. Phillips ont découvert l'existence de la première des sources radio qui se superposent à l'émission diffuse de la Galaxie[24]). L'identification, réalisée en 1949, est l'œuvre des Australiens John G. Bolton, Gordon J. Stanley et Bruce Slee, qui avaient réussi à mesurer la position radio de cette source à environ 10 minutes de degré près avec un interféromètre très original et très simple qui utilisait la réflexion des ondes radio sur la surface de la mer[25] (Figs. 2.15 et 2.16). La Nébuleuse du Crabe, alors très bien étudiée en optique notamment par Baade avec le télescope de 2,5 m du Mont Wilson, est le reste d'une explosion stellaire observée en Extrême-Orient en 1054 (Figs. 2.17 et 2.18). La nature physique de son émission radio, ainsi que celle d'une émission optique diffuse tout à fait curieuse, paraissaient totalement mystérieuses. Par une intuition pénétrante, le Soviétique Iosif S. Shklovskii avança en 1953 que cette émission lumineuse pourrait provenir d'électrons relativistes (d'énergie très élevée : quelques milliards à quelques centaines de milliards d'électron-volts) se propageant dans un champ magnétique[26]. Un tel rayonnement avait effectivement été observé au synchrotron de la General Electric quelques années auparavant : mais comment pourrait-il effectivement se produire dans la nature ? Une caractéristique importante de ce *rayonnement synchrotron*, dont on a compris plus tard qu'il est aussi responsable de l'émission de la Nébuleuse du Crabe en rayons X (Fig. 2.19), est qu'il présente une forte polarisation linéaire. Or, en même temps que la proposition de Shklovskii, les Soviétiques V.A. Dombrovskii et M.A. Vashakidze découvrirent effectivement la polarisation du rayonnement visible de la Nébuleuse du Crabe (Fig. 2.20), puis ultérieurement Vitkevitch et les Américains Mayer, McCullough et Sloanaker la polarisation de son émission radio. L'hypothèse de Shklovskii se trouvait alors entièrement confirmée. On devait réaliser plus tard l'immense portée de cette découverte, et l'universalité du rayonnement synchrotron qui est responsable de l'émission radio de la plupart des objets astronomiques. Restait à comprendre l'origine des électrons relativistes et du champ magnétique : il fallut attendre 1969 et la découverte d'un pulsar au centre de la nébuleuse[27] pour réaliser qu'il en était responsable, comme l'a démontré Shklovskii[28].

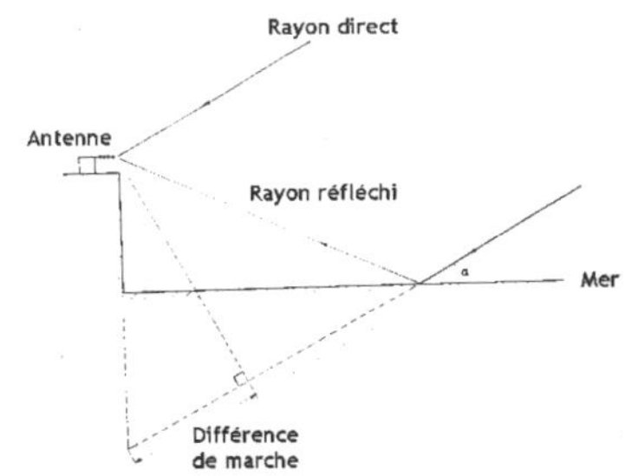

Figure 2.15. Principe d'un interféromètre radio utilisant la réflexion sur la surface de la mer. Les interférences se produisent entre le rayon direct et le rayon réfléchi. Lorsque la source se couche ou se lève, la différence de marche varie et on observe avec l'antenne une succession de maxima et de minima, qui permettent de repérer la position de la source.

La Nébuleuse du Crabe n'est pas un cas isolé. Les efforts conjoints des radioastronomes (amélioration des mesures de position) et des astronomes optiques (détection d'objets faibles, grâce entre autres au télescope de 5 m du Mont Palomar nouvellement mis en service) devaient amener l'identification d'autres radiosources avec des restes de supernovae dont l'explosion avait été observée à l'époque historique, et aussi avec des restes de supernovae nouveaux : dans cette dernière catégorie, il faut citer l'identification à un objet optique très faible de la radiosource Cassiopeia A, la plus intense du ciel, réalisée en 1954 avec le télescope du Mont Palomar par Walter Baade et Rudolph Minkowski, un alsacien émigré aux États-Unis[30] (Figs. 2.21 et 2.22). La polarisation de l'émission radio de tous ces objets — on en connaît plus de cent aujourd'hui dans la Galaxie — montre qu'elle est due au

Figure 2.16. Reconstitution de l'antenne de l'interféromètre radio utilisant la réflexion sur la surface de la mer, à Dover Heights en Australie.

Figure 2.17. La Nébuleuse du Crabe observée avec un des télescopes du VLT de l'ESO. Les filaments représentent la matière éjectée par la supernova de 1054 à une vitesse d'environ 1 500 km/s. L'émission diffuse est due au rayonnement synchrotron en lumière visible d'électrons relativistes accélérés par le pulsar central dans le champ magnétique de la nébuleuse.

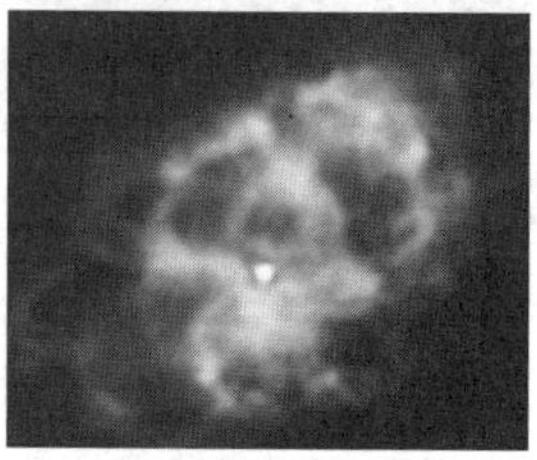

Figure 2.18. La Nébuleuse du Crabe observée en radio avec le Very Large Array. L'échelle de l'image est la même que pour la figure 2.17. L'émission est entièrement due au rayonnement synchrotron d'électrons relativistes accélérés par le pulsar central dans le champ magnétique de la nébuleuse, lui-même dû au pulsar. Ce dernier est visible au centre de l'image.

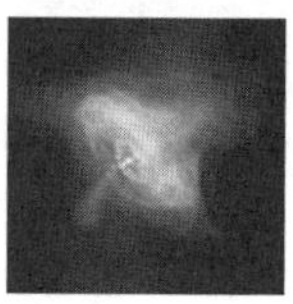

Figure 2.19. La Nébuleuse du Crabe vue en rayons X avec le satellite CHANDRA. L'échelle de l'image est la même que pour les deux figures précédentes. On y observe le pulsar central et l'émission synchrotron d'électrons de très haute énergie, dont la morphologie diffère de celle observée en optique et en radio, où l'émission provient d'électrons d'énergie moins élevée (comparer avec les figures 2.17 et 2.18). Remarquer les jets émis symétriquement par le pulsar.

mécanisme synchrotron. Il existe donc dans la Galaxie de nombreux endroits où des électrons peuvent être accélérés à des énergies relativistes. On avait ainsi une clé possible pour comprendre l'origine des rayons cosmiques, ces particules chargées de haute énergie qui circulent dans la Galaxie. Enfin, l'identification de sources radio intenses à des objets optiquement très faibles laissait bien augurer des possibilités du domaine radio pour l'exploration de la Galaxie, et en particulier de ses parties obscurcies par les poussières interstellaires qui sont inaccessibles à l'observation optique.

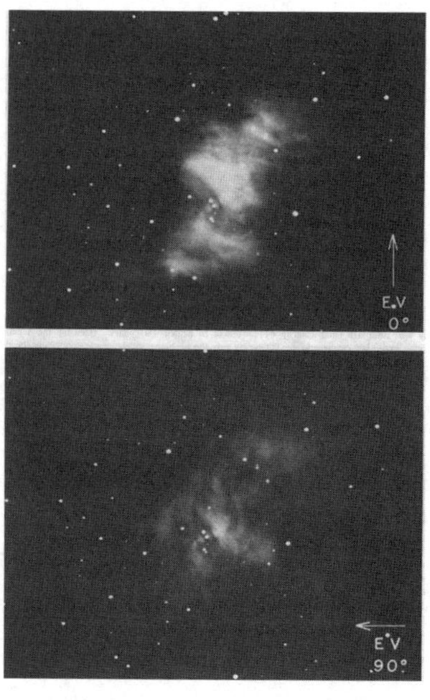

Figure 2.20. Deux photographies de l'émission diffuse polarisée de la Nébuleuse du Crabe. Elles ont été prises par Baade en 1955 avec le télescope de 5 m du Mont Palomar, à travers un filtre polaroïd avec deux orientations perpendiculaires[29]. Comparer avec la figure 2.17. La profonde différence d'aspect entre les deux images montre que le rayonnement est fortement polarisé ; il est dû au rayonnement synchrotron d'électrons de très haute énergie dans le champ magnétique de la nébuleuse. On découvrira plus tard que l'une des deux étoiles très proches l'une de l'autre au milieu de la nébuleuse est le pulsar qui l'alimente en électrons relativistes.

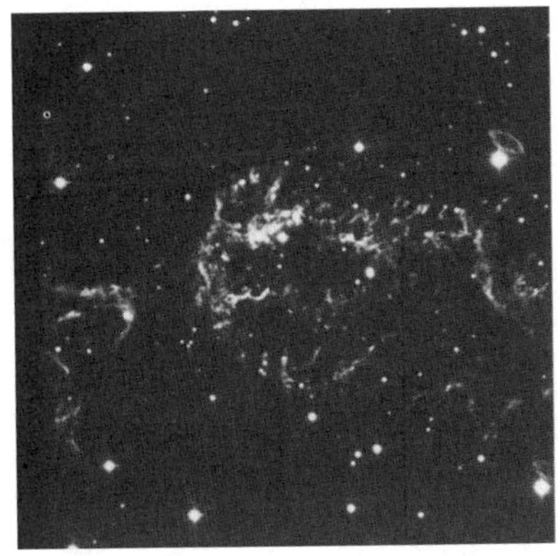

Figure 2.21. Quelques-uns des filaments visibles du reste de supernova Cassiopeia A. Cette image a été obtenue avec une grande sensibilité au télescope de 3,6 m de diamètre Canada-France-Hawaii. Les filaments sont animés de très grandes vitesses et leur déplacement est mesurable sur des photographies prises à quelques années d'intervalle.

Les pulsars

Une autre découverte radioastronomique, totalement inattendue, devait apporter un important complément aux précédentes et ouvrir à l'observation un nouveau domaine jusqu'alors presque totalement théorique, celui de l'astronomie relativiste : c'est la découverte des pulsars, qui date de 1967. En dépouillant des observations faites à Cambridge en Angleterre avec un instrument destiné à l'observation de la scintillation des radiosources (scintillation due au milieu interplanétaire et non, comme pour les étoiles, à l'atmosphère terrestre), une étudiante, Jocelyn Bell-Burnell, constata l'arrivée à certains moments d'impulsions périodiques assez rapides (environ 1 seconde), et signala ce curieux phénomène à Anthony Hewish, son directeur de recherches[g]. Les chercheurs du Mullard Laboratory s'interrogèrent quelque temps sur l'origine du phénomène : émission terrestre de type radar, parasite ? Après quelques semaines d'observations systématiques, ils furent convaincus que l'émission était d'origine extra-terrestre. Travaillant dans le plus grand secret, ils publièrent coup sur coup avec trois collègues deux articles sensationnels dans la revue *Nature*, décrivant en détail les propriétés de *quatre* objets pulsants de ce type qui furent vite nommés pulsars[31]. Ils y suggéraient qu'il s'agissait d'objets stellaires très condensés en rotation extrêmement rapide, vraisemblablement des étoiles à neutrons. Or, la possibilité d'étoiles ayant une masse de l'ordre de celle du Soleil mais si petites (10 km de rayon !) que la matière pourrait y être complètement dégénérée, les protons et électrons se fusionnant en neutrons, avait été proposée dès avant la Guerre, nous l'avons vu, par plusieurs théoriciens travaillant indépendamment, dont Zwicky, Gamow, Landau, Oppenheimer et Volkoff. Seuls des objets aussi denses peuvent tourner sur eux-mêmes en une seconde ou moins sans éclater. Une rotation aussi rapide n'a d'ailleurs rien d'inattendu : si une étoile en rotation relativement lente comme le Soleil, qui tourne sur lui-même en 27 jours, se contractait jusqu'à un rayon de 10 km, la conservation du moment cinétique

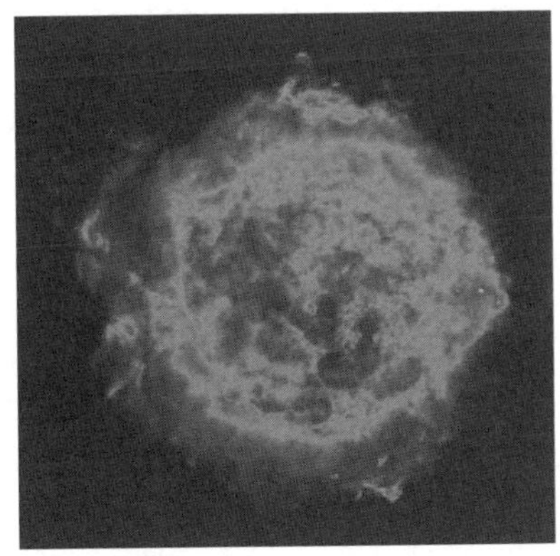

Figure 2.22. L'émission radio du reste de supernova Cassiopeia A observée avec le Very Large Array. Elle est due aux électrons relativistes accélérés dans l'onde de choc formée dans le milieu interstellaire par l'expansion très rapide du reste de supernova : ils rayonnent par le mécanisme synchrotron dans le champ magnétique intense de la coquille sphérique ainsi formée. Le champ magnétique est lui-même créé dans cette coquille par les mouvements violents de son gaz, qui est conducteur de l'électricité.

[g] Jocelyn Bell-Burnell a tiré beaucoup moins de gloire de cette découverte que Hewish, qui a obtenu le prix Nobel. Il faut sans doute voir là une conséquence de la misogynie qui affecte autant l'astronomie que le reste des activités humaines, en particulier dans les pays anglo-saxons. En 2001, la proportion de femmes parmi les astronomes était de 36 % en Argentine, 26 % en France, 20 % en Italie, 18 % en Russie, en Ukraine, au Brésil et au Mexique, contre 10 % aux États-Unis et dans le Royaume Uni, 8 % en Australie, 6 % en Allemagne et au Canada et 3 % au Japon.

exigerait que sa période de rotation devienne de cet ordre. Il suffit d'imaginer qu'une étoile à neutrons émette des ondes radio de façon directive en un point (ou plusieurs points) pour que l'on en reçoive, à la manière d'un phare, des impulsions régulières : cette idée a été avancée et élaborée, notamment par l'Anglais Thomas Gold et l'Italien Franco Pacini, dès la découverte des premiers pulsars.

Un des problèmes qui se sont posés à propos des pulsars était leur distance : s'agissait-il d'étoiles à neutrons relativement proches, ou d'objets très éloignés appartenant à d'autres galaxies. La question fut rapidement résolue grâce à des mesures de distance dont on verra bientôt le principe. Ces mesures furent principalement réalisées avec le radiotélescope de Nançay par des chercheurs du groupe auquel j'appartenais, en particulier Nicolas Weliachew et Michel Guélin ; elles montrèrent que les pulsars étaient relativement proches et appartenaient à notre Galaxie. Leurs énormes vitesses de rotation et la valeur très élevée du champ magnétique à leur surface (10^{12} gauss !) en font des accélérateurs idéaux de particules de haute énergie. De fait, c'est le pulsar central (découvert en 1968) qui fournit à la Nébuleuse du Crabe son contingent d'électrons relativistes. Du point de vue de l'histoire des sciences, les pulsars offrent un exemple frappant d'objets initialement issus de l'imagination des théoriciens et identifiés aussitôt leur découverte fortuite. Néanmoins il existe aussi des exemples d'objets nouveaux tout à fait inattendus qui ont résisté longtemps aux tentatives d'interprétation théorique : les quasars, dont je parlerai plus loin, en fournissent le cas le plus remarquable.

Le renouveau de l'astronomie galactique

La raie à 21 cm de l'hydrogène

La période 1950-1970 a connu un renouvellement considérable de notre connaissance de la Galaxie. Malgré l'importance des travaux théoriques et observationnels de la période précédente, qui donnèrent une idée correcte des dimensions de la Galaxie et une image assez satisfaisante de la structure des régions proches du Soleil, on désespérait de pouvoir observer plus loin, tant est gênante l'extinction de la lumière par les poussières interstellaires. La découverte de la raie radio de l'hydrogène atomique à 21 cm de longueur d'onde devait permettre de résoudre ce problème, les ondes radio n'étant pas absorbées par les poussières[h]. La possibilité d'observer cette raie en provenance du gaz

[h] La raie à 21 cm est due à la structure hyperfine de l'atome d'hydrogène. Le spin de l'unique électron de cet atome peut être soit parallèle, soit antiparallèle au spin du proton, qui est le noyau de l'atome. Ces deux configurations ont des énergies légèrement différentes, et la raie correspond à la transition entre ces deux niveaux d'énergie. Cette transition est également celle qui est utilisée dans les masers à hydrogène.

interstellaire a été proposée en 1945 par le Hollandais Hendrick Van de Hulst[32], et c'est en 1951 qu'elle fut détectée par les Américains Harold I. Ewen et Edward M. Purcell (prix Nobel de physique pour d'autres recherches), de Harvard[33], découverte confirmée aussitôt aux Pays-Bas et en Australie[i]. Bien que la transition correspondant à cette raie soit extrêmement peu probable (un atome dans le niveau d'énergie supérieur de la transition y reste en moyenne dix millions d'années si aucune collision ne vient le perturber), il y a de si grandes quantités d'hydrogène atomique dans le milieu interstellaire qu'elle est facilement détectable.

L'observation de cette raie a fait faire des progrès énormes à nos connaissances sur la matière interstellaire. Grâce à elle, on a pu déterminer la quantité de gaz interstellaire présente dans notre Galaxie — quelques centièmes de sa masse —, et même ses propriétés physiques, sa température par exemple qui s'est révélée être très basse, de l'ordre d'une centaine de degrés absolus. Mais surtout, la raie à 21 cm a permis pour la première fois une cartographie rudimentaire de toute la Galaxie. Ce travail a été principalement l'œuvre d'une équipe hollandaise inspirée par Jan Oort, qui était déjà le meilleur spécialiste de la structure galactique et qui a immédiatement compris tout l'intérêt de la raie de l'hydrogène. Tout en continuant à promouvoir les activités astronomiques traditionnelles, Oort a su orienter les Pays-Bas vers la radioastronomie, où ce pays a très rapidement joué un rôle prépondérant. Le grand centre de recherche était initialement Leyde, mais il y eut aussi un groupe de radioastronomie solaire développé autour de Marcel Minnaert à Utrecht, groupe toujours actif aujourd'hui ; les observations se faisant à Dwingeloo, près de Groningue au Nord de la Hollande, ceci devait conduire à la création d'un nouveau centre à Groningue, qui est aujourd'hui florissant.

Cette décentralisation de l'activité dans un aussi petit pays a de quoi nous faire réfléchir : elle contraste avec la trop grande centralisation radioastronomique en France à la même époque. Mon premier contact sérieux avec l'astronomie hollandaise eut lieu en 1960 au cours d'une école d'été au château de Nyenrode, entre Amsterdam et Utrecht. Il y avait là une concentration exceptionnelle des meilleurs astronomes de l'époque, dominée par l'école hollandaise : ces semaines, consacrées bien entendu à la structure galactique, m'ont laissé une impression très forte, jamais égalée par la suite, et ont stimulé mon activité pendant de nombreuses années. Il est vrai que les résultats exposés étaient

[i] La raie à 21 cm était recherchée depuis plusieurs années aux Pays-Bas lorsque Ewen et Purcell décidèrent de construire un récepteur spécial à permutation de fréquence pour tenter de la détecter. Ils ignoraient ce qui se faisait au Pays-Bas, et Ewen disait que s'ils l'avaient su ils ne se seraient pas lancés dans la recherche. Après le succès des Américains, les Hollandais construisirent eux-mêmes un récepteur à permutation de fréquence et purent bientôt confirmer la découverte.

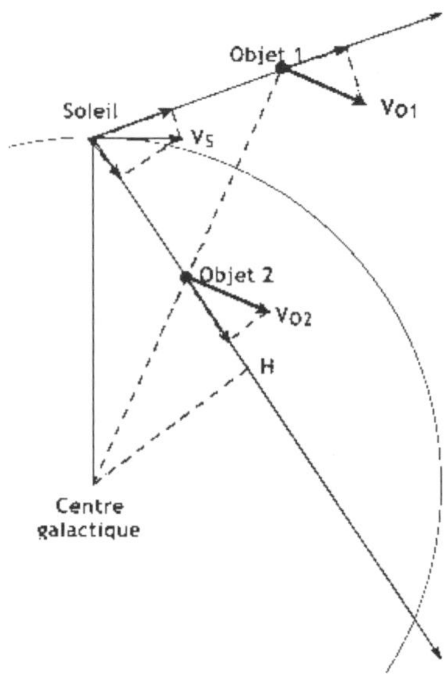

Figure 2.23. Principe de la mesure des distances dans le plan de la Galaxie avec la raie à 21 cm. Explications dans l'encadré 2.4.

spectaculaires. Grâce à la raie 21 cm, on avait pu tracer la structure spirale de notre Galaxie, et même décrire les régions centrales totalement inaccessibles à l'observation optique. La raie 21 cm avait sur les autres méthodes d'investigation non seulement l'avantage d'être insensible à l'extinction par les poussières interstellaires, mais aussi de pouvoir donner des distances (Encadré 2.4). Elle a permis d'obtenir une carte de la distribution de la matière interstellaire (Fig. 2.24) : on constate qu'elle suit des bras de spirale, d'ailleurs assez peu réguliers.

Encadré 2.4. La raie à 21 cm et les distances dans la Galaxie

La Galaxie ne tourne pas comme un corps solide, mais en se déformant ; ainsi, les différents points d'une ligne de visée dans le plan galactique peuvent s'éloigner ou se rapprocher. En raison de l'effet Doppler-Fizeau, on reçoit la raie à 21 cm qui est émise par ces régions avec un décalage en longueur d'onde plus ou moins grand selon leur vitesse d'éloignement ou de rapprochement. Cette vitesse, et donc le décalage spectral, dépend de la distance (Fig. 2.23) : la vitesse radiale d'objets comme 1 ou 2 est la différence

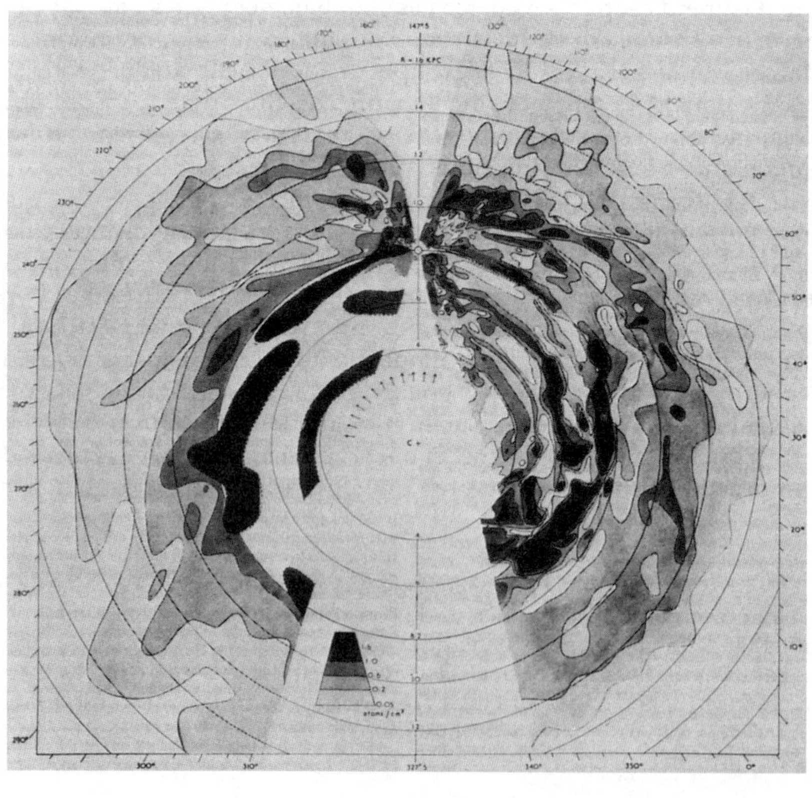

Figure 2.24. Les observations dans la raie à 21 cm de l'hydrogène permettent de tracer la structure spirale de la Galaxie, par la méthode décrite dans la figure 2.23. On voit ici la distribution de l'hydrogène neutre tracée pour la première fois par Jan H. Oort, Frank J. Kerr et Gart Westerhout[34]. S représente la position du Soleil, les cercles sont centrés sur le Centre galactique C et espacés de 2 kiloparsecs. Certains bras de spirale sont assez nets, mais la manière dont ils s'interconnectent est encore controversée.

entre la projection sur la ligne de visée de leur vitesse de rotation V_{o1} ou V_{o2} et la projection de la vitesse de rotation du Soleil, V_S. L'examen de la figure 2.23 montre que la vitesse radiale est maximale pour le point H. En recherchant dans le spectre de la raie à 21 cm dans cette direction la longueur d'onde la plus grande où il y a de l'émission, donc la vitesse radiale maximale, on peut obtenir la vitesse de rotation de H. D'autres lignes de visée permettent de déterminer de la même manière la vitesse de rotation dans tout l'intérieur de la Galaxie (d'autres méthodes permettent de la déterminer dans les régions extérieures). On trouve ainsi que le Soleil, et toute la Galaxie sauf les régions centrales, tournent autour du centre galactique avec une vitesse pratiquement uniforme de l'ordre de 200 km/s.

La rotation de la Galaxie étant maintenant connue, on peut obtenir la distance d'un nuage de gaz interstellaire en mesurant sa vitesse radiale. Dans les régions intérieures de la Galaxie, deux points symétriques par rapport à H ont la même vitesse radiale et il y a donc une ambiguïté sur la distance, qu'il est souvent possible de lever ; il n'y a pas d'ambiguïté dans les régions extérieures.

On peut également déterminer la distance d'un objet qui émet un continu radio, mais pas la raie à 21 cm. Cette émission radio continue est absorbée par l'hydrogène atomique situé devant, et les composantes correspondantes de la raie à 21 cm sont donc observables en absorption ; on peut ainsi connaître la distance de l'objet, une fois l'hydrogène atomique cartographié. C'est ainsi que l'on a mesuré la distance de restes de supernovae, de nébuleuses gazeuses ionisées, et d'un certain nombre de pulsars.

Le rayonnement synchrotron de la Galaxie

L'émission radio de la Voie lactée ne se compose pas que de la raie à 21 cm. Cette raie se superpose à une émission continue (c'est-à-dire qui ne change que lentement avec la fréquence), celle-là même qu'a observée pour la première fois Karl Jansky en 1931, et que Reber a commencé à cartographier quelques années après. En 1953, j'ai moi-même participé en tant qu'étudiant à une cartographie de ce genre au sein du groupe de l'École normale supérieure, utilisant un des radars allemands Würzburg récupérés comme prise de guerre (Fig. 2.25). L'origine de cette émission radio nous paraissait encore mystérieuse : nous avions manqué l'article publié en 1950 par Karl Otto Kiepenheuer[35], article qui suggérait qu'il pourrait s'agir de l'émission synchrotron d'électrons faisant partie du rayonnement cosmique. Cependant l'opinion générale à l'époque était que cette émission continue provenait d'étoiles, parce que la distribution de l'émission dans le ciel ressemble à celle des étoiles de la Voie lactée. Les spéculations sur le mécanisme d'émission éventuel de ces étoiles, inspirées par l'observation du

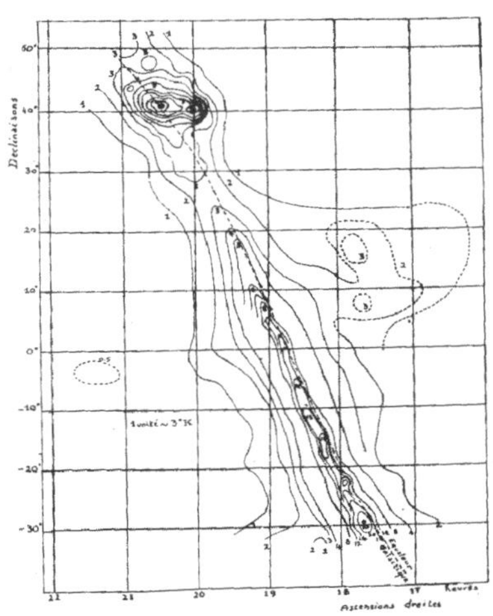

Figure 2.25. Carte d'isophotes d'une partie de la Voie lactée à la longueur d'onde de 33 cm, obtenue en 1954 avec une antenne Würzburg[36]. La résolution angulaire est de 3°, contre 14° pour la carte de Reber obtenue dix ans plus tôt (Fig. 2.30) : de nombreux détails sont maintenant visibles.

rayonnement radio solaire, étaient nombreuses ; mais nous n'en étions pas satisfaits. La découverte de l'émission radio des restes de supernovae comme la Nébuleuse du Crabe et Cassiopeia A, puis celle de l'émission des nébuleuses gazeuses ionisées comme la Nébuleuse d'Orion (Fig. 1.5), devaient apporter la solution de ce problème.

Les questions qui se posaient sont les suivantes : le rayonnement radio galactique est-il la somme des émissions de ces radiosources, ou existe-t-il autre chose ? D'autre part, comment séparer l'émission des deux types d'objets, supernovae et nébuleuses gazeuses ? La réponse à la première question nécessitait l'augmentation de la résolution angulaire, qui seule permet de séparer les radiosources discrètes d'un éventuel fond continu : ce sont les grands instruments, surtout l'interféromètre en croix construit par Bernard Y. Mills en Australie (Fig. 2.9), qui ont permis d'atteindre un pouvoir de résolution suffisant pour effectuer cette séparation et pour montrer qu'il existe bien, en dehors des sources, une émission générale de la Galaxie. Par ailleurs, on constatait que cette émission était polarisée linéairement, ce qui mettait une fois de plus en évidence le mécanisme synchrotron : l'émission galactique est donc due au moins en partie au rayonnement d'électrons relativistes dans un champ magnétique. Au cours des années 1960, les fusées permirent d'observer directement au-dessus de l'atmosphère les électrons relativistes cosmiques : partant de la mesure directe du flux de ces électrons, on en déduisit l'intensité du champ magnétique galactique, que l'on trouvait égale à quelques microgauss. C'est un intéressant exemple de mesure indirecte d'un paramètre physique que l'on pourrait croire *a priori* inaccessible. Cependant, aux longueurs d'onde courtes (en dessous d'une dizaine de centimètres), l'émission synchrotron diminue et on voit apparaître l'émission radio du gaz ionisé qui se trouve un peu partout dans le milieu interstellaire de la Galaxie. La séparation de cette émission d'avec l'émission synchrotron, tentée pour la première fois en 1958 par le Hollandais Gart Westerhout, n'est pas chose facile.

Le halo galactique

Les théoriciens qui étudiaient la propagation des rayons cosmiques dans la Galaxie avaient de bonnes raisons de croire — ceci dès les années 1950 — que ces particules chargées sont emprisonnées par le champ magnétique galactique dans un volume plus ou moins sphérique entourant notre Galaxie et qu'ils nommèrent halo. L'Américain Lyman Spitzer, le père du télescope spatial Hubble, avait imaginé par ailleurs que ce halo devait contenir du gaz chaud et ténu, hypothèse qui fut plus tard vérifiée par l'observation, notamment avec ce télescope. On pouvait donc s'attendre à détecter l'émission radio des électrons relativistes de ce halo, qui font partie des particules constituant le rayonnement cosmique. Il est malheureusement fort difficile de distinguer cette émission de celle des régions proches, ainsi que du rayonnement radio extragalactique, car notre situation à l'intérieur de la

Galaxie est défavorable. Aussi, bien que les différents groupes qui travaillaient sur cette question se soient accordés à observer un halo radio (ce qui est peu surprenant puisqu'on s'attendait à en trouver un !), les estimations quantitatives variaient considérablement : tout ce travail était peu convaincant en raison des hypothèses plus ou moins arbitraires qu'impliquait la séparation des différentes composantes de l'émission galactique. A Jodrell Bank, Hanbury Brown et Cyril Hazard, puis d'autres radioastronomes essayèrent une méthode différente : plutôt que de tenter de débrouiller l'inextricable situation galactique, pourquoi ne pas essayer de détecter le halo radio de galaxies extérieures semblables à la nôtre ? À l'aide d'une grande antenne fixe visant le zénith, ils observèrent effectivement une extension radio autour de la galaxie d'Andromède, preuve de l'existence d'un halo autour des galaxies spirales. Il fallut des années pour montrer que cette observation elle-même était incorrecte : la galaxie en question n'est pas considérée aujourd'hui comme possédant un halo radio important. La question n'a été définitivement tranchée qu'en 1977 par la découverte indubitable de halos radio autour de galaxies spirales vues par la tranche, due à John Baldwin, Ronald J. Ekers, Renzo Sancisi et quelques collaborateurs à l'aide d'instruments très puissants (Fig. 2.26). Toutes les galaxies spirales en possèdent-elles, et y a-t-il une relation entre l'intensité du halo et les propriétés de la galaxie ? Ce n'est pas encore très clair.

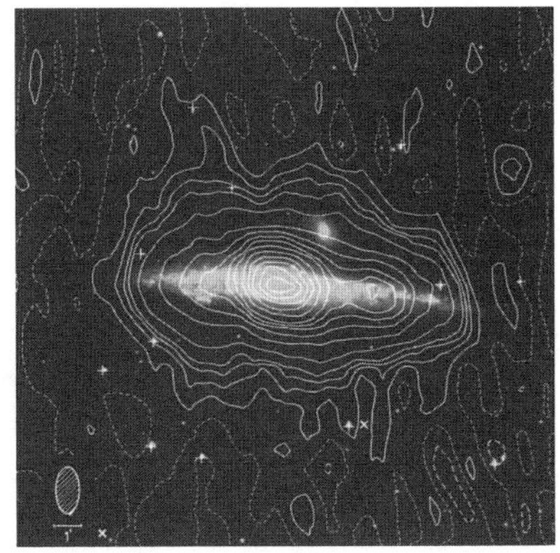

Figure 2.26. Isophotes de l'émission radio à 49 cm de longueur d'onde de la galaxie NGC 4631, superposées à une image en lumière visible. La galaxie est vue par la tranche, et l'étendue de l'émission radio de part et d'autre de l'image optique a montré pour la première fois de façon convaincante l'existence d'un halo radio autour de certaines galaxies spirales. Observations faites avec l'interféromètre de Westerbork au Pays-Bas, dont la résolution angulaire est indiquée par la petite ellipse en bas à gauche[37].

La découverte des molécules interstellaires

Toujours dans le domaine galactique, la radioastronomie a permis d'effectuer dans la période que nous examinons d'autres découvertes fondamentales concernant la matière interstellaire. On savait depuis les travaux de Pol Swings à Liège et de quelques autres, vers les années 1940, que le gaz interstellaire contient non seulement des atomes et des ions, mais aussi quelques molécules détectées par voie optique : il s'agit de CN, CH et de la molécule ionisée CH^+. Ces molécules relativement peu abondantes produisent en effet des raies d'absorption faibles et fines dans le spectre de certaines étoiles. On remarque que ce sont des molécules simples, formées de deux atomes seulement, et qu'il s'agit de radicaux libres, c'est-à-dire de molécules qui sont instables dans les conditions du laboratoire, où elles s'empressent de se combiner avec les atomes ou molécules qui passent à proximité. Ceci n'est pas surprenant : la densité est si faible dans le milieu interstellaire qu'une fois formées, ces molécules ont peu de chances de rencontrer quelque chose d'autre. On s'attend à ce qu'elles soient plutôt détruites par le rayonnement ultraviolet ambiant, avant de pouvoir engendrer des molécules plus complexes. Cependant la découverte de molécules comportant plus de deux atomes même dans des régions de densité extrêmement faible est venue battre en brèche ces idées simples : nous en parlerons au chapitre 6.

Malgré les découvertes des années 1940, il paraissait en 1950 que l'on n'avait guère de chances de trouver beaucoup de molécules interstellaires car la faible densité du milieu interstellaire paraissait peu propice à leur formation, et des chances presque nulles de découvrir des molécules complexes. L'avenir devait complètement infirmer ces prévisions. En réalité, personne ne s'intéressait aux molécules interstellaires dans les années 1950, à deux notables exceptions près : celle de Iosip Shklovskii et celle de Charles H. Townes, physicien américain connu comme l'un des inventeurs du maser — ce qui lui a valu le prix Nobel en 1964 — et grand spécialiste de la physique moléculaire. Au cours de plusieurs plaidoyers enthousiastes, Townes tenta d'inciter ses collègues radioastronomes à rechercher diverses molécules dont il leur fournit une liste, pensant que c'était en radio que l'on avait le plus de chance d'en découvrir. La réaction à cet appel fut lente, puisque ce n'est qu'en 1963 que Sander Weinreb, Alan H. Barrett, M. Littleton Meeks et John C. Henry, de Harvard, découvrirent la molécule OH interstellaire en détectant ses quatre raies à 18 cm de longueur d'onde : cette molécule figurait au premier rang de la liste proposée par Townes. Deux ans plus tard, on réalisait que certaines régions de la Galaxie émettaient des raies de OH extrêmement intenses, variables au cours du temps, en général polarisées et provenant de sources très petites. Ces caractéristiques totalement inattendues étaient clairement celles de masers (Encadré 2.5). Avec du recul, l'existence de masers interstellaires nous paraît naturelle, mais ce n'était pas le cas il y a quarante ans, et il est aisé d'imaginer la stupéfaction émerveillée des astronomes et des physiciens de l'époque devant cette découverte. Je me souviens avoir partagé cet émerveillement et avoir tenté de persuader mes collègues de se lancer dans l'observation de la molécule OH. Ce fut en vain à l'époque, mais heureusement les fruits ont mûri plus tard, car notre groupe s'est finalement illustré dans l'observation et la théorie des masers OH, en particulier de ceux associés à l'enveloppe des étoiles froides (ces masers circumstellaires furent découverts aux États-Unis peu après les masers OH interstellaires).

Encouragé par ces découvertes, Townes continua son œuvre de propagande auprès de ses amis radioastronomes qu'il incita à rechercher d'autres molécules diatomiques et même plus complexes : son intuition lui faisait en effet prévoir, presque contre toute logique, que des molécules à 3 ou 4 atomes, ou davantage *devaient* exister dans le milieu interstellaire. De fait, on découvrit en 1967 dans ce milieu le méthanal (ou formol) H_2CO, l'ammoniac NH_3 et l'eau H_2O. Chose surprenante, cette dernière molécule se manifestait uniquement par une émission maser à la longueur d'onde de 1,35 cm. La raie correspondante est si intense dans de nombreux endroits de la Galaxie — nuages interstellaires et enveloppes d'étoiles froides — que l'on aurait pu aisément la découvrir dès 1950 avec les techniques de l'époque... si l'on avait pensé à tenter l'observation. Dommage ! Dommage aussi que notre pays soit passé à côté de ces découvertes, faute sans doute de contacts suffisants

Encadré 2.5. Les masers interstellaires

Le terme de maser est un acronyme pour *Microwave Amplificator by Stimulated Emission of Radiation* (amplificateur micro-onde par émission stimulée du rayonnement) ; l'équivalent en optique est le laser, acronyme semblable où *Microwave* est remplacé par *Light* (lumière). Supposons un ensemble d'atomes ou de molécules susceptibles d'effectuer une transition entre deux de leurs niveaux d'énergie : la transition du niveau d'énergie la plus élevée au niveau inférieur correspond à l'émission d'un photon, et la transition inverse à l'absorption. Dans les conditions usuelles, il y a plus de molécules dans le niveau inférieur que dans le niveau supérieur et le milieu interstellaire situé entre la source et l'observateur absorbe le rayonnement émis par cette source à la fréquence de la transition. Dans un maser, les populations des niveaux sont inversées, si bien qu'il y a plus de molécules dans le niveau supérieur d'énergie : le milieu devient alors capable d'amplifier, grâce à l'émission induite, le rayonnement d'une source devant laquelle il est interposé (Fig. 2.27). L'émission induite, phénomène découvert par Einstein, est l'émission d'un photon par un atome ou une molécule sous l'effet d'un photon incident de même longueur d'onde ; le photon émis a la même direction et la même phase que le photon incident, auquel il s'ajoute. La raie, visible alors en émission, peut devenir extrêmement intense. Il y a au laboratoire divers moyens de provoquer une telle inversion de population pour fabriquer des masers, mais ils ne sont pas directement transposables au milieu interstellaire. Aussi le mécanisme de « pompage » (c'est-à-dire d'inversion) des masers interstellaires a-t-il paru très mystérieux au moment de leur découverte et l'est-il resté assez longtemps. À la suite de travaux effectués aux États-Unis, puis en France par Nguyen Quang Rieu, Robert Lucas et d'autres, le problème peut être considéré aujourd'hui comme bien résolu.

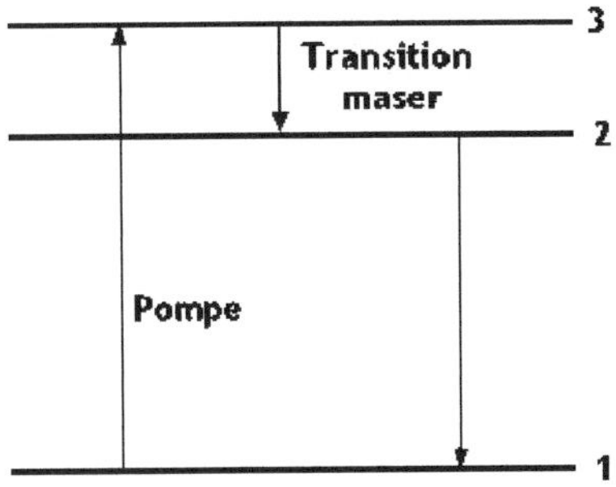

Figure 2.27. Principe du fonctionnement d'un maser. Considérons trois niveaux d'énergie d'une molécule, et supposons que le niveau 3 soit fortement peuplé à partir du niveau 1 par une collision avec une autre molécule ou par un fort rayonnement (*pompe*), et que la transition inverse du niveau 3 vers le niveau 1 soit peu probable. Le niveau 3 se désexcite donc surtout vers le niveau 2 en émettant un photon. Si les transitions du niveau 2 vers le niveau 1 sont très rapides, il y a moins de molécules dans le niveau 2 que dans le niveau 3, et les populations de ces deux niveaux sont donc inversées par rapport à la situation normale. Chaque fois qu'une molécule dans le niveau 3 absorbe un photon correspondant à la transition $3 \rightarrow 2$, elle émet un photon semblable qui s'ajoute au photon reçu, par émission induite. Le milieu se comporte alors comme un amplificateur du rayonnement à la fréquence de cette transition, la *transition maser* pour laquelle le rayonnement est donc très intense.

avec les physiciens moléculaires qui pourtant ne manquent pas en France (mais sans doute ignoraient-ils eux-mêmes l'existence des molécules interstellaires) ; faute aussi d'oser et de vouloir se reconvertir... Le fait est que le domaine si riche et prometteur de ces molécules interstellaires est resté à ses débuts l'apanage presque exclusif des Américains, avec quelques timides incursions australiennes et anglaises.

L'Univers extragalactique

Abordons maintenant le domaine extragalactique. Ici aussi, des découvertes spectaculaires devaient profondément modifier notre vision du cosmos entre 1950 et 1970, et changer notre approche du problème cosmologique, c'est-à-dire de la détermination de la structure globale et de l'évolution de l'Univers. Les trois découvertes fondamentales de cette période, découvertes dont l'importance égale celle de l'expansion de l'Univers en 1929, sont toutes trois issues de la radioastronomie. Il s'agit de celle des radiosources extragalactiques, de celle des quasars, et enfin de celle du rayonnement électromagnétique qui remplit l'Univers. Je vais les examiner tour à tour, non sans faire quelques autres incursions dans le domaine de la cosmologie.

Les radiogalaxies

Dès les débuts de la radioastronomie, après la seconde guerre mondiale, on avait observé que des sources d'onde radio se superposaient à une émission diffuse. Bien entendu, on a aussitôt essayé d'identifier ces sources avec des objets visibles sur les photographies du ciel. C'est aux environs de 1950 que les mesures de position en radio ont atteint une précision suffisante pour que ce but puisse être atteint. Nous avons vu que certaines sources appartenant à notre Galaxie ont été ainsi identifiées : la Nébuleuse du Crabe, puis le reste de supernova Cassiopeia A, et des nébuleuses gazeuses comme la Nébuleuse d'Orion. Dès 1949, Bolton, Stanley et Slee avaient déjà proposé, en même temps que l'identification d'une radiosource avec la Nébuleuse du Crabe, l'identification de deux autres sources avec des galaxies ; mais c'était incertain. En 1950, les Anglais Sir Martin Ryle, Sir F. Graham Smith et B. Elsmore montrèrent de leur côté que certaines galaxies spirales proches sont, comme notre Galaxie, de faibles émetteurs radio[38]. Quatre ans plus tard, Baade et Minkowski parvinrent à identifier avec le télescope de 5 m du Mont Palomar le correspondant optique de la radiosource du Cygne, laquelle fut historiquement la première radiosource jamais découverte[39]. Ce fut un travail admirable et difficile, car l'objet optique est faible et se trouve dans un champ très riche en étoiles : il s'agit d'une galaxie elliptique quelque peu particulière car apparemment double, qui s'éloigne de nous à la vitesse de 16 830 km/s. D'après la relation de Hubble entre la vitesse d'éloignement et la distance des galaxies, Cygnus A se trouve à environ 240 mégaparsecs (770 millions d'années-lumière) de nous[j].

Figure 2.28. Le noyau de la galaxie elliptique M 87 (Virgo A) observé avec le télescope spatial Hubble. Il en part un jet d'électrons relativistes, qui émettent de la lumière et aussi des ondes radio (voir Fig. 7.14) dans le champ magnétique de la galaxie, par le mécanisme synchrotron.

Peu de temps après, d'autres radiosources furent identifiées à des galaxies, dont beaucoup par Baade et Minkowski ; ils confirmèrent notamment l'identification proposée en 1949 de l'objet Virgo A avec une galaxie elliptique appartenant à l'amas de galaxies de la Vierge, qui présente une anomalie considérée comme unique à l'époque : de son noyau part un jet optique (Fig. 2.28) dont la lumière est polarisée

[j] J'utilise ici, comme partout dans la suite, la valeur actuelle du paramètre de Hubble : 71 km/s par million de parsecs.

linéairement, ce qui indique que, comme pour la Nébuleuse du Crabe, elle est produite par le mécanisme synchrotron. Un autre objet particulièrement intéressant est la galaxie australe Centaurus A (Fig. 2.29), encore un monstre mais nettement plus proche, qui s'étend en radio sur près de 10 degrés du ciel alors que l'objet optique ne dépasse pas une dizaine de minutes de degré en diamètre. L'aspect particulier de ces galaxies, et de quelques autres radiosources extragalactiques, suggéra à Shklovskii une explication possible pour leur émission radio extraordinairement intense : on assisterait à la collision de deux galaxies produisant une énorme compression du gaz, au cours de laquelle des électrons pourraient être accélérés à des vitesses relativistes. Ces électrons donneraient alors naissance à une émission radio dans le champ magnétique des galaxies par le mécanisme synchrotron (nul ne doutait dès cette époque que le rayonnement synchrotron ne fût à l'origine de l'émission radio). Si l'hypothèse collisionnelle de Shklovskii paraissait bien pouvoir s'appliquer à des objets optiquement doubles comme Cygnus A, l'Arménien Victor A. Ambartzumian proposa aussitôt l'idée contraire selon laquelle un tel objet représentait deux galaxies jeunes, d'origine commune, en train de se séparer ! Faut-il voir dans ces divergences d'opinion la manifestation d'une rivalité russo-arménienne ? De toutes façons, ni l'une ni l'autre des hypothèses ne devait résister plus de quelques années aux nouvelles observations et identifications de radiosources à des galaxies. Elles manifestaient cependant une certaine prescience : l'idée que les radiogalaxies sont issues de collisions entre galaxies a réapparu beaucoup plus tard, mais sous une autre forme, et l'on sait aujourd'hui que la plupart des radiosources extragalactiques produisent de formidables éjections de matière.

Figure 2.29. La galaxie NGC 5128 (Centaurus A) observée avec un des télescopes du VLT de l'ESO. Cet objet monstrueux résulte de la rencontre d'une galaxie spirale et d'une galaxie elliptique. La poussière interstellaire de la galaxie spirale produit les zones d'absorption de la lumière stellaire de la galaxie elliptique. Un noyau actif est responsable de l'accélération d'électrons relativistes qui produisent par rayonnement synchrotron une émission radio très intense, qui s'étend bien au-delà de l'objet optiquement visible.

Vers la fin des années 1950 et dans tout le cours des années 1960, on en a été réduit à supposer que l'intense émission radio de certaines galaxies elliptiques (dont beaucoup se sont révélées être apparemment « normales » sur les photographies) est due à une certaine activité de leur noyau, de nature indéterminée. Mieux vaut oublier l'abondance d'hypothèses plus ou moins farfelues émises quant à la nature de cette activité. Ce problème n'a été résolu que bien plus tard. Il est vrai qu'il s'est agi de l'un des plus ardus de toute l'astronomie. La principale difficulté provient de l'énorme quantité d'énergie qui se trouve libérée sous forme de particules accélérées dans ces galaxies : des évaluations raisonnables indique qu'elle correspond à l'énergie de masse de plusieurs millions de fois la masse du Soleil, d'après la relation d'Einstein $E = mc^2$! On pouvait, d'autre part, légitimement se demander quel pouvait être le rendement de l'accélérateur naturel de ces particules, connaissant le rendement misérable des accélérateurs de nos laboratoires.

L'étendue énorme et la morphologie particulière des régions d'émission radio des galaxies posèrent d'autres problèmes dès qu'elles furent observées : après que les Anglais R.C. Jennison et M.K. Das Gupta eurent montré en 1953 que l'émission radio de Cygnus A provenait de deux composantes situées de part et d'autre de l'objet optique (voir Fig. 4.3)[40], des observations interférométriques faites simultanément vers 1960 à Jodrell Bank en Angleterre par Patrick Palmer, au California Institute of Technology par Alan T. Moffet et à Nançay par moi-même établirent qu'il s'agissait d'un cas très fréquent. Ni les uns ni les autres n'avions alors la moindre idée de l'origine de ces étranges structures et de leurs dimensions fantastiques, qui atteignent quelquefois plusieurs millions d'années lumière. Il en fut de même de nos successeurs de Cambridge en Angleterre ou de Leyde en Hollande pendant deux autres décennies.

La découverte des quasars

C'est au cours d'observations interférométriques de la structure des radiosources que nous découvrîmes que certaines avaient de très petites dimensions angulaires. Un effort tout particulier fut porté vers l'identification de ces objets qui résistaient à toutes les tentatives de résolution, puisque certains avaient, d'après les observations de Jodrell Bank, des dimensions angulaires inférieures à la seconde de degré. Comme les radioastronomes de « Cal Tech » (le California Institute of Technology) possédaient seuls le moyen de mesurer avec précision leur position, ce furent eux qui incitèrent les astronomes du Mont Palomar à photographier les régions correspondantes. Travaillant sur les photographies prises au télescope de 5 m par Alan R. Sandage, Tom Matthews constata que plusieurs radiosources de ce type coïncidaient avec des étoiles. S'agissait-il enfin de ces « radio-étoiles » recherchées en vain depuis les débuts de la radioastronomie ? Le spectre de la plus brillante d'entre elles, connue sous le nom peu poétique de 3C 48 (le n° 48 du troisième catalogue de radiosources de Cambridge) montrait des raies d'émission ne ressemblant à rien de connu... Les choses en restèrent là pendant trois ans, jusqu'à 1963, année où se produisit un événement mémorable qui devait marquer l'astronomie en général et la cosmologie en particulier.

C. Hazard, M.B. Mackey et A.J. Shimmins avaient réussi à obtenir en Australie la position très précise de plusieurs radiosources en observant leur occultation par la Lune, une méthode bien connue des astronomes optiques, qui devait être utilisée plus tard sur une grande échelle par les radioastronomes indiens (Fig. 2.30). Ils avaient obtenu ainsi une excellente position pour l'objet 3C 273, qui se trouva être formé de deux composantes radio, entre lesquelles on pouvait voir une « étoile » bleue plus brillante optiquement que 3C 48, étoile d'où partait un jet de matière (Fig. 2.31). Maarten Schmidt, astronome hollandais établi aux États-Unis, déjà bien connu pour ses travaux en astronomie galactique, prit aussitôt un spectre de l'objet avec le télescope de 5 m (Fig. 2.32). Comme celui de 3C 48, il montrait des raies d'émission, mais cette fois Schmidt put y reconnaître des raies de l'hydrogène fortement décalées vers le rouge ; les autres raies, affectées du même

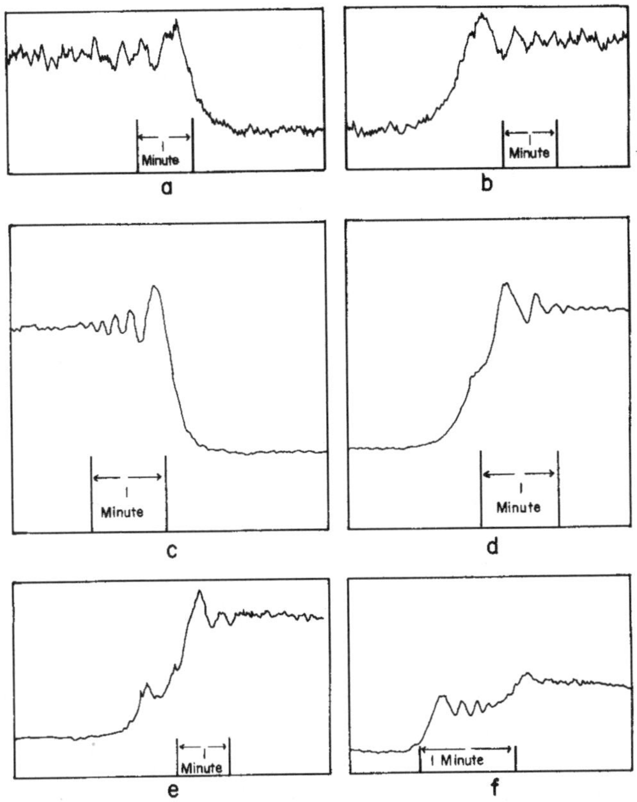

Figure 2.30. Enregistrements d'occultations par la Lune du quasar 3C 273 obtenus en 1962 avec le radiotélescope de Parkes en Australie[42]. En a et c, immersion : la Lune arrive devant la radiosource ; en b, d, e et f, émersions : la Lune dégage la radiosource. On peut observer les franges de diffraction produites par le bord de la Lune. L'aspect différent des tracés selon la configuration de la radiosource et de la Lune au moment de l'occultation a permis de reconstituer la forme de cette radiosource, qui comprend deux composantes séparées de 19,5 secondes de degré, et de mesurer avec précision leur position.

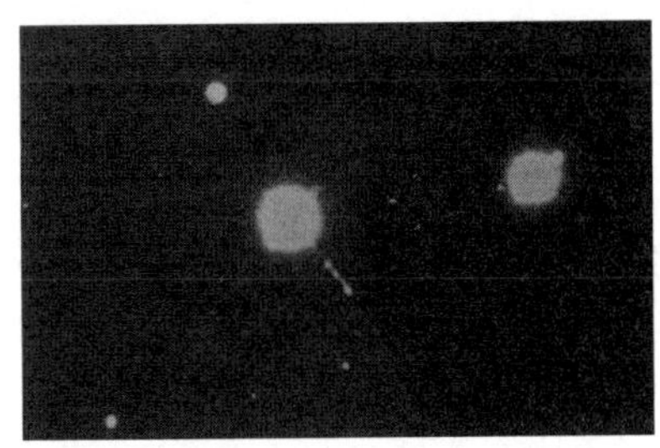

Figure 2.31. Le quasar 3C 273. C'est l'objet brillant au centre, d'où part un jet lumineux.

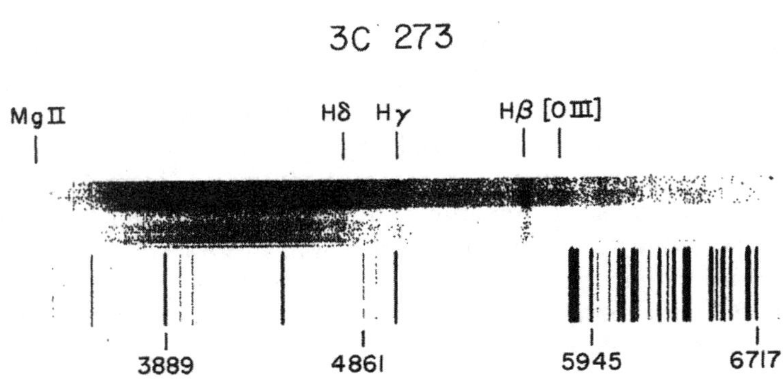

Figure 2.32. Spectre du quasar 3C 273, obtenu avec le télescope de 5 m de diamètre du Mont Palomar[43]. Deux tirages photographiques sont présentés. Le spectre du bas est celui d'une lampe étalon, qui permet de repérer les longueurs d'onde (en angström). On voit dans le spectre de 3C 273 des raies classiques du gaz interstellaire ionisé, mais fortement décalées vers le rouge (la raie Hβ est à 4 861 angströms au laboratoire).

décalage, devenaient alors identifiables aux raies classiques émises par un gaz ionisé[41]. Je me souviens très précisément de l'exposé que Schmidt fit de sa découverte en 1963, lors d'un congrès en Australie auquel je participais. Nous étions tous excités en assistant à la naissance d'une nouvelle catégorie d'objets, les quasars, pour l'anglais *quasi stellar objects*. Ils n'allaient pas manquer, eux aussi, de poser bientôt des problèmes. Le premier problème était évident : si 3C 273 était bien à la distance impliquée par son décalage spectral, en admettant que celui-ci soit dû à l'expansion de l'Univers, il émettait cent fois plus de lumière que les galaxies les plus lumineuses. En radio, l'énergie libérée par cet objet était encore plus grande que celle des radiogalaxies, dont on n'arrivait déjà pas à expliquer l'émission. Autre question encore plus fondamentale : quelle était la nature des quasars ?

Reprenant le spectre de 3C 48, Jesse L. Greenstein et Tom Matthews réalisaient alors, probablement non sans dépit, que ce spectre pouvait parfaitement s'expliquer comme celui de 3C 273 par l'émission de gaz ionisé, mais avec un décalage spectral plus de deux fois supérieur[44]. De nombreux autres quasars furent découverts au cours des années suivantes. En 1970, on en connaissait déjà beaucoup dont le décalage relatif en longueur d'onde λ dépassait $\Delta\lambda/\lambda = z = 2$: pour un tel quasar, une raie située dans l'ultraviolet lointain, par exemple à 2 000 Å, passe dans le rouge à $2\,000\,(z + 1) = 6\,000$ Å.

D'autres découvertes importantes concernant les quasars devaient avoir lieu dans les années 1965-66. L'une d'elles est l'observation par les Américains Frank J. Low et Harold L. Johnson de l'émission infrarouge considérable de 3C 273, émission beaucoup plus importante que ce qu'on pouvait attendre de l'interpolation de son flux optique et radio : ceci ne faisait qu'augmenter les besoins en production d'énergie de ce quasar et donc qu'aggraver le problème posé par l'origine de cette énergie. D'un autre côté, Allan R. Sandage et Roger Lynds découvraient une classe d'objets optiquement identiques aux quasars, mais sans émission radio. Ces « quasars muets » sont plus nombreux que les quasars radio. On découvrit aussi que beaucoup de quasars sont variables en optique et même en radio, et souvent de façon spectaculaire. Ces variations surprenantes offrent un moyen puissant pour obtenir une limite supérieure aux dimensions des quasars. En effet, si un objet varie beaucoup pendant un temps t, ses dimensions ne peuvent être supérieures à ct (c étant la vitesse de la lumière) : s'il n'en était pas ainsi, les variations de ses différentes parties nous parviendraient avec des retards variables mais supérieurs à t et se trouveraient fort atténuées pour l'observateur. On trouve ainsi des dimensions maximales de quelques années-lumière. Ainsi les énormes quantités d'énergie libérées par les quasars doivent-elles être confinées dans des volumes relativement très petits. La dernière découverte, sur laquelle je reviendrai au chapitre 7 car ce n'est qu'après 1970 que l'on en a donné une explication plausible, est celle de raies d'absorption dans le spectre des quasars. Elle date de 1966[45].

La distance et la nature des quasars

Dès la découverte des quasars, le monde des astronomes se divisa en deux clans, entre lesquels les affrontements furent souvent vifs et mirent très longtemps à s'apaiser. Les uns, que l'on pourrait à première vue qualifier de conservateurs, considéraient que les quasars participaient comme les galaxies à l'expansion de l'Univers et étaient bien à la distance (très grande) qui correspond à leur énorme décalage spectral en vertu de la loi de Hubble : ils auraient alors été les objets les plus lointains jamais observés. Cette attitude, si elle avait le mérite de ne pas faire appel à une physique exotique, laissait entier le problème de la nature et de l'origine de l'énergie des quasars. Le clan adverse supposait que les quasars étaient en fait des objets proches, ce qui simplifiait le problème d'énergie sans d'ailleurs résoudre celui de la nature des quasars. Comme personne — ou presque — ne mettait en doute que le décalage spectral des galaxies fut lié à l'expansion de l'Univers, il fallait alors s'ingénier à trouver une autre explication pour le décalage spectral des quasars.

Le décalage gravitationnel (effet Einstein), qui pourrait se produire si les quasars sont des objets très petits et très massifs ayant un champ de gravitation intense, était une possibilité séduisante à première vue : mais elle fut rejetée sans appel par Schmidt et Greenstein tout de suite après la découverte des quasars, sur la base d'arguments physiques simples[46]. On a pu aussi exclure par des arguments statistiques, et également en partie physiques, l'hypothèse selon laquelle les quasars auraient été des objets proches animés de très grandes vitesses (leur décalage spectral aurait alors simplement été une manifestation de l'effet Doppler-Fizeau, sans faire appel à l'expansion de l'Univers). Il restait donc à chercher une autre cause au décalage spectral. Il y avait là une difficulté des plus sérieuses, et il est troublant de constater que beaucoup de protagonistes de l'hypothèse « non cosmologique » des quasars ont sauté par dessus cette difficulté en feignant de l'ignorer. Certains, plus sérieux, s'y sont attaqués de front. Mais aucune des théories plus ou moins bizarres qui ont été proposées à cet effet (du type « fatigue du photon », lequel était censé rougir au cours de son périple entre le quasar et nous) n'a résisté à l'expérience ou à l'observation ; de plus, elles se sont trouvées en contradiction avec les lois physiques les mieux établies. La solution de loin la meilleure, qui est celle universellement adoptée aujourd'hui, était d'accepter que le décalage spectral des quasars était effectivement dû à l'expansion de l'Univers. Cependant le problème de leur énergie n'était pas résolu.

Comptages de radiosources et géométrie de l'Univers

Revenons maintenant en arrière, aux débuts de la radioastronomie. Une des premières tâches des radioastronomes fut la construction de catalogues de radiosources extragalactiques. Les premiers catalogues importants, construits respectivement par Ryle et ses collaborateurs à Cambridge et par Mills en Australie, n'étaient pas en bon accord, chaque groupe prétendant bien entendu que c'était l'autre qui avait tort. Avant même que l'origine de ces différences fut comprise, Ryle commença à utiliser ses catalogues à des fins cosmologiques. Cette idée était toute naturelle, car il était devenu évident, dès les premières identifications de radiosources à des galaxies, que les objets les plus faibles des catalogues devaient se trouver très loin. En effet, même les plus intenses correspondaient déjà à des galaxies lointaines : on pouvait ainsi espérer que les radiosources faibles fussent plus éloignées encore que les objets les moins brillants visibles dans les grands télescopes, et fussent donc capables d'apporter des informations sur des zones de l'Univers encore inaccessibles à l'observation optique. Hubble avait déjà remarqué que l'on pourrait déduire d'un simple dénombrement d'objets dans les catalogues des informations précieuses sur la structure de l'Univers, à condition toutefois que les propriétés intrinsèques de ces objets, nombre par unité de volume ou luminosité, ne dépendent pas de leur distance. Par exemple, on peut montrer par un calcul simple que dans un univers à géométrie euclidienne, ce qui est de toute façon le cas pour l'Univers proche quelles que soient ses propriétés globales, le nombre d'objets plus brillants qu'un certain flux S, $N\,(>S)$, doit être inversement proportionnel à la puissance 3/2 de ce flux : $N\,(>S) \propto S^{-3/2}$. Hubble avait déjà vérifié cette loi à partir de ses comptages de galaxies : rien d'inattendu, car les galaxies les plus lointaines de son échantillon étaient encore suffisamment proches pour que l'Univers puisse être considéré comme euclidien.

Einstein, Friedmann, de Sitter et d'autres ont montré que la géométrie globale de l'Univers dépend de la densité de matière qu'il contient (Fig. 2.33). En relativité générale, dans les modèles simples d'univers (modèles de Friedmann), si la densité de l'univers est grande,

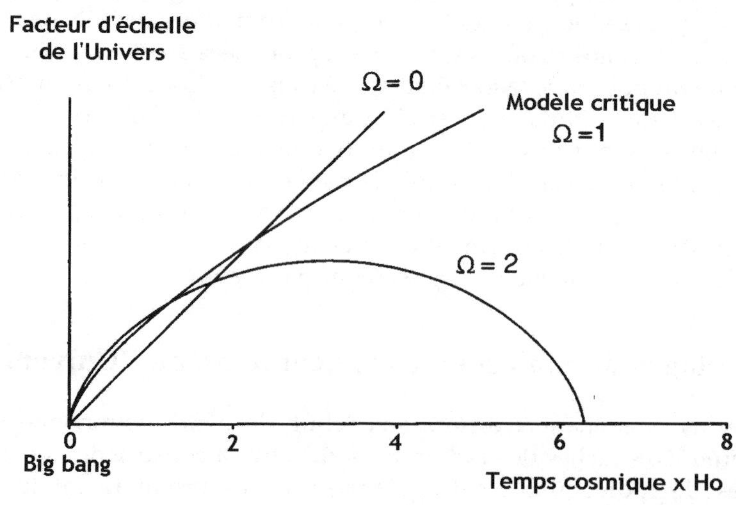

Figure 2.33. Évolution de l'Univers dans les modèles simples de Friedmann. On a porté une dimension caractéristique de l'Univers (par exemple la distance entre deux galaxies), en unités arbitraires, en fonction du produit du temps cosmique par le paramètre de Hubble H_0, ce qui donne un nombre sans dimensions. Ω est le rapport de la densité locale de l'Univers à la densité critique. Pour un univers à très faible densité ($\Omega \approx 0$), nous en serions actuellement à l'abscisse 1 ; l'expansion se poursuivrait régulièrement jusqu'à l'infini (univers ouvert, ou hyperbolique). Pour un univers très dense, nous serions par exemple à l'abscisse 0,57 pour $\Omega = 2$; l'expansion actuelle serait suivie d'une phase de contraction (univers fermé, ou elliptique). Le modèle critique avec $\Omega = 1$ sépare ces deux régimes ; nous serions alors à l'abscisse 2/3, et l'expansion se ralentirait progressivement sans jamais s'arrêter (univers parabolique). L'introduction d'une constante cosmologique complique singulièrement la situation (voir le chapitre 7).

la courbure est positive (univers « elliptique » ou « fermé »), et son expansion s'arrêtera un jour pour être suivie par une phase de contraction ; si la densité est faible, la courbure est négative (univers « hyperbolique » ou « ouvert »), et l'expansion continuera indéfiniment. Il existe donc une densité critique qui correspond à un cas intermédiaire, où l'expansion se ralentit pour tendre vers un état statique (univers « parabolique »). Tous ces modèles classiques supposent un état initial condensé (l'« atome primitif » de Lemaître). Comme je l'ai dit au chapitre précédent, certains esprits étaient réticents à cette idée d'un commencement de l'Univers, sans doute pour des raisons philosophiques, voire métaphysiques, auxquelles les scientifiques n'échappent pas plus que les autres. C'est ainsi que les Anglais Hermann Bondi et Thomas Gold[47], suivis de Fred Hoyle, ont échafaudé à partir de 1948 un nouveau modèle d'*univers stationnaire*, sans commencement ni fin, dont les propriétés moyennes sont invariables dans le temps et l'espace. Dans ce modèle, l'expansion est compensée par une création continue de matière en tout point ; il n'est pas en contradiction avec la relativité générale, et après tout il n'est pas plus absurde de penser que la matière soit créée continuellement plutôt que d'un seul coup. Quoi qu'il en soit, et pour en revenir aux comptages de radiosources, ces différents modèles prédisent des lois différentes reliant le nombre d'objets à leur flux : on s'attend à ce que le nombre des objets très distants, donc très faibles, soit plus petit que si l'Univers était euclidien.

La première comparaison des observations avec les prédictions des modèles fit l'effet d'un coup de théâtre. C'était en 1955, date où Martin Ryle et Peter A. G. Scheuer, en comptant les radiosources de leur catalogue 2C (le deuxième catalogue de Cambridge), constatèrent que la relation nombre de sources — flux n'était compatible avec les prédictions d'*aucun* modèle cosmologique : ils trouvaient un excès considérable d'objets peu brillants. Le catalogue 2C étant loin d'être exempt de défauts (j'ai parlé de ses discordances avec le catalogue australien), le résultat apparut à beaucoup discutable ; cependant tous les catalogues ultérieurs, en particulier le troisième catalogue révisé de Cambridge qui date de 1962, montrèrent le même phénomène, quoique atténué (Fig. 2.34). Deux explications au moins étaient possibles, et la controverse entre les tenants de l'une ou l'autre dura plus de dix ans. L'une de ces explications supposait qu'il existait une déficience locale de radiosources, la Galaxie se trouvant en quelque sorte dans un « trou » de l'Univers. L'autre explication, qui est celle admise aujourd'hui, est que les radiosources faibles, donc situées à grande distance, sont soit plus nombreuses, soit intrinsèquement plus lumineuses que les radiosources proches de notre Galaxie. Ceci est en contradiction claire avec le modèle d'univers stationnaire, puisque ce modèle postule que l'Univers est en moyenne semblable à lui-même en tout temps et en tout lieu. Les comptages de radiosources ont donc permis de l'éliminer d'une façon assez inattendue.

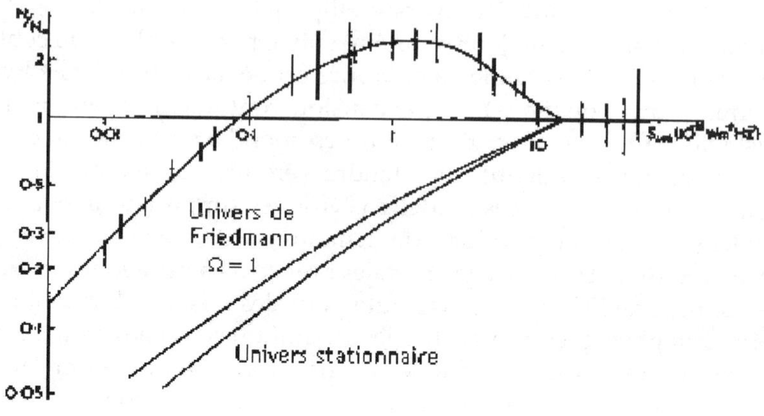

Figure 2.34. Écarts à la loi qui lie à leur flux *S* (ici à la fréquence 408 MHz) le nombre *N* de radiosources plus brillantes que *S* attendues dans un univers euclidien[48]. Les deux courbes inférieures représentent les écarts calculés pour l'univers stationnaire de Hoyle et pour un univers de Friedmann. La courbe supérieure avec les barres d'erreur verticales représente les observations. On constate un excès considérable de sources faibles par rapport aux deux modèles d'univers considérés ici, ainsi d'ailleurs que par rapport à tous les modèles d'univers possibles.

Physiquement, les différences entre radiosources proches et lointaines peuvent être comprises comme un effet d'évolution au cours du temps : en effet, la lumière qui nous parvient présentement des objets lointains en est partie lorsqu'ils étaient plus « jeunes » (c'est-à-dire plus rapprochés dans le temps de l'origine de l'Univers) que les objets plus proches, car la lumière met un temps plus long à nous parvenir des objets plus lointains (Encadré 2.6). Ainsi, les radiosources étaient soit plus nombreuses, soit plus puissantes dans le passé qu'aujourd'hui. Si cette évolution est intéressante en soi et a permis d'éliminer un des modèles cosmologiques, elle présente un côté très frustrant pour le cosmologiste : contrairement aux espérances, elle interdit pratiquement d'utiliser les comptages de radiosources pour faire un choix dans la gamme infinie des modèles d'univers qui restent possibles.

Des précisions sur l'évolution des radiosources ont pu être données quelques temps après la découverte des quasars, lorsqu'on a réussi à identifier presque toutes les radiosources les plus brillantes du ciel soit à des galaxies, soit à des quasars. C'est en 1966 que le Français Philippe Véron et l'Anglais Malcolm Longair montrèrent que les anomalies des comptages de radiosources sont entièrement dues aux quasars : en effet, les radiosources identifiées à des galaxies obéissent à la relation nombre-flux $N(> S) \propto S^{-3/2}$ que l'on attend dans un univers euclidien, alors que les quasars montrent un fort effet d'évolution. Ceci s'explique aisément si l'on se souvient que les quasars sont des radiosources intrinsèquement beaucoup plus puissantes que les galaxies et se trouvent à des distances si grandes que les effets d'évolution sont bien plus importants. Au contraire, les galaxies identifiées aux radiosources intenses sont encore trop proches pour que l'évolution se manifeste vraiment, la fraction d'Univers qu'elles remplissent étant assez petite pour que sa géométrie puisse être considérée comme euclidienne. Rien n'interdit que les galaxies présentent à grande distance les mêmes effets d'évolution que les quasars, et c'est bien ce que l'on a constaté plus tard lorsqu'on a pu identifier des radiosources faibles à des galaxies très éloignées. Pour les

Encadré 2.6. Décalage spectral, distance, temps cosmique et horizon

Trois quantités sont liées l'une à l'autre dans l'Univers :

— le décalage spectral $z = (\lambda - \lambda_0)/\lambda_0$, où λ_0 est une longueur d'onde émise par un objet lointain (disons une galaxie) et λ la longueur d'onde correspondante que nous recevons ; pour l'Univers proche ($z << 1$), z est lié à la vitesse d'éloignement (vitesse radiale) v de la galaxie par la relation de Doppler-Fizeau: $z = v/c$, c étant la vitesse de la lumière ; pour les valeurs élevées de z, cette relation n'est plus valable car v ne peut être plus grand que c, et elle est remplacée par une relation plus compliquée ;

— la distance d de cette galaxie ;

— le temps cosmique t.

z et d sont liés l'un à l'autre par la relation de Hubble : une galaxie dont la vitesse radiale est v et le décalage spectral z se trouve à une distance d telle que $d = v/H_0 = cz/H_0$, où H_0 est le paramètre de Hubble et c la vitesse de la lumière. Cette relation simple n'est valable que dans l'Univers proche, avec $z << 1$, sinon elle doit être remplacée par une équation plus compliquée. On fait ici la moyenne sur de nombreuses galaxies de décalages spectraux voisins, en ignorant les vitesses particulières qu'elles peuvent avoir.

La lumière met un temps $\tau = d/c = z/H_0$ à nous parvenir de la galaxie. Nous voyons donc celle-ci comme elle était à l'instant $t = T - \tau$, T étant l'âge actuel de l'Univers (environ 13,7 milliards d'années, voir plus loin le tableau T7.1) ; t est le temps cosmique, compté à partir du Big Bang. Donc plus une galaxie est lointaine, plus on la voit donc proche des débuts de l'Univers et de sa formation, et plus elle était « jeune » au moment où la lumière que nous recevons en est partie. Il y a donc une relation entre le décalage spectral, la distance et le temps dans l'Univers, ce qui nous permet d'étudier l'Univers à différentes étapes de son évolution en observant des objets plus ou moins lointains. Dans le cas de l'Univers juste fermé dont on pense aujourd'hui qu'il correspond à la réalité, on a simplement $t = T\,(1 + z)^{-3/2}$ et l'âge de l'Univers est $T = 2/3H_0$, soit 13,7 milliards d'années (voir plus loin le tableau 7.1).

Il faut bien réaliser cependant que l'Univers n'a pas de centre : si des êtres intelligents situés dans d'autres galaxies étudient l'évolution de l'Univers en observant des galaxies lointaines, ils obtiendront exactement les mêmes résultats que nous, bien que les galaxies qu'ils voient soient différentes.

Par ailleurs, nous ne pouvons voir de l'Univers que le volume tel que la lumière des objets qu'il contient a mis pour nous parvenir un temps τ inférieur à l'âge actuel T de l'Univers. Il y a donc un horizon au-delà duquel nous ne pouvons rien observer. Un observateur situé dans une autre galaxie verrait une partie différente de l'Univers. L'horizon est variable avec le temps cosmique : il était plus réduit autrefois car l'âge de l'Univers était plus petit.

quasars, en tout cas, l'évolution est énorme : Maarten Schmidt a montré que si les quasars sont plus nombreux à grande distance, leur nombre varie sensiblement comme la puissance 5 de leur décalage spectral z. On tend cependant à considérer aujourd'hui que les quasars sont plus lumineux, et non plus nombreux, à grande distance : leur luminosité augmenterait donc fortement avec le décalage spectral.

Le rayonnement de l'Univers

Si l'on essaye d'attaquer le problème cosmologique, c'est-à-dire le choix d'un modèle d'univers, par des moyens purement optiques, on tombe sur des problèmes analogues à ceux que je viens d'évoquer pour les radiosources. Pourtant, une dizaine d'années après la mise en service du télescope de 5 m du Mont Palomar, Allan Sandage avait publié un article plein d'optimisme où il prédisait l'apport que ce télescope géant pourrait faire à la cosmologie, en étendant à des galaxies plus faibles les comptages faits précédemment par Hubble[49] : ceci devait permettre de distinguer entre les différents modèles d'univers. Malgré le travail acharné effectué ensuite par Sandage lui-même et ses collaborateurs, aucun résultat concluant n'a pu être obtenu par cette voie, car l'émission optique des galaxies évolue elle aussi au cours du temps cosmique, d'une façon moins importante certes que celle des quasars, mais trop grande et trop mal connue pour que l'on puisse raisonnablement en corriger les effets. Ceci s'applique aussi bien à la relation nombre d'objets — flux dont je viens de parler qu'à d'autres relations que l'on a également tenté d'utiliser car elles dépendent de la géométrie de l'Univers : relation flux — décalage spectral, diamètre apparent — décalage spectral, etc. Aussi l'utilité de ce genre de tests cosmologiques paraît-elle aujourd'hui très réduite.

Par une heureuse circonstance, d'autres moyens d'investigation de la structure de l'Univers ont surgi au moment même où les espoirs en ces tests cosmologiques s'amenuisaient. Il y a en effet deux façons pour essayer de choisir entre les modèles d'univers possibles : on peut tenter de déterminer ses propriétés géométriques, et c'est le but de tous les tests précédents qui sont sensibles à la géométrie de l'Univers ; ou bien, on peut s'attacher à déterminer les propriétés physiques de l'Univers telles que la densité de masse ou la densité du rayonnement qu'il contient, propriétés qui soit déterminent directement sa géométrie en vertu de la relativité générale, soit résultent de son évolution passée. C'est dans cette dernière catégorie qu'il convient de ranger la découverte fondamentale effectuée en 1965 par Arno Penzias et Robert Wilson aux Bell Telephone Laboratories, qui leur a valu le prix Nobel de physique en 1978 : celle d'un rayonnement radio isotrope d'origine cosmologique qui remplit l'Univers.

Cette découverte est parfaitement fortuite et rappelle celle de Jansky en 1931 : en effectuant des mesures à 7 cm de longueur d'onde sur une antenne destinée aux télécommunications par réflexion sur les satellites artificiels ECHO, Penzias et Wilson remarquèrent l'existence d'un bruit radio qui ne pouvait être dû ni au récepteur, ni au rayonnement propre de l'atmosphère ou du sol voisin de l'antenne[k]. Une série de mesures très précises et d'une grande difficulté les persuadèrent que cette émission provenait de toutes les directions avec la même intensité[50]. Ils en parlèrent à un cosmologiste, Robert Dicke, qui se souvint que dès 1948 George Gamow, Ralph Alpher et Robert Herman avaient prédit l'existence d'un rayonnement de ce genre, conséquence naturelle des modèles classiques d'univers en expansion[51]. Dans ces modèles, en effet, lors de la phase primitive très condensée (l'« atome primitif » de Lemaître), la température était très élevée et le rayonnement très intense. Comme l'ont aussitôt démontré Robert Dicke, James E. Peebles, Peter G. Roll et David T. Wilkinson[52], ce qu'avaient observé Penzias et Wilson était le fossile de ce rayonnement primitif, considérablement atténué par l'expansion subséquente de l'Univers[l]. Nous verrons au chapitre 7 que ce rayonnement doit être à peu de chose près identique à celui d'un corps noir : c'est ce qu'ont confirmé des mesures à différentes longueurs d'onde effectuées après la découverte, notamment celles de Roll et Wilkinson à Princeton, de T.R. Howell et John R. Shakeshaft à Cambridge en Angleterre, et beaucoup plus récemment celles d'une admirable précision du satellite COBE[56] (Figs. 2.35 et 2.36). L'intensité de ce rayonnement ne dépend pas que du modèle d'univers, si bien qu'il ne permet pas à lui seul de choisir un modèle. Ce qui est certain, c'est que l'on ne voit pas comment un tel rayonnement pourrait se produire dans un univers stationnaire. Aussi les promoteurs de ce dernier modèle d'univers se sont-ils ingéniés à essayer de montrer que le rayonnement cosmologique résulte en fait de la superposition de radiosources extragalactiques particulières, de nature inconnue, qui, au contraire des sources habituelles, auraient un flux plus grand en ondes millimétriques qu'en ondes centimétriques. Cette idée ne résista pas à l'examen critique, non plus qu'aux diverses observations radio qu'elle a suscitées tant aux États-Unis qu'en Union soviétique et qui donnèrent toutes des résultats négatifs. Aussi la découverte de Penzias et Wilson a-t-elle porté le coup fatal au modèle d'univers stationnaire, déjà bien ébranlé par les résultats des comptages de radiosources.

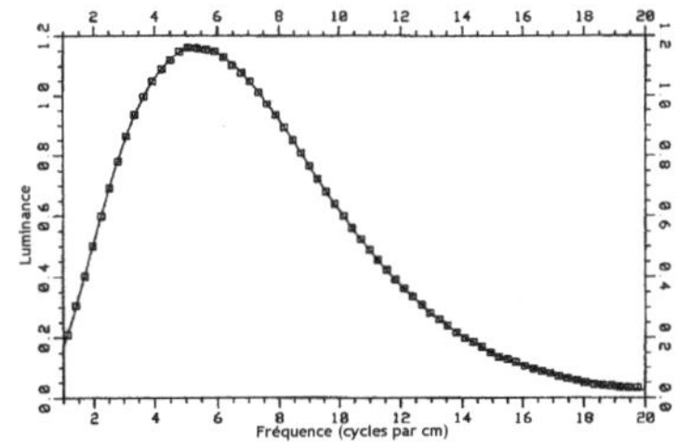

Figure 2.35. Spectre du rayonnement de l'Univers observé par le satellite COBE[53]. La luminance du ciel est portée en fonction de la fréquence (la quantité portée en abscisses est l'inverse de la longueur d'onde, c'est-à-dire le rapport de la fréquence à la vitesse de la lumière). La hauteur de chaque carré est l'erreur de mesure, et la courbe le spectre d'un corps noir à 2,735 K.

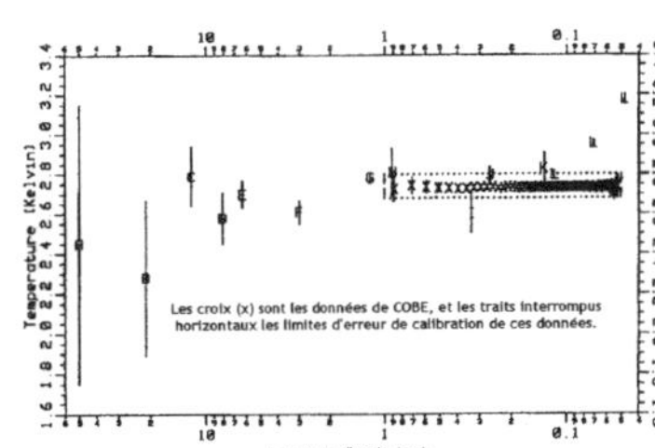

Figure 2.36. Mesures de la luminance du rayonnement de l'Univers à différentes longueurs d'onde[54]. Cette luminance est exprimée par la température d'un corps noir qui la produirait à la longueur d'onde considérée. Toutes les mesures sont compatibles avec celles de COBE, qu'elles étendent vers les grandes longueurs d'onde.

---

[k] Dès les années 1954-56, j'avais avec quelques autres cherché à voir s'il existait une émission radio du ciel, à la longueur d'onde de 33 cm. Nous en avions seulement obtenu une limite supérieure de 3 K, à peine plus grande que la valeur mesurée par Penzias et Wilson, mais néanmoins significativement plus petite que les 5 K prédits par Gamow et de Alpher et Herman, que nous ne connaissions pas. Il était certainement impossible de faire mieux avec l'antenne Würzburg dont nous disposions, qui était peu adaptée à ce genre de mesure. Voir Denisse J.-F., Lequeux J., Le Roux E. (1957) *Comptes Rendus des séances de l'Académie des Sciences*, 244, p. 3030.

[l] Plus précisément, le rayonnement « primitif » est celui de l'Univers au moment où les protons et les électrons se sont recombinés pour former des atomes d'hydrogène, à un décalage spectral voisin de $z = 1000$: voir le chapitre 7.

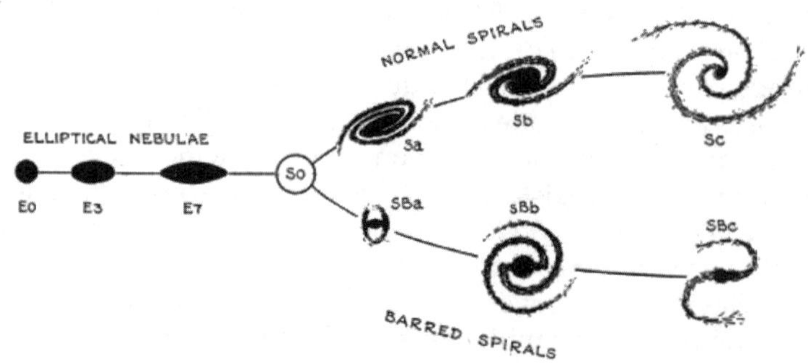

Figure 2.37. La classification des galaxies, d'après Hubble[56]. Hubble distinguait une séquence de galaxies spirales « normales » et de galaxies spirales possédant une barre dans leurs régions internes. En réalité tous les intermédiaires existent. Il pensait que la séquence des types de galaxies pourrait aussi être une séquence d'évolution. On considère aujourd'hui qu'il n'en est rien.

Les débuts de l'étude physique des galaxies

L'étude physique des galaxies et des amas de galaxies, qui devait apporter d'autres pierres à l'édifice de la cosmologie tout en devenant une importante sous-discipline de l'astronomie, est une création des années 1950-70. Si Hubble avait établi bien avant 1950 la classification des galaxies sans en comprendre les raisons physiques (Fig. 2.37), et montré qu'elles sont constituées comme notre Galaxie d'étoiles et de matière interstellaire, on ignorait tout des détails de leur population stellaire, de la quantité de gaz qu'elles contiennent, de leur masse totale, etc. Des progrès décisifs, dont je voudrais mentionner quelques-uns, ont été faits à ce sujet dans la période qui fait l'objet de ce chapitre, mais de plus grands encore restaient à faire dans la décennie suivante. Sans doute le premier événement marquant a été la réalisation progressive par Baade de l'existence de deux sortes de populations stellaires dans les galaxies, et en particulier dans notre Galaxie (sa première publication date de 1944[55]). La Population I est caractérisée par des étoiles jeunes très lumineuses, et plutôt bleues, qui sont visiblement associées à la matière interstellaire ; elle forme au moins en partie le disque des galaxies spirales, alors que la Population II, formée d'étoiles rouges moins lumineuses, constitue les galaxies elliptiques, ainsi que les régions centrales et le halo de notre Galaxie. Ces notions devaient être précisées grâce à Halton C. Arp, Olin Eggen, Allan Sandage et beaucoup d'autres. Cependant leur interprétation en termes d'évolution de la Galaxie a pris beaucoup de temps.

Les radioastronomes de divers pays, notamment du nôtre, détectaient et étudiaient l'émission des galaxies dans la raie à 21 cm de l'hydrogène et montraient que les galaxies des différents types n'en contiennent pas la même quantité : les galaxies elliptiques ont peu ou pas de gaz alors que les spirales en présentent une fraction notable et les galaxies irrégulières une fraction encore plus grande. Le radiotélescope de Nançay avait été conçu spécialement pour de telles études et a rempli convenablement sa mission, en parallèle avec d'autres radiotélescopes étrangers, par exemple celui de 100 m de diamètre d'Effelsberg en Allemagne (voir plus loin Fig. 3.5). De leur côté, les astronomes optiques étudiaient les mouvements dans les galaxies tant avec des spectrographes classiques mesurant la vitesse radiale du gaz en un nombre limité de points (ce fut surtout au début le travail de Geoffrey et Margaret Burbidge aux États-Unis), qu'avec les étalons Pérot-Fabry capables d'obtenir d'un seul coup la distribution du gaz ionisé et la répartition de sa vitesse radiale sur toute une galaxie : l'Observatoire de Marseille s'est illustré dans ce dernier type d'observations, sous l'impulsion de Georges Courtès (Fig. 2.38). Les observations tant en radio qu'en optique des galaxies spirales ont montré que, comme notre Galaxie, ce sont des systèmes plats en rotation. En écrivant que la force centrifuge en chaque point, que l'on déduit de sa distance au centre et de sa vitesse de rotation, est contrebalancée par l'attraction des régions intérieures, on peut obtenir la distribution de la masse dans la galaxie. Nous en verrons au chapitre 7 les résultats étonnants. On peut également obtenir par spectroscopie une estimation grossière de la masse des galaxies elliptiques.

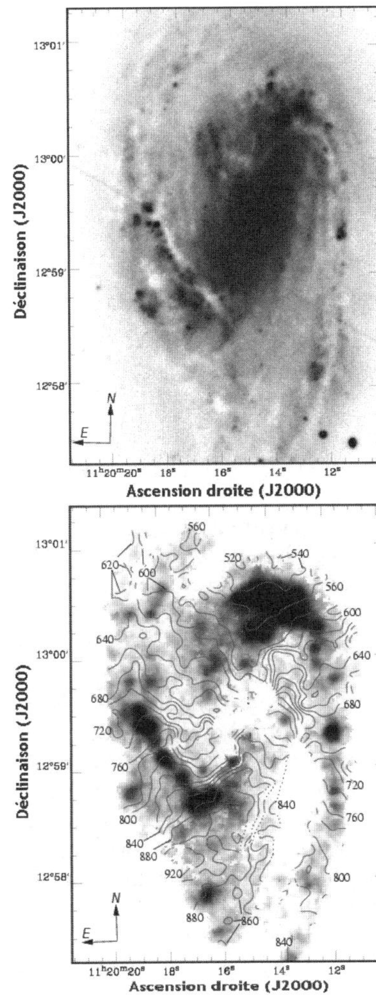

Figure 2.38. Observations de la galaxie spirale NGC 3315 avec l'interféromètre de Fabry-Pérot à balayage CIGALE de l'Observatoire de Marseille[57]. En haut, une photographie de la galaxie. En bas, l'image du gaz ionisé dans cette galaxie sur laquelle sont superposées des lignes d'égale vitesse radiale, en km/s. Ce type d'observations permet d'étudier la rotation de la galaxie (dont la partie inférieure s'éloigne plus vite de nous que la partie supérieure) et les détails de son champ de vitesses.

Les noyaux actifs des galaxies

La spectroscopie des galaxies spirales a également révélé que des phénomènes extraordinaires se produisent dans les régions centrales de certaines galaxies. En fait, l'Américain Carl Seyfert avait remarqué dès 1943 que certaines galaxies spirales possèdent un noyau brillant produisant des raies d'émission très larges mais ceci n'avait pas suscité beaucoup d'intérêt à l'époque (Fig. 2.39). C'est seulement vers la fin des années 1950 que l'étude de ces objets — les galaxies de Seyfert — a activement repris. Il apparut que certaines galaxies présentaient dans leur noyau une grande activité, pouvant à l'occasion se traduire par des éjections de matière, et aussi par des émissions radio. La découverte au centre de notre Galaxie d'une radiosource de petites dimensions a montré que même une galaxie plutôt calme comme la nôtre peut avoir un noyau actif. Bien entendu, les théoriciens se sont demandé quelle était l'origine de cette activité, sans pouvoir répondre à la question de façon convaincante ; il a semblé cependant que le mécanisme pouvait avoir des analogies avec celui, alors tout aussi inconnu, qui régnait dans les quasars, car le spectre optique des noyaux des galaxies de Seyfert montrait des raies d'émission tout à fait semblables à celles des quasars.

Par ailleurs, l'existence dans ces objets d'une émission radio synchrotron prouvait que les noyaux actifs des galaxies, comme les quasars, pouvaient être des accélérateurs de particules ; on entrevit alors la possibilité pour les électrons de haute énergie qui remplissent les zones d'émission radio étendues des radiogalaxies et des quasars d'être accélérés par l'objet central. Toutes ces idées devaient se révéler très fructueuses et connaître un grand développement. Bien entendu, il était tentant d'attribuer à une activité du noyau toutes les anomalies de structure et de vitesse constatées pour de nombreuses galaxies ; des astronomes n'hésitèrent pas à proposer que certaines galaxies puissent en éjecter d'autres, etc. Comme pour le problème du décalage spectral des quasars, ces tentatives d'explication, toutes spectaculaires et hardies

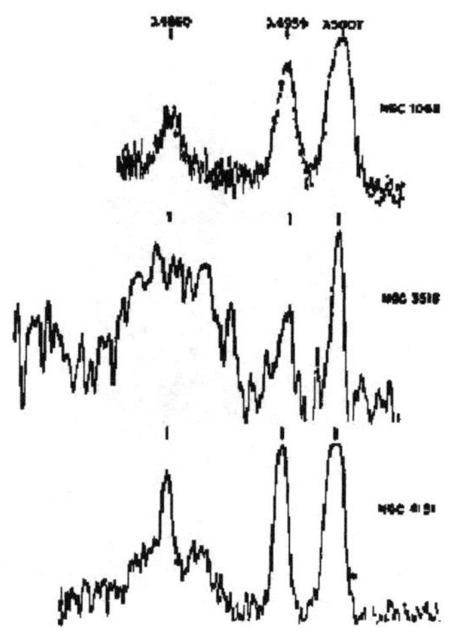

Figure 2.39. Quelques raies d'émission de galaxies à noyau actif observées pour la première fois par Seyfert avec le télescope de 2,5 m du Mont Wilson[58]. Ces raies sont produites par du gaz ionisé. La raie Hβ de l'hydrogène à la longueur d'onde de 4 860 Å est extrêmement large tandis que les deux raies de l'oxygène ionisé 2 fois à 4 959 et 5 007 Å sont plus étroites. Seyfert a correctement interprété la largeur de la raie Hβ par des mouvements très violents dans le noyau brillant de ces galaxies.

qu'elles aient été (et en conséquence attrayantes pour les journalistes et le grand public toujours avides de sensationnel), ne reposaient sur aucune base physique sérieuse et étaient presque nécessairement vouées à l'échec — un échec qui devait apparaître clairement au cours des années suivantes.

Naissance de la cosmologie physique : la densité de l'Univers

Puisque l'on pouvait désormais déterminer la masse des galaxies, il devenait possible de connaître la densité locale de l'Univers, et en conséquence sa structure et son évolution grâce à la relativité générale. La densité peut s'obtenir simplement en comptant les galaxies situées dans un certain volume, en additionnant leurs masses estimées soit directement soit à partir de leur luminosité, et en divisant la masse totale ainsi obtenue par le volume. Bien entendu il est nécessaire pour cette opération de connaître la distance des galaxies. La seule méthode possible pour des galaxies un peu éloignées est de mesurer leur décalage spectral et d'en déduire la distance au moyen de la relation de Hubble. Cette relation doit être étalonnée à partir de l'observation de galaxies relativement proches dont la distance est connue indépendamment, ce qui permet d'obtenir le paramètre de Hubble, c'est-à-dire le rapport de la vitesse d'éloignement à la distance. Cet étalonnage est une opération difficile et pleine d'embûches, à laquelle il faut attacher entre autres les noms de Walter Baade, de Gérard de Vaucouleurs, d'Allan Sandage et de Gustav A. Tammann (voir plus loin le chapitre 7 et l'encadré 7.2). La valeur admise actuellement pour le paramètre de Hubble est de 71 km/s pour une distance de 1 million de parsecs (1 parsec = 3,26 années-lumière). C'est peu différent de ce qui était admis lors des toutes premières estimations de la densité de l'Univers (l'une d'elles est due à Oort).

Ces estimations donnèrent des valeurs de la masse spécifique (densité)[m] locale de l'Univers comprises entre 10^{-28} à 10^{-29} kg/m^3. Ce résultat parut à l'époque très surprenant. Pourquoi cette surprise ? Pour des raisons théoriques qui paraissaient alors peu convaincantes, il était souvent admis que l'Univers actuel *devait* avoir la densité critique d'environ 10^{-26} kg/m^3, qui est celle qui « ferme » l'Univers dans les modèles simples de Friedmann. Aussi beaucoup d'astronomes étaient-ils persuadés que de la masse « cachée » existait en dehors des galaxies. Cette idée était loin d'être sans fondement observationnel : non seulement Oort avait proposé, pour rendre compte des propriétés cinématiques des étoiles au voisinage du Soleil, que la densité locale dans la Galaxie

[m] Les astronomes utilisent universellement le terme de « densité » pour désigner la masse spécifique. Je me conformerai à cette habitude, car il n'y a pas d'ambiguïté possible.

était plus grande que la somme des densités des étoiles et du gaz interstellaire (un point aujourd'hui controversé), mais les amas de galaxies paraissaient contenir une grande quantité de matière noire, découverte par Zwicky dès 1937 (voir le chapitre 1).

Quoi qu'il en soit, la densité n'était pas encore suffisante pour « fermer l'Univers » en ajoutant ces masses invisibles à la masse des étoiles et de la matière interstellaire des galaxies ; aussi a-t-on recherché d'autres formes de matière, en particulier du gaz distribué plus ou moins uniformément qui ne serait pas visible optiquement. On pouvait imaginer qu'il s'agissait d'hydrogène neutre très froid, qui devrait alors être détectable par la raie à 21 cm. Les observations faites à cet effet, notamment par l'Américain George Field en 1958, n'ont donné que des limites supérieures telles que l'hydrogène neutre ne pouvait donner qu'une contribution négligeable à la masse de l'Univers. Ce résultat a été ultérieurement confirmé par d'autres méthodes encore plus sensibles utilisant d'autres raies de l'hydrogène, dans l'ultraviolet cette fois. Cependant, il est beaucoup plus difficile de détecter du gaz ionisé intergalactique que du gaz neutre, et il a subsisté un certain temps une possibilité, à vrai dire peu probable, qu'une grande fraction de la masse de l'Univers se trouve sous cette forme. Elle s'est évanouie par la suite, et l'on restait donc sur sa faim ...

Ces recherches correspondent à l'apparition de nouvelles techniques d'étude de l'Univers que l'on peut qualifier avec James Peebles de *Cosmologie physique*[59]. Il existe dans ce cadre des méthodes plus indirectes que la détermination de la densité, mais néanmoins très puissantes, pour attaquer le problème cosmologique. Un bon exemple est l'étude de l'abondance d'éléments comme l'hélium ou le deutérium (l'isotope lourd de l'hydrogène). On considère en effet que ces éléments ont été formés dans les premières étapes de l'évolution de l'Univers et sont ainsi, avec le rayonnement radio cosmologique découvert par Penzias et Wilson, des traceurs des conditions qui régnaient dans l'Univers primitif, conditions qui déterminent son évolution globale ultérieure (Encadré 2.7). Le résultat confirme et consolide ce qu'a donné la détermination directe de la densité : la densité de matière ordinaire dans l'Univers, y compris la matière noire si c'est bien de la matière ordinaire, n'est que $4\ 10^{-28}$ kg/m^3, soit seulement 4 % de la densité critique. On était donc finalement amené à supposer que l'Univers n'était pas fermé et que son expansion devait se poursuivre indéfiniment. Nous verrons au chapitre 7 ce qu'il est advenu de ces idées trente années plus tard.

On voit ce qu'était devenue l'astronomie à la fin des années 1960 : une recherche interdisciplinaire, nécessitant l'intégration de connaissances physiques et mathématiques très variées et de techniques diverses pour l'attaque d'un problème donné. Certaines de ces techniques commençaient à être suffisamment lourdes pour nécessiter, comme c'était déjà le cas en physique nucléaire, un travail d'équipe où se regroupent chercheurs, ingénieurs et techniciens de spécialités diverses et complémentaires. Mais il y avait encore place en astronomie pour des recherches individuelles, y compris sur le plan de l'observation. Nous verrons que cette place est devenue par la suite de plus en plus restreinte.

Encadré 2.7. La nucléosynthèse primordiale

Depuis les travaux des Américains Ralph A. Alpher, George Gamow et Robert C. Herman de 1935 à 1950[60], il est bien établi que les éléments légers qui sont présents dans l'Univers ne peuvent pas être synthétisés dans les étoiles et ont été formés dans une phase chaude ancienne : il s'agit de l'isotope ^{2}H (ou D) de l'hydrogène ^{1}H, le deutérium, de l'hélium ^{4}He et en partie de son isotope ^{3}He, et d'une partie de l'isotope ^{7}Li du lithium. Le reste du ^{7}Li est fabriqué dans les étoiles géantes rouges, tandis que l'isotope ^{6}Li, le béryllium ^{9}Be et les isotopes du bore sont fabriqués par *spallation* (bombardement + fragmentation) de noyaux interstellaires plus lourds par les particules énergétiques du rayonnement cosmique. Les isotopes légers primordiaux se sont formés peu après le Big Bang lorsque la température était comprise entre 10^{12} et 10^9 K : d'abord le deutérium, puis ^{4}He, ^{3}He et ^{7}Li. Les réactions nucléaires sont les suivantes (n symbolise le neutron, e l'électron, e^+ le positron, ν le neutrino et γ le photon) :

$^1H + n \rightarrow {}^2H + \gamma$
$^1H + {}^1H \rightarrow {}^2H + e^+ + \nu$
$^1H + {}^1H + e \rightarrow {}^2H + \nu$
$^2H + {}^1H \rightarrow {}^3He + \gamma$
$^2H + n \rightarrow {}^3H + \gamma$
$^3He + n \rightarrow {}^4He + \gamma$
$^3He + {}^3He \rightarrow {}^4He + H + H + \gamma$
$^3H + {}^1H \rightarrow {}^4He + \gamma$
$^3H + {}^3H \rightarrow {}^4He + n + n$
$^3H + {}^2H \rightarrow {}^4He + n$
$^3He + {}^4He \rightarrow {}^7Li + \nu$
$^3H + {}^4He \rightarrow {}^7Be + \gamma$
$^7Be + e \rightarrow {}^7Li + \nu$
mais
$^7Li + H \rightarrow {}^4He + {}^4He$

Puis l'Univers s'est refroidi. Aux températures inférieures à 2 10^8 K, toute ces réactions se sont arrêtées et la composition chimique s'est figée jusqu'à ce que les premières étoiles commencent à synthétiser les éléments lourds. La proportion des différents éléments produits par rapport à l'hydrogène ^{1}H dépend de la densité de l'Univers au moment des réactions nucléaires. Par exemple, si la densité avait été plus grande, le deutérium aurait davantage été détruit pour former de l'hélium. On déduit donc des observations de l'abondance du deutérium la densité au moment des réactions nucléaires. La densité actuelle de matière dans l'Univers est liée à cette densité, et un calcul montre qu'elle est seulement 4 % de la densité critique qui vaut 9,5 10^{-27} kg/m^3. C'est plus cependant que la densité de la matière visible, qui n'est que 0,5 % de la densité critique (voir tableau 7.1) : d'où la nécessité d'invoquer une matière ordinaire (baryonique) encore invisible, qui fait partie de la matière noire mais ne la constitue pas entièrement comme on le verra au chapitre 7.

Chapitre 3

1970-1980, l'ère de l'espace et des ordinateurs

La période 1950-1970 était déjà dominée par l'apparition de nouvelles techniques, et principalement de la radioastronomie qui a permis pendant cette époque plusieurs découvertes fondamentales ; cette tendance n'a pas manqué de s'amplifier au cours de la décennie qui va maintenant nous intéresser. Celle-ci a vu non seulement l'apparition de techniques d'observation jusqu'alors inconnues, en particulier dans le domaine spatial, mais aussi un bond quantitatif dans les performances des techniques existantes : sensibilité, résolution spectrale et angulaire, et aussi fiabilité, les échecs des engins spatiaux étant alors devenus rares. En conséquence, presque tout l'ensemble du domaine des ondes électromagnétiques, des rayons gamma de très haute énergie aux ondes radio décamétriques, était devenu techniquement accessible vers 1980, à l'exception de l'infrarouge lointain et des ondes submillimétriques.

Les sondes spatiales ont permis pendant cette période l'exploration d'une grande partie du Système solaire. Par ailleurs, le rayonnement cosmique, les météorites et les roches lunaires — ceux des éléments de la matière cosmique que nous pouvons analyser directement — ont été étudiés avec un raffinement réellement inouï. Plus encore qu'auparavant, les astronomes étaient à l'affût des derniers développements des techniques de mesure et de détection, développements qui provenaient d'autres branches de la physique mais qui étaient souvent aussi le fait des militaires ; néanmoins beaucoup de progrès ont été dus aux astronomes eux-mêmes et ont eu des retombées pratiques.

Le développement des engins spatiaux était toujours fonction d'impératifs économiques, militaires ou de prestige plutôt que des demandes de la recherche scientifique : aussi bien les astronomes ont-ils vécu dans une certaine mesure en parasites et ont-ils dû attendre que satellites et sondes spatiales soient mis à leur disposition, n'ayant pas les moyens de les réaliser eux-mêmes. Cette situation n'était pas réellement nouvelle, mais elle est devenue de plus en plus inconfortable : d'une part, il a souvent fallu se contenter d'engins non optimisés pour les besoins de l'observation astronomique ; d'autre part, l'activité de recherche pure dans le domaine spatial tendait de plus en plus à servir d'alibi à des applications (télécommunications par exemple) et surtout à des activités militaires dont le grand public n'a pas toujours mesuré l'importance. Malgré tout, les possibilités d'observation offertes par les satellites et sondes spatiales étaient tellement nouvelles et si considérables que les astronomes n'ont pas rechigné à les utiliser, obtenant ainsi beaucoup de résultats de premier plan. Il ne faut pas non plus sous-estimer l'apport de ces engins spatiaux plus modestes que sont les ballons, qui avaient alors perdu leur intérêt militaire.

La complexité croissante des instruments de l'astronomie, y compris celle de certains détecteurs, nécessitait l'utilisation d'ordinateurs. Chacun connaît le développement gigantesque et déjà ancien des ordinateurs permettant le calcul scientifique, dont les premiers datent d'un peu avant 1960. À côté de ceux-ci, on a vu apparaître vers 1967 ce que l'on appelait alors les *ordinateurs en temps réel* : des ordinateurs de petite taille capables, grâce à divers éléments périphériques, de piloter un appareillage plus ou moins complexe, d'en vérifier le fonctionnement, de recueillir les données brutes fournies par un ou plusieurs instruments, enfin d'effectuer un traitement plus ou moins élaboré de ces données au fur et à mesure qu'elles lui parvenaient. Certaines observations telles que celles de phénomènes rapides (les pulsars par exemple) auraient été pratiquement impossibles sans ces ordinateurs, et le dépouillement des observations effectuées avec les détecteurs modernes ne pouvait pas non plus se passer d'ordinateurs. Enfin on a assisté aux premières simulations numériques de phénomènes astronomiques : à titre d'exemple, la figure 3.1 montre le résultat d'une

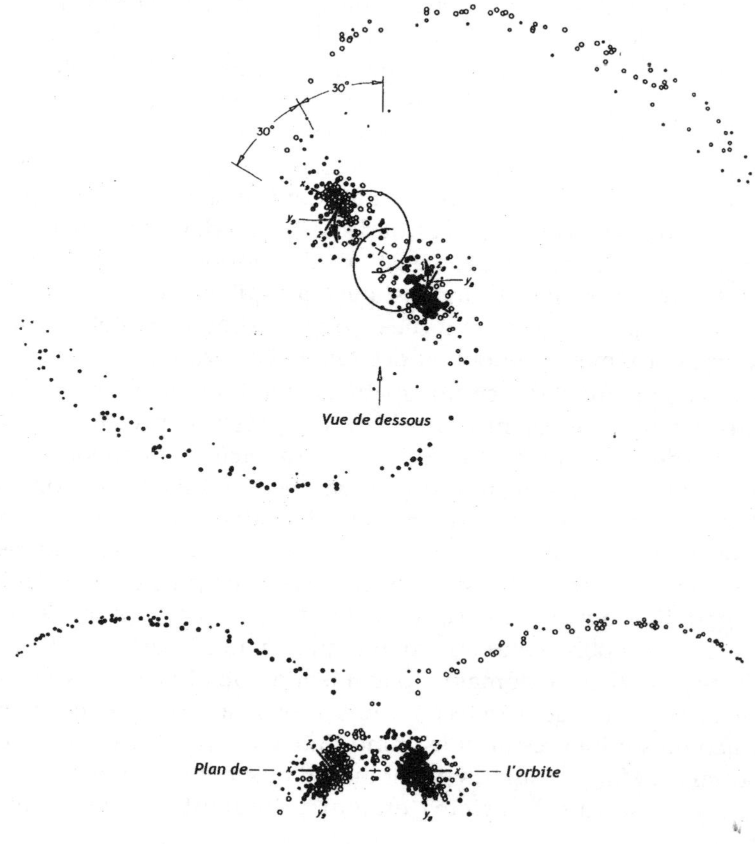

Figure 3.1. Un modèle numérique de la galaxie double NGC 4038/9 (*les Antennes*)[1]. Deux galaxies spirales identiques gravitent l'une autour de l'autre comme indiqué par les trajectoires de la figure du haut. Elles sont en rotation autour des axes z_8 et z_9. L'action gravitationnelle des deux galaxies (ici simulées simplement par un point massif au centre) sur leurs étoiles en disperse une partie selon deux queues de marée très étendues. Les points et les cercles représentent des particules tests qui figurent les étoiles appartenant initialement à la galaxie de droite et à celle de gauche : remarquer le mélange partiel des étoiles des deux galaxies. La figure du bas représente une vue dans le plan de l'orbite des deux galaxies ; comparer à la figure 3.2. Le succès de cette simulation, et d'autres contenues dans le même article, a permis de penser que les formes étranges de nombreuses galaxies et paires de galaxies pouvaient s'interpréter par leur interaction gravitationnelle.

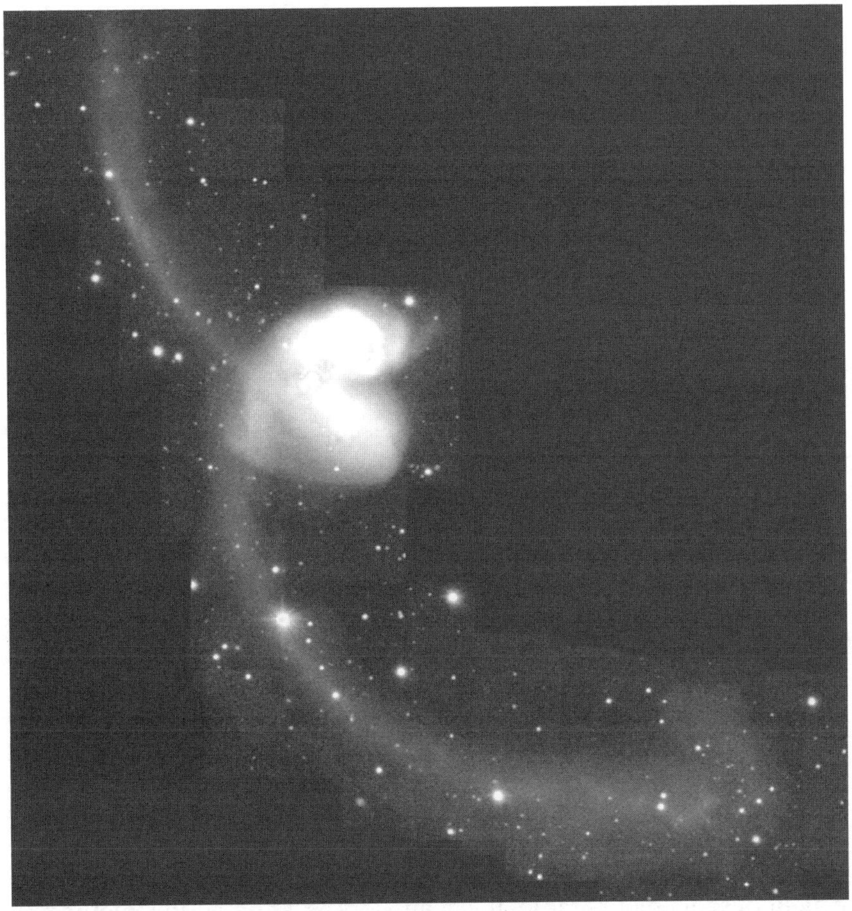

Figure 3.2. Image composite de la paire de galaxies NGC 4038/9 (*les Antennes*)[2]. L'émission en raie à 21 cm de l'hydrogène est superposée à une image optique. Les distributions du gaz et des étoiles qui donnent l'émission lumineuse sont très semblables. Comparer aux résultats du modèle numérique (Fig. 3.1. Voir aussi Fig. 7.16).

simulation numérique simple de la rencontre entre deux galaxies, que l'on peut comparer à une observation (Fig. 3.2) ; elle date de 1972.

Ces changements ont été très importants si on les compare à ceux de la période précédente. Ils le seront encore plus dans les deux décennies qui suivent. Ceci va m'obliger à procéder d'une façon nouvelle : je vais surtout parler technique dans ce chapitre et dans les deux qui suivent, en ne mentionnant qu'au passage quelques découvertes importantes, et je réserve pour les chapitres 6 et 7 un exposé des acquis scientifiques de l'astronomie depuis 1970.

Les développements de la radioastronomie

Un changement dans la conception de la recherche

Les radioastronomes ont été des utilisateurs actifs des ordinateurs en temps réel dès leur apparition commerciale. Ils ont quelquefois même devancé cette apparition en construisant ou faisant construire, souvent à grand prix, de petits ordinateurs spécialisés chargés d'opérations bien définies, par exemple le pointage d'une grande antenne : c'est ainsi qu'a été construit sur mesure vers 1968, par la société anglaise Ferranti, l'ordinateur qui pilotait le radiotélescope de Nançay. Cet ordinateur occupait une pièce entière tout en étant beaucoup moins puissant et beaucoup moins rapide que n'importe quel micro-ordinateur actuel.

Certains radioastronomes ont également appliqué très tôt les techniques digitales à l'observation elle-même[a]. Dès 1970, l'ordinateur a été considéré comme partie intégrante de tout nouveau radiotélescope, au même titre que les récepteurs et les équipements de spectroscopie ; tout ce matériel était déjà présenté dans les demandes budgétaires comme faisant un tout inséparable.

La philosophie même de la construction des instruments de la radioastronomie était alors en train d'évoluer rapidement. Alors qu'auparavant l'essentiel de l'appareillage électronique était construit dans les observatoires radio, la complexité croissante de cet appareillage rendait cette procédure irréaliste ; d'ailleurs, l'industrie commençait à fournir des éléments pouvant servir de blocs constitutifs des instruments et devenait capable d'en construire de plus en plus complexes et de plus en plus spécialisés. Il en est résulté un certain changement dans le fonctionnement et donc la composition des groupes de radioastronomie : ceux-ci ne se sont désormais plus occupés que de l'étude et de la réalisation des parties les plus délicates de leurs instruments, et pour le reste se sont contentés de choisir, de monter et éventuellement d'entretenir et de réparer les parties plus classiques fournies par l'industrie.

Autrefois, ces groupes comportaient une forte proportion de chercheurs à orientation technique, en partie pour des raisons historiques puisque la plupart des radioastronomes de la première génération étaient des ingénieurs radio. Il y avait alors assez peu d'ingénieurs proprement dits, mais beaucoup de techniciens chargés de la construction effective des instruments. La tendance était maintenant, et est toujours, à avoir des ingénieurs spécialisés, en particulier en techniques digitales, pour concevoir l'instrument, puis superviser la construction, mettre en place et piloter par les ordinateurs des éléments réalisés pour la plupart dans l'industrie, alors que les techniciens de réalisation pouvaient être moins nombreux. Quant aux chercheurs, ils ne pouvaient plus prétendre avoir une connaissance détaillée et complète de l'ensemble de l'appareillage qu'ils utilisaient, ce qui était souvent le cas auparavant. Bien que cette situation présente le risque que le chercheur n'aie plus qu'une trop vague idée des détails de son instrument, elle est devenue inévitable. Elle offre malgré tout l'avantage pour l'astronome, plus détaché de la technique, de pouvoir mieux réfléchir à l'objet de ses observations.

---

[a] L'exemple le plus connu est celui de l'*autocorrélateur*, appareil permettant l'obtention de spectres en radio, utilisé dans tous les grands observatoires et qui est une application directe de la théorie statistique des signaux aléatoires (le type de signaux que l'on rencontre en radioastronomie).

Enfin la tendance au gigantisme des instruments de la radioastronomie a nécessité un financement important et une organisation rigoureuse de leur construction et de leur exploitation, qui s'est dans certains cas traduite par la création d'observatoires nationaux comme le National Radio Astronomy Observatory (NRAO) aux États-Unis. Cette institution date en fait de la fin des années 1950; mais le nouvel instrument géant dont elle a terminé en 1980 la construction au Nouveau Mexique, le Very Large Array (VLA), lui a donné un regain d'activité qui ne s'est jamais démenti depuis. Pour ne pas être en reste, l'URSS construisait à Zelentchuk, au nord du Caucase, un radiotélescope géant de conception très originale, le RATAN-600 (Fig. 3.3). En Europe, il était devenu difficile, en partie pour des raisons politiques, de financer à l'échelle d'un seul pays les grands projets radioastronomiques, si bien qu'ils ont eu tendance à s'internationaliser. Le premier exemple est celui de l'Institut de radioastronomie millimétrique (IRAM), créé en 1979 entre la France, l'Allemagne et l'Espagne. Les tableaux 3.1 et 3.2 donnent respectivement la liste des principaux radiotélescopes et interféromètres en fonctionnement aujourd'hui.

Figure 3.3. Le radiotélescope géant soviétique RATAN-600. Terminé en 1974, cet instrument se compose d'un anneau dont les panneaux réfléchissent vers le centre de l'anneau le rayonnement de la source observée. On peut choisir la direction visée en orientant les panneaux, mais il n'est pas possible de suivre le mouvement diurne de la source avec l'anneau complet. Un ensemble de panneaux plans alignés, visibles à l'intérieur de la partie gauche de l'anneau, permet un fonctionnement analogue à celui du radiotélescope de Nançay (voir Fig. 2.13). Cet instrument trop original et trop complexe n'a malheureusement pas eu l'efficacité escomptée.

Tableau 3.1. Les grands radiotélescopes.

Radio-télescope	Empla-cement	Dia-mètre	Longueur d'onde minimale	Date	Remarques
Dwingeloo	Pays-Bas	25 m	18 cm	1956	
Stockert	Allemagne	25 m	11 cm	1956	
Jodrell Bank	Royaume-Uni	76 m	3 cm	1957	
Parkes	Australie	64 m	7 mm	1961	
NRAO 300 ft	États-Unis	91 m	6 cm	1962	Méridien; détruit en 1988
Arecibo	États-Unis	305 m	3 cm	1963	Zénithal
NRAO 140 ft	États-Unis	43 m	6 cm	1965	Monture équatoriale
Nançay	France	35 m × 200 m	10 cm	1967	Méridien
Effelsberg	Allemagne	100 m	3 mm	1972	
RATAN-600	Russie	Anneau 600 m	1 cm	1974	3 secteurs, 500-1 000 m^2 chacun
Onsala	Suède	20 m	2,6 mm	1975	Sous radôme
IRAM	Espagne	30 m	1,3 mm	1985	
Nobeyama	Japon	45 m	3 mm	1985	
JCMT	États-Unis	15 m	0,45 mm	1987	
SEST	Chili	15 m	1,3 mm	1987	Arrêté
CSO	États-Unis	10,4 m	0,3 mm	1988	
HHT	États-Unis	10 m	0,3 mm	1993	
GBT	États-Unis	110 m	3 mm	2003	
APEX	Chili	12 m	0,3 mm	2005	

La date indiquée est celle de la première mise en service. La surface de beaucoup de radiotélescopes a été améliorée par la suite. La longueur d'onde minimale indiquée est très approximative et correspond au dernier état du radiotélescope.

Tableau 3.2. Les principaux interféromètres radio.

Interféromètre	Emplacement	Configuration (antennes, base)	Longueur d'onde minimum	Date	Remarques
Molonglo Cross	Australie	18 000 m^2	35 cm	1953	
WSRT	Pays-Bas	14 × 25 m ; 2,7 km	3,6 cm	1970	
Ooty radiotel.	Inde	7 000 m^2	92 cm	1970	
UTR-2 array	Ukraine	140 000 m^2	12 m	1978	
MERLIN	Royaume-Uni	6 stations ; 217 km	6 cm	1980	1 mm en cours
VLA	États-Unis	27 × 25 m ; 27 km	7 mm	1980	En cours d'extension
EVN	Europe	18 antennes diverses en Europe + autres	Selon téle-scopes	1980	Réseau européen VLBI, connectable à MERLIN, au VLA et au satellite HALCA
OVRO	États-Unis	6 × 10,4 m ; 440 m	1 mm	1983	Déplacement et fusion pour former CARMA, à 3 000 m d'altitude (OVRO et BIMA)
BIMA	États-Unis	10 × 6,1 m ; 2 km	1 mm	1989	
NMO	Japon	6 × 10 m ; 600 m	1 mm	1988	
IRAM	France	6x15 m ; 408 m E-O et 232 m N-S	1 mm	1989	Extension en cours des bases à 800 et 368 m
ATCA	Australie	6 × 22 m ; 6 km	2,6 mm	1990	
VLBA	États-Unis	10 × 25 m répartis sur tout le territoire des États-Unis	3 mm	1993	Aussi VLBI à 6 cm avec le radio-télescope japonais HALCA en orbite, lancé en 1997
DRAO ST	Canada	7 × 9 m ; 600 m	21 cm	1994	Grand champ
Ryle telescope	Royaume-Uni	8 × 13 m ; 4,8 km	2 cm	1995	
SMA	États-Unis	8 × 6 m ; 508 m	0,3 mm	1999	Altitude 4 000 m
GMRT	Inde	34 × 45 m ; 25 km	21 cm	2000	
ALMA	Chili	64 × 12 m ; 10 km	0,3 mm	2012	En construction

Il s'agit ici d'interféromètres en fonctionnement, non spécialisés dans l'observation du Soleil. La date indiquée est celle de la première mise en service. Les performances de beaucoup d'interféromètres ont été améliorées par la suite. La configuration est la configuration actuelle. La longueur d'onde minimale indiquée est très approximative et correspond à l'état en 2004. La base maximale n'est pas toujours utilisable aux longueurs d'onde les plus courtes.

Nouvelles techniques en radioastronomie

Un des domaines où la coopération internationale est devenue réellement indispensable est celui de l'interférométrie à très longue base (VLBI, pour *Very Long Baseline Interferometry*), un des développements les plus originaux de l'époque que nous considérons. Née vers 1965, cette technique consiste à observer simultanément une même source avec plusieurs antennes indépendantes situées à de grandes distances les unes des autres, ce qui permet d'obtenir un pouvoir de résolution angulaire extraordinairement élevé (Fig. 3.4). L'enregistrement sur chaque site se fait sur bande magnétique (ou maintenant sur d'autre supports), avec une synchronisation extrêmement rigoureuse réalisable grâce à des horloges atomiques. On fait ensuite jouer ensemble les bandes magnétiques obtenues aux différentes stations, obtenant si tout a bien fonctionné des franges d'interférence.

D'abord limitées à l'étendue des États-Unis et du Canada, ces observations se firent bientôt sur des bases intercontinentales englobant par exemple la côte Est des États-Unis, l'Europe et l'Union soviétique. Les premières tentatives de collaboration scientifique États-Unis/Union soviétique dans ce domaine, où l'Américain Ken Kellermann a joué un rôle moteur, ont été émaillées d'incidents diplomatiques plutôt comiques, auxquels on pouvait d'ailleurs s'attendre ; mais tout a bien fini et cette coopération est devenue régulière. Quant à l'Europe, elle a créé un réseau d'interférométrie à longue base à partir de radiotélescopes existants (notamment le radiotélescope de 100 m d'Effelsberg près de Bonn en Allemagne : Fig 3.5) et de quelques radiotélescopes spécialisés de 25 m de diamètre, constituant l'European VLBI Network (EVN ; Fig. 3.6), avec son centre commun de traitement de données JIVE (Joint Institute for VLBI in Europe) situé aux Pays-Bas. Un projet plus vaste comprenant 10 radiotélescopes spécialisés de 25 m a été terminé en 1993 aux États-Unis, le VLBA (pour Very Long Baseline Array). La technique a atteint un degré de perfectionnement tout à fait remarquable, puisqu'elle permet l'obtention de véritables cartes de certaines radiosources très petites (quasars, noyaux de galaxie, ensembles de masers interstellaires) avec une résolution angulaire qui peut atteindre quelques dizaines de millionièmes de seconde de degré, ce qui est un record absolu à toutes les longueurs d'onde (Fig. 3.7). L'interférométrie à très longue base est également d'un très grand intérêt sur le plan de l'astrométrie, et on sait mesurer par cette technique des positions de radiosources à mieux que le millième de seconde de degré ; enfin, l'interférométrie à très longue base permet d'obtenir la distance entre les antennes qu'elle utilise avec une précision de quelques millimètres, suffisante pour mesurer directement la dérive des continents les uns par rapport aux autres.

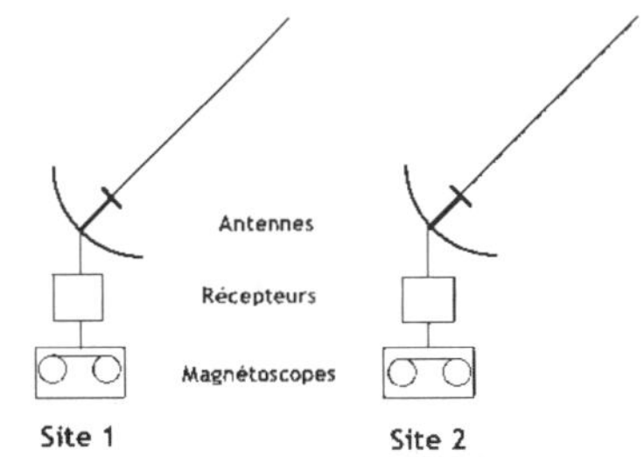

Figure 3.4. L'interférométrie à très longue base (VLBI)) se distingue de l'interférométrie habituelle par le fait que les sorties des récepteurs des différents sites ne sont pas connectées directement. En revanche, on enregistre sur bande magnétique les signaux provenant de la source observée simultanément dans les différents sites, avec des signaux d'horloge atomique (maser à hydrogène en général) pour le repérage du temps. On fait ensuite jouer ensemble les bandes magnétiques dans un laboratoire central jusqu'à observer les franges d'interférence.

Figure 3.5. Le radiotélescope de 100 m de diamètre d'Effelsberg, en Allemagne, terminé en 1972.

Horloges atomiques et pulsars

L'amélioration considérable de la mesure du temps due aux horloges atomiques a permis d'une part d'améliorer notre connaissance des irrégularités de la rotation de la Terre, et d'autre part l'étude des variations de période des pulsars, que l'on avait précédemment considérés comme des horloges quasi parfaites. Dans ce domaine, une découverte devait avoir un grand retentissement : celle du pulsar binaire PSR 1913 + 16. Depuis la découverte des pulsars en 1965, plusieurs observatoires et notamment celui d'Arecibo, qui dépend de l'Université Cornell aux États-Unis, surveillaient la régularité de leurs impulsions. Cette régularité est généralement excellente, car les pulsars sont, on l'a vu, des étoiles à neutrons qui émettent à chaque tour des ondes radio à la manière d'un phare. On a souvent vu la période de rotation de l'étoile se ralentir très progressivement au cours du temps, car le pulsar

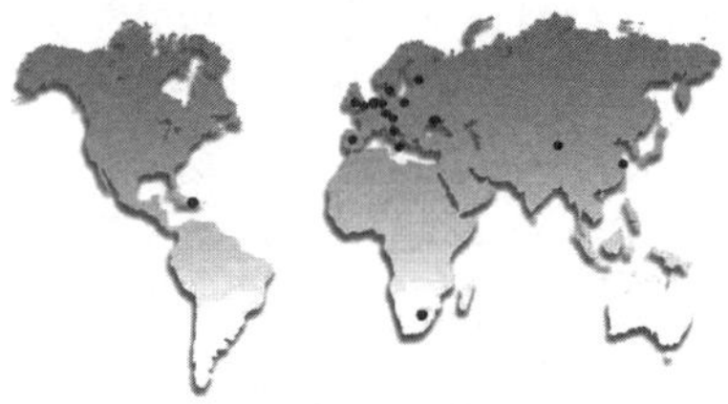

Figure 3.6. Emplacement des radiotélescopes qui font partie du réseau EVN (European VLBI Network).

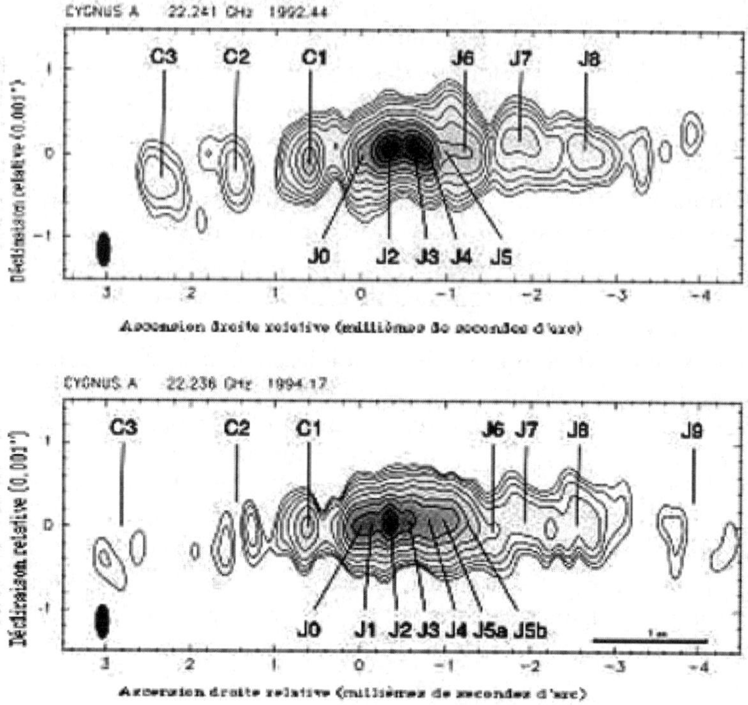

Figure 3.7. Deux aspects du jet central de la radiosource extragalactique Cygnus A, observé au European VLBI Network[3]. La résolution angulaire extrêmement élevée, visualisée par l'ellipse en bas à gauche, permet de voir la structure fine de ce jet et les changements survenus en moins de deux années.

emprunte continuellement un peu d'énergie à son moment angulaire pour assurer l'accélération des particules chargées qui produisent son rayonnement. Mais on a aussi constaté que la période de certains pulsars augmentait puis diminuait légèrement de façon régulière, ce que l'on a interprété en supposant qu'ils font partie de systèmes doubles : au cours de son mouvement orbital autour de l'autre composante, le pulsar s'éloigne et se rapproche périodiquement de nous, ce qui ralentit puis accélère ses impulsions par effet Doppler-Fizeau.

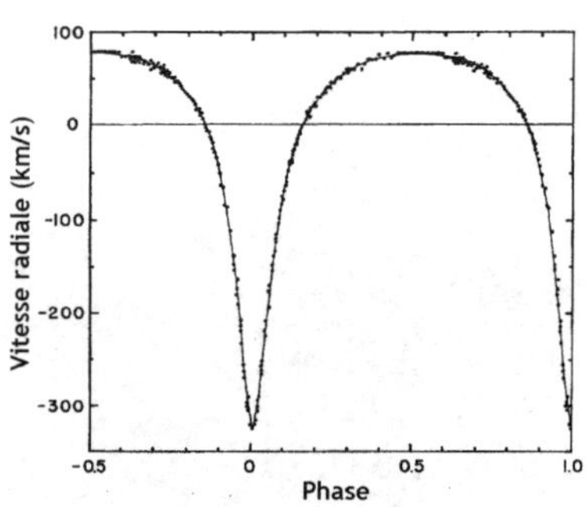

Figure 3.8. Variation de la vitesse radiale du pulsar PSR 1913 + 16[4]. Des observations très précises de la période des impulsions ont mis en évidence des variations dues au mouvement orbital du pulsar autour d'une autre étoile. La période de révolution, qui est l'unité des abscisses, est de 7,75 heures et la distance entre les deux étoiles de l'ordre du rayon du Soleil.

Dans le cas de PSR 1913 + 16, le système est formé de deux étoiles à neutrons (ou peut-être d'une étoile à neutrons qui est le pulsar et d'une naine blanche), qui sont si proches que la période de révolution des deux composantes l'une autour de l'autre n'est que de 7,75 heures (Fig. 3.8). Les observations de Russell Hulse et Joseph Taylor avec le radiotélescope d'Arecibo (Fig. 3.9) ont montré que cette période de révolution diminue progressivement, ce qui correspond à un lent rapprochement entre ces deux composantes, et donc à une perte d'énergie. Or cette perte d'énergie est exactement égale à celle que prévoit la relativité générale lorsque deux masses gravitent l'une autour de l'autre ; elle correspond à l'émission d'ondes gravitationnelles dont la période, relativement très grande, est celle de la révolution. PSR 1913 + 16 a ainsi fourni, avec d'autres pulsars binaires du même genre observés ultérieurement, une des vérifications les plus précises de la relativité générale, et aussi la première mise en évidence, indirecte il est vrai, des ondes gravitationnelles qu'elle prévoit. Cette découverte a valu à Hulse et Taylor le prix Nobel de physique en 1993[b]. Une conséquence de ces observations est que les deux composantes des pulsars binaires doivent finalement fusionner l'une avec l'autre de façon catastrophique, avec une très forte émission d'ondes gravitationnelles que l'on peut espérer observer directement malgré les énormes difficultés que présente leur détection. Nous aurons l'occasion d'en reparler.

Figure 3.9. Le radiotélescope de 305 m de diamètre de l'Université Cornell à Arecibo (Porto-Rico)). Inauguré en 1963, cet instrument utilise une cuvette naturelle dont le sol supporte un miroir sphérique fixe visant le zénith. On peut viser au Nord et au Sud du zénith et suivre le mouvement diurne d'une radiosource dans une zone restreinte en déplaçant l'antenne focale mobile supportée par trois câbles. Grâce à des améliorations successives, cet instrument peut aujourd'hui travailler à une longueur d'onde aussi courte que 3 cm.

Le renouveau de l'astronomie optique : ordinateurs, nouveaux télescopes et nouveaux détecteurs

Les télescopes de 4 mètres

Les astronomes optiques, moins pressés par le besoin que les radioastronomes car leurs instruments étaient moins complexes, ont été plus longs à adopter les ordinateurs pour piloter leurs instruments et pour acquérir leurs données. Une des applications possibles des ordinateurs, qui n'a été exploitée qu'assez tardivement, était le pilotage des nombreux télescopes de 3 à 4 m de diamètre apparus dans les années 1970 (Tableau 3.3). Il est facile de suivre le mouvement apparent d'un astre dans le ciel dû à la rotation de la Terre si le télescope est placé sur une monture équatoriale, monture dont l'un des axes est parallèle à l'axe de rotation de la Terre : il suffit de le faire tourner autour de cet axe avec une vitesse uniforme opposée à celle de la Terre pour qu'il reste pointé vers l'astre (voir l'encadré 2.2 et Fig. 2.10). Mais cette solution est mécaniquement peu attrayante et très coûteuse lorsqu'il s'agit d'un gros instrument. Elle est totalement impraticable pour les grands radiotélescopes. Aussi, comme nous l'avons vu au chapitre précédent, les radioastronomes ont-ils monté très tôt leurs instruments importants en monture alt-azimutale (un des deux axes étant vertical et l'autre horizontal), en pilotant les mouvements nécessaires pour suivre une radiosource d'abord au moyen de systèmes analogiques, puis dès que possible grâce à des ordinateurs[c]. Les performances ainsi obtenues sont remarquables : c'est ainsi que le radiotélescope de 100 m de diamètre d'Effelsberg dont j'ai parlé plus haut pointe « en aveugle » un point quelconque du ciel avec une précision de 6 secondes de degré environ, et suit une source avec une précision encore supérieure. Aucun télescope optique en monture équatoriale n'atteint de telles performances, et on doit toujours guider l'instrument

[b] Récemment, un autre pulsar double, PSR J0737-3039, a été découvert avec le radiotélescope de Parkes, qui a des propriétés encore plus extrêmes que PSR 1913+16 et permet des vérifications encore plus précises de la relativité générale : voir Burgay M., D'Amico N., Possenti A. *et al.* 2003, Nature 426, p. 531.

[c] Une exception est le radiotélescope équatorial de 43 m de NRAO à Green Bank (West Virginia), qui a coûté extrêmement cher.

Tableau 3.3. Les télescopes optiques moyens dans le monde.

Télescope	Emplacement	Diamètre	Miroir	Date	Remarques
Hooker	Mont Wilson (États-Unis)	2,5 m	Verre	1917	Équatorial
Hale	Mont Palomar (États-Unis)	5,0 m	Verre	1948	Équatorial
Shane	Lick (États-Unis)	3,1 m	Verre	1959	Équatorial
Mayall	Kitt Peak (États-Unis)	4,0 m	Silice	1973	Équatorial
AAT	Australie	3,9 m	Cer-Vit	1974	Équatorial
BTA	Zelentchuk (URSS)	6,0 m	Verre	1976	Alt-azimuthal
Blanco	Cerro Tololo (Chili)	4,0 m	Cer-Vit	1976	Équatorial
ESO 3,6m	La Silla (Chili)	3,6 m	Silice	1976	Équatorial
MMT	Mont Hopkins (États-Unis)	4,5 m	Cer-Vit	1978	Multi-miroir, alt-az.
CFHT	Hawaii (États-Unis)	3,6 m	Cer-Vit	1979	Équatorial
UKIRT	Hawaii (États-Unis)	3,8 m	Cer-Vit	1979	Équatorial (pour l'infrarouge)
MPI	Calar Alto (Espagne)	3,5 m	Zerodur	1985	Équatorial (Allemagne)
WHT	La Palma (Canaries, Espagne)	4,2 m	Cer-Vit	1988	Alt-azimuthal
ESO NTT	La Silla (Chili)	3,5 m	Zerodur	1989	Alt-azimuthal
ARC	New Mexico (États-Unis)	3,5 m		1994	Alt-azimuthal contrôlé à distance
WIYN	Kitt Peak (États-Unis)	3,5 m		1995	Alt-azimuthal optique active
Galileo (Italie)	La Palma (Canaries)	3,5 m	Zerodur	1999	Alt-azimuthal optique active
SOAR	Cerro Pachon (Chili)	4,1 m	ULE (céramique)	2004	Alt-azimuthal (États-Unis, Brésil, Chili)

sur l'objet étudié ou sur un objet voisin, soit manuellement soit avec un système de guidage automatique.

Lorsque les Soviétiques ont proposé de construire un télescope optique de 6 m de diamètre en monture alt-azimutale, la réaction générale fut un scepticisme amusé. Et pourtant ce télescope (Fig. 3.10), terminé en 1976, fonctionne parfaitement depuis 1979, bien que les astronomes d'URSS n'aient pas disposé d'ordinateurs de la qualité de ceux du monde occidental[d]. Il est regrettable, que, malgré une proposition faite par Michel Combes et moi-même dès 1969, le télescope de 3,60 m franco-canadien-hawaïen (CFHT), terminé en 1979, ait encore été muni d'une monture équatoriale (Fig. 3.11). C'est un des derniers grands télescopes optiques qui ne soient pas en monture alt-azimutale, mais pas le dernier : le conservatisme des astronomes a été tel que l'on a encore mis en service en 1985 un télescope à monture équatoriale, celui de l'observatoire hispano-allemand de Calar Alto en Espagne.

Par ailleurs, les promoteurs du télescope CFHT ont estimé que son miroir primaire devait être parabolique et la distance focale assez longue, ce qui devait permettre d'avoir des images excellentes à son foyer sans aucun correcteur. On avait simplement oublié que le champ

Figure 3.10. Le télescope de 6 m de diamètre à Zelentchuk (Russie). C'est le premier à avoir été muni d'une monture alt-azimuthale.

[d] En revanche, les Soviétiques ont eu énormément de difficultés pour réaliser le miroir, et le site choisi pour le télescope, Zelentchuk sur les flancs nord du Caucase, est fort médiocre.

observable était alors ridiculement petit, si bien que le télescope n'a finalement *jamais* été utilisé sans un correcteur permettant d'observer dans un grand champ (sur un diamètre d'environ un degré) ! On aurait pu se contenter de copier des télescopes plus compacts de même diamètre à miroir non parabolique comme celui de l'Observatoire européen austral ou de l'Observatoire de Kitt Peak aux États-Unis. Le CFHT, avec son énorme coupole, a dû coûter deux à trois fois plus cher que ses homologues à l'étranger. Heureusement, il fonctionne bien et a donné de beaux résultats[e].

Figure 3.11. Le télescope de 3,6 m de diamètre Canada-France-Hawaii au sommet de Mauna Kea dans l'île d'Hawaii (altitude 4 200 m).

Les nouveaux détecteurs de lumière

Le développement des détecteurs optiques modernes ne s'est pas toujours effectué de façon plus raisonnable, au moins en France. Jusqu'en 1970, le récepteur d'image ou de spectre était presque toujours la plaque photographique. Malgré sa grande capacité d'emmagasinement d'information, la plaque photographique utilisée directement est loin d'être un récepteur idéal, en raison de l'existence d'un seuil de sensibilité et d'un manque de sensibilité et de linéarité. Pour pallier ces inconvénients, on l'a quelquefois remplacée par une caméra de télévision, plus sensible mais manquant aussi de linéarité et surtout de champ. Une meilleure solution paraissait devoir être la caméra électronique, où l'image du ciel est faite sur une photocathode qui émet des électrons, lesquels forment, grâce à une optique électrostatique, une image électronique sur une plaque photographique sensible aux particules chargées.

La caméra électronique d'André Lallemand était un instrument en principe très performant, mais d'un maniement si complexe et délicat qu'elle n'a fourni que peu de résultats scientifiques en dépit d'un investissement considérable en argent et en personnel. Il n'était pas possible avec cette caméra de connaître en temps réel le résultat de

[e] Un autre télescope français dont la conception était encore plus discutable que celle du CFHT est le télescope de 2 m de diamètre de l'Observatoire du Pic du Midi. Il était conçu pour fonctionner dans une coupole entièrement fermée, visant le ciel à travers une lame de verre de 2 m de diamètre et pouvant pointer dans toutes les directions grâce à une structure mécanique particulière de la coupole. Cependant, aucun opticien ne s'est senti capable de fabriquer une lame plane à faces parallèles de qualité optique d'aussi grandes dimensions (ce serait peut-être encore vrai aujourd'hui), si bien que le télescope a finalement visé à travers un trou, par lequel s'engouffrait l'air chaud de la coupole, d'où de mauvaises images. Il a donc fallu refroidir le plancher de la coupole. De plus, le mécanisme complexe de la coupole tend à se bloquer en cas de givre. Tout ceci, ajouté à d'autres défauts de conception, à des malfaçons sur le pilier porteur du télescope et aux difficultés particulières du site en haute montagne, fait que le coût de ce télescope a été très élevé pour un rendement scientifique plutôt faible.

l'observation, et même de savoir si l'instrument avait fonctionné convenablement. Pour cela, il fallait avoir développé les plaques photographiques sur lesquelles on avait enregistré les images, c'est-à-dire dans la journée qui suivait l'observation. C'était fort incommode et occasionnait de grandes pertes de temps en cas de mauvais fonctionnement. De plus, il fallait rompre le vide de la caméra pour récupérer les plaques, ce qui détruisait la photocathode dont le remplacement était complexe. Une nouvelle caméra munie d'une vanne isolant les plaques de la photocathode aurait pu éviter cet inconvénient, mais elle est arrivée trop tard.

Aussi la plupart des développement se sont-ils concentrés sur des récepteurs plus sensibles que la plaque photographique, et tels que l'on puisse visualiser immédiatement le résultat de l'observation. Il se trouve que ces deux qualités vont souvent ensemble. Déjà les observations radio ou infrarouge se faisaient en général avec visualisation presque immédiate des résultats sur un écran, au moins dans les cas simples. On pouvait ainsi contrôler la bonne marche de l'observation et en voir le résultat, ce qui permettait d'arrêter ou de la prolonger la pose si nécessaire, ou de faire immédiatement une observation complémentaire. L'information était en général enregistrée sur un support digital pour traitement ultérieur. Les observations spatiales ne se déroulent pas autrement, permettant souvent de visualiser dans l'instant ce qui est observé par le satellite, la sonde spatiale ou le ballon et de commander à volonté le pointage de l'instrument et son mode de fonctionnement. De fait, les progrès des détecteurs optiques modernes dont on va dire un mot sont en partie issus de développements faits par les laboratoires spatiaux en vue de l'observation optique dans l'espace, ou de développements militaires tombés dans le domaine public.

On ne saurait donc s'étonner de ce que les premiers groupes à avoir développé ces nouvelles techniques pour l'observation au sol aient été le plus souvent ceux qui avaient déjà une expérience spatiale, tel en France le Laboratoire d'Astronomie spatiale de Marseille ou le Service d'Astrophysique du Commissariat à l'énergie atomique de Saclay (CEA). Vers 1980, beaucoup d'observatoires possédaient des détecteurs pour la spectrographie permettant de visualiser directement le spectre d'un astre grâce à un ordinateur en temps réel muni d'un écran cathodique. C'est vers cette époque qu'ont été mis en service les premiers dispositifs permettant de visualiser une image de meilleure qualité que ce que permettaient les tubes cathodiques de télévision, avec une sensibilité beaucoup plus grande : les détecteurs mosaïque à état solide dits CCD (Encadré 3.1).

Encadré 3.1. Les détecteurs CCD

Les détecteurs CCD (pour *Charge Coupled Device*, que l'on devrait en principe désigner en français sous le nom de dispositifs à transfert de charge) sont apparus dans les années 1970. Ce sont aujourd'hui, et de loin, les détecteur d'images les plus employés. Un CCD est constitué d'un mono-cristal de silicium semi-conducteur, sur lequel est déposée une couche isolante, puis une grille de conducteurs carrés dits *pixels* (pour *picture elements* en anglais, soit éléments d'image). Les photons qui arrivent sur le CCD libèrent des électrons dans le semi-conducteur par effet photoélectrique. Une faible tension étant appliquée à la grille de conducteurs, ces électrons s'accumulent à l'interface du semi-conducteur et de l'isolant sous chaque pixel. Lorsque la pose est terminée, on déplace les paquets d'électrons de pixel à pixel le long des colonnes du CCD grâce à une séquence appropriée de tensions appliquées à ces pixels, et on recueille séquentiellement à la sortie des colonnes les charges, donc un courant, qui est mesuré après amplification et conversion analogique-digitale. Le résultat de la lecture est une matrice bidimensionnelle qui donne le nombre de charges accumulées sous chaque pixel, nombre qui est proportionnel au nombre de photons reçus pendant la pose. Le temps de lecture est de l'ordre de 50 à 100 microseconde par pixel, si bien que la lecture d'une grande image astronomique peut prendre plusieurs minutes.

La taille des pixels varie entre 7 et 30 µm. La capacité de stockage d'un pixel varie avec sa taille, et atteint $5\ 10^5$ électrons pour un pixel de 30 µm. Le format du CCD dépend de son utilisation. Pour les caméras vidéo d'amateurs, une taille typique est de 385 × 576 pixels, mais elle est plus grande pour les appareils photographiques numériques. Pour les applications astronomiques, on dispose de grands CCD allant jusqu'à 4 096 × 4 096 pixels. Alors que pour les applications commerciales, on se contente de faire fonctionner les CCD à la température ordinaire, pour l'astronomie on les refroidit afin de limiter au maximum le bruit de fond.

Les CCD sont des détecteurs pratiquement parfaits : leur rendement quantique atteint 90 % dans le visible et le proche infrarouge, de 0,4 à 1 µm de longueur d'onde, ce qui signifie que presque tous les photons donnent un photoélectron. Ils sont bien linéaires, c'est-à-dire que le signal lu est proportionnel au nombre de photons reçus, et possèdent une très grande dynamique. Par contraste, les plaques photo ont un rendement quantique qui dépasse rarement 5 %, ont un seuil de sensibilité, manquent de linéarité et leur dynamique est limitée. Les inconvénients des CCD sont la longueur de leur temps de lecture, qui en interdit l'usage pour l'étude des phénomènes rapides, et le fait qu'ils ne sont pas sensibles dans l'ultraviolet. Pour pallier ce dernier inconvénient, on peut les recouvrir d'un dépôt fluorescent qui convertit les photons ultraviolets en photons visibles. Il existe aussi des CCD sensibles aux rayons X, qui doivent impérativement être refroidis.

La quantité d'information reçue par les CCD en astronomie est si considérable qu'elle nécessite de grosses mémoires pour l'emmagasiner et des ordinateurs puissants pour la traiter.

Un télescope relativement modeste muni de tels détecteurs devenait aussi puissant qu'un grand télescope utilisant des plaques photographiques : aussi la tendance des observatoires optiques à la fin des années 1970 fut de porter l'essentiel des efforts vers ces nouvelles techniques. Nous en verrons la floraison dans la décennie suivante. Les méthodes de travail et le personnel de ces observatoires ressemblaient de plus en plus à ceux des observatoires radioastronomiques dont j'ai parlé plus haut.

L'observation astronomique change de nature

En 1980, la manière même d'observer était en effet devenue assez standardisée. L'image classique de l'astronome passant des nuits glaciales rivé à l'oculaire de son télescope commençait à appartenir au passé. L'astronome se trouvait déjà le plus souvent assis au chaud devant une console d'ordinateur qui lui permettait (ou permettait à l'assistant de nuit) de donner des ordres aux instruments, tandis que le champ visé par le télescope apparaissait sur un écran de télévision et que le spectre ou l'image qu'il étudiait était visible sur un autre écran. Cette situation est très proche de celle de l'observateur radio ou infrarouge et même de l'astronome effectuant une observation spatiale. Bien que l'on puisse regretter le manque de poésie de l'observation astronomique moderne, cette standardisation présente l'immense avantage que, quelle que soit la formation de l'astronome, il est capable de faire n'importe quel type d'observation pourvu qu'il n'aie pas peur d'un clavier d'ordinateur. Ainsi a-t-on vu progressivement disparaître les cloisons autrefois assez étanches qui séparaient astronomes optiques, radioastronomes et utilisateurs de techniques spatiales, détenteurs chacun d'une technique que les autres considéraient comme difficilement accessible à moins d'un long apprentissage.

De plus en plus, l'astronome s'est alors spécialisé par objet (ou type d'objet) astronomique plutôt que par technique, et a progressivement utilisé tous les moyens à sa disposition pour étudier cet objet, ce qui est évidemment très profitable à sa compréhension physique. L'inconvénient est que, s'il n'y prend pas garde, l'astronome peut « perdre le contact » avec l'instrument qu'il utilise. Il risque ainsi de ne pas avoir une compréhension suffisante de son fonctionnement et des difficultés rencontrées pour en tirer le meilleur parti. Cela peut aller jusqu'à se doubler d'un manque d'intérêt vis-à-vis de la technique. De là à n'avoir qu'un respect distant pour les constructeurs de l'instrument et ceux qui l'entretiennent et le font fonctionner, voire à les ignorer complètement, il n'y a qu'un pas qui n'est que trop aisément franchi. Il n'y a pas de remède miracle à cette attitude plus commune qu'on ne le pense. L'effort qui est demandé aux chercheurs pour surmonter ces préjugés est plus qu'amplement justifié par la puissance et la diversité des moyens qui sont mis à leur disposition.

La renaissance de l'interférométrie optique

Aux progrès techniques qui viennent d'être décrits se sont ajoutés dans la décennie 1970-1980 des développements fondamentaux qui ont ouvert de nouveaux horizons à l'astronomie en lumière visible et infrarouge. Il s'agit de l'interférométrie optique. La France a pris une grande part dans son développement, qui s'est effectué dans trois directions : la spectroscopie interférométrique, l'interférométrie des tavelures et l'interférométrie entre deux télescopes.

On doit aux patients efforts et à l'ingéniosité de Peter Felgett en Angleterre, de Laurence Mertz aux États-Unis et de Pierre Connes puis de Jean-Pierre Maillard en France le perfectionnement et l'utilisation en infrarouge de la spectroscopie interférométrique, dite aussi spectroscopie par transformée de Fourier; elle utilise un interféromètre de Michelson dont un des bras est muni d'un miroir mobile. C'est aujourd'hui une technique spectroscopique très employée en infrarouge, y compris pour les observations spatiales; elle est imbattable lorsqu'on veut obtenir une haute résolution en longueurs d'onde.

Antoine Labeyrie est l'inventeur vers 1971 de l'interférométrie des tavelures (en anglais : *speckle interferometry*)[5]. Il ne s'agit pas cette fois d'un instrument, mais d'une technique simple qui permet de bénéficier de tout le pouvoir de résolution théorique des grands télescopes (quelques centièmes de secondes de degré) malgré la dégradation des images due à la turbulence atmosphérique, mais au prix d'une certaine perte de sensibilité (voir Appendice 1) ; cette technique est très utilisée pour mesurer la séparation des composantes des étoiles doubles serrées (Fig. 3.12),

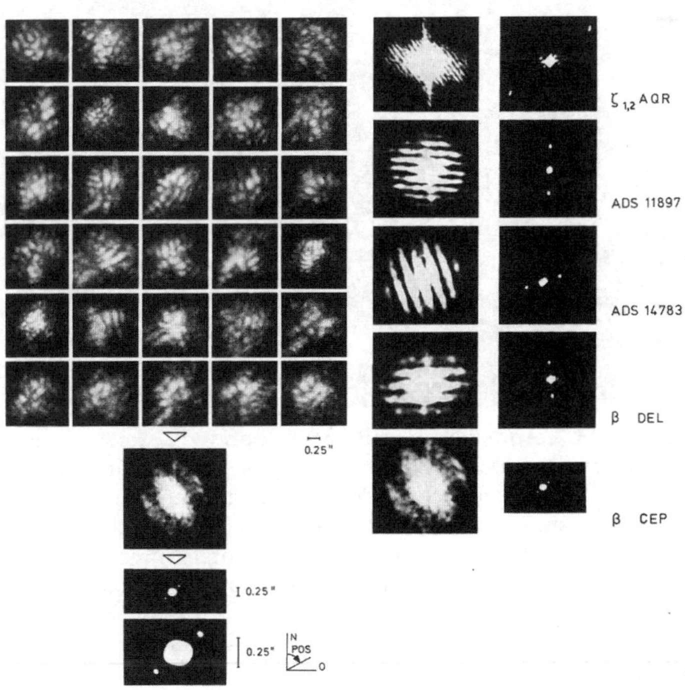

Figure 3.12. Observations en interférométrie des tavelures[7]. Les 30 petites images en haut à gauche sont des clichés à très courte pose (0,02 s) de l'étoile β Cephei β, prises avec un télescope de 1 m de diamètre. On y voit des tavelures produites par la turbulence atmosphérique, qui changent d'une image à l'autre. Elles résultent des interférences entre la lumière provenant de diverses régions de l'ouverture du télescope : ce sont les régions à l'intérieur desquelles les rayons lumineux arrivent en phase à un instant donné; leurs dimensions, qui dépendent de l'état de l'atmosphère, sont généralement de l'ordre de 10 cm. Les tavelures contiennent une information sur la structure de l'étoile que l'on peut révéler en calculant la transformée de Fourier de chaque image et en faisant la moyenne des résultats : on obtient alors la figure du dessous, qui est le spectre de puissance de l'image et ressemble à une figure d'interférences avec une frange centrale et deux franges latérales plus faibles. Une nouvelle transformée de Fourier fournit l'image à haute résolution de l'étoile, qui se trouve être double. La composante la plus faible est répétée de chaque côté car l'interférométrie des tavelures est impuissante à déterminer de quel côté elle se trouve. À droite, spectres de puissance de diverses étoiles doubles et images à haute résolution de ces étoiles.

détrônant la vieille méthode visuelle où l'observateur passait des nuits entières à l'oculaire des grandes lunettes comme celle de Meudon ou de Nice. L'interférométrie des tavelures a également permis pour la première fois de mesurer le diamètre de Pluton et de son satellite Charon, soit respectivement 4 000 et 2 000 km[6], et de résoudre des amas d'étoiles très serrés.

Labeyrie a également repris, quelque temps après, les essais de Michelson et Pease pour mesurer le diamètre des étoiles par interférométrie entre deux ouvertures, essais qui dataient de 1920 et qu'ils avaient abandonnés malgré quelques succès, en raison de la difficulté de l'expérience. C'est beaucoup plus aisé en radioastronomie, et nous avons vu que de nombreux interféromètres radio ont été construits dès les années 1950. En 1975, Labeyrie et ses collègues ont réussi à obtenir des franges d'interférence sur une étoile avec un interféromètre à deux petits télescopes séparés de 12 m, ce qui donnait un pouvoir de résolution de 8 millièmes de seconde de degré (Figs. 3.13 et 3.14). Il n'y a aucune raison pour que la longueur de la base ne puisse être augmentée jusqu'à plusieurs centaines de mètres. Nous verrons que cet objectif est aujourd'hui réalisé (voir Appendice 1). On peut aussi imaginer des réseaux complexes de télescopes permettant d'obtenir de véritables images avec des résolutions tout à fait inouïes, ce qui est en train de se faire, et aussi l'extension de ce procédé à l'observation dans l'espace.

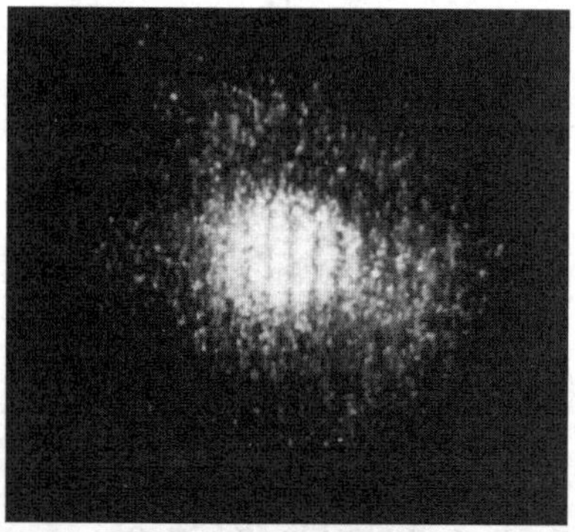

Figure 3.14. Franges d'interférence obtenues sur l'étoile Vega (α Lyrae) avec l'interféromètre de la Fig. 3.13[9]. Les franges modulent la tache de diffraction de l'étoile qui résulte de la superposition des images données par les deux télescopes. Cette première observation était sans intérêt astrophysique car l'étoile avait un diamètre angulaire trop faible pour être résolu par l'interféromètre, mais elle a été bientôt suivie d'observations intéressantes.

Figure 3.13. Le premier interféromètre optique à deux télescopes. Construit par Antoine Labeyrie à l'Observatoire de Nice, il se composait de deux télescopes de 25 cm de diamètre en monture alt-azimuthale (sur les socles en béton), distants de 12 m, qui renvoyaient la lumière dans la cabane où se construisaient les interférences[8]. Ces télescopes ont ensuite été transférés au plateau de Calern près de Grasse; déplaçables sur une voie ferrée Nord-Sud, ils formèrent alors l'interféromètre I2T qui donna des résultats intéressants pendant plusieurs années.

La maturité de l'astronomie spatiale

L'astronomie dans l'ultraviolet lointain

Les développements instrumentaux nouveaux liés à l'observation spatiale sont encore plus nombreux, sinon plus spectaculaires, que ceux de l'astronomie au sol. L'utilisation de techniques variées a ouvert dès 1980 la perspective d'accès à l'ensemble des ondes électromagnétiques ; une perspective seulement, car les réalisations ont été tardives dans certains domaines de longueur d'onde. Historiquement, le premier domaine à être exploré en détail a été l'ultraviolet, d'abord en fusée puis au moyen de satellites artificiels, voire d'instruments emportés par des astronautes. Des spectres du Soleil en ultraviolet ont été obtenus dès les années 1950 à partir de fusées, dont des fusées allemandes V2 récupérées[10]. Le résultat le plus important de la première période de cette exploration est probablement la découverte de l'hydrogène moléculaire interstellaire par George Carruthers, du Naval Research Laboratory ; cette découverte, faite grâce à une fusée, date de 1969[11]. Depuis cette époque, de nombreux satellites spécialisés ont été lancés, dont le satellite solaire OSO 7 qui a fourni des images monochromatiques de la couronne du Soleil dans de nombreuses raies ultraviolettes. En 1973, c'était le satellite COPERNICUS (ainsi nommé en hommage à l'astronome polonais dont on fêtait le cinquième centenaire de la naissance), un télescope muni d'un spectrographe à haute résolution qui a renouvelé nos connaissances sur la matière interstellaire par ses observations spectroscopiques (Fig. 3.15). Il a fonctionné sans problème jusqu'en 1981. Le tableau 3.4 donne une liste des principaux télescopes dans l'espace.

À OSO 7 et COPERNICUS s'est ajouté l'International Ultraviolet Explorer (IUE), construit en commun par la NASA, le Royaume-Uni et l'Agence spatiale européenne (Fig. 3.16). Le mode de fonctionnement

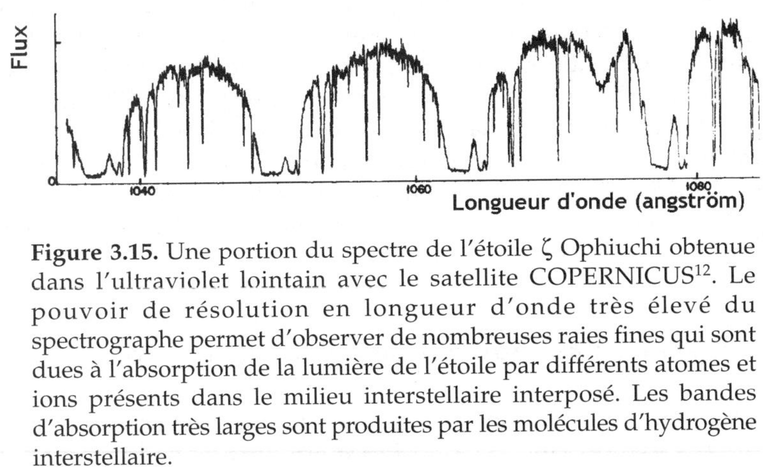

Figure 3.15. Une portion du spectre de l'étoile ζ Ophiuchi obtenue dans l'ultraviolet lointain avec le satellite COPERNICUS[12]. Le pouvoir de résolution en longueur d'onde très élevé du spectrographe permet d'observer de nombreuses raies fines qui sont dues à l'absorption de la lumière de l'étoile par différents atomes et ions présents dans le milieu interstellaire interposé. Les bandes d'absorption très larges sont produites par les molécules d'hydrogène interstellaire.

Figure 3.16. Le satellite IUE (International Ultraviolet Explorer). La partie centrale comportait un télescope de 45 cm de diamètre muni de 4 spectrographes pour l'ultraviolet proche et lointain. Les panneaux solaires qui fournissaient l'énergie sont visibles de part et d'autre.

Tableau 3.4. Les principaux télescopes dans l'espace.

Télescope	Agence	Véhicule	Diamètre	Date	Remarques
STRATOSCOPE	NASA	Ballon	0,3 m	1957	Visible
OAO 2	NASA	Satellite	0,3 m	1968	UV
COPERNICUS	NASA	Satellite	0,8 m	1972	UV lointain
KAO	NASA	Avion	0,9 m	1976	IR lointain
IUE	ASE, NASA, UK	Satellite	0,45 m	1978	UV
IRAS	NL, UK, NASA	Satellite	0,6 m	1983	IR moyen et lointain
HST (Hubble)	NASA, ASE	Satellite	2,4 m	1990	UV, visible, IR proche
ISO	ASE	Satellite	0,6 m	1995	IR moyen et lointain
FUSE	NASA	Satellite	4 × 0,4 m	1999	UV lointain
SPITZER	NASA	Satellite	0,85 m	2003	IR moyen et lointain
GALEX	NASA	Satellite	0,5 m	2003	UV, grand champ
SOFIA	D, NASA	Avion	2,7 m	2005	IR proche à lointain
HERSCHEL	ASE, NASA	Satellite	3,5 m	2007	IR lointain, submillimétrique
JWST	NASA, ESA	Satellite	6,5 m	2011	IR proche et moyen

nouveau de ce satellite, lancé en 1978 et dont la longévité fut exceptionnelle (il n'a été arrêté qu'à la fin de 1996), préfigurait l'ère future de l'observation astronomique : il contenait en effet un télescope muni d'un spectrographe, qui pouvait être pointé à partir du sol exactement comme un télescope ou un radiotélescope ordinaire. Les images et les spectres étaient transmis en temps réel à la Terre et étaient directement visualisés pour l'observateur. L'utilisation de ce petit télescope spatial ne demandait aucune formation particulière. L'astronome devait se rendre soit à Houston (Texas) pour les Américains, soit à Madrid pour les Européens, lieux où se trouvaient les stations qui communiquaient avec le satellite, qui était localisé en permanence à 36 000 km au-dessus de l'océan Atlantique, en orbite géosynchrone. L'observateur et son assistant pouvaient eux-mêmes pointer le satellite sur l'objet étudié, qu'ils identifiaient sur un écran de télévision, et sélectionner le mode et la durée de l'observation dont il pouvaient contrôler le résultat ; bref, ils agissaient exactement comme pour une observation au sol. Ce nouveau mode d'exploitation ouvrait le domaine spatial aux non spécialistes, dont un très grand nombre ont effectivement utilisé IUE. Par ailleurs, IUE est le premier satellite astronomique dont les données ont été systématiquement archivées après avoir été traitées de façon homogènes. Ces données, mises à la disposition de toute la communauté et faciles à utiliser, constituent une véritable mine dans laquelle on puise toujours.

Les débuts de l'astrophysique des hautes énergies

Venue un peu plus tard que l'astronomie ultraviolette, l'astronomie en rayons X s'est révélée particulièrement fertile en découvertes inattendues au cours de la décennie 1970-1980, un peu comme la radioastronomie au cours de la période précédente. C'est volontairement que je n'ai guère parlé d'astronomie X au précédent chapitre : bien que l'émission du Soleil en rayons X ait été détectée dès 1948 par T.R. Burnright avec une fusée américaine[13], cette discipline est en effet restée au stade presque entièrement descriptif jusqu'en 1970. Il me suffit de rappeler quelques étapes de cette préhistoire de l'astronomie X. C'est en 1962 que le groupe d'American Science and Engineering, formé principalement d'Italiens émigrés aux États-Unis, dont le plus connu est Riccardo Giacconi, qui a reçu le prix Nobel de physique en 2002 pour ses recherches en astronomie X, découvrit la première source non solaire de rayons X[14]. Cette source est située dans la constellation du Scorpion, dans une région dépourvue de tout objet optique remarquable. Les nombreux tirs de fusée effectués dans les années 1960, essentiellement par des groupes américains, permirent la découverte de l'émission X de la Nébuleuse du Crabe — le prolongement de son émission synchrotron optique, et celle d'une trentaine de sources X dont la plupart se trouvent visiblement dans notre Galaxie car elles sont concentrées le long de la Voie lactée. On put identifier quelques sources de rayons X à des galaxies ou des quasars repérés par leur émission radio : la galaxie M 87, *alias* Virgo A, et 3C 273, le plus proche des quasars connus à cette époque et le premier découvert. Cependant, il n'était pas possible d'étudier avec quelque détail que ce soit le spectre ou la structure des sources de rayons X, ni même de mesurer avec suffisamment de précision la position de la plupart d'entre elles pour pouvoir les identifier à des objets optiques ou radio. On percevait bien à l'époque l'importance de ces observations, mais on ignorait totalement quels étaient les processus physiques responsables de l'émission puissante des sources de rayons X.

Le lancement en 1970 du satellite spécialisé UHURU par la NASA devait changer radicalement la situation. La curieuse désignation d'UHURU, qui signifie Liberté en swahili, provient de ce que le satellite fut lancé à partir de la côte du Kenya, où l'on parle cette langue. La sensibilité de ce satellite, due à la taille de ses détecteurs mais aussi aux très longs temps de pose possibles, lui permit de détecter plusieurs centaines de sources et de mesurer leur position avec assez de précision pour permettre de nombreuses identifications. À la suite d'une série de découvertes tout à fait excitantes, UHURU permit d'établir que beaucoup des sources X sont des étoiles doubles très serrées, ce qui était parfaitement inattendu.

Le domaine des rayons X est devenu un des principaux centres d'intérêt des astronomes au cours de la période 1970-1980, qui a vu le lancement de nombreux satellites spécialisés non seulement par les États-Unis mais aussi par l'Angleterre et les Pays-Bas (voir Tableau 2.1), tandis que les observations en fusée se poursuivaient. Le satellite lancé en novembre 1978 par la NASA, HEAO 2 renommé ensuite EINSTEIN (le second de la série des High Energy Astronomical Orbiters qui en a compris trois), était un engin énorme et très complexe. Il comportait une véritable optique dont la réalisation fut une remarquable prouesse technique : EINSTEIN était capable de faire des images avec une résolution de 4 secondes de degré, avec une sensibilité mille fois plus grande qu'UHURU et plus d'un million de fois supérieure à celle des fusées des années 60. Il a permis de nombreuses découvertes spectaculaires, dont on a mis assez longtemps à réaliser toute la portée. On peut affirmer que l'astronomie X avait atteint en 1980 une maturité comparable à celle de l'astronomie optique et de la radioastronomie.

Ce développement prodigieux de l'astrophysique des hautes énergies, développement qui était encore totalement imprévisible vers 1950, s'est étendu au domaine des rayons gamma. Les détecteurs utilisés pour cela étaient dérivés d'instruments construits par les physiciens nucléaires. Deux satellites ont été consacrés entièrement ou presque à l'astronomie gamma : le satellite américain SAS 2 (1973) et le satellite européen COS B (1975) plus sensible, qui est un des succès de l'Agence spatiale européenne. Ces satellites ont permis non seulement de cartographier l'émission gamma générale de la Galaxie (Fig. 3.17), mais de découvrir une trentaine de sources (dont plusieurs pulsars et le quasar 3C 27 B, toujours lui). L'existence de ces sources était très surprenante et il a fallu des années pour en comprendre la nature et le mécanisme d'émission. Non moins extraordinaire est la découverte fortuite, faite par des satellites militaires américains, de sursauts brefs et intenses de rayons gamma, dont l'origine n'a été établie que tout récemment : nous en reparlerons au chapitre 6. La spectroscopie gamma astronomique, qui peut apporter des renseignements directs sur les réactions nucléaires qui se produisent dans l'Univers, est également née dans les années 1970 où quelques ballons ont été lancés dans ce but.

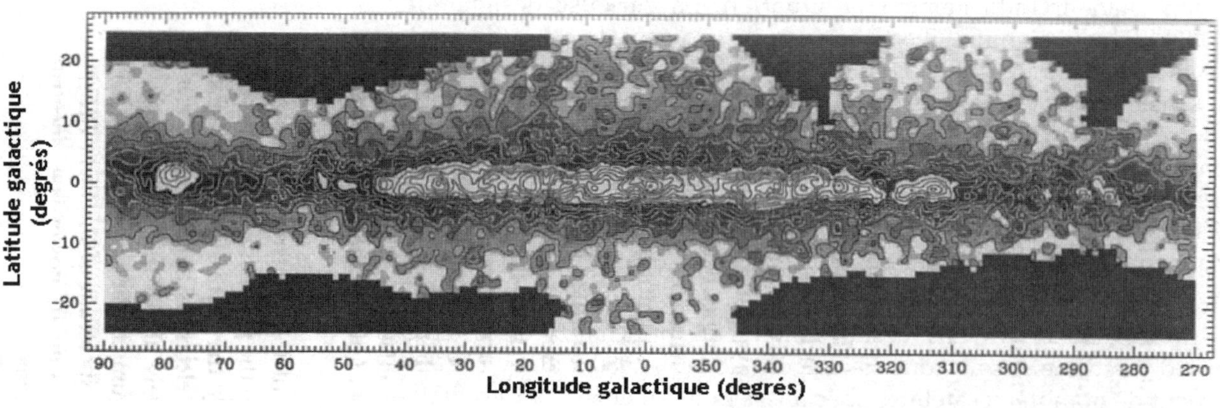

Figure 3.17. Carte de la partie centrale de la Voie lactée en rayons gamma (énergie 0,1 à 6 GeV), obtenue avec le satellite européen COS-B[15]. Les coordonnées sont galactiques et le centre de la Galaxie est l'origine. Remarquer la région du Cygne et celle de Vela, qui sont des bras de spirale vue en enfilade, aux longitudes respectives de 80° et 290°.

Les développements de l'astronomie des rayons cosmiques n'ont pas été moins étonnants : on est parvenu dans les années 1970 à séparer non seulement tous les éléments présents dans les particules du rayonnement cosmique jusqu'au fer et un peu au-delà, mais à déterminer la composition isotopique de beaucoup d'entre eux. La qualité des résultats obtenus par le satellite HEAO 3 est de ce point de vue exceptionnelle.

Naissance de l'astronomie infrarouge spatiale

Pour être moins connu et peut-être moins spectaculaire, le développement de l'astronomie infrarouge à la fin des années 1960 et au cours des années 1970 n'en est pas moins remarquable. Il est dû à la fois à la réalisation de détecteurs enfin sensibles, ce qui exigea d'abord leur refroidissement à la température de l'azote liquide, puis à celle de l'hélium liquide, et à l'utilisation de ballons stratosphériques et d'avions. La NASA a en effet utilisé des avions pour de telles observations, et en particulier transformé en observatoire volant un gros quadriréacteur C 141, muni d'un télescope de 1 m de diamètre. Notre pays a utilisé dans le même but une Caravelle avec un télescope plus petit, et quelques observations ont été faites à bord du prototype du Concorde. Les résultats obtenus ont été, comme dans tout domaine nouveau, importants et souvent inattendus. On a en particulier découvert que notre Galaxie émet presque autant d'énergie dans le domaine infrarouge lointain (disons entre 50 et 300 micromètres de longueur d'onde) qu'à *toutes* les autres longueurs d'onde réunies. Ces succès ont été tels que plusieurs satellites consacrés à l'observation infrarouge étaient en construction ou en projet en 1980, malgré les énormes difficultés techniques qu'occasionne la nécessité de refroidir l'équipement à très basse température. Au sol, les méthodes d'observation aux longueurs d'onde que laisse passer l'atmosphère (en gros les longueurs d'onde plus courtes qu'une vingtaine de micromètres) se sont considérablement raffinées, s'inspirant soit des techniques de la radioastronomie, soit des techniques modernes de l'optique. Tous ces efforts étaient, et sont quelquefois encore, effectués par des équipes relativement réduites, car cette technique coûteuse et délicate relevait alors, comme la radioastronomie en ondes millimétriques et submillimétriques ou d'autres techniques « de pointe », du domaine de l'artisanat.

L'exploration directe du Système solaire

J'ai gardé pour la fin de ce survol des techniques de l'astronomie des années 1970-1980 l'exploration directe du Système solaire, qui en est certainement l'aspect le plus spectaculaire et le mieux connu du grand public. Les premières sondes spatiales ayant échappé à l'attraction terrestre pour se rendre vers la Lune datent de la fin des années 1950 (voir

Tableau 2.2), mais il est évident que l'événement marquant dans le domaine a été le premier pas de l'homme sur la Lune le 20 juillet 1969. Chacun se souvient de ces heures étonnantes où il a pu assister en direct à ce spectacle devant son écran de télévision. Des images médiocres, un son détestable, mais un spectacle surréaliste auquel on avait peine à croire. C'était un vieux rêve de l'humanité enfin réalisé, mais surtout une démonstration écrasante de la supériorité technologique américaine. Était-ce vraiment « un pas de géant pour l'humanité », comme l'affirmaient les paroles soigneusement pesées du cosmonaute après son alunissage ? Sans doute oui sur le plan politique, du moins si l'on considère que l'humanité se réduit aux États-Unis et à sa zone d'influence. C'est plus douteux sur le plan des connaissances scientifiques : il est apparu à tout le monde que l'aspect scientifique du programme APOLLO n'était qu'une façade commode pour justifier une opération de politique de prestige, qui était aussi une opération technique de très grande envergure extraordinairement coûteuse.

Certes le programme APOLLO a fourni un ensemble de données de première importance qui ont passablement renouvelé nos connaissances sur la Lune. Mais on aurait pu parvenir au même résultat avec des sondes totalement automatiques qui auraient été énormément moins onéreuses : la sécurité coûte très cher dans l'espace, car la présence de l'homme multiplie les prix au moins par trois. Les Soviétiques ont d'ailleurs ramassé et rapporté en 1976 des échantillons du sol lunaire tout aussi intéressants que ceux d'APOLLO, à l'aide de la sonde automatique LUNA 24. Sans doute, une fois l'exploit accompli, la NASA ou plutôt le Congrès américain sont-ils revenus à plus de sagesse, car aucun projet financé ne prévoit le retour de l'homme sur la Lune ou l'envoi d'un homme sur une autre planète (Mars est d'ailleurs la seule où cela soit possible sans d'énormes difficultés). Le programme américain de sondes spatiales s'est d'ailleurs considérablement ralenti dans les années 1980 : tout l'effort était mis, nous y reviendrons au prochain chapitre, sur la Navette spatiale et le Télescope spatial. Pourtant, s'il a été très coûteux, le programme d'exploration spatiale planétaire automatique tant américain que soviétique a permis d'obtenir des résultats à la fois fondamentaux et spectaculaires qui l'ont en définitive justifié. On peut citer parmi les missions les plus réussies celles des sondes PIONEER 10 et 11 de la NASA, lancées respectivement en 1972 et 1973, et les deux sondes VOYAGER lancées en 1977[f]. Je reviendrai plus tard sur quelques-unes des étonnantes propriétés du Système solaire ainsi découvertes ; mais il ne faut pas oublier que beaucoup de résultats en astronomie planétaire proviennent également de l'observation à partir du sol.

[f] Le dernier signal émis par PIONEER 10 a été reçu sur la Terre le 23 janvier 2003.

Chapitre 4

1980-1990, une période de transition

La période qui s'étend de 1980 à aujourd'hui n'a pas connu, comme la période précédente, la découverte de classes d'objets astronomiques entièrement nouvelles comme les pulsars, les quasars ou les sources de rayons X et gamma. Une exception cependant, la découverte en 1995 de planètes autour d'étoiles proches : une magnifique moisson d'objets, mais pas réellement inattendus. L'inventaire des objets de l'Univers semble (provisoirement ?) terminé. Depuis 1980, le travail d'équipe s'est considérablement développé, ce qui contraste avec la recherche essentiellement individuelle des périodes précédentes ; l'instrumentation est devenue infiniment plus performante, et des satellites d'observation astronomique très sophistiqués ont été lancés[a]. C'est donc de ces progrès instrumentaux que je vais entretenir le lecteur, en séparant en deux chapitres correspondant chacun à une décennie l'histoire de la période contemporaine : nous verrons que cette division n'est pas complètement arbitraire.

À vrai dire, tous ces progrès étaient déjà en germe en 1980, comme nous l'avons deviné à la lecture du chapitre précédent. Mais la maturité a été atteinte pour beaucoup d'entre eux. Nous allons nous en rendre compte en parcourant l'espace des ondes électromagnétiques, des ondes radio aux rayons gamma.

La radioastronomie

Les grands interféromètres

Il paraissait difficile en 1980 de construire des antennes pour la radioastronomie en ondes décimétriques ou centimétriques plus grandes que celles d'Arecibo ou d'Effelsberg. On estimait même qu'aucune grande antenne de ce genre ne serait plus construite (ceci devait cependant se révéler inexact), et l'on s'est donc concentré sur les interféromètres qui donnent à la fois une grande sensibilité et une meilleure résolution angulaire que les antennes uniques. Le succès de l'interféromètre hollandais de Westerbork (WSRT) a montré qu'il n'y avait pas de difficulté de

[a] Le télescope spatial Hubble aurait dû être mis sur orbite pendant la décennie qui nous intéresse ici, mais l'explosion de la navette Challenger survenue en 1986 en a retardé le lancement jusqu'en 1990.

principe à les réaliser. La période 1980-1990 a donc vu la construction d'interféromètres géants : le Very Large Array (VLA) américain en 1980 (Fig. 4.1), puis dix ans après son homologue austral plus petit, l'Australian Telescope Compact Array (ATCA) (Fig. 4.2). L'interféromètre anglais MERLIN, qui combine des antennes existantes sur le sol de l'Angleterre et quelques antennes nouvelles, a été mis en service en 1980, en même temps que le VLA. MERLIN est moins sensible que le VLA, mais a une résolution angulaire bien meilleure, qui commence à se rapprocher de celle obtenue avec les techniques d'interférométrie à très longue base. Ces instruments ont donné une impressionnante moisson de résultats, surtout le VLA (la figure 4.3 montre un exemple des performances de cet instrument) ; on a cependant continué à observer avec les instruments antérieurs comme le WSRT, constamment améliorés.

Figure 4.1. Le Very Large Array (VLA). Cet interféromètre, situé au Nouveau Mexique (États-Unis) comporte 27 antennes de 25 m de diamètre, mobiles sur des bases en Y de 27 km de long.

Figure 4.2. Cinq des six radiotélescopes de 22 m de diamètre formant l'Australian Telescope Compact Array (ATCA).

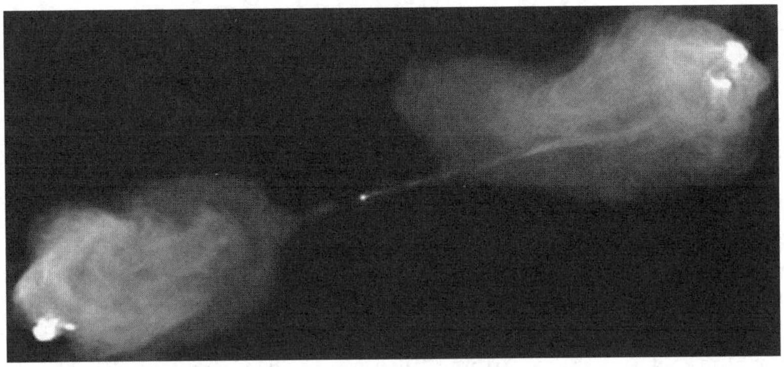

Figure 4.3. Image radio de la source extragalactique Cygnus A obtenue avec le Very Large Array à 20 cm de longueur d'onde[1]. L'émission dans cette image est entièrement produite par des électrons relativistes dans des champs magnétiques (mécanisme synchrotron). La source centrale entoure vraisemblablement un trou noir très massif. Elle alimente en particules de haute énergie les deux objets diffus de part et d'autre, par l'intermédiaire de jets très fins.

Vers les ondes millimétriques

Pendant ce temps, la pression se portait de plus en plus du côté des ondes millimétriques, dont les techniques d'observation difficiles commençaient à devenir accessibles. Tout le monde avait alors en mémoire les résultats extraordinaires obtenus en 1970 par Penzias et Wilson avec le seul radiotélescope fonctionnant en ondes millimétriques[b], le radiotélescope de 10 m de diamètre de Kitt Peak en Arizona, qui avait été initialement conçu pour l'infrarouge ; grâce à la qualité du nouveau récepteur qu'ils avaient construit dans leur laboratoire de la compagnie Bell Telephone, ils avaient détecté six nouvelles molécules interstellaires en une semaine, dont la plus importante de toutes, le monoxyde de carbone CO[2]. Ces détections spectaculaires suivaient de cinq années leur détection du rayonnement fossile de l'Univers.

Plusieurs radiotélescopes spécialisés dans le domaine millimétrique furent alors construits, d'abord aux États-Unis puis au Royaume-Uni et au Japon. L'Allemagne et la France avaient chacune leur projet — une antenne parabolique de 30 m de diamètre pour l'Allemagne, un interféromètre à antennes de 10 m de diamètre pour la France dont Jacques-Émile Blum et moi étions les principaux promoteurs. Après des péripéties quelquefois ridicules qui sont détaillées dans l'appendice 1, les deux projets ont fusionné en 1979 dans le cadre de l'Institut de radioastronomie millimétrique franco-allemand (IRAM), que l'Espagne devait rejoindre un an plus tard. Le radiotélescope de 30 m, dans la Sierra Nevada près de Grenade (Fig. 4.4), a donné ses premiers résultats en 1985 et les trois premières antennes de l'interféromètre, dont le diamètre a pu être porté à 15 m sans dépassement de crédits, ont été mises en opération en 1989 sur le plateau de Bure, près de Gap ; depuis 2001, il y en a six (Fig. 4.5). Une réplique de ces antennes, le Swedish-ESO Submillimeter Telescope (SEST) a été installée au Chili (Fig. 4.6). De leur côté, les

Figure 4.4. Le radiotélescope millimétrique de 30 m de diamètre de l'IRAM, sur la Sierra Nevada (Espagne).

[b] Il y avait également un radiotélescope millimétrique de 5 m de diamètre au Texas, mais il n'a pas participé aux premières découvertes, les récepteurs n'étant pas de la qualité de celui de Kitt Peak.

Figure 4.5. L'interféromètre millimétrique de l'IRAM, avec ses 6 antennes mobiles de 15 m de diamètre.

Figure 4.6. Le radiotélescope millimétrique de 15 m de diamètre SEST de l'ESO, à La Silla (Chili).

Japonais avaient construit un grand radiotélescope millimétrique de 45 m et un interféromètre à 6 antennes de 10 m à Nobeyama, dans un site malheureusement médiocre, tandis que le California Institute of Technology et une association d'universités américaines (BIMA) réalisaient chacun un interféromètre millimétrique. Les fruits scientifiques de ces instruments ne devaient pas tarder à mûrir. Toutes ces antennes millimétriques ont demandé un effort technique considérable, en raison de la grande précision de surface requise (Encadré 4.1).

Encadré 4.1. La construction des grands radiotélescopes millimétriques

Si l'on veut qu'une antenne de radiotélescope, de réception des signaux de satellites ou de radar ait un bon rendement, sa surface ne doit pas s'écarter d'un paraboloïde parfait de plus du vingtième environ de la longueur d'onde, soit par exemple 50 μm pour 1 mm de longueur d'onde (cette condition, qui est aussi valable pour les miroirs des télescopes optiques, a été découverte par Augustin Fresnel). La déformation des antennes provient de leur propre poids lorsqu'on change leur inclinaison, des variations de température qui induisent des dilatations inhomogènes (effet de bilame), et enfin du vent. Il est impossible de construire des antennes millimétriques suffisamment rigides vis-à-vis des déformations gravitationnelles au-delà d'une douzaine de mètres de diamètre, car la structure deviendrait trop lourde. Il faut donc tolérer que la surface se déforme, ce qui est possible à condition qu'elle conserve la forme d'un paraboloïde : c'est le principe de la *déformation homologique*, proposé dans les années 1960 par le radioastronome germano-américain Sebastian von Hoerner. La structure de l'antenne est calculée pour que ce but soit atteint, mais la distance focale et l'orientation de l'axe de l'antenne par rapport à son support varient légèrement avec son inclinaison, ce qui peut être corrigé par des déplacements appropriés de la petite antenne qui reçoit le signal au foyer. Les déformations thermiques sont plus ennuyeuses (c'est également vrai pour les télescopes optiques). Pour s'en affranchir, on peut enfermer l'antenne dans un radôme, qui est une enceinte thermostatée en toile supportée par une structure métallique, aussi transparente que possible aux ondes radio ; mais ce n'est guère envisageable pour de très grandes antennes. On peut aussi enfermer simplement la structure de l'antenne dans une enceinte thermostatée avec circulation d'air : c'est la solution adoptée pour le radiotélescope de 30 m de l'IRAM. Enfin on peut construire cette structure avec des matériaux à coefficient de dilatation faible ou nul comme les fibres de carbone, ce qui a l'avantage de rendre l'antenne plus légère que si elle était en acier et n'est finalement pas plus onéreux : c'est ainsi que sont construites les antennes de 15 m de l'interféromètre de l'IRAM et le radiotélescope SEST de l'ESO. Il n'y a pas grand chose à faire contre le vent lorsque l'antenne n'est pas enfermée dans un radôme, si ce n'est rendre la structure aussi rigide que possible. Les panneaux réfléchissants qui forment la surface de l'antenne sont souvent faits d'aluminium formé en nid d'abeille et de tissus de fibre de carbone. Ils doivent être ajustables par rapport à la structure et, pour ce faire, les radioastronomes ont développé des méthodes ingénieuses de contrôle de la surface par l'étude de l'image d'une radiosource ponctuelle lointaine, méthodes qui ont préfiguré celles qui sont utilisées par les astronomes optiques pour réaliser les systèmes d'optique active et d'optique adaptative.

L'infrarouge

Le domaine infrarouge était encore presque vierge au début des années 1980, en dépit de quelques beaux résultats obtenus par des pionniers, par exemple la détection du centre de la Galaxie dans l'infrarouge proche, où l'extinction par les poussières interstellaires est beaucoup moins gênante que dans le visible[3]. Cependant, des petits groupes se développaient ici et là (j'ai moi-même créé en 1967 le premier groupe français, repris ensuite par Pierre Léna), et la technique avait suffisamment mûri pour que l'on puisse envisager de passer à la vitesse supérieure. L'observation en infrarouge à partir du sol est généralement difficile car l'atmosphère terrestre ne permet l'observation que dans quelques fenêtres de transparence, même si elle l'affecte aussi dans ces fenêtres. Aussi a-t-on vite réalisé que l'observation spatiale serait particulièrement payante dans ce domaine : ballons, avions et satellites artificiels devaient permettre des progrès majeurs. On a lancé assez tôt des ballons emportant des télescopes infrarouges[4], puis la NASA a mis en service successivement deux avions modifiés pour y placer un télescope infrarouge, dont le Kuiper Airborne Observatory (KAO) qui a fourni beaucoup de résultats importants. Mais outre que l'atmosphère résiduelle est encore gênante en avion et même en ballon, le temps d'observation disponible est très limité[c].

[c] Le Centre national d'études spatiales (CNES) a maintenu un important programme d'utilisation de ballons stratosphériques. Dans ce cadre, un radiotélescope infrarouge et submillimétrique de 2 m de diamètre (projet PRONAOS) a fait plusieurs vols dans les années 1990, avec d'intéressants résultats. Nous verrons au chapitre 7 que l'apport récent de l'observation submillimétrique et millimétrique en ballon à la cosmologie a été important.

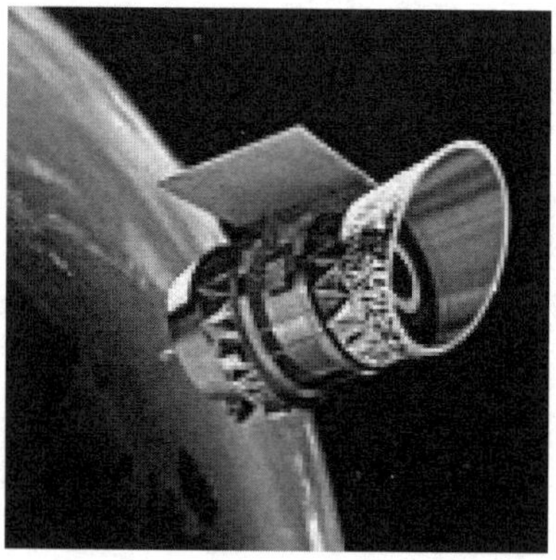

Figure 4.7. Le satellite infrarouge IRAS. C'est le premier satellite astronomique constitué essentiellement d'un dewar plein d'hélium liquide, qui permettait de refroidir le télescope et les instruments.

Les satellites permettent évidemment de bénéficier de temps d'observation considérablement plus longs. C'est pourquoi les États-Unis, les Pays-Bas et le Royaume-Uni décidèrent de s'associer pour construire le premier satellite astronomique dans l'infrarouge, appelé tout simplement *Infrared Astronomy Satellite* (IRAS), qui fut mis sur orbite en 1983 (Fig. 4.7). Ce satellite représentait un étonnant pari technique : c'était un énorme récipient en acier inoxydable — un dewar — plein d'hélium liquide, contenant un télescope de 60 cm de diamètre et différents détecteurs. À l'époque, on ne savait pas comment se comporterait l'hélium liquide dans l'espace, en l'absence de pesanteur : il s'est en fait bien comporté, sans fuir du récipient. Refroidir tout l'appareillage à très basse température était indispensable, sinon les détecteurs auraient été aveuglés par l'émission thermique de leur environnement. Le satellite devait pour la même raison éviter de pointer le Soleil, la Terre, la Lune et même Jupiter.

IRAS avait des détecteurs à état solide, développés surtout par les militaires pour la détection de nuit des corps chauds (tuyères de fusée, véhicules et même hommes), qui étaient sensibles jusqu'à 100 micromètres de longueur d'onde. Au cours de sa courte vie (moins d'un an), il cartographia complètement le ciel dans ce domaine presque encore vierge des ondes électromagnétiques, détectant l'émission thermique de la poussière interstellaire dans toute la Voie lactée (Fig. 4.8) et dans d'autres galaxies normales (Fig. 4.9) ou actives. C'est ce satellite qui a permis pour la première fois d'appréhender la structure complexe, souvent filamenteuse, du milieu interstellaire (Fig. 4.10) ; on a retrouvé par la suite cette structure en observant la raie à 21 cm de l'hydrogène. Une des découvertes les plus intéressantes faites avec IRAS est celle de poussières formant peut-être un disque protoplanétaire autour de certaines étoiles. Tout un monde nouveau se dévoilait, et il n'est pas étonnant que l'on continue à exploiter, plus de vingt ans après, les données fournies par le satellite. Pour ce faire, il fallait que les données soient traitées d'une manière homogène puis archivées de façon à ce que les futurs utilisateurs puissent s'en servir sans avoir à reprendre toute leur histoire depuis l'acquisition. C'était désormais la règle pour les missions spatiales, dont les agences ont bien compris que l'intérêt était décuplé par l'archivage des données en vue de leur utilisation ultérieure par une communauté aussi large que possible.

Figure 4.9. La galaxie d'Andromède M 31 vue avec le satellite IRAS en infrarouge lointain. Malgré sa résolution angulaire limitée, IRAS a pu fournir les premières images en infrarouge lointain de quelques galaxies proches, révélant ainsi l'émission de leur poussière interstellaire.

Figure 4.8. La Voie lactée en infrarouge lointain, vue avec le satellite IRAS. On observe ici l'émission thermique des poussières interstellaires. Le centre galactique est au milieu de l'image, et la concentration plus à gauche est la région du Cygne, qui correspond à un bras de spirale vu en enfilade.

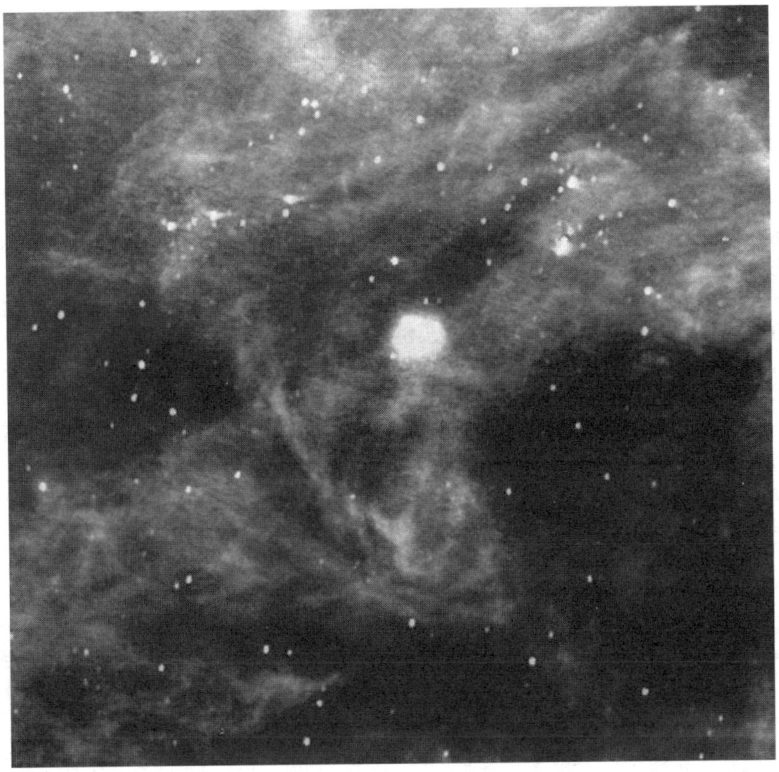

Figure 4.10. La constellation Chamaeleon vue en infrarouge lointain avec le satellite IRAS. Dans ce champ de 12,5 × 12,5 degrés proche du pôle céleste Sud, l'émission est dominée par des « cirrus » qui sont produits par l'émission thermique des poussières interstellaires chauffées par le rayonnement des étoiles. IRAS a ainsi permis pour la première fois de se faire une idée de la structure détaillée du milieu interstellaire. On observe aussi sur cette image des étoiles (points) et une nébuleuse par réflexion un peu au dessus du centre.

À côté de ces observations dans l'espace, les astronomes ont considéré qu'il serait bon de faire des observations systématiques complémentaires à partir du sol. C'est ainsi que deux relevés du ciel dans l'infrarouge proche ont été commencés à la fin des années 1980, l'un (DENIS) dans l'hémisphère austral, piloté par un groupe français dans une collaboration européenne, l'autre (2MASS) couvrant tout le ciel, réalisé par un groupe américain. Les deux, maintenant achevés, utilisaient de petits télescopes spécialisés ; ils ont fourni une masse considérable de données dont l'exploitation durera certainement de nombreuses années.

Le visible et l'ultraviolet

Grands télescopes et détecteurs sensibles

Les années 1970 ont vu surgir une floraison de grands télescopes, d'un diamètre de 3,5 à 4 mètres (voir Tableau 3.3) : en 1990, il y en avait près d'une douzaine en service, qui s'ajoutaient au télescope de 5 m du Mont Palomar et au 6 m soviétique. Les résultats obtenus avec le télescope du Mont Palomar avaient en effet vivement impressionné les astronomes, et chaque pays ou même chaque institution importante s'était mise à rêver d'un télescope de ce genre. Cependant le diamètre de 5 m, et *a fortiori* de 6 m comme celui du télescope soviétique[d], paraissait tout à fait à la limite de la technique et tout le monde se contenta d'un diamètre un peu plus petit, pour lequel le miroir primaire pouvait être réalisé sans trop de difficultés. Il est vrai qu'étaient apparus de nouveaux matériaux pour réaliser les miroirs : des céramiques à très faible coefficient de dilatation (Cer-Vit ou Zerodur), qui limitaient beaucoup les déformations thermiques. Celles-ci étaient beaucoup plus gênantes que les déformations dues à la pesanteur lorsqu'on bougeait le télescope, déformations que l'on savait depuis longtemps compenser grâce à des supports appropriés. Mais on ne savait pas quelle serait la limite de diamètre que l'on pourrait atteindre avec ces céramiques. Un diamètre de 3,5 à 4 m paraissait donc raisonnable, mais certains ont quand même préféré utiliser des matériaux plus classiques comme la silice.

Par ailleurs, les progrès des détecteurs CCD étaient considérables, et il devenait clair qu'on gagnerait encore plus en utilisant et perfectionnant les CCD qu'en augmentant le diamètre du télescope. Le seul problème était la petite taille des CCD alors disponibles : ils étaient conçus essentiellement pour les caméras de télévision, ce qui limitait le champ observable. Aussi a-t-on continué à utiliser les plaques ou les films photographiques de grandes dimensions quand on désirait couvrir une partie importante du ciel, malgré leur sensibilité plus faible. Cet usage a aujourd'hui à peu près disparu. L'utilisation des CCD a connu une croissance exponentielle : entre 1980 et 1990, la surface totale des CCD utilisés par les astronomes, à la fois plus grands et plus nombreux, a été multipliée par un facteur 10. En 1990, il n'y avait plus guère d'observatoire, même petit, qui n'en ait pas été pourvu. Bien que les CCD soient des détecteurs pratiquement parfaits, ils présentent l'inconvénient d'une lecture des informations assez lente[e]. Aussi, pour l'étude de phénomènes rapides on utilise toujours des détecteurs dits à comptage de photons, malgré leur sensibilité moins bonne.

Les télescopes dans l'espace

Il y avait cependant quelque chose que l'on ne pensait pas pouvoir améliorer : la qualité des images, qui sont dégradées par la turbulence

[d] Les opticiens soviétiques ont eu énormément de difficultés à réaliser le miroir de 6 m.

[e] Les utilisateurs d'appareils de photo numériques, dont l'organe sensible est un CCD, le savent bien.

de l'atmosphère. On avait beau rechercher les meilleurs sites d'altitude et optimiser les télescopes et leur coupole afin d'éviter les turbulences et la convection interne, on ne pouvait qu'exceptionnellement observer des détails plus fins qu'une demi-seconde de degré, la seconde étant plutôt la règle. Aussi pensa-t-on se tourner vers l'espace, où il n'y a pas d'atmosphère, donc pas de turbulence. Le projet d'un Télescope spatial en orbite est ancien : poussé principalement par Lyman Spitzer, il date de 1965. Il fallut vingt-cinq ans pour le faire aboutir : c'est un exemple du délai extrêmement long qui peut quelquefois séparer un projet de sa réalisation (encore qu'en général ce délai soit seulement d'une dizaine d'années). Finalement le Télescope spatial Hubble (HST) n'a été mis en orbite qu'en 1990. Nous en reparlerons donc au chapitre suivant. En attendant, il y avait toujours l'International Ultraviolet Explorer (IUE) pour l'astronomie dans l'ultraviolet. Comme il a été lancé en 1978, j'en ai parlé dans le chapitre précédent ; mais il a atteint sa pleine rentabilité au cours des années qui nous occupent.

L'astronomie aux hautes énergies

Nous avons vu qu'avec le satellite américain EINSTEIN, qui représentait un progrès considérable en sensibilité et en pouvoir de résolution angulaire par rapport à ses prédécesseurs, l'astronomie en rayons X avait atteint sa maturité en 1978. Néanmoins l'Europe ne voulait pas être en reste. Le Royaume-Uni avait déjà construit plusieurs petits satellites d'astronomie X de la série ARIEL, dont le dernier avait été mis en orbite en 1979. C'était le tour de l'Agence spatiale européenne de se lancer dans l'aventure, avec le satellite EXOSAT, qui date de 1983, qui ne fut malheureusement pas une réussite complète. En dépit du lancement par le Japon en 1987 de son satellite GINGA, destiné à l'étude de la variabilité des sources X, la décennie 1980-1990 a donc été une période calme pour l'astronomie en rayons X, en attendant le lancement en 1990 du satellite allemand ROSAT, dont les performances étaient encore meilleures que celles d'EINSTEIN.

Pas beaucoup de nouveau non plus en astronomie gamma, en attendant le satellite américain de nouvelle génération CGRO, lancé en 1991, si ce n'est l'obtention des premières images à bonne résolution angulaire par le télescope français SIGMA à bord du satellite soviétique GRANAT, mis en orbite en 1989. SIGMA utilisait une nouvelle technique dite du *masque codé*, technique qui est également utilisée en imagerie médicale, et a fourni de beaux résultats concernant les sources de rayons gamma proches du centre de notre Galaxie, qu'il était difficile auparavant de séparer les unes des autres.

Un nouveau domaine : l'astronomie des neutrinos

Le problème des neutrinos solaires

Depuis 1967, l'Américain Raymond Davis cherchait à détecter des neutrinos en provenance du Soleil. Les réactions nucléaires qui fournissent l'énergie du Soleil produisent en effet ces particules, qui peuvent traverser presque sans interaction une grande quantité de matière, et donc sortir sans encombre du Soleil et traverser complètement la Terre. On conçoit qu'il soit très difficile de détecter des particules aussi évanescentes ; pourtant elles tiennent une des clés de la compréhension de la production d'énergie dans les étoiles. À cet effet, Davis avait installé dans une ancienne mine, à 1 500 m de profondeur pour être le mieux possible protégé des rayons cosmiques, une énorme cuve contenant 400 000 litres de tétrachloroéthylène C_2Cl_4 (Fig. 4.11). Les neutrinos interagissaient de temps en temps avec le chlore de ce liquide pour former quelques atomes d'argon radioactif gazeux, que l'on extrayait tous les deux mois en faisant barboter de l'hélium dans la cuve. Dès 1968, Davis avait remarqué que les neutrinos d'origine solaire qu'il détectait ainsi étaient moins nombreux que ce que prédisait la théorie[5]. La poursuite des mesures jusqu'en 1994 a donné des résultats de plus en plus clairs, toujours dans le même sens. Le déficit a été confirmé par d'autres expériences ; il a fallu plus de trente ans pour en comprendre l'origine, qui n'est pas, comme John Bahcall et ses collaborateurs l'ont maintenu avec raison dès le début, une déficience des modèles solaires mais une nouvelle propriété des neutrinos découverte à cette occasion. L'encadré 4.2 détaille les étapes de cette recherche, qui a valu à son pionnier, Raymond Davis, le prix Nobel de physique en 2003[6]. C'est un cas où l'astrophysique a permis une importante découverte en physique fondamentale.

Figure 4.11. Le détecteur de neutrinos de Raymond Davis, installé dans une mine profonde du Dakota au début des années 1970.

Encadré 4.2. Les neutrinos solaires

Des neutrinos d'espèce dite électronique (ν_e), d'énergie $E(\nu_e)$ exprimée en millions d'électron-volts MeV, sont produits dans les réactions nucléaires de fusion proton-proton qui fournissent l'énergie du Soleil, et dans quelques réactions secondaires qui impliquent le lithium Li et le béryllium Be :

(1) $^1H + {}^1H \rightarrow {}^2H + e^+ + \nu_e$ $\quad 0 < E(\nu_e) < 0{,}42$ MeV
(2) $^1H + {}^1H + e^- \rightarrow {}^2H + \nu_e$ $\quad E(\nu_e) = 1{,}44$ MeV
(3) $^7Be + e^- \rightarrow {}^7Li + \nu_e$ $\quad E(\nu_e) = 0{,}86$ MeV
(4) $^8Be \rightarrow {}^8Be + e^+ + \nu_e$ $\quad 0 < E(\nu_e) < 15$ MeV

À la température de 1,5 10^7 K à laquelle se produisent ces réactions dans le Soleil, pour 100 neutrinos produits dans la première réaction, les réactions 2, 3 et 4 produisent respectivement 0,24, 8,0 et 0,009 neutrinos.

Les neutrinos sont détectés soit par leur interaction avec le chlore Cl (Davis) ou avec le gallium Ga (expérience européenne GALLEX et expérience américano-russe SAGE), soit par diffusion sur les électrons e^- (expériences japonaises KAMIOKANDE et SUPER-KAMIOKANDE) :

• $\nu_e + {}^{37}Cl \rightarrow {}^{37}Ar + e^-$ pour les neutrinos d'énergie $E(\nu_e) > 0{,}81$ MeV ;

• $\nu_e + {}^{71}Ga \rightarrow {}^{71}Ge + e^-$ pour les neutrinos d'énergie $E(\nu_e) > 0{,}23$ MeV ;

• $\nu + e^- \rightarrow \nu' + e^-$ pour les neutrinos d'énergie $E(n) > 5{,}0$ MeV et de toutes espèces, avec toutefois une probabilité plus grande pour les neutrinos électroniques.

Nous constatons que l'expérience de Davis ne pouvait détecter que les rares neutrinos provenant des réactions (2) à (4), tandis que les expériences GALLEX et SAGE pouvaient détecter également des neutrinos provenant de la réaction principale (1). Les expériences japonaises n'étaient sensibles qu'aux très rares neutrinos provenant de la décroissance du beryllium 8 (réaction 4).

Toutes ces expériences ont montré un déficit de neutrinos d'un facteur 2 par rapport aux prévisions théoriques. Les réactions nucléaires étant très bien connues, il n'y avait que deux possibilités pour expliquer ce déficit : ou bien les modèles du Soleil étaient faux, ou bien les neutrinos électroniques disparaissaient partiellement entre le Soleil et la Terre. Il a fallu 36 ans pour résoudre ce problème. Un énorme effort théorique a été fait sur les modèles solaires, qui n'a abouti qu'à les confirmer. En 2001, un nouveau détecteur de neutrinos contenant de l'eau lourde, donc du deutérium ^2H, était mis en service dans l'ancienne mine de Sudbury, au Canada. Il était sensible cette fois aux trois espèces de neutrinos (ν_e, ν_μ et ν_τ), grâce aux réactions :

• $\nu_e + {}^2H \rightarrow 2\,{}^1H + e^-$ pour les neutrinos d'énergie $E(\nu_e) > 1{,}44$ MeV ;

• $\nu + {}^2H \rightarrow \nu' + {}^2H'$ pour les neutrinos d'énergie $E(\nu) > 2{,}22$ MeV et de toutes les espèces. On observa alors que le nombre total des neutrinos *des trois espèces* ainsi détectés était en accord avec le nombre de neutrinos *électroniques* prédit par les modèles du Soleil. On en a conclu que les différentes espèces de neutrinos pouvaient se transformer l'une dans l'autre, d'où la perte d'une partie des neutrinos électroniques solaires dans leur chemin vers la Terre. Ceci nécessite une modification du modèle standard des particules élémentaires, et implique que les neutrinos aient une masse. Cette idée a été confirmée expérimentalement au Japon, par l'étude avec un nouveau détecteur au site de Kamioka (collaboration KAMLAND) de neutrinos provenant de divers réacteurs nucléaires dans un rayon d'une centaine de kilomètres. L'astrophysique a ainsi permis une importante découverte en physique des particules.

Les neutrinos de la supernova

De leur côté, un chercheur japonais, Masatoshi Koshiba, et ses collaborateurs avaient réalisé en 1986, dans une ancienne mine de zinc nommée Kamioka, une autre expérience de détection de neutrinos baptisée KAMIOKANDE. Le 23 février 1987, une supernova dénommée SN 1987A explosait dans le Grand Nuage de Magellan (Fig. 4.12). Bien entendu, la communauté astronomique s'est empressée à l'observer avec tous les moyens possibles, car personne depuis Kepler en 1604 n'avait vu de supernova aussi proche. SN 1987A nous a beaucoup appris sur les supernovae en général, sur la matière qu'elles éjectent et sur les effets de l'explosion sur leur environnement. De surcroît, il se trouve que l'étoile qui a explosé, une étoile bleue très lumineuse dont la masse initiale était d'une vingtaine de fois celle du Soleil, avait été assez bien observée avant son explosion, ce qui a permis de préciser certains aspects de la théorie des supernovae. Celle-ci prévoit l'émission de neutrinos au cours de l'explosion. Or, environ trois heures après l'observation de cette explosion, KAMIOKANDE détectait un paquet de 11 neutrinos[7], tandis qu'une autre expérience aux États-Unis en détectait 8. L'expérience japonaise permettait de repérer la direction d'arrivée des neutrinos, confirmant qu'ils provenaient bien de SN 1987A. Ainsi l'équipe de Koshiba avait réussi la première détection de neutrinos émis par une supernova, apportant ainsi la preuve que c'était l'effondrement sur lui-même du noyau de l'étoile pour former une étoile à neutrons qui était responsable de l'explosion : au cours de cet effondrement, un très grand nombre de neutrinos sont produits par des réactions nucléaires, neutrinos qui finissent par sortir de l'étoile après un certain temps, emportant l'énergie libérée par l'effondrement du noyau stellaire. Cette remarquable découverte a valu à Koshiba de partager le prix Nobel de physique en 2003 avec Davis, et aussi avec Giacconi, le pionnier de l'astronomie en rayons X dont nous avons parlé précédemment[f].

Figure 4.12. La supernova SN 1987A dans le Grand Nuage de Magellan. Cette photographie prise peu après l'explosion montre la supernova à droite, qui était bien visible à l'œil nu, et à gauche la nébuleuse gazeuse 30 Doradus. Comparer à la photographie infrarouge (Fig. 5.7), dont le champ ne contient cependant pas la supernova.

L'apport de l'informatique : traitement des données et simulations

Alors que l'informatique était encore quelque peu balbutiante au cours de la décennie précédente, les gros calculs étant réservés à un très petit nombre de centres, les progrès des ordinateurs dans les années 1980 ont permis à de petites équipes de chercheurs d'aborder des problèmes

[f] Giacconi a été successivement directeur du Space Telescope Space Institute à Baltimore, de l'Observatoire Européen Austral (ESO) et de American Universities Inc., le partenaire de l'ESO pour la construction du projet ALMA.

nouveaux. Les ordinateurs ont alors servi non seulement à piloter des instruments complexes comme le VLA et en acquérir les données, mais aussi à traiter ces données. Aussi de nombreux chercheurs se sont-ils mis à écrire des logiciels de traitement de données, à vrai dire indépendamment les uns des autres et de façon assez anarchique, chacun prétendant évidemment que son logiciel était plus performant que celui du voisin. Il faut sans doute y voir un effet de l'attrait que présentait le nouveau jouet informatique. Certains en allaient presque à oublier le but pour le moyen ; en tout cas il y eut là une certaine perte de temps, heureusement compensée par la rapidité accrue avec laquelle on dépouillait les observations. On s'est posé ces années-là le dilemme suivant : vaut-il mieux avoir de gros ordinateurs centralisés avec de nombreux terminaux, ou un petit ordinateur dans chaque bureau ? On s'est quelque peu épuisé en discussions sur ce problème, jusqu'à ce qu'il soit résolu par l'apparition de micro-ordinateurs efficaces... qui ne servent souvent qu'à faire du traitement de texte ou ne sont que des terminaux connectés à de grosses machines ! Un autre effet pervers des ordinateurs est que l'on peut facilement avoir l'impression qu'il suffit d'écrire un programme relatif à tel ou tel problème astrophysique pour résoudre ce problème. En effet, il est plus facile de réaliser un programme que de réfléchir sur une difficulté de fond. Mais n'exagérons pas l'impact de ces dérives. Globalement, l'apparition des ordinateurs a fait gagner beaucoup de temps et a permis d'aborder le traitement massif de données : et c'est une des raisons de l'accélération de l'astronomie dans la décennie qui a suivi.

Par ailleurs, les ordinateurs ont permis à des équipes relativement modestes de faire des simulations, ce qui était précédemment réservé aux rares laboratoires disposant de gros ordinateurs. On a pu aussi perfectionner les grosses simulations sur ces derniers, rendant ainsi leurs résultats plus crédibles : les simulations sont alors devenues partie intégrante de la recherche astronomique. À titre d'exemple, la figure 4.13 présente une simulation numérique de l'évolution des étoiles du disque d'une galaxie. Cette simulation, qui date de 1981, est beaucoup plus complexe que celle de la figure 3.1 que nous avons vue au chapitre 3, qui date de

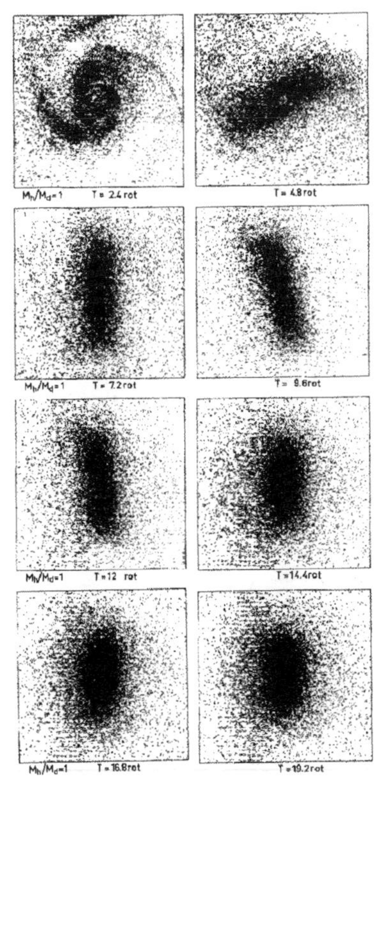

Figure 4.13. Résultats d'une simulation numérique montrant la formation d'une barre dans une galaxie spirale[8]. Les étoiles du disque sont représentées par 16 000 points ayant tous la même masse, immergés dans un halo sphérique dont la masse à l'intérieur d'un rayon égal à celui du disque est sensiblement égale à la masse totale de ces étoiles ($M_h/M_d = 1$). Les différentes figures montrent l'évolution du système à différents intervalles de temps après le début de la simulation. L'unité de temps est la période de rotation de l'extérieur du disque, soit environ 200 millions d'années. Dans ce cas favorable, une barre apparaît assez rapidement et persiste jusqu'à la fin de la simulation, soit environ 4 milliards d'années. Cette simulation n'inclut pas le gaz ; s'il était inclus, on verrait une structure spirale affectant le gaz et les étoiles jeunes se développer sous l'influence de la barre (voir plus loin la Fig. 7.2).

1972. On voit apparaître spontanément une barre dans le disque. Les deux tiers des galaxies spirales, y compris la nôtre, ont d'ailleurs une barre plus ou moins importante, qui peut se former et disparaître spontanément au cours de leur vie : nous en reparlerons au chapitre 7. Contrairement à ce que pensait Hubble (Fig. 2.37), il n'existe donc aucune différence fondamentale entre les galaxies barrées et les galaxies non barrées.

Chapitre 5

Après 1990, la course au gigantisme

Trois faits techniques marquent la période contemporaine de l'astronomie : le développement d'Internet, le lancement du télescope spatial Hubble, et la floraison des télescopes géants munis d'instruments focaux très performants. Comme on pouvait s'y attendre, les résultats ont été à la hauteur de ces nouveaux moyens : en particulier, nous avons récemment assisté à un développement considérable de la cosmologie observationnelle. Cependant de petits instruments, au sol ou emportés en ballon, ont aussi permis des progrès considérables, en cosmologie comme dans d'autres domaines. Par exemple, une des découvertes récentes les plus importantes, celle de planètes autour d'autres étoiles que le Soleil, a été faite avec un petit télescope : ceci montre que malgré la course inéluctable aux instruments géants, il ne faut pas laisser de côté des moyens moins spectaculaires, qui peuvent être très fructueux à condition d'être intelligemment conçus et spécialisés.

Comme dans le chapitre précédent, nous allons passer ici en revue les développements techniques de ces dernières années, réservant les deux chapitres suivants à un exposé de l'état actuel de nos connaissances sur l'Univers.

Internet

Nous sommes tellement habitués aujourd'hui à utiliser Internet, aussi bien pour nos activités professionnelles que dans la vie courante, que nous avons peine à nous souvenir que son développement est fort récent. Internet est né à Genève, au Conseil Européen de la Recherche Nucléaire (CERN), à la fin des années 1970. Dans la décennie suivante ont commencé à se répandre des systèmes de communications d'ordinateur à ordinateur par ligne téléphonique, qui permettaient d'envoyer des messages à des correspondants lointains, supplantant progressivement le Telex puis le Fax. Celui que les astronomes utilisaient avait été développé, entre autres, pour les besoins de la recherche spatiale ; il s'appelait SPAN. Rétrospectivement, il paraît rudimentaire : il fallait que les deux ordinateurs à connecter soient simultanément en fonctionnement et directement accessibles, sans que des serveurs intermédiaires puissent mettre les messages en mémoire afin de les délivrer à la demande au moment opportun. Ces serveurs sont apparus au début des années 1990, et le développement s'est alors fait très rapidement.

L'activité quotidienne des chercheurs en a été complètement transformée. L'aspect le plus évident en est l'envoi facile de messages, qui peuvent comporter non seulement du texte brut ou mis en forme, mais aussi des images. Les communications entre astronomes en ont été grandement facilitées, mais ce n'était cependant pas une révolution : les contacts humains lors de visites ou de rencontres lors de congrès restent essentiels.

Internet et les publications

Plus intéressant est l'accès facile aux publications. Tous les journaux primaires, c'est-à-dire ceux où les chercheurs publient leurs résultats, sont maintenant accessibles par Internet. Ceci permet donc de les lire depuis son ordinateur personnel, sans attendre qu'ils soient disponibles en bibliothèque. On peut aussi imprimer des articles pour les étudier ultérieurement, ce qui n'entraîne d'ailleurs guère d'économies : la photocopie est seulement remplacée par l'impression ! Cette facilité de lecture n'est pas le plus important : il y a avec Internet une valeur ajoutée considérable. À quelques exceptions près, les différents journaux astronomiques sont aujourd'hui accessibles sous forme électronique, soit directement auprès de leur éditeur, soit à partir d'un centre bibliographique unique créé par la NASA et appelé ADS (pour *Astrophysics Data System*, ou Service de distribution de données astrophysiques, un terme quelque peu impropre)[1]. ADS distribue gratuitement sous forme de texte les résumés d'articles anciens, et sous forme d'images et progressivement de texte les articles eux-mêmes, si bien qu'une très grande partie de la littérature astronomique depuis plus d'une centaine d'années est maintenant directement accessible en ligne. Il est possible de faire des recherches dans cette base de données par auteurs ou par mots-clés, ce qui permet de constituer aisément sa propre bibliographie sur n'importe quel sujet. Les astronomes sont pionniers dans ce système très performant, créé en 1995 ; sauf exceptions, les autres disciplines scientifiques ne sont pas aussi avancées, ce qui est une conséquence de la grande dispersion de leurs publications primaires, alors que les astronomes du monde entier, relativement peu nombreux et bien organisés, ont réussi à concentrer leurs articles dans quatre journaux généralistes principaux[2], auxquels s'ajoutent quelques journaux spécialisés par thème (Soleil, Système solaire, mécanique céleste, etc.).

Bases de données astronomiques et observatoires virtuels

L'accès électronique direct aux données elles-mêmes *via* Internet est tout aussi utile. Notre pays a été novateur en ce domaine par la création en 1972 du CDS[3] (acronyme initialement de *Centre de Données*

Stellaires, et aujourd'hui de *Centre de Données astronomiques de Strasbourg* car son champ de compétences s'est progressivement étendu bien au-delà des étoiles). Ce centre héberge pratiquement toutes les données numériques sur les objets astronomiques. On peut l'interroger par objet, par position dans le ciel ou à partir d'autres critères ; il fournit également tout ce que dont l'astronome a besoin pour identifier dans le ciel les objets qu'il veut étudier et préparer ses observations. Les différents journaux astronomiques ne publient souvent leurs tables de données qu'en les déposant au CDS[a]. L'avantage est que le personnel du CDS les examine en détail, homogénéise les notations et corrige les erreurs qu'il y relève éventuellement, et surtout que les tables sont directement utilisables dans un ordinateur.

De leur côté, les observatoires archivent les données que l'on y a obtenues pour les mettre à la disposition de tous les astronomes, après une période de six mois à un an pendant laquelle elles restent la propriété exclusive des observateurs. Les géophysiciens avaient déjà fait cet effort depuis de nombreuses années pour les données issues de leurs satellites. En astronomie, ce sont les observatoires spatiaux qui ont initié ce processus, en commençant par ceux qui recevaient les spectres ultraviolets du satellite IUE des deux côtés de l'Atlantique. Pour le télescope spatial Hubble, deux centres spécialisés ont été créés, l'un à Baltimore (le STScI, ou Space Telescope Science Institute) et l'autre au siège de l'Observatoire Européen Austral (ESO pour European Southern Observatory) à Garching, près de Munich. Ce sont ces centres qui sont chargés de l'archivage, du traitement et de la distribution gratuite des données (maintenant *via* Internet), et où l'on peut trouver le savoir-faire et l'aide qui peuvent être nécessaires pour les exploiter[b]. Il existe des centres semblables pour tous les gros satellites.

Les observatoires au sol ont suivi, et toutes les institutions d'une certaine importance ont aujourd'hui des bases de données librement accessibles. On y trouve aussi de magnifiques images du ciel à l'intention des journalistes et du grand public[4], et aussi des données plus techniques destinées aux spécialistes. Ces dernières permettent à des astronomes d'effectuer des recherches qui peuvent être tout à fait de pointe, à la seule condition d'être connectés à Internet et de disposer de moyens informatiques appropriés : Internet les met ainsi en relation avec des *observatoires virtuels* dont les données sont le plus souvent bien homogénéisées et directement utilisables. Actuellement, quatorze projets d'observatoires virtuels englobant chacun les données de plusieurs

[a] J'ai été le premier à le faire en 1993 pour *Astronomy & Astrophysics*, le journal européen dont j'étais alors un des rédacteurs en chef ; ce journal a une version électronique complète depuis 1998.

[b] Il est toujours possible de revenir si nécessaire aux données brutes, telles qu'elles parviennent du satellite, qui sont également disponibles. Ceci peut être très utile, et les programmes de dépouillement des données sont mis gratuitement à la disposition des utilisateurs éventuels.

observatoires réels sont financés à travers le monde ; leurs promoteurs se sont entendus pour développer des méthodes communes d'archivage et de distribution de données. Avec ces données, auxquelles s'ajoutent celles qui sont distribuées par le CDS ainsi que les moyens de visualisation qu'il a développés, et les versions électroniques des publications astronomiques, il est possible de faire de la recherche de pointe en ne disposant que d'Internet et d'un ordinateur. Je dis bien de pointe, car les données sont tellement nombreuses[c] et parfois si complexes qu'elles ne peuvent être exploitées que de façon très superficielle par ceux qui les ont obtenues, pendant le temps assez court où elles restent leur propriété. De ce point de vue, tous les chercheurs sont à la même enseigne. Ce service est particulièrement utile aux pays peu développés ou en voie de développement, qui ont aujourd'hui généralement accès à Internet. Cependant ces pays ont souvent des préoccupations bien plus urgentes que l'astronomie ! Par ailleurs, le travail dans l'isolement peut être difficile à orienter et à organiser, et être finalement la source de plus de frustrations que de résultats tangibles.

Nous allons maintenant, comme dans le chapitre précédent, parcourir le domaine des fréquences en mentionnant au passage les progrès techniques.

Le domaine radio

Encore des interféromètres

La période récente a vu le ralentissement de la construction d'antennes uniques pour la radioastronomie, à l'exception du grand radiotélescope orientable de 110 m de diamètre (Fig. 5.1) du *National Radio Astronomy Observatory* (NRAO) américain, à Green Bank (West Virginia)[d] ; un radiotélescope millimétrique de 50 m de diamètre est en construction au Mexique, un autre de 40 m en Espagne et un de 64 m en Sicile. On avait réalisé depuis longtemps que les interféromètres ont des possibilités supérieures pour la plupart des observations envisageables, et cette tendance s'est confirmée avec le temps, comme le montre le tableau 3.2. L'année 1990 a vu naître l'Australian Telescope Compact

---

[c] On estime que la quantité de données archivées par l'ESO, qui correspond actuellement à plusieurs dizaines de térabytes (1 térabyte = 10^{12} bytes), atteindra le pétabyte (10^{15} bytes) en 2012.

[d] NRAO avait l'intention de fermer le site de Green Bank, mais le très influent sénateur de l'endroit avait alors réussi a obtenir une subvention pour la construction d'un radiotélescope géant, afin d'éviter cette fermeture. C'est une proposition à laquelle il était difficile de résister ! Les progrès de la technique des antennes ont permis de réaliser un radiotélescope utilisable en ondes millimétriques, si bien que le *Green Bank Telescope* (GBT), mis en service en 2003, devrait apporter des résultats de premier plan.

Figure 5.1. Le Green Bank Telescope (GBT). Ce radiotélescope de 110 m de diamètre, en monture alt-azimuthale, a pour particularité d'être un paraboloïde excentré : le rayonnement incident n'est pas obstrué par un miroir secondaire ou une cabine focale et par leurs supports, comme dans la plupart des radiotélescopes.

Array (ATCA), l'équivalent réduit du VLA américain (voir Fig. 4.2). C'est pour l'instant le seul interféromètre de l'hémisphère austral ; des améliorations lui permettent aujourd'hui d'atteindre les longueurs d'ondes millimétriques. Le DRAO Synthesis Telescope canadien (Fig. 5.2) est un instrument original par son grand champ, qui a permis la cartographie de toute la partie accessible de la Galaxie dans la raie à 21 cm de l'hydrogène et dans le continuum avec une résolution angulaire d'une minute de degré. Le Giant Metrewave Radiotelescope (GMRT) indien est une magnifique réalisation qui, contrairement à ce que son nom pourrait laisser croire, peut atteindre une longueur d'onde aussi courte que 21 cm (Fig. 5.3). Sa surface énorme (34 antennes de 50 m de diamètre) lui permet de détecter en raie 21 cm,

Figure 5.2. L'interféromètre du Dominion Radio Astronomy Observatory au Canada. Destiné à des études à grand champ avec une résolution de l'ordre de 1 minute de degré en raie à 21 cm ou dans le continu radio, il comporte 7 antennes de 9 m de diamètre sur une base de 600 m, dont 5 sont mobiles. Le radiotélescope de 25 m de diamètre visible sur l'image est utilisé en conjonction avec l'interféromètre pour obtenir les images radio.

Figure 5.3. Deux des 34 antennes de 45 m de diamètre du Giant Meterwave Radio Telescope (GMRT).

plus ou moins décalée vers le rouge, des galaxies très lointaines et devrait permettre de mieux comprendre comment les galaxies se forment à partir des nuages de gaz primordiaux. C'était un projet très bien adapté à un pays où la main- d'œuvre est abondante et bon marché, car la construction des antennes, qui ne présentait pas de grandes difficultés, a pu se faire à faible coût. De surcroît, il est placé dans un site éloigné de toute industrie, ce qui minimise les parasites radioélectriques qui sont la plaie de la radioastronomie, de même que les lumières des villes font le désespoir des astronomes optiques. Quant aux interféromètres millimétriques construits à la fin de la décennie précédente, ils se perfectionnaient sans cesse grâce à de nouveaux récepteurs et à des antennes supplémentaires[e], et le premier interféromètre pouvant atteindre des longueurs d'ondes inférieures à 1 mm, le *Submillimeter Array* (SMA), est actuellement en fonctionnement au sommet du Mauna Kea, à Hawaii.

Le renouveau de l'astrométrie en radio et en optique

L'interférométrie radio à très grande base (VLBI) s'est aussi fortement développée depuis 1990. En 1993, les États-Unis mettaient en service un réseau de 10 antennes de 25 m de diamètre réparties sur tout leur territoire, et destinées uniquement à la VLBI : c'est le *Very Long Baseline Array* (VLBA). Cet instrument peut être utilisé seul ou combiné avec le réseau européen EVN, ou avec le satellite japonais de radioastronomie HALCA, lancé en 1997. Dans ce dernier cas, la longueur de la base peut atteindre trois fois le diamètre de la Terre. De leur côté, les Australiens ont construit leur propre réseau VLBI ; ce réseau peut également être utilisé avec les précédents, dans la mesure où l'observation simultanée de la même source est possible. La résolution angulaire des observations VLBI en ondes centimétriques ou millimétriques peut atteindre quelques dizaines de millionièmes de seconde de degré (quelques $10^{-5}{}''$), une performance encore inaccessible en optique : il est donc possible de cartographier des détails extrêmement fins dans les sources étudiées, quasars ou noyaux de galaxies mais aussi proto-étoiles et enveloppes d'étoiles froides, et d'y détecter des variations temporelles, par exemple des éjections de matière, en les observant à différentes reprises. La précision sur la position de ces sources d'ondes radio est meilleure que le millième de seconde de degré : comme les quasars observés sont extrêmement éloignés et peuvent être considérés comme fixes sur la sphère céleste, ils forment le meilleur système de référence

---

[e] Le nombre minimum d'antennes d'un interféromètre à supersynthèse d'ouverture qui permette d'obtenir une bonne image dans une seule configuration de l'interféromètre, c'est-à-dire sans déplacement des antennes, est estimé à 6. Comme on peut le voir dans le tableau 3.2, cette condition est réalisée pour tous les interféromètres importants, notamment depuis 2002 pour celui de l'IRAM sur le plateau de Bure.

inertiel (ou galiléen) dont on puisse rêver[5]; un tel système est extrêmement intéressant pour étudier le mouvement de la Terre ou des objets du Système solaire qui ont un diamètre angulaire suffisamment petit pour être observables avec les réseaux VLBI[f]. Enfin, nous l'avons dit précédemment, la technique VLBI permet d'obtenir la position relative des stations d'observation avec une précision meilleure que le centimètre, ce qui permet de mesurer directement la vitesse de dérive des plaques continentales les unes par rapport aux autres en faisant des observations séparées de plusieurs années.

Cette incursion dans le domaine de l'astrométrie — la mesure de la position des astres — me fournit l'occasion de parler du satellite astrométrique optique HIPPARCOS, qui a fonctionné de 1989 à 1993. Issu d'une idée datant de 1966 du Français Pierre Lacroûte, qui a eu la chance d'assister à son lancement quelques années avant sa mort, ce satellite de l'Agence spatiale européenne a fourni la position relative de 100 000 étoiles avec une précision de quelques millièmes de seconde de degré. On a pu rattacher le système de référence de positions ainsi constitué par HIPPARCOS à celui défini à partir des observations VLBI. Ceci permet d'obtenir, grâce à des mesures répétées avec HIPPARCOS ou par comparaison des positions d'HIPPARCOS avec celles obtenues longtemps auparavant (par exemple celles provenant de la Carte du ciel au début du XXe siècle), le mouvement propre (déplacement angulaire sur le ciel) de très nombreuses étoiles par rapport à un système de référence inertiel, ce qui a un très grand intérêt pour l'étude de la dynamique de notre Galaxie. Par ailleurs, HIPPARCOS a donné la parallaxe géométrique de ces étoiles avec une excellente précision : on a ainsi pour la première fois obtenu de bonnes distances stellaires jusqu'à environ 100 parsecs du Soleil. Ces mesures ont permis d'obtenir de magnifiques diagrammes de Hertzprung-Russell des étoiles proches (Fig. 5.4). Elles ont également amélioré la détermination de l'ensemble des distances dans l'Univers, détermination dont la première étape repose sur la distance d'étoiles de notre Galaxie. Enfin HIPPARCOS (de même d'ailleurs que la VLBI) a pu mesurer avec une précision inégalée la déflexion de la lumière par le champ de gravitation du Soleil, apportant ainsi une confirmation précise de la relativité générale. Le succès de la mission HIPPARCOS a été tel que d'autres projets de satellites astrométriques ont été proposés des deux côtés de l'Atlantique, et sont à un niveau avancé d'études. Du côté européen, c'est le projet GAIA, qui devrait apporter un gain en précision d'un bon facteur 100 par rapport à HIPPARCOS et mesurer des distances stellaires dans toute l'étendue de la Galaxie.

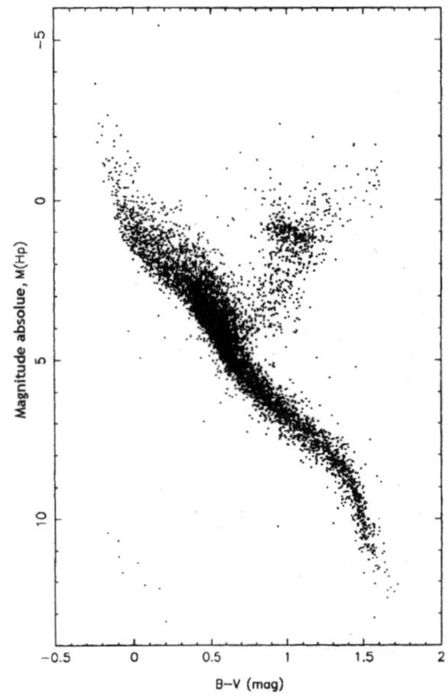

Figure 5.4. Diagramme couleur-magnitude (diagramme de Hertzprung-Russell) de 8784 étoiles très proches obtenu à partir des parallaxes géométriques et des observations photométriques du satellite HIPPARCOS[6]. Comparer au diagramme théorique figure 6.28. La séquence principale et la branche des géantes sont particulièrement bien marquées. Le diagramme montre aussi 8 naines blanches, en bas et à gauche.

---

[f] Rappelons que les interféromètres sont insensibles aux objets étendus : pour le VLBI, c'est le cas des planètes ou même de gros satellites, par exemple. Dans le Système solaire, seuls des petites planètes et quelques satellites sont observables en VLBI.

L'infrarouge

Après une phase exploratoire au sol, en avion et dans l'espace (grâce au satellite IRAS), l'astronomie infrarouge est entrée dans sa maturité au cours des années 1990. On a vu apparaître des télescopes spécialisés comme le télescope américain IRTF et le télescope anglais UKIRT, tous deux situés au sommet du Mauna Kea à Hawaii et dont les diamètres respectifs sont 3 m et 3,8 m. Les télescopes géants dont je parlerai plus loin sont autant que possible conçus pour observer dans la partie du domaine infrarouge que veut bien laisser passer l'atmosphère terrestre. Les détecteurs infrarouges ont fait de leur côté, et continuent à faire, des progrès extraordinaires liés essentiellement aux besoins des militaires ; dès qu'ils deviennent disponibles, les astronomes s'en emparent avec une très grande satisfaction.

L'observation infrarouge dans l'espace

Cependant, les potentialités du domaine infrarouge se révèlent mieux encore par l'observation en avion, en ballon et surtout en satellite, qui montent à des altitudes où les effets très nocifs de l'atmosphère s'atténuent ou disparaissent complètement. Le satellite européen ISO, lancé en 1995, était destiné à l'étude détaillée d'objets repérés par le satellite IRAS dans la décennie précédente (Fig. 5.5). J'ai été moi-même associé à diverses étapes de la construction et de l'exploitation de ce satellite impressionnant — un énorme dewar plein d'hélium liquide et contenant un télescope de 60 cm de diamètre avec quatre instruments focaux différents — et j'ai pu apprécier la qualité et la quantité énorme des résultats, dont l'exploitation complète prendra des décennies (pour un exemple, voir la figure 5.6 ; on trouvera d'autres exemples dans les deux chapitres qui suivent). De son côté, la NASA préparait un satellite du même genre,

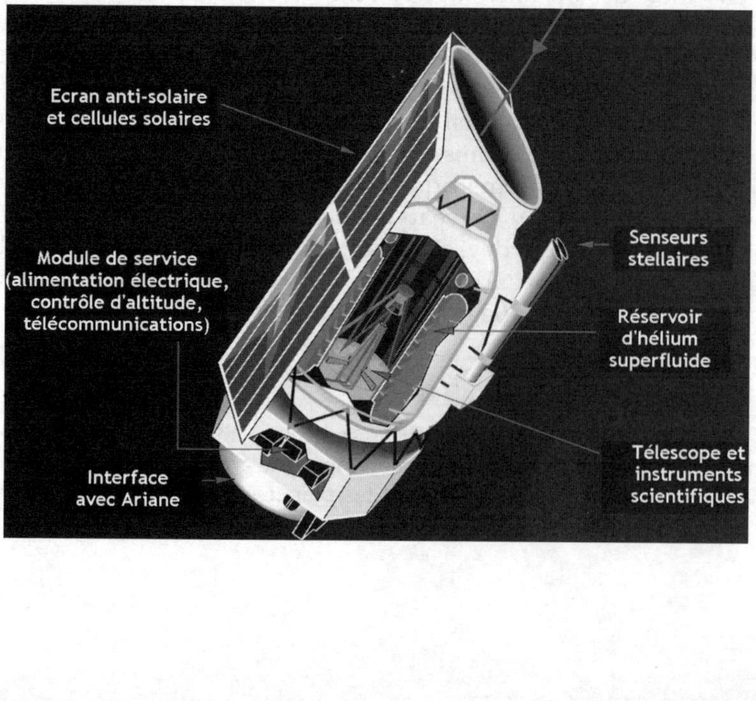

Figure 5.5. Schéma du satellite ISO de l'Agence spatiale européenne. Le télescope Cassegrain de 60 cm de diamètre et les instruments scientifiques sont entièrement refroidis par l'hélium liquide.

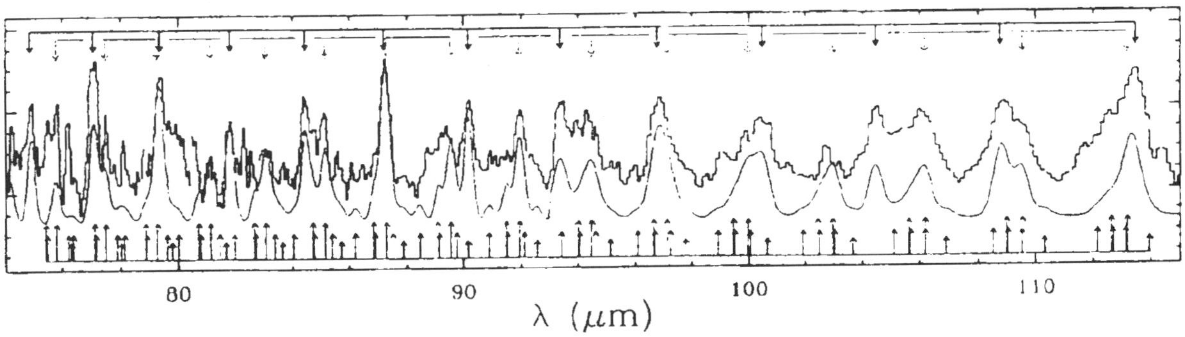

Figure 5.6. Portion du spectre de l'étoile carbonée IRC + 10216 dans l'infrarouge lointain, obtenue avec le satellite ISO[7]. La longueur d'onde est en abscisses, et l'intensité en ordonnées (unités arbitraires). L'émission provient de l'atmosphère épaisse de cette étoile en fin de vie, qui contient principalement des molécules carbonées. Le spectre est dominée par l'émission des molécules CO et HCN. Les flèches du haut indiquent la position des raies de CO, les flèches plus faibles du haut et celles du bas à différents modes d'émission de HCN. La courbe supérieure est le spectre observé, et la courbe inférieure est le spectre calculé à partir d'un modèle de l'atmosphère de l'étoile.

retardé plusieurs fois et qui fut finalement lancé en 2003 : il s'agit de SPITZER (ex-SIRTF), ainsi dénommé en hommage à un des plus grands astronomes de notre temps, Lyman Spitzer, le père du télescope spatial Hubble. Le retard a été mis à profit pour placer à bord de ce satellite des mosaïques de détecteurs permettant de couvrir un plus grand champ que celui d'ISO, et surtout pour le placer sur la même orbite que la Terre autour du Soleil, en arrière du mouvement de la Terre : ceci l'affranchit d'une grande partie des contraintes observationnelles que subissait ISO avec son orbite géocentrique. Les images qui nous parviennent de ce satellite sont d'une qualité exceptionnelle (Fig. 5.7), et ici encore il faudra de très nombreuses années pour en tirer tout le bénéfice.

Figure 5.7. La nébuleuse gazeuse géante 30 Doradus dans le Grand Nuage de Magellan, observée en infrarouge (3,6 à 8 μm) par le satellite SPITZER. On observe sur cette image l'émission des poussières interstellaires. La structure chaotique est due à l'effet des centaines d'étoiles jeunes et massives de la région (non visibles sur cette image), qui affectent profondément le milieu interstellaire environnant par leur rayonnement ionisant et les vents qu'elles émettent. Les étoiles que l'on voit sur l'image ne sont pas associées à 30 Doradus, sauf quelques exceptions. Comparer à la figure 4.12, qui montre une image en lumière visible (la supernova SN 1987A n'est pas dans le champ de l'image infrarouge).

Vers les ondes submillimétriques

Le satellite SPITZER, comme ISO, ne peut observer que les longueurs d'onde comprises entre quelques micromètres et 200 micromètres. Le domaine des longueurs d'onde supérieures, entre 200 μm et 1 mm, que l'on qualifie tantôt d'infrarouge lointain, tantôt de submillimétrique selon le détecteur employé (Encadré 5.1) est encore presque vierge. C'est même la seule partie du spectre des ondes électromagnétiques qui soit encore très peu explorée. Pourtant elle recèle potentiellement une richesse d'informations particulièrement grande : par exemple, près de la moitié du rayonnement des galaxies comme la nôtre est émise à ces longueurs d'onde, et certaines galaxies émettent presque exclusivement dans ce domaine. Pour des raisons que je détaillerai plus loin, c'est aussi une région privilégiée pour la cosmologie. Nous ne disposons encore que d'un petit nombre d'observations, tant en raison de la difficulté de construire des détecteurs dans ce domaine que des ennuis dus à l'atmosphère terrestre, qui y est presque complètement opaque en raison de l'absorption par la vapeur d'eau atmosphérique (voir plus loin la Fig. 8.3), même dans les meilleurs sites comme le sommet de Mauna Kea à Hawaii, l'altiplano andin, ou même le continent antarctique où un certain nombre d'observations ont déjà été faites malgré les difficultés que l'on imagine. J'ai moi-même essayé de monter à la fin des années 1960, avec quelques collègues de l'Observatoire de Meudon, une petite station submillimétrique dans un des meilleurs sites possibles en Europe, le Gornergrat près de Zermatt en Suisse, mais sans grand succès tant les difficultés techniques étaient considérables, et même probablement insurmontables à l'époque. Mon petit groupe a aussi placé dans un ballon du CNES un petit télescope muni d'un spectrographe submillimétrique et du meilleur détecteur de l'époque, le détecteur pneumatique de Golay dont nous avions enfermé l'électronique dans une cocotte-minute, car elle ne pouvait fonctionner à la pression et à la température qui règnent à 40 km d'altitude ! Nous avons obtenu le premier spectre du Soleil à ces longueurs d'onde avant que le ballon, lancé d'Aire-sur-l'Adour, ne retombe sur la voie ferrée Bordeaux-Toulouse, interrompant le trafic pendant deux heures ! La qualité de l'observation était très moyenne, et au vu de toutes les difficultés que nous avions rencontrées, nous avons renoncé à poursuivre ce genre d'observations. Sans doute aurait-il fallu persévérer …

Encadré 5.1. Infrarouge lointain et submillimétrique

La détection du rayonnement aux longueurs d'onde comprises entre 200 μm et 1 mm est techniquement difficile. On distingue deux types de détecteurs :

Les *bolomètres* sont des petites plaquettes noircies qui absorbent le rayonnement à toutes les longueurs d'onde. Elles sont collées sur un support maintenu par des fils très fins, qui servent à la fois de conducteur de chaleur et d'électricité ; ce support contient une résistance sensible à la température. Dans les observations au sol, on ne fait que des mesures différentielles, en pointant alternativement la source et un point voisin. La température du bolomètre et le signal électrique de la résistance sont donc modulés en conséquence ; l'effet des dérives lentes de température et de l'atmosphère est éliminé. Ce mode de fonctionnement n'est pas nécessaire dans les observation spatiales. Un filtre définit le domaine de longueur d'ondes reçues par le bolomètre. Celui-ci est placé dans une enceinte refroidie à l'hélium liquide, avec laquelle il est en contact thermique par l'intermédiaire des fils qui le maintiennent : il est donc à une température moyenne à peine supérieure à celle de l'enceinte. Tout ceci évite que le bolomètre soit soumis à un rayonnement autre que celui qui lui parvient à travers le filtre, lequel est également refroidi. Les bolomètres sont des détecteurs très sensibles pour les rayonnements continus qui lui parviennent à travers des filtres à large bande. Ils sont en revanche inappropriés à la détection de raies spectrales, et ne peuvent être utilisés en interférométrie.

Les *récepteurs radio hétérodynes* sont utilisés dans ces buts. Ils sont semblables dans leur principe à ceux des postes de radio ou aux récepteurs utilisés en radioastronomie à plus grande longueur d'onde. Dans ces récepteurs, on réalise dans un élément non linéaire appelé mélangeur des battements entre le signal incident et celui d'un oscillateur local de fréquence voisine ; on obtient à la sortie un signal de fréquence relativement basse qu'il est facile d'amplifier. La bande de fréquences que laisse passer ce dispositif est forcément limitée, contrairement à ce qui se passe pour les bolomètres. Comme dans le cas des bolomètres, on ne fait au sol que des mesures différentielles. La construction des mélangeurs pour les longueurs d'onde très courtes qui nous concernent ici est difficile. On utilise généralement des jonctions supraconducteur-isolant-supraconducteur qui fonctionnent par effet tunnel, et doivent être refroidies à la température de l'hélium liquide. La construction des oscillateurs locaux à des fréquences aussi élevées est également délicate. Bien qu'il soit possible de construire des récepteurs radio fonctionnant à 200 µm ou même à des longueurs d'onde un peu plus courtes, ceci relève encore de l'artisanat à l'heure où j'écris (fin 2004). Les récepteurs hétérodynes ont une résolution en fréquences aussi élevée que l'on désire, ce qui permet l'étude des raies spectrales.

On désigne généralement le domaine spectral qui nous intéresse par le terme d'*infrarouge lointain* lorsque l'on utilise des bolomètres, et par celui de *submillimétrique* lorsque l'on utilise des récepteurs hétérodynes. Ces deux termes sont équivalents et sont utilisés indifféremment ici.

Il est possible de construire des mosaïques de bolomètres (Fig. 5.8) ; il existe aussi des mosaïques de récepteurs hétérodynes, mais qui ne comportent que peu d'éléments en raison de la complexité de l'électronique qui est alors nécessaire.

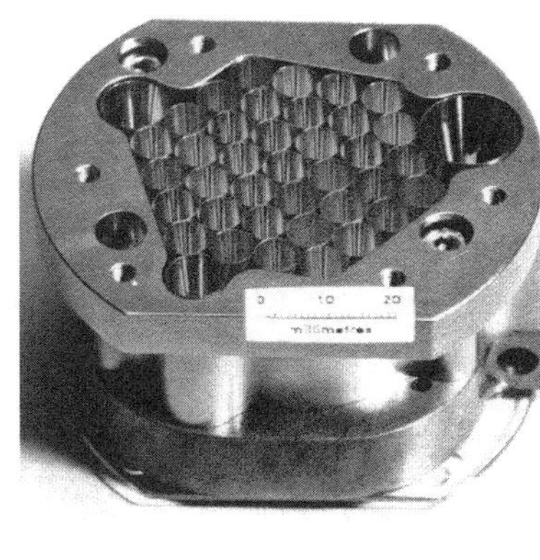

Figure 5.8. La mosaïque de cornets de l'instrument submillimétrique SCUBA au foyer du JCMT (Fig. 5.9). Chaque cornet concentre la lumière sur un bolomètre, ce qui permet d'obtenir des images à la fréquence de 350 GHz (850 µm de longueur d'onde).

Figure 5.9. La coupole du John Clerck Maxwell Telescope (JCMT). Le radiotélescope submillimétrique de 15 m de diamètre est situé à l'intérieur de cette coupole et protégé des effets thermiques et du vent par une mince toile transparente au rayonnement radio.

D'autres que nous ont eu plus de courage, et aussi plus de moyens, tandis que de meilleurs détecteurs apparaissaient dans les années 1970-90. Deux radiotélescopes millimétriques de qualité particulièrement bonne situés à Hawaii sont maintenant utilisés couramment dans le domaine submillimétrique : le JCMT anglo-canadien-hollandais de 15 m de diamètre (Fig. 5.9) et le CSO du California Institute of Technology, de 10 m de diamètre, mis en service respectivement en 1987 et en 1988. Tous deux sont munis de récepteurs radio pour la spectroscopie, et de mosaïques de bolomètres permettant d'obtenir des images. Un nouvel avion d'observation astronomique comportant un télescope de 2,7 m de diamètre, SOFIA, devrait être prochainement mis en service par l'Allemagne et les Etats-Unis, ouvrant des possibilités supplémentaires. Des projets bien plus importants se précisent : les deux satellites européens PLANCK et HERSCHEL actuellement en construction pour être lancés en 2007, et aussi le grand projet mondial d'interféromètre millimétrique-submillimétrique ALMA qui devrait être opérationnel en 2012.

À côté de ces grands instruments, il y a place pour des réalisations plus modestes mais non moins intéressantes : c'est ainsi que la cosmologie observationnelle a fait ces dernières années de grands progrès grâce à des instruments emportés par des ballons stratosphériques : j'en parlerai au chapitre 7.

L'ultraviolet, le visible et le proche infrarouge

Stricto sensu, le domaine visible correspond aux longueurs d'onde que peut percevoir notre œil, soit de 0,4 à 0,7 µm environ. Cependant les détecteurs actuels pour le visible comme les CCD sont également sensibles dans l'infrarouge jusqu'à un peu plus de 1 µm — c'est d'ailleurs là que ces détecteurs quasi parfaits sont les plus performants. De 1 à 5 µm, il existe d'autres types de détecteurs mosaïques dont les performances sont pratiquement aussi bonnes. Dans l'ultraviolet, d'autres détecteurs ont également d'excellentes performances. On dispose donc depuis le milieu des années 1990 de détecteurs permettant de compter les photons de façon individuelle, pratiquement sans fluctuations ou bruits additionnels, dans tout le domaine allant de l'ultraviolet lointain à l'infrarouge proche, si bien que dans la pratique il n'y a aucune différence pour les astronomes entre le domaine ultraviolet, le domaine visible et le domaine infrarouge proche. Tous les télescopes peuvent en principe couvrir l'ensemble de ces longueurs d'onde, que nous considérerons comme un tout. Seul problème : l'atmosphère terrestre est totalement opaque dans l'ultraviolet, et est très gênante dans l'infrarouge proche dont certaines zones de longueur d'onde sont totalement absorbées.

Ce domaine spectral reste privilégié parce que les étoiles communes, donc les galaxies dont elles dominent le rayonnement, y émettent la plus grande partie de leur énergie[g]. Aussi l'utilisation et la construction de télescopes ne se sont nullement ralenties ces dernières années, et n'auront aucune raison de se ralentir dans le futur. Au contraire, après les télescopes de 4 m de diamètre des années 1970-1990, on assiste maintenant à une nouvelle floraison de télescopes géants.

Le télescope spatial Hubble et autres télescopes dans l'espace

Et il y a aussi le télescope spatial Hubble (HST, pour Hubble Space Telescope), dont je parlerai pour commencer. Lancé en 1990 par la navette spatiale, il a ouvert avec éclat la période qui nous occupe, un quart de siècle après que l'idée en ait été proposée par Lyman Spitzer. Il coûta beaucoup plus cher que prévu, et l'on constata tout de suite un énorme problème : les images étaient floues. Après analyse, on s'est aperçu que le problème était très simple. Le télescope est en configuration Cassegrain, c'est-à-dire que le miroir primaire concave de 2,4 m de diamètre réfléchit la lumière sur un miroir secondaire convexe plus petit, lequel la renvoie dans un trou au centre du miroir primaire (voir Fig. 5.16). Or les courbures de ces deux miroirs ne sont pas bien appariées, si bien que l'image n'est bonne dans aucune des positions physiquement possibles de la zone focale du télescope. Ce défaut, que n'importe quel opticien constructeur de télescope classique aurait détecté immédiatement et corrigé sans difficulté, résulte d'un invraisemblable manque de coordination dans l'administration de la NASA, et aussi d'un refus de procéder à des tests élémentaires ou à un essai sur le ciel du télescope assemblé avant le lancement, qui aurait certainement coûté, mais beaucoup moins que la réparation ultérieure. Ce sont des déficiences du même genre qui avaient en 1986 été la cause de la perte de la navette Challenger avec ses sept astronautes, comme l'a montré de façon féroce mais entièrement justifiée Richard Feynmann, prix Nobel de physique en 1965, dans un article écrit alors qu'il se savait condamné par un cancer[8].

Toujours est-il que les données provenant du Télescope spatial se sont révélées médiocres et difficilement utilisables jusqu'à ce qu'un système correcteur nommé COSTAR y soit installé en 1994 lors d'une mission de la navette. C'est seulement alors que le télescope Hubble a donné la mesure de ses possibilités, qui sont réellement merveilleuses. Elles s'étendent au domaine ultraviolet, inaccessible du sol ; ce domaine n'avait été exploré jusque là qu'avec IUE, dont le télescope avait seulement 45 cm de diamètre contre 2,4 m pour le HST. Plus récemment

---

[g] Cependant une grande partie de ce rayonnement est absorbée dans notre Galaxie et plus généralement dans les galaxies spirales et irrégulières par les poussières interstellaires, qui ré-émettent l'énergie ainsi acquise dans l'infrarouge lointain.

le télescope spatial a également été utilisé dans l'infrarouge proche, où l'on gagne beaucoup dans l'espace par rapport au sol car on évite l'absorption et aussi l'émission parasite de l'atmosphère terrestre, fort gênantes dans ce domaine. Le satellite de spectroscopie ultraviolette FUSE, lancé en 1999, complète le télescope spatial aux longueurs d'onde comprises entre 91,2 et 122 nm (le HST s'arrête à 115 nm), tandis que le satellite d'imagerie ultraviolette à grand champ GALEX effectue depuis 2003 une cartographie du ciel. Entre l'ultraviolet lointain et le domaine des rayons X, le satellite spectroscopique EUVE a ouvert un domaine encore peu exploré en raison des difficultés techniques, mais finalement peu riche car l'hydrogène atomique interstellaire absorbe tout le rayonnement au-delà de quelques dizaines d'années-lumière : le catalogue qu'il a permis d'établir ne comporte que 356 sources.

Les nouveaux télescopes géants

L'astronomie au sol est dominée depuis 1990 par la construction de télescopes géants. Pas moins de 18 télescopes optiques de plus de 6 m de diamètre ont été construits depuis cette date ou sont en construction (Tableau 5.1). Ils résultent d'efforts considérables faits par les opticiens et les mécaniciens dans la décennie précédente. Ils en avaient eu le loisir car ils n'avaient eu à construire entre 1980 et 1990 que deux télescopes classiques de 4 m de diamètre, auxquels s'ajoute le NTT (New Technology Telescope) de l'Observatoire européen austral, précurseur de l'ère qui nous occupe maintenant (Fig. 5.10). Les télescopes géants ont un rapport d'ouverture (le rapport entre la distance focale et le diamètre du miroir) beaucoup plus petit que leurs prédécesseurs, ce qui limite leur longueur pour un diamètre donné, donc leur encombrement. Ils sont tous en monture alt-azimuthale.

Figure 5.10. Le télescope NTT (New Technology Telescope) de l'ESO à La Silla (Chili). Ce télescope de 3,5 m de diamètre peut être effectivement considéré comme le premier d'une nouvelle génération, par son miroir primaire mince déformable fonctionnant en optique active. Il a servi de banc d'essai pour les télescopes de 8 m du VLT.

Quatre techniques différentes ont été utilisées pour la construction des miroirs primaires de ces télescopes[9] :

– une technique classique de miroir rigide, alvéolé pour l'alléger et améliorer la mise en équilibre de température, selon le principe du miroir de 5 m du télescope du Mont Palomar. Les deux télescopes MAGELLAN au Chili, de 6,5 m de diamètre, et les deux éléments de 8,4 m du Large Binocular Telescope (LBT) en Arizona, placés sur la même monture et qui peuvent être utilisés en interféromètre, ont des miroirs de ce type ;

– une technique nouvelle de miroir segmenté, fait d'une mosaïque de segments hexagonaux relativement minces, ajustés par voie optique. Les segments extérieurs, non sphériques, sont polis individuellement avec un outil sous contrainte. Les miroirs des deux télescopes Keck (Figs. 5.11 et 5.12), celui du télescope « économique » à hauteur fixe Hobby-Eberley au Texas, et de trois autres télescopes en construction, sont ainsi réalisés. Pour l'un d'eux, le télescope espagnol GTC (Gran Telescopio Canarias), les miroirs sont polis par abrasion du matériau

Tableau 5.1. Les grands télescopes optiques après 1990.

Télescope	Emplacement	Diamètre	Miroir	Date	Remarques
Keck 1	Mauna Kea (Hawaii)	10,5 m	segmenté	1993	Interféromètre entre Keck 1 et 2
Keck 2	Mauna Kea (Hawaii)	10,5 m	segmenté	1998	
ESO VLT1	Paranal (Chili)	8,2 m	mince	1998	Interférométrie entre 1, 2, 3 et 4
ESO VLT2	Paranal (Chili)	8,2 m	mince	1999	
ESO VLT3	Paranal (Chili)	8,2 m	mince	2000	
ESO VLT4	Paranal (Chili)	8,2 m	mince	2001	
Hobby-Eberly	Texas	9,5 m	segmenté	1999	Vise à hauteur fixe
Subaru	Mauna Kea (Hawaii)	8,4 m	mince	1999	
MMT	Arizona	6,5 m	multiple	1999	6 × 1,8 m + 6 m
Magellan I	Chili	6,5 m	alvéolé	2000	
Magellan II	Chili	6,5 m	alvéolé	2002	
Gemini Nord	Mauna Kea (Hawaii)	8,3 m	mince	2000	
Gemini Sud	Chili	8,3 m	mince	2002	
LZT	Canada	6,0 m	mercure	2004	Miroir de mercure en rotation, zénithal
LBT	Arizona	Équivalent à 11,8 m	alvéolé	2004	2 télescopes de 8,4 m sur la même monture
GTC	Canaries	10,4 m	segmenté	2005 ?	
SALT	Afrique du Sud	11 m	segmenté	2005 ?	Vise à hauteur fixe
TIM	Mexique	7,8 m	mince	2005 ?	Pour l'infrarouge

On a encore construit depuis 1990 quelques télescopes de diamètre inférieur à 6 m (voir Table 3.3), mais il s'agit surtout de télescopes spécialisés pour des types particuliers d'observations.

par un faisceau d'ions, une technique qui donne des résultats de très haute qualité.

– une autre technique nouvelle de miroir mince, déformable à volonté par des vérins pilotés par ordinateurs, qui corrigent en permanence la surface du miroir par l'analyse de l'image d'une étoile brillante. C'est l'optique active, un concept dont les origines remontent au XIXe siècle et qui a été développé à l'Observatoire européen austral par Raymond N. Wilson[10] (Encadré 5.2). Le télescope expérimental de 3,5 m NTT (Fig. 5.10), terminé en 1989, a démontré toutes les potentialités de la méthode qui donne des résultats pratiquement parfaits. L'avantage est que non seulement les déformations dues à la gravité, mais aussi les déformations thermiques sont parfaitement corrigées. Les quatre télescopes du VLT de l'ESO (Fig. 5.13), le télescope japonais SUBARU et les deux télescopes GEMINI nord et sud ont leurs miroirs réalisés par cette technique. Leurs miroirs en céramique Zerodur ont été fondus en Allemagne par la société SCHOTT, et polis en France par la société REOSC, du groupe SAGEM ;

Figure 5.11. Les deux télescopes Keck de 10 m de diamètre dans leur coupole. Ils peuvent être utilisés en interféromètre optique.

Figure 5.12. Le miroir primaire de 10 m de diamètre d'un des télescopes Keck. On observe la mosaïque de miroirs hexagonaux qui constituent ce miroir.

Figure 5.13. Un des quatre télescopes de 8 m de diamètre du VLT, dans sa « coupole ».

– enfin on peut utiliser un miroir fait d'un récipient horizontal contenant du mercure, auquel on donne un mouvement de rotation très régulier. La surface prend alors la forme d'un paraboloïde, et l'on réalise ainsi à peu de frais un bon miroir, à condition d'éviter toute turbulence de l'air avoisinant. L'inconvénient est que l'on ne peut viser que le zénith, mais il est possible avec un correcteur optique placé devant le foyer d'obtenir un champ assez grand. Un tel télescope, de 6 m de diamètre, le Large Zenithal Telescope (LZT), est actuellement en service au Canada.

Encadré 5.2. L'optique active

Les premiers constructeurs de télescopes importants comme James Short et surtout William Herschel au XVIIIe siècle, puis Lord Rosse au XIXe, se sont vite rendus compte que le miroir primaire se déformait sous son propre poids lorsqu'on inclinait le télescope, et qu'il fallait le supporter en plusieurs points. En 1842, les Anglais William Lassell et Thomas Grubb inventaient indépendamment des systèmes de support comportant des petits leviers (dits leviers astatiques) qui appuyaient plus ou moins sur l'arrière du miroir selon son inclinaison, compensant approximativement la déformation gravitationnelle. Ces systèmes, qui sont encore utilisés aujourd'hui pour les télescopes jusqu'à 4 m de diamètre, ne permettent cependant pas de corriger complètement les déformations gravitationnelles du miroir, et pas du tout ses déformations thermiques.

En 1858, Léon Foucault imaginait de placer entre le miroir et son barillet un coussin de caoutchouc gonflable à volonté grâce à un long tuyau aboutissant à la bouche de l'observateur (Fig. 5.14). Celui-ci pouvait ainsi, en examinant l'effet du coussin sur l'image d'une étoile, compenser dans une certaine mesure les déformations gravitationnelles *et* thermiques du miroir. Cette correction active, par opposition à la correction passive de Lassell et de Grubb, est l'origine lointaine de l'optique active actuelle. L'idée a été proposée à nouveau vers 1931 par l'opticien français André Couder puis en 1948 par Dimitri Maksutov en URSS, mais ni l'un ni l'autre n'avaient le moyen de faire une étude quantitative des défauts de l'image donnée par le télescope, et donc une correction parfaite.

Après des essais aux États-Unis sur le télescope de 4 m de diamètre de l'observatoire de Kitt Peak, qui datent de 1974, la correction complète a été réalisée par Raymond Wilson dans les années 1980. Aujourd'hui, l'ordinateur analyse les aberrations de l'image d'une étoile donnée par le télescope, calcule les déformations du miroir primaire qui sont nécessaires pour les corriger, et pilotent des vérins pour réaliser ces déformations (Fig. 5.15). Le résultat est spectaculaire : l'image donnée par un des miroirs minces du VLT est affreuse, mais elle devient pratiquement parfaite en quelques secondes, après que l'on ait pointé le télescope vers une étoile brillante proche de la région à observer, et mis en marche le système de correction. Cette correction doit être refaite de temps à autre au cours de la nuit.

Figure 5.15. Le support d'un des miroirs de 8,2 m de diamètre du VLT. Le miroir mince et déformable, qui n'est pas encore en place ici, est supporté par de petits vérins qui peuvent pousser plus ou moins afin de réaliser une surface parfaite. Les tiges les plus longues supportent le miroir lorsque l'optique active ne fonctionne pas : en effet, il casserait sous son propre poids si on ne le supportait que par ses bords comme un miroir classique.

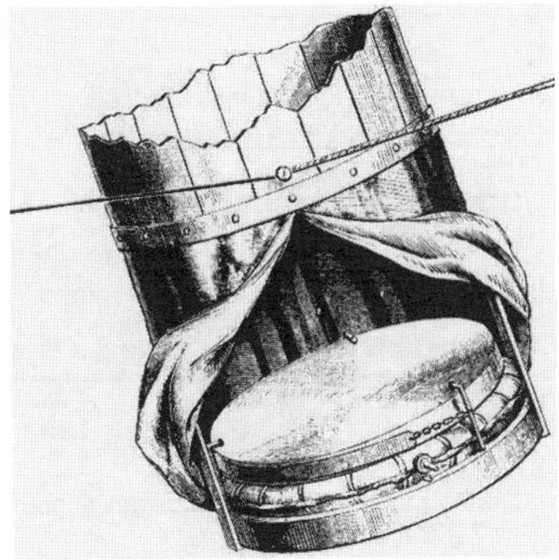

Figure 5.14. Foucault imagina de compenser la déformation d'un miroir de télescope en le poussant à l'arrière par un coussin gonflable. Ici l'idée a été reprise par Henry Draper aux États-Unis pour un miroir de 40 cm de diamètre[11].

Ces géants permettent évidemment d'observer des objets plus faibles que leurs prédécesseurs, par exemple des galaxies extrêmement lointaines, ou de faire de la spectroscopie à haute résolution sur des étoiles ou des quasars moins lumineux que précédemment. Ils sont tous en monture alt-azimutale. Étant donné leurs dimensions, les instruments focaux — caméras CCD, spectrographes, etc. — atteignent un volume et un poids considérables; ceci favorise la combinaison optique Nasmyth (Fig. 5.16), où la lumière collectée par le télescope est renvoyée sur le côté par un miroir plan et passe dans un trou de l'axe horizontal pour atteindre le foyer et l'instrument qui est placé sur une plate-forme solidaire de la monture (Encadré 5.3). Les quatre télescopes du VLT comportent chacun deux plate-formes Nasmyth, une de chaque côté, ce qui permet de disposer d'une grande panoplie d'instruments focaux. Ces télescopes peuvent aussi être utilisés en montage Cassegrain, ce qui implique une déformation assez forte du miroir primaire par les vérins qui le supportent.

Le sort des petits télescopes

Que deviennent alors les télescopes de 4 m de diamètre de la génération précédente ? Certes, ils perdent une grande partie de leur intérêt pour l'étude des objets les plus faibles, tout en restant d'actualité pour celle des objets relativement lumineux; néanmoins, avec l'optique adaptative, plus facile à utiliser qu'avec les télescopes géants, ils peuvent cependant atteindre des objets très faibles, mais dans un champ limité (voir plus loin). Ils peuvent enfin être utilisés pour détecter des objets intéressants qui seront étudiés en détail avec les télescopes géants, jouant ainsi le même rôle que les télescopes de Schmidt avec leur champ de 6° vis-à-vis des 4 m. En effet, plus le

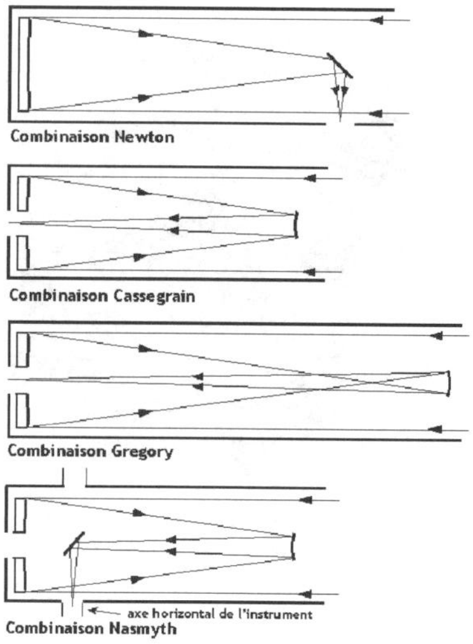

Figure 5.16. Les quatre combinaisons optiques des télescopes astronomiques.

Encadré 5.3. Les combinaisons optiques des télescopes

Les télescopes peuvent avoir plusieurs combinaisons optiques (Fig. 5.23). La combinaison Newton, inventée par ce dernier, consiste à placer un miroir à 45° ou un prisme à réflexion totale à une certaine distance du foyer du miroir primaire, de façon à renvoyer l'image dans une position accessible sur le côté du tube du télescope ; elle n'est plus utilisée que pour les télescopes d'amateurs. Dans la combinaison Cassegrain, du nom de son inventeur Français Laurent Cassegrain[h], on place devant le foyer un miroir convexe qui forme l'image finale au niveau du miroir primaire, qui est alors percé en son centre de façon à la rendre accessible. La combinaison Gregory, d'après l'Écossais James Gregory, remplace ce miroir par un miroir concave situé derrière le foyer du miroir primaire, ce qui produit le même résultat ; mais comme le tube du télescope est alors plus long, cette combinaison, très populaire au XVIIIe siècle car les images qu'elle donne ne sont pas renversées, n'est actuellement plus utilisée. Enfin la combinaison Nasmyth, inventée par l'Écossais James Nasmyth, est adaptée aux télescopes en monture alt-azimuthale et est la plus employée aujourd'hui pour les grands télescopes : le faisceau issu du miroir primaire est renvoyé sur l'axe par un miroir convexe comme pour le montage Cassegrain, mais un miroir plan à 45° devant le miroir primaire le conduit dans l'axe horizontal, qui est creux. Les instruments focaux peuvent alors être installés sur une plate-forme aisément accessible ; par une simple rotation du miroir à 45°, on peut alimenter au choix deux instruments focaux, situés des deux côtés du télescope. Les télescopes du VLT peuvent passer de la combinaison Nasmyth à la combinaison Cassegrain en escamotant ce miroir.

télescope est petit, plus il est utilisable dans un champ étendu. Par exemple, le télescope France-Canada-Hawaii (CFHT) peut observer dans un champ de 1° de diamètre grâce à un correcteur d'aberrations. Ce champ est maintenant couvert par une grande caméra CCD dite MEGACAM, qui comporte 40 CCD de 2 048 × 4 612 pixels chacun. Cette caméra permet des études très intéressantes, comme celle des amas de galaxies ou de la distorsion gravitationnelle de l'image des galaxies très éloignées par les masses de ces mêmes amas. À l'Observatoire européen austral, c'est le *VLT Survey Telescope* de 2,6 m de diamètre, avec sa caméra OMEGACAM de 1° de champ, qui joue le même rôle[i]. Dans un futur proche, ces télescopes seront également

[h] Ce personnage est resté longtemps mystérieux ; grâce au travail d'André Baranne et de Françoise Launay (1997, *Journal of Optics* 28, p. 158), on sait maintenant qu'il s'agissait d'un prêtre qui a vécu à Chartres puis à Chaudon, près de Nogent-le-Roi (Eure et Loir), où il est mort.

[i] Le télescope MPG/ESo de 2,2 m de diamètre à la Silla est également muni d'une caméra de 33′ de champ.

munis de caméras à grand champ dans l'infrarouge proche : la caméra WIRCAM du CFHT sera mise en service en 2005.

Certains de ces télescopes seront fermés un jour. C'est prévu pour le CFHT, la raison essentielle étant qu'il occupe le meilleur micro-site au sommet de Mauna Kea, où se trouvent déjà quatre télescopes géants. On envisage de le remplacer par un télescope de nouvelle génération, d'un diamètre d'environ 20 m, qui pourrait être mis en service vers 2011, en même temps que le James Webb Space Telescope (JWST), le successeur du HST.

Quant aux télescopes de 1-2 m de la génération antérieure, ils peuvent encore se révéler utiles soit pour la formation des jeunes astronomes, soit pour des recherches de longue haleine avec des instruments focaux de haute qualité. Un exemple est la recherche systématique de planètes autour des étoiles proches, qui est faite en partie avec de petits télescopes munis de spectrographes très performants, qui permettent de mesurer les variations de la vitesse radiale de ces étoiles sous l'effet de leur compagnon planétaire avec une très grande précision (voir Encadré 6.1). Avec son spectrographe 6dF qui peut enregistrer simultanément le spectre de 150 étoiles ou galaxies dans un champ de 6°, le télescope UK Schmidt de 1,2 m d'ouverture, en Australie, permet d'obtenir avec une grande efficacité la cinématique d'amas stellaires ou d'amas de galaxies (Fig. 5.17). Un autre télescope spécialisé de 2,5 m de diamètre aux États-Unis a réalisé le *SLOAN Digital Sky Survey* qui donne les positions et magnitudes d'environ 100 millions d'étoiles et de galaxies dans un quart du ciel, et des spectres qui fournissent la vitesse d'éloignement de près d'un million de galaxies : on conçoit aisément l'intérêt de ces relevés pour l'étude de la structure de l'Univers.

Figure 5.17. Le robot de positionnement des fibres du spectrographe 6dF. Ce robot place avec précision aux endroits voulus l'extrémité de 150 fibres optiques sur une surface où elles sont fixées par un système pneumatique. Cette surface est ensuite placée au foyer du télescope de Schmidt Anglo-Australien. Les autres extrémités des fibres sont alignées sur la longue fente d'entrée d'un spectrographe, qui permet donc d'obtenir simultanément le spectre de 150 objets dans le champ de 6° de diamètre du télescope (d'où le nom de 6dF, pour *6 degree field*).

L'optique adaptative

L'atmosphère terrestre limite beaucoup les performances des télescopes, quelle que soit leur taille. D'une part, elle absorbe le rayonnement ultraviolet et en partie le rayonnement infrarouge, et les émissions de la haute atmosphère, en particulier celle de la molécule OH, sont très gênantes dans le rouge et le proche infrarouge ; il n'y a pas grand chose à faire contre ces émissions, mais les absorptions sont réduites si l'on observe à partir d'un site de haute altitude. D'autre part, la turbulence de l'air due au vent et à la convection dégrade la qualité des images. On peut en diminuer les effets dans une certaine mesure en observant dans de bons sites d'altitude. Mais même si l'on utilise l'optique active qui rend les télescopes optiquement parfaits, l'atmosphère ne permet pas d'obtenir des images d'étoiles de diamètre plus petit que 0,3 seconde de degré. Le télescope spatial Hubble permet de s'affranchir de l'ensemble de ces problèmes : il n'y a plus ni absorption ni émission parasites, et les images atteignent une résolution angulaire de 0,1 seconde de degré. Pour l'observation au sol, on perfectionne depuis une vingtaine d'années une technique qui permet de corriger en temps réel les effets de la turbulence atmosphérique et donc de bénéficier entièrement des possibilités optiques des télescopes : il s'agit de *l'optique adaptative* (Encadré 5.4).

Développée indépendamment par les militaires américains qui cherchaient à mieux voir les satellites artificiels soviétiques et voulaient détecter d'éventuels missiles ennemis, et par un groupe de l'Observatoire de Paris-Meudon en collaboration avec l'ONERA, l'optique adaptative a maintenant atteint sa maturité et est appliquée régulièrement sur un certain nombre de télescopes. Dans l'infrarouge proche, on peut dès aujourd'hui bénéficier de tout le pouvoir de résolution des grands télescopes de 8 ou 10 m de diamètre, et obtenir des images trois ou quatre fois meilleures que celles du télescope spatial Hubble, puisque son diamètre n'est que 2,4 m. L'application au domaine visible est plus délicate, mais il ne fait pas de doute que dans quelques années les résultats seront à la hauteur des espérances. Les télescopes dans l'espace auront alors moins d'intérêt pour l'observation des objets de petites dimensions aux longueurs d'onde que laisse passer l'atmosphère terrestre. En revanche ils restent nécessaires aux autres longueurs d'onde, et aussi pour avoir de bonnes images dans un champ étendu car la correction par l'optique adaptative ne peut malheureusement être réalisée que dans un champ très petit, d'une dizaine de secondes de degré seulement en lumière visible.

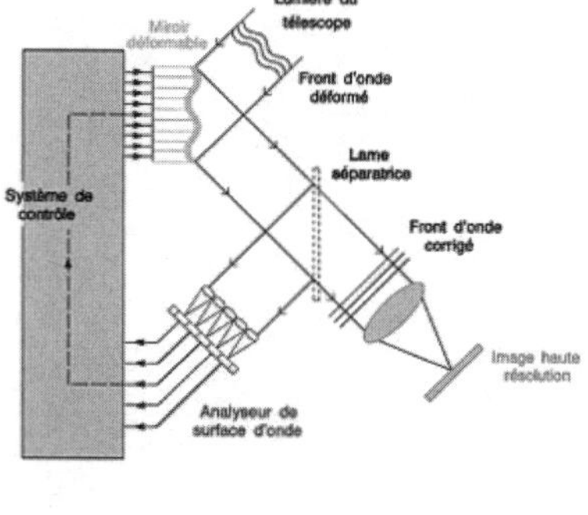

Figure 5.18. Principe de l'optique adaptative. Pour simplifier, on n'a représenté qu'une des deux dimensions du système correcteur.

Encadré 5.4. L'optique adaptative

La turbulence de l'atmosphère produit des variations locales aléatoires de l'indice de réfraction de l'air. Il en résulte que l'onde plane qui arrive au-dessus de l'atmosphère depuis un objet très éloigné, une étoile par exemple, se trouve déformée en tombant sur l'ouverture du télescope. Ces déformations varient très rapidement dans le temps, leur durée caractéristique étant de l'ordre du centième de seconde. En lumière visible, elles restent peu importantes vis-à-vis de la longueur d'onde à l'échelle d'une dizaine de centimètres, si bien qu'elles n'affectent qu'assez peu l'observation avec une petite lunette ou un petit télescope d'amateur de ce diamètre. Mais elles deviennent catastrophiques pour un grand télescope, qui donne une image continuellement déformée. Celle-ci n'est guère meilleure que celle que donne un petit instrument lorsque la durée de l'observation dépasse quelques centièmes de seconde, ce qui est évidemment presque toujours le cas ; elle est seulement beaucoup plus lumineuse. En infrarouge, les déformations du plan d'onde restent faibles vis-à-vis de la longueur d'onde, qui est plus grande, à l'échelle de plusieurs dizaines de centimètres, et tout est plus simple.

L'optique adaptative corrige en temps réel les irrégularités du plan d'onde en déformant de façon adéquate un petit miroir plan de renvoi situé sur le parcours de la lumière dans le télescope (Fig. 5.18) : on ne peut pas, en effet, déformer suffisamment vite le miroir primaire du télescope, en raison de son inertie, alors que c'est possible pour l'optique active qui corrige les déformations lentes (Encadré 5.2). Toutefois, des essais ont été faits avec succès pour déformer le miroir secondaire convexe d'un grand télescope en montage Cassegrain ou Nasmyth, et il est probable que c'est la solution d'avenir. Il faut analyser tous les quelques millièmes de seconde l'image d'une étoile donnée par le télescope, calculer aussitôt la déformation nécessaire du petit miroir (ou du miroir secondaire du télescope) et la lui appliquer le plus rapidement possible au moyen de mini-vérins piézoélectriques répartis sur sa face arrière. Plus la longueur d'onde est grande, plus la correction est aisée et moins il faut de mini-vérins, si bien que l'optique adaptative est le plus souvent limitée à l'infrarouge. Cette technique a deux limitations : on doit disposer dans le champ d'observation d'une étoile relativement brillante (magnitude inférieure à 17 avec de grands télescopes) pour analyser son image, et la correction n'est valable que dans une très petite zone du ciel autour de cette étoile. On essaye de s'affranchir de la première limitation en réalisant une étoile artificielle dans la direction où se trouve l'objet à étudier, grâce à l'illumination par des lasers d'une petite portion de la haute atmosphère terrestre : c'est alors cette étroite « étoile artificielle » dont on analyse l'image. Ce perfectionnement majeur est en cours d'intégration dans les systèmes existants d'optique adaptative.

Les résultats obtenus sont impressionnants (Fig. 5.19) : on parvient à bénéficier du pouvoir de résolution théorique des télescopes (dimensions angulaires de l'image de l'ordre de λ/D radians, λ étant la longueur d'onde et D le diamètre du télescope) et à battre largement ainsi avec un télescope de 8-10 m les performances du télescope spatial, dont le diamètre n'est que de 2,4 m. L'optique adaptative commence également à avoir des applications pratiques, par exemple pour l'examen et la microchirurgie de la rétine, dont la qualité de l'imagerie est dégradée par les petits mouvements et les défauts optiques de l'œil.

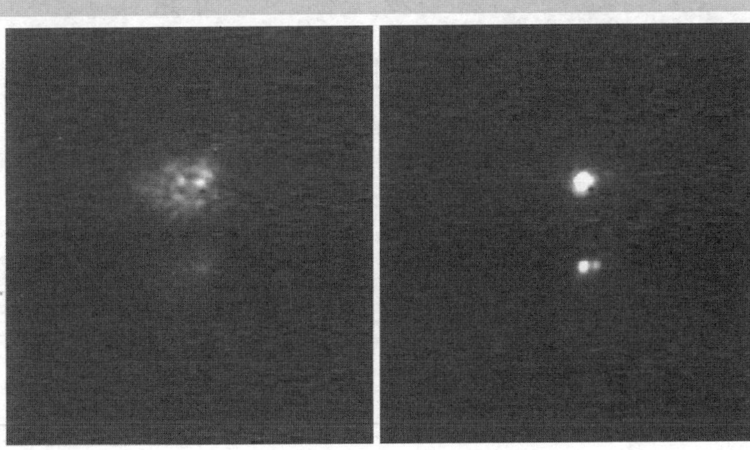

Figure 5.19. Le système triple T Tauri sans et avec optique adaptative. À gauche, une image normale dans l'infrarouge à 2,16 μm obtenue avec un des télescopes du VLT de l'ESO, temps de pose 0,4 seconde. On ne voit que deux composantes, dont l'une faible. Avec l'optique adaptative, à droite, la composante du bas est résolue en deux composantes séparées de 0,1 seconde de degré.

Les interféromètres optiques

Évidemment, la course à la haute résolution stimule le développement des interféromètres optiques. Il en existe déjà un nombre respectable, notamment aux États-Unis, en Angleterre et en France (Tableau 5.2). Le plus important, le VLTI de l'ESO fonctionne déjà en grande partie : il peut utiliser les quatre télescopes du VLT, et comportera aussi quatre télescopes auxiliaires de 1,8 m de diamètre (Fig. 5.20). Il commence à donner des résultats scientifiques impressionnants et fournira vers 2006 de véritables images avec une résolution angulaire du millième de seconde de degré.

Tableau 5.2. Les interféromètres optiques.

Interféromètre	Participants	Date	Configuration	Remarques
ISI	États-Unis	1988	2 × 1,6 m, base 35 m	10 μm, peu sensible car hétérodyne
SUSI	Australie	1991	2 × 15 cm, base 640 m	
COAST	Royaume-Uni	1991	3 × 40 cm, base 30 m	
IOTA	États-Unis	1993	3 × 45 cm, base 38 m	
NPOI	États-Unis	1993	3 × 30 cm, base 60 m	
PTI	États-Unis	1995	3 × 45 cm, base 110 m	
GI2T-REGAIN	France	1997	2 × 1,5 m, base 65 m	
CHARA	États-Unis	1998	5 × 1 m, base 360 m	
KECK interferometer	États-Unis	2000	2 × 10m, base fixe 100 m	5 télescopes auxiliaires prévus ; également interférométrie avec d'autres télescopes à Mauna Kea
VLTI	Europe	2003	4 × 8 m, bases maximales environ 150 m	2 télescopes auxiliaires de 1,8 m + 2 autres en construction
LBT	États-Unis	2004	2 × 8,4 m, base 14,4 m	Voir aussi le tableau 5.1

Figure 5.20. Les quatre télescopes du VLT dans leur enceinte, et dans sa petite coupole, au fond, un des télescopes mobiles de 1,8 m de diamètre de l'interféromètre VLTI. Trois autres télescopes semblables sont prévus. On voit au premier plan une deux voies ferrées sur lesquelles ces télescopes se déplaceront. Lorsque tout sera achevé, on pourra utiliser simultanément tous ces télescopes en mode interférométrique.

L'astronomie aux hautes énergies

Les gros satellites pour les rayons X

De même qu'aux longueurs d'onde plus grandes, l'astronomie en rayons X a bénéficié de progrès techniques considérables, tant dans le domaine de l'optique que dans celui des détecteurs. Il est aujourd'hui possible de construire des télescopes pour rayons X très performants, en dépit du fait que les rayons X ne sont bien réfléchis que par des surfaces métalliques sous incidence rasante. Ces télescopes sont constitués de miroirs emboîtés les uns dans les autres, qui font converger les rayons X vers un foyer unique (Fig. 5.21). On conçoit la difficulté qu'il y a à réaliser et à aligner les unes sur les autres avec la précision requise ces coquilles métalliques, dont les dimensions peuvent être de plusieurs mètres. Ce type de télescope n'est pas nouveau, mais ce n'est que dans les années 1990 que l'on a réussi, des deux côtés de l'Atlantique, à maîtriser leur technique pour des dimensions importantes. Cette décennie a également vu l'apparition de détecteurs mosaïque de type CCD pour les rayons X, qui non seulement permettent la détection des photons, mais donnent également des informations assez précises sur leur énergie : la spectroscopie n'est plus nécessairement séparée de l'imagerie, comme c'était précédemment le cas. C'est ainsi qu'ont été construits et lancés presque simultanément en 1999 le satellite européen XMM, rebaptisé NEWTON (Figs. 5.22 et 5.23), et le satellite américain AXAF, renommé CHANDRA en l'honneur de l'astrophysicien Subrahmanyan Chandrasekhar. Ces deux très gros satellites ont des performances assez voisines, et on aurait peut-être pu s'arranger pour n'en lancer qu'un seul : mais l'astronomie X est un secteur particulièrement compétitif, et l'heure n'était pas encore à la collaboration mondiale, au moins dans ce domaine. J'aurai bien entendu l'occasion de reparler des résultats assez spectaculaires obtenus avec ces observatoires spatiaux.

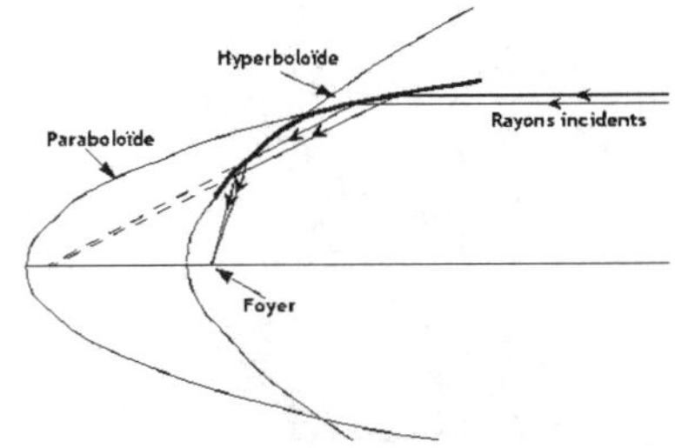

Figure 5.21. Schéma d'un télescope pour rayons X de type Wolter. Les rayons X ne se réfléchissent qu'en incidence rasante sur des surfaces métalliques. Le télescope utilise deux réflexions successives, la première sur un paraboloïde suivie d'une seconde sur un hyperboloïde, qui concentre les rayons au foyer où l'on place le détecteur. Dans ce schéma, les dimensions transversales sont considérablement exagérées par rapport aux dimensions longitudinales : les réflexions se font sous des angles d'incidence inférieurs au degré, et la longueur totale du télescope est de l'ordre de 10 fois le diamètre de l'ouverture.

Les satellites pour les rayons gamma

Dans le domaine de l'astronomie gamma, l'Agence spatiale européenne a lancé en 2002 INTEGRAL, le premier satellite dédié à la spectroscopie, un domaine extrêmement prometteur et auparavant quasiment inexploré, mais qui donne également des images de grande qualité. Par ailleurs, une multitude de satellites variés comportent de simples détecteurs permettant de repérer les mystérieux sursauts gamma connus depuis 1968. Lorsqu'un tel sursaut est détecté simultanément par plusieurs satellites, il suffit de comparer les temps d'arrivée sur chacun d'eux pour obtenir la direction dont il provient, puisque la position de ces satellites autour de la Terre est connue. Actuellement, certains satellites donnent des images en

Figure 5.22. Vue d'artiste du satellite d'astronomie en rayons X XMM-Newton. L'ouverture des trois télescopes est visible à l'avant du satellite, au centre. Les autres cercles sont des antennes de télécommunication.

Figure 5.23. Un des trois télescopes pour rayons X du satellite européen XMM-Newton. Ce télescope est fait de 58 miroirs concentriques emboîtés, à incidence rasante, dont les cercles sont les ouvertures (voir Fig. 5.21). Le diamètre de l'ouverture du plus grand est 70 cm, et la longueur focale des miroirs est de 7,5 m.

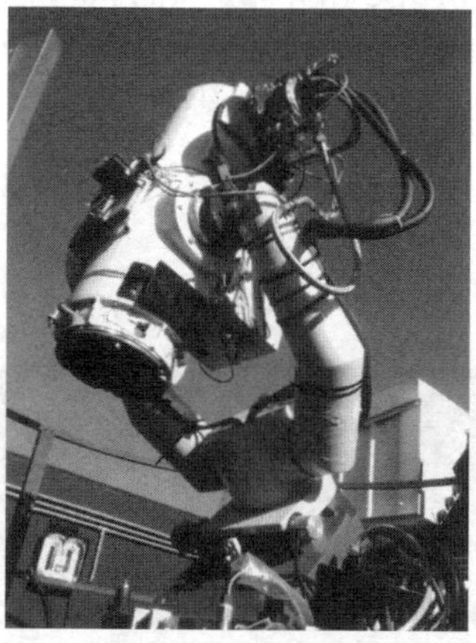

Figure 5.24. Le télescope Tarot pour l'observation du correspondant optique des sursauts gamma. Il s'agit d'un télescope de 25 cm d'ouverture qui peut pointer en moins de 2 secondes n'importe quel point du ciel. Il fonctionne sur alerte lorsqu'un satellite détecte un sursaut gamma et donne approximativement sa position.

rayons gamma suffisantes pour localiser le sursaut avec une bonne précision. C'est ainsi que l'on a finalement réussi à montrer que ces sursauts sont produits dans des galaxies, parfois très lointaines, où ils correspondent à des explosions de supernovae ou à l'effondrement de l'une sur l'autre de deux étoiles à neutrons formant un système binaire. Ces sursauts ont souvent un correspondant visible, que l'on peut observer sur alerte avec des télescopes spécialisés (Fig. 5.24) : ceci permet d'en améliorer considérablement la position et donc d'identifier l'objet responsable.

À la recherche des ondes gravitationnelles

La relativité générale prédit que des masses en mouvement relatif produisent des ondes gravitationnelles. Nous avons vu au chapitre précédent que le pulsar binaire PSR 1913+16 a permis la première mise en évidence, indirecte il est vrai, d'ondes gravitationnelles, tout en fournissant une des vérifications les plus précises de la relativité générale. Comme il y a partout des masses en mouvement dans l'Univers, celui-ci est rempli d'ondes gravitationnelles, mais on ne peut espérer détecter directement que celles qui sont émises lors de mouvements violents impliquant de grandes masses, par exemple l'explosion d'une supernova, le mouvement orbital d'un système très serré formé de naines blanches ou d'étoiles à neutrons, et surtout la fusion finale inéluctable entre les deux composantes d'un tel système. À dire vrai, il y a longtemps que des physiciens (comme l'Américain Joseph Weber dans les années 1960) ont pensé à la possibilité de détecter les ondes gravitationnelles. En effet, le passage d'une onde gravitationnelle correspond à une déformation minime de l'espace, donc à une variation très petite des dimensions des corps qu'il contient à la fréquence de l'onde. Par exemple, un anneau massif circulaire perpendiculaire à la direction de l'onde se déforme temporairement en une ellipse, avec une amplitude extrêmement petite (de l'ordre de 10^{-22} en valeur relative pour l'arrivée d'une onde produite par un des phénomènes envisagés ici).

Les premiers détecteurs d'ondes gravitationnelles étaient de gros cylindres massifs, placés dans une enceinte à vide et refroidis à très basse température de façon à limiter leur agitation thermique, dont on essayait de mesurer la variation des dimensions avec des capteurs. Rien n'a jamais été détecté ainsi, mais on continue néanmoins à perfectionner ce type de détecteurs. Des instruments sans doute plus prometteurs sont d'immenses interféromètres de type Michelson, dont on mesure la longueur des bras par une méthode interférentielle grâce à un faisceau laser « recyclé », c'est-à-dire parcourant de très nombreuses fois l'espace entre les miroirs, qui est de l'ordre du kilomètre, de façon à augmenter d'autant la sensibilité. La variation attendue des dimensions des bras de l'interféromètre, qui est due à la déformation de l'espace au passage d'une onde gravitationnelle, n'étant qu'une très petite fraction de la longueur d'onde du laser, on imagine la difficulté de l'expérience. Il est nécessaire que tout soit dans le vide, que les miroirs soient le plus réfléchissants possibles, et surtout qu'ils soient totalement insensibles aux mouvements sismiques du sol grâce à des supports amortisseurs appropriés. Plusieurs détecteurs de ce type sont en fonctionnement depuis peu ou seront prochainement mis en service : l'instrument européen VIRGO, les deux instruments américains LIGO, l'allemand GEO 600 et le japonais TAMA 300. Vu la faiblesse des effets attendus, il sera bien utile de confirmer les événements par leur détection simultanée avec plusieurs interféromètres. On pourra aussi avoir une information sur leur direction, obtenue en mesurant le décalage temporel entre le même événement observé par les différents détecteurs, comme on le fait déjà pour les sursauts gamma. On attend avec impatience la première détection, qui ouvrira véritablement une nouvelle « fenêtre » sur l'Univers.

Rayons cosmiques de très haute énergie et neutrinos

Dans le même ordre d'idées, on construit actuellement un gigantesque instrument pour la détection des rayons cosmiques de très haute énergie (10^{20} électron-volts !), très rares et dont l'origine, très probablement extragalactique, est encore mystérieuse : c'est le projet AUGER, du nom du Français Pierre Victor Auger, découvreur des grandes gerbes de particules créées dans l'atmosphère terrestre par ces particules. Ce projet international, en cours de construction en Argentine, a une surface effective de 3 000 km^2 ce qui devrait permettre une bonne statistique malgré la rareté de ces particules. Un autre détecteur, appelé EUSO, pour Extreme Universe Space Observatory, destiné à la Station spatiale internationale, est actuellement à l'étude par l'ESA. En attendant, le projet allemand HESS, en construction en Namibie (Fig. 5.25) et d'autres instruments du même genre doivent permettre de mesurer la direction d'arrivée et le spectre d'énergie des rayons cosmiques de

Figure 5.25. Trois des quatre télescopes du High Energy Stereoscopic System (HESS) en Namibie. Cet appareil mesure l'énergie et détermine la direction d'arrivée des rayons cosmiques de très haute énergie. Il utilise le fait que ces particules engendrent dans l'atmosphère terrestre de grandes gerbes de particules secondaires, lesquelles sont détectées par le rayonnement Cerenkov visible qu'elles produisent dans l'atmosphère terrestre. Cette lumière est collectée par les miroirs mosaïques hexagonaux, dont chacun a une surface de 107 m^2.

très haute énergie. Les premiers résultats qu'il est en train de fournir sont très encourageants.

Enfin de nouveaux instruments destinés à la détection de neutrinos de très haute énergie sont à l'étude ou en construction : ils utilisent la production de muons dans de grands volumes d'eau ou de glace par interaction de ces neutrinos avec les noyaux d'hydrogène et d'oxygène, et la détection des muons par émission de lumière Cerenkov[j]. Ces neutrinos ne sont pas produits dans les étoiles, mais par l'interaction de rayons cosmiques de très haute énergie dont on vient juste de parler avec les noyaux atomiques ou les photons qu'ils rencontrent : ils peuvent ainsi nous apporter indirectement des informations sur ces rayons cosmiques si mystérieux. Après des expériences préliminaires dans le lac Baïkal et dans la glace antarctique, on construit pour les détecter des instruments géants comme IceCube, AMANDA, ou ANTARES, inauguré en 2003, dont le volume utile atteint 1 km^3 dans l'eau de la Méditerranée au large de Toulon.

[j] Le rayonnement Cerenkov se produit lorsqu'une particule chargée pénètre dans un milieu d'indice de réfraction supérieur à 1, où la vitesse de la lumière est inférieure à la vitesse de la particule. Celle-ci perd alors rapidement de l'énergie en émettant de la lumière. Les muons considérés ici ont des énergies suffisamment grandes pour produire un rayonnement Cerenkov dans l'eau ou dans la glace. Quant aux particules secondaires créées par les rayons cosmiques de très haute énergie dans l'atmosphère terrestre, leur vitesse peut être suffisamment proche de celle de la lumière pour qu'elles donnent un rayonnement Cerenkov dans l'air : c'est ainsi que fonctionnent les détecteurs du HESS.

Chapitre 6

Une vue contemporaine de l'Univers. I. Du Système solaire à la Galaxie

Il est temps maintenant de parler des résultats de l'astronomie d'aujourd'hui. Nous allons refaire un « tour d'Univers », par nécessité quelque peu incomplet et sélectif. Il devrait néanmoins permettre au lecteur de se faire une idée de l'étonnante évolution de nos conceptions qui s'est produite au cours des dernières décennies. Dans le présent chapitre, je traiterai du Système solaire, des étoiles, de la matière interstellaire et de la structure de notre Galaxie. Le chapitre suivant sera consacré aux galaxies et à la cosmologie.

Une nouvelle vision du Système solaire[1]

L'astronomie du Système solaire a stagné pendant les deux premiers tiers du XXe siècle. Presque tous les progrès datent d'après 1970, à quelques exceptions près : quelques observations faites à partir du sol comme celles de Bernard Lyot dans les années 1920, qui ont montré la nature poudreuse du sol de la Lune et de certaines planètes (voir le chapitre 2) et d'autres en infrarouge et en radio, sans oublier les premiers résultats spatiaux sur Vénus et les premières images de la surface de Mars. L'abondance et la qualité des données obtenues plus récemment sont telles qu'il faudra certainement de longues années pour parvenir à les intégrer dans une conception cohérente de l'origine et de l'évolution du Système solaire, d'autant plus que ces données nous ont continuellement apporté des surprises.

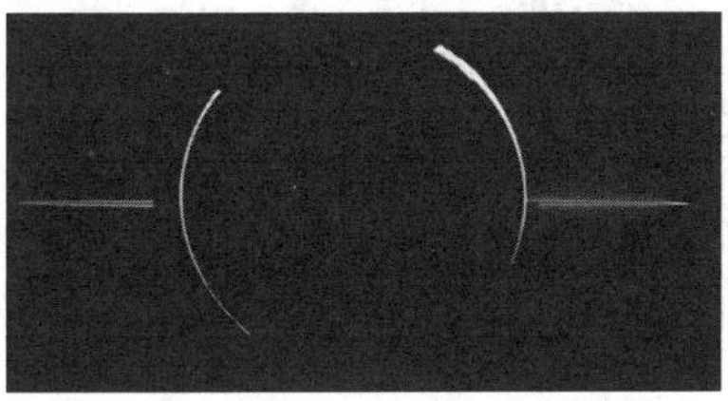

Figure 6.1. L'anneau principal de Jupiter vu par la sonde GALILEO. Jupiter est ici interposé entre la sonde et le Soleil si bien que l'on ne voit qu'un peu de l'atmosphère illuminée de la planète. L'anneau, vu par la tranche, est partiellement dans l'ombre de la planète.

L'apport des sondes spatiales : Jupiter et ses satellites

Les premières images rapprochées de Jupiter ont été transmises par les sondes PIONEER 10 et PIONEER 11, respectivement en 1973 et 1974. Elles ont montré la complexité de son atmosphère nuageuse, dominée par des vents extrêmement violents, des tourbillons et des orages terribles. Un nouveau domaine de la recherche a été ainsi ouvert : la météorologie planétaire. Les sondes VOYAGER 1 et VOYAGER 2 devaient envoyer en 1979 des images encore meilleures de Jupiter et de ses satellites, et révéler la présence autour de la planète d'anneaux

Figure 6.2. Le satellite Io de Jupiter, vu par VOYAGER. Io est couvert de volcans et d'autres structures volcaniques.

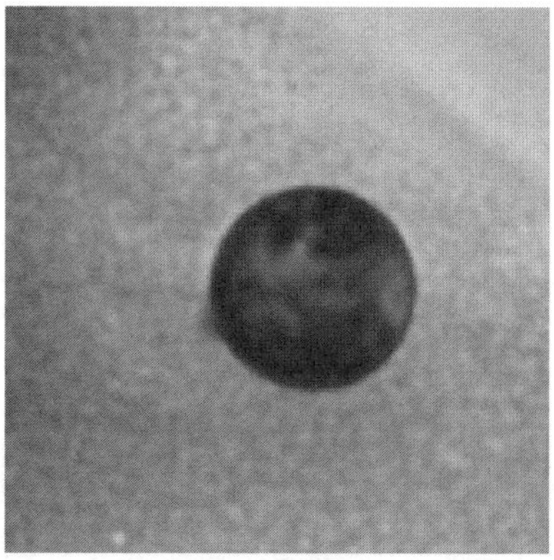

Figure 6.3. Une éruption volcanique sur Io, vue par le télescope spatial Hubble. Le nuage de gaz issu de l'éruption est visible au bord gauche de l'image du satellite

jusque-là insoupçonnés[a], mieux vus plus tard par la sonde GALILEO (Fig. 6.1).

Les satellites de Jupiter présentent une variété extraordinaire dont l'origine est encore totalement incomprise. Ganymède et Callisto ressemblent à la Lune, avec des cratères d'impact de météorites, mais ont une densité beaucoup plus faible, étant composés d'un mélange de glace et de rocs. Europe est formé d'un noyau de silicates recouvert d'une croûte de glace complètement fracturée, dont on soupçonne qu'elle pourrait reposer sur un océan d'eau liquide ou de glace molle. Quant à Io (Fig. 6.2), il présente une activité volcanique intense très probablement due aux effets de marée, qui sont énormes dans son cas : en effet non seulement Io est le gros satellite le plus proche de Jupiter, mais il se retrouve périodiquement dans la même configuration avec Europe et Ganymède, dont les périodes de révolution sont exactement 2 fois et 4 fois la sienne en raison de résonances. Les variations importantes du champ de gravitation ainsi créées chauffent le satellite et fracturent sa surface, favorisant ainsi le volcanisme. Plusieurs éruptions gigantesques ont été directement observées ; les volcans recouvrent le sol de soufre et d'anhydride sulfureux gelé, et éjectent dans l'espace du gaz qui se répand tout autour de Jupiter. L'émission lumineuse de ce gaz avait déjà été détectée à partir de la Terre, mais ce n'est qu'en 1979 que l'on en a compris l'origine grâce aux sondes VOYAGER, suivies d'observations avec le télescope spatial Hubble (Fig. 6.3) et, en 1996, avec la sonde GALILEO.

Le système de Saturne

VOYAGER 1 est passé près de Saturne en novembre 1980, et nous en a envoyé d'admirables photographies montrant l'extrême complexité du système d'anneaux qui entoure la planète, et de son cortège de satellites ; la sonde CASSINI vient de nous en faire parvenir d'autres tout à fait remarquables (Fig. 6.4). La mécanique céleste prédit que les anneaux doivent être stables à long terme malgré des variations rapides au cours du temps, des irrégularités locales de structure, des ondes spirales, etc. Les anneaux de Saturne, dont on est encore loin d'avoir compris toutes les subtilités, peuvent donc être considérés comme un véritable laboratoire pour la mécanique céleste.

Les satellites de Saturne ne sont pas moins variés que ceux de Jupiter. Plusieurs sont faits de glace, laquelle doit être extrêmement pure dans le cas d'Encelade, qui réfléchit 90 % de la lumière solaire qu'il reçoit. Encelade et surtout Thétis présentent des traces d'écoulement et des failles qui témoignent d'une activité tectonique à différentes

[a] Les premiers anneaux découverts après ceux de Saturne ne sont pas ceux de Jupiter, mais ceux d'Uranus, observés depuis le sol en 1977 grâce à l'occultation qu'ils ont produit de la lumière d'une étoile. L'existence de 11 anneaux a été établie par les images de VOYAGER 2 en 1986 ; VOYAGER 2 a également découvert en 1989 les quatre anneaux de Neptune, très fins, déjà soupçonnés depuis 1984.

époques. Le satellite de Saturne le plus intéressant est incontestablement Titan. Titan est le seul satellite du Système solaire qui possède une atmosphère dense (Fig. 6.5) ; il est vrai que c'est le plus gros, puisque son diamètre est supérieur à celui de la planète Mercure. Les observations à partir de la Terre et celles de VOYAGER en 1981 ont montré que cette atmosphère est constituée d'azote, de méthane et de nombreux hydrocarbures simples, d'acide cyanhydrique, etc. On y a même trouvé récemment des traces d'eau. Il y a également de l'eau dans l'atmosphère de Jupiter et de Saturne, provenant sans doute de la glace qui forme le noyau des comètes, lesquelles tombent de temps à autre sur ces astres (on se souvient de l'impact spectaculaire de la Comète Shoe-

Figure 6.4. Un détail des anneaux de Saturne, vu de la sonde CASSINI. Il s'agit de la division de Encke, dont la largeur est 325 km. On y voit trois faibles anneaux. Les ondulations du bord interne et les ondes qui en émergent vers l'intérieur sont dues à l'action gravitationnelle du petit satellite Pan, dont l'orbite se trouve au milieu de la division de Encke, coïncidant avec l'anneau faible central.

Figure 6.5. Le satellite de Saturne Titan vu par la sonde CASSINI. Dans cette image composite (ultraviolet + infrarouge), on distingue nettement l'atmosphère de Titan, surtout visible dans l'ultraviolet, et des marques sur la surface du satellite. Celle-ci n'est visible que dans l'infrarouge car elle est cachée par des nuages en lumière visible.

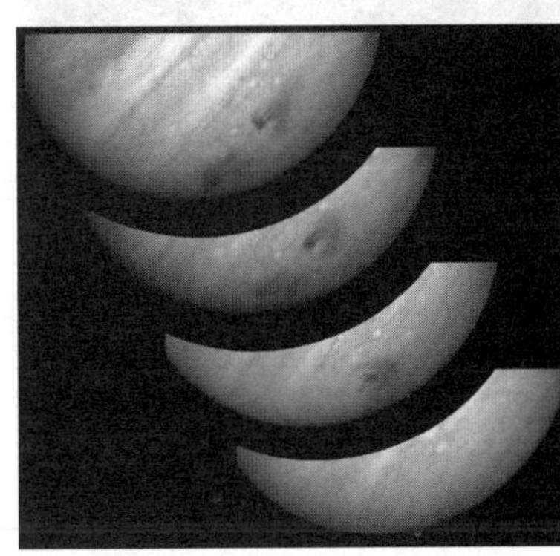

Figure 6.6. Impact d'un fragment de la Comète Shoemaker-Levy sur Jupiter. Ces quatre images du télescope spatial Hubble montrent l'évolution de cet impact ; elles s'étagent dans le temps de bas en haut. La première image, 5 minutes après l'impact, montre près du limbe un nuage de gaz éjecté. Les images suivantes ont été prises 1,5 heures, 3 jours et 6 jours après. On y voit l'effet des vents, et aussi, sur les deux dernières images, les traces de l'impact d'un autre fragment de la comète.

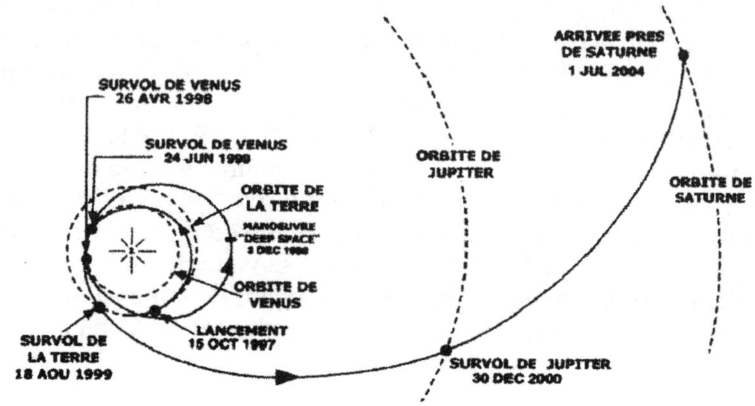

Figure 6.7. La trajectoire complexe de la sonde CASSINI depuis la Terre jusqu'à Saturne. La sonde est passée deux fois près de Vénus, puis près de la Terre, enfin près de Jupiter, utilisant à chaque fois la gravité de ces planètes pour changer de vitesse et de direction. Les économies de combustible vis-à-vis d'un envoi direct sont considérables, au prix d'un allongement de la durée du trajet.

maker-Levy 9 sur Jupiter, en juillet 1994 : Fig. 6.6). La chimie, très active dans la haute atmosphère de Titan comme d'ailleurs dans l'atmosphère des planètes géantes, forme à partir de cette eau, sous l'influence du rayonnement ultraviolet du Soleil, les diverses molécules oxygénées (CO, CO_2, etc.) que l'on y rencontre en faible quantité. L'atmosphère très particulière de Titan, qui pourrait être favorable à l'apparition de la vie si la température n'y était pas aussi basse, suscite un très grand intérêt. C'est pourquoi a été envoyée en 1997 vers le système de Saturne la mission CASSINI (Fig. 6.7), qui comporte un orbiteur autour de Saturne et la sonde HUYGENS. Celle-ci est arrivée sans encombre, le 14 janvier 2005 sur le sol de Titan, où elle a trouvé des blocs de glace et du méthane liquide.

Mercure et Vénus

Les résultats spatiaux obtenus sur les autres planètes ne sont guère moins spectaculaires et surprenants : on sait depuis MARINER 10 (1974) que Mercure, planète sans atmosphère, est criblée de cratères météoritiques. Le radar porté par la sonde MAGELLAN lancée en 1990 vers Vénus a permis de cartographier le relief très accidenté de cette planète malgré son épaisse couverture nuageuse (Fig. 6.8).

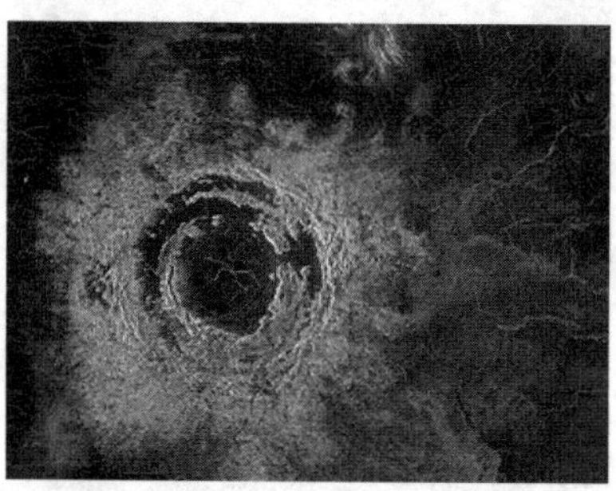

Figure 6.8. Image d'un ancien cratère de Vénus obtenue par le radar de la sonde MAGELLAN. La surface de Vénus est totalement invisible optiquement en raison d'une couche nuageuse très épaisse, et seul le radar a pu en observer la topographie.

Mars

Quant à la sonde MARINER 9 et aux deux sondes VIKING qui ont visité Mars, elles ont mis en évidence sa topographie extrême, caractérisée par d'énormes volcans éteints, des cañons et autres traces d'érosion apparemment dues à des torrents ou à des fleuves aujourd'hui disparus. Bien que ténue, l'atmosphère de Mars est agitée et sa météorologie complexe (Fig. 6.9). Une partie importante et fort coûteuse (45 millions de dollars) des expériences placées à bord des sondes VIKING a été consacrée à des essais de détection de formes primitives de vie passée ou présente sur Mars, détection qui paraissait à l'époque bien peu probable *a priori*. C'est pourtant cette partie du programme scientifique qui avait déterminé le Congrès américain à financer les VIKING. Quoi qu'il en soit, les expériences, de conception assez discutable, n'ont pas fourni de résultat probant. Cependant la situation a évolué depuis 1975 : les diverses missions spatiales réalisées depuis les VIKING (voir Tableau 2.2) ont considérablement raffiné notre connaissance de la planète et fini par découvrir l'eau tant recherchée, surtout sous forme de glace dans les régions polaires. Il est vraisemblable que Mars a possédé autrefois une atmosphère épaisse et a subi une forte érosion par l'eau, laquelle ne peut plus exister aujourd'hui sous forme liquide car la pression atmosphérique est si faible qu'elle serait aussitôt vaporisée. De là à imaginer qu'il y a eu autrefois de la vie sur Mars, il n'y a qu'un pas, et la recherche de traces fossiles va certainement reprendre de plus belle, en attendant l'arrivée éventuelle de l'homme sur la planète !

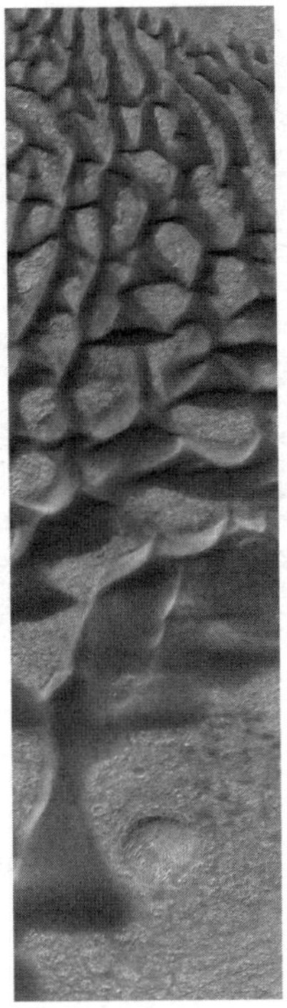

Figure 6.9. Dunes sur Mars, vues par la sonde MARS GLOBAL SURVEYOR. Ces dunes sont formées par les vents violents qui règnent sur la surface de la planète.

Quelques autres résultats

Moins connus mais tout aussi étonnants sont les résultats des missions spatiales qui concernent le champ magnétique des planètes et des satellites. Le champ magnétique global d'une planète comme la Terre est produit par les courants électriques qui se développent dans son noyau fluide et conducteur de l'électricité, soit sous l'effet de la convection, soit sous l'effet de la rotation (effet dynamo). L'existence d'un champ magnétique révèle donc la présence d'un noyau fluide. Il n'est pas surprenant d'avoir trouvé un champ magnétique dans Jupiter, car on soupçonnait depuis longtemps que ses régions profondes devaient contenir de l'hydrogène liquide, qui est conducteur de l'électricité aux pressions très élevées. Ce champ magnétique, très intense, était d'ailleurs connu indirectement depuis 1955, bien avant l'exploration spatiale, par l'émission d'ondes radio créées par l'interaction avec ce champ des particules chargées qui entourent la planète : c'est l'analogue, en beaucoup plus important, de la magnétosphère terrestre. Saturne, Uranus et Neptune possèdent également un champ magnétique, découvert par les sondes spatiales. Bien que semblable à la Lune qui n'a pas de champ magnétique, Mercure, dont on pensait qu'il était aussi totalement solide, en a un, mais faible : il comporte donc un petit noyau fluide. On n'observe aucun champ magnétique global sur Vénus et sur Mars, pourtant assez semblables à la Terre ; mais les roches de Mars sont souvent magnétiques, ce qui laisse à penser qu'il y aurait pu y avoir dans le passé un champ magnétique global sur cette planète. Enfin au moins un satellite possède un champ magnétique : il s'agit de Ganymède, l'un des quatre gros satellites de Jupiter (l'intensité de ce champ n'est cependant que de 1/100e de celui de la Terre). Pourquoi Ganymède et pas les autres ? Encore un mystère qu'il ne sera sans doute pas facile d'élucider.

Figure 6.10. Uranus, son anneau et ses 5 principaux satellites dans l'infrarouge. Cette image a été prise à 2,4 µm de longueur d'onde avec un des télescopes du VLT de l'ESO. Les objets faibles sont des étoiles.

L'aspect spectaculaire des observations spatiales pourrait faire oublier l'importante contribution de l'observation au sol à notre connaissance des planètes. On peut citer pêle-mêle, parmi les résultats obtenus dans les observatoires terrestres, les découvertes déjà mentionnées du champ magnétique de Jupiter et de la température élevée de la surface de Vénus, celle des anneaux d'Uranus (Fig. 6.10), des études très approfondies de la composition chimique et même isotopique de l'atmosphère des planètes extérieures, la découverte de nombreux satellites proches de la surface de Saturne[b] et d'anneaux lointains autour de cette planète, et la détermination des dimensions et de la très faible densité de Pluton et de son satellite Charon, précisées ultérieurement avec le Télescope spatial : l'observation de Pluton et de Charon est une des premières réalisées avec le télescope de 3,60 m franco-canadien-hawaiien, et a utilisé la technique d'interférométrie des tavelures. Pluton (Fig. 6.11) possède une atmosphère, où la spectroscopie infrarouge a montré la signature de méthane, d'azote, de monoxyde de carbone et d'eau glacés, qui doivent également constituer son sol : en effet, la température de la surface de la planète ne doit pas dépasser – 220 °C. Charon est très différent. On a longtemps pensé que Pluton était un ancien satellite de Neptune, mais cette théorie est abandonnée : Pluton et Charon ne sont que les plus proches de toute une série d'objets situés au-delà de l'orbite de Neptune et dénommés pour cette raison *objets trans-neptuniens* (TNO, pour *TransNeptunian Objects* en anglais), dont le premier (évidemment après Pluton et Charon) a été découvert en 1992[2]. Plusieurs ont un diamètre comparable à celui de Charon (1 210 km), voire même de Pluton (2 300 km). Ce sont peut-être les restes fossiles du disque proto-planétaire qui est à l'origine du Système solaire.

Figure 6.11. La surface de Pluton vue avec le télescope spatial Hubble. L'image révèle pour la première fois l'aspect de la surface de Pluton, aspect probablement dominé par des dépôts de givre.

Comètes et météorites

Les comètes, qui étaient autrefois considérées plus comme des objets de curiosité que dignes d'intérêt scientifique, connaissent depuis quelques décennies un regain de popularité considérable : c'est qu'il s'agit des objets les plus primitifs et les moins perturbés du Système solaire, et que l'on peut espérer en déduire des informations précieuses sur la matière primitive dont il s'est formé. En effet, les comètes résident aux confins du Système solaire, à environ une année-lumière du Soleil, comme l'a montré Oort en 1950[3]. De temps en temps, l'une d'elles s'échappe de cette région, que l'on appelle la *ceinture de Oort*, sous l'effet de perturbations gravitationnelles minimes dues au mouvement d'une étoile ou d'un nuage de gaz interstellaire à quelque distance du Soleil ; elle peut alors parvenir à l'intérieur du Système solaire où elle devient observable, avant de repartir au loin. Certaines comètes dites périodiques peuvent être observées plusieurs fois de suite : c'est le cas de la fameuse

[b] Aujourd'hui (fin 2004), on connaît 31 satellites à Saturne. On en découvrira sans doute encore d'autres.

Comète de Halley, qui parcourt autour du Soleil une orbite très allongée avec une période de 76 ans. Le réservoir de ces comètes périodiques est probablement plus proche de nous que la ceinture de Oort : elles font peut-être partie des objets trans-neptuniens dont je viens de parler, objets qui comme les comètes sont essentiellement formés de glace.

La Comète de Halley a été la cible de plusieurs missions spatiales qui s'en sont approchées en 1986 : c'est la sonde européenne GIOTTO qui est passé le plus près, à 600 km. Elle a obtenu les premières images du noyau de cette comète, un bloc de glaces et de poussières irrégulier d'une dizaine de kilomètres, qui s'évapore continuellement sous l'effet du rayonnement solaire (Fig. 6.12) : c'est ainsi qu'est expulsée du noyau la matière qui forme ensuite la queue de la comète. Plusieurs missions spatiales tenteront de se poser sur un noyau cométaire, et même à en rapporter des échantillons : il s'agit par exemple de la sonde ROSETTA de l'Agence spatiale européenne. Mais on sait d'ores et déjà que la composition des comètes est proche de celle du milieu interstellaire : toutes les molécules détectées dans le gaz issu des comètes se retrouvent dans le milieu interstellaire, et d'une manière générale le spectre infrarouge des comètes est très semblable à celui de certaines proto-étoiles qui sont encore entourées de matière interstellaire. On a même réussi à collecter de petits grains d'origine cométaire errant dans le milieu interplanétaire, qui sont donc vraisemblablement des grains de matière interstellaire. La mission américaine STARDUST, lancée en 1999, devrait collecter une plus grande quantité de grains autour d'une comète, et les ramener sur la Terre en 2006; pour l'instant, elle nous a fourni des images détaillées du noyau de la comète (Fig. 6.13).

Figure 6.12. Le noyau de la Comète de Halley, vu en 1986 par la sonde GIOTTO. Illuminé par le Soleil situé à gauche, à 30° au-dessus de l'horizontale, le noyau sombre, formé de glace « sale », s'évapore progressivement sous forme de gaz et de poussières. La matière éjectée est visible à gauche grâce à la diffusion de la lumière solaire sur ces poussières.

Les météorites sont d'autres fragments laissés pour compte du Système solaire primitif, qui tombent de temps à autre sur la Terre. Bien qu'elles aient été davantage modifiées que les comètes au cours de la formation du Système solaire, les météorites renferment des observations capitales sur cette formation. En effet, il est maintenant possible d'en analyser la composition chimique et isotopique (de même que celles des roches lunaires) avec un raffinement tout à fait considérable. On déduit par exemple de l'étude des éléments radioactifs des météorites et des roches lunaires que le Système solaire a dû se former d'un seul coup, en moins d'une centaine de millions d'années, il y a 4,6 milliards d'années[c]. Cependant l'idée selon laquelle le Système solaire se serait formé peu après l'explosion d'une supernova dans son voisinage est très discutée. Il est amusant de constater que l'analyse isotopique des grains contenus dans certaines météorites pierreuses — les chondrites carbonées — permet de savoir que certains d'entre eux ont été formés dans les explosions de supernovae, et d'autres dans l'atmosphère d'étoiles géantes rouges à la fin de leur évolution. Mais il faut évidemment renoncer à reconstituer le long périple après lequel ces

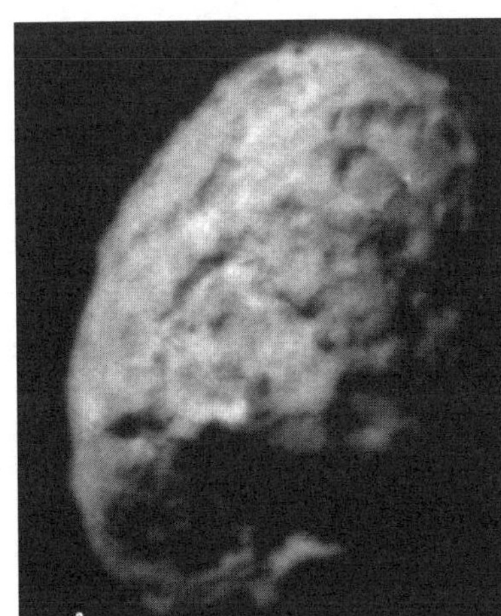

Figure 6.13. Le noyau de la Comète Wild 2, vu par la sonde STARDUST. Ce noyau est un bloc de glace et de poussière de 5 km de long, dont la surface est couverte de cratères d'impacts de météorites.

[c] La méthode de datation, dite *cosmochronologie*, consiste à estimer le rapport entre l'abondance d'un élément radioactif de longue durée de vie et celle d'un élément qui résulte de sa décomposition : plus ce rapport est petit, et plus l'élément radioactif a été emprisonné il y a longtemps dans la roche analysée.

grains interstellaires sont parvenus dans la nébuleuse où se sont formés le Soleil et les planètes.

Les nombreuses et spectaculaires découvertes de ces dernières années concernant les planètes grosses et petites, les satellites, les comètes et les météorites, posent encore plus de problèmes qu'elles n'en ont résolu. On a cependant tenté de faire une synthèse de ces connaissances dans un modèle de formation du Système solaire dont je vais dire quelques mots.

Comment le Système solaire s'est-il formé ?

Les idées que nous avons sur la formation du Système solaire remontent à Kant et à Laplace : d'après eux, le Système solaire se serait formé à partir d'une nébuleuse primitive qui se serait contractée sous l'effet de sa propre gravité. À cause de sa rotation, accélérée au cours de la contraction en raison de la conservation du moment angulaire, cette nébuleuse se serait effondrée non sous la forme d'une sphère, mais sous la forme d'un disque où seraient nés les planètes et leurs satellites. Cependant, ce modèle ne peut pas expliquer la formation du Soleil, qui aurait dû tourner très vite sur lui-même alors qu'il ne fait qu'un tour en 26 jours. Il faut donc que le moment angulaire du Soleil se soit transporté vers l'extérieur afin de ralentir sa rotation.

Après beaucoup de difficultés, on a fini par découvrir comment le moment angulaire est transporté, ce qui fait intervenir la turbulence et le champ magnétique comme dans les disques circumstellaires dont je parlerai plus loin. Une autre caractéristique du Système solaire qu'il s'agit d'expliquer est la composition des planètes : les planètes intérieures (Mercure, Vénus, la Terre et Mars), leurs satellites (la Lune, et les deux petits satellites de Mars, Phobos et Deimos), les petites planètes qui résident entre l'orbite de Mars et celle de Jupiter, et les météorites sont rocheux ; en revanche, les planètes géantes extérieures (Jupiter, Saturne, Uranus et Neptune), sont gazeuses avec éventuellement un noyau rocheux, tandis que les petits corps, satellites et comètes, sont composés essentiellement de glace de même que les objets trans-neptuniens. Les atmosphères des planètes géantes ont une composition chimique proche de celle du Soleil et de la matière interstellaire, donc de la nébuleuse primitive, mais avec beaucoup moins d'hydrogène et d'hélium.

Deux modèles différents sont apparus au cours des années 1960 pour tenter d'expliquer ces propriétés. Dans l'un, dû principalement au Canadien Cameron, un disque protoplanétaire de gaz et de poussières issu de la nébuleuse primitive, qui entourait le Soleil naissant, était censé avoir une masse comparable à celle du Soleil. Les planètes se seraient formées directement à partir de ce disque par instabilité gravitationnelle ; une grande fraction du disque aurait ensuite été rapidement balayée par le vent intense issu du Soleil en formation, et l'essentiel de la masse restante en dehors des planètes et de leurs satellites aurait été accrété par le Soleil.

Dans l'autre modèle, celui du Russe Victor Safronov, la masse du disque aurait été beaucoup plus faible, de l'ordre du centième de la masse du Soleil. Le disque se serait refroidi, la poussière qu'il contenait se serait accumulée dans le plan médian, puis agglomérée en petits corps de quelques kilomètres, les *planétésimaux*, qui se seraient fusionnés par collisions mutuelles en corps plus massifs, les *planétoïdes*. Les planétoïdes les plus massifs auraient retenu le gaz avoisinant avant qu'il ne soit expulsé du disque par le vent solaire, et seraient devenus des planètes.

Le premier modèle est aujourd'hui abandonné au profit du second en ce qui concerne le Système solaire, car il ne peut expliquer certaines caractéristiques des planètes géantes. Cependant il n'est nullement exclu que le modèle de Cameron ne puisse s'appliquer à d'autres systèmes planétaires que le nôtre. Il a en effet l'avantage de permettre la formation rapide de planètes massives près de l'étoile : nous allons voir que c'est peut-être le cas général.

Les planètes extrasolaires

On s'est posé la question de la pluralité des mondes habités depuis Giordano Bruno (qui en est mort, brûlé sur l'échafaud), en passant par Kepler, Fontenelle, Flammarion et bien d'autres. Plus modestement, on peut simplement se demander s'il y a des systèmes planétaires autour d'autre étoiles que le Soleil. Nous avons aujourd'hui la réponse à cette question : le Système solaire n'est pas l'exception, et une très grande proportion d'étoiles est entourée de planètes. Mais nous ne savons toujours pas si la vie y est apparue, ou même si les conditions favorables y existent ou y ont existé dans le passé.

Disques et jets autour des étoiles en formation

Les premiers indices de la formation de planètes autour d'autres étoiles qui aient été découverts sont les disques circumstellaires. Beaucoup d'étoiles jeunes donnent un excès d'émission dans l'infrarouge qui trahit la présence de poussières autour de l'étoile, chauffées par son rayonnement. L'imagerie directe de ces disques s'est révélée très difficile. Le premier disque circumstellaire qui ait été observé est celui de l'étoile β Pictoris[4] (Fig. 6.14). Il est longtemps resté le seul. Il paraît être un système planétaire encore en phase de formation, avec des comètes et peut-être déjà des planètes[5]. On connaît aujourd'hui un grand nombre d'autres disques protoplanétaires à différents degrés d'évolution, détectés soit optiquement avec le télescope spatial Hubble (Fig. 6.15), soit en infrarouge grâce au satellite ISO, soit enfin en ondes millimétriques par l'émission des poussières et par celle de différentes molécules. Ces disques sont souvent accompagnés de jets de matière ionisée, qui entraînent éventuellement du gaz moléculaire appartenant à ce qui reste du nuage interstellaire à partir duquel est en train de se former le système étoile/disque (Figs. 6.16 et. 6.17). Toutes ces observations ont montré que la masse du disque protoplanétaire diminue rapidement avec le temps, et que l'on ne voit plus rien dès que l'âge de l'étoile atteint quelques dizaines de millions d'années. Ceci confirme ce que l'on soupçonnait à partir de la datation de différents corps du Système solaire : la formation d'une étoile et de son cortège de planètes est un phénomène très rapide aux échelles de temps astronomiques.

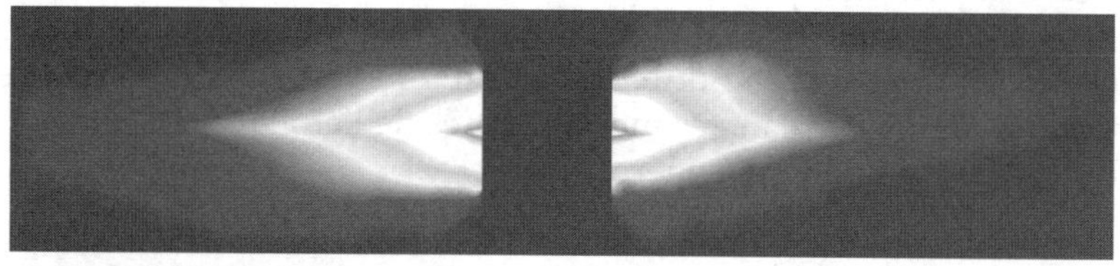

Figure 6.14. Le disque circumstellaire de l'étoile β Pictoris, observé par le télescope spatial Hubble. Le disque est vu par la tranche. Il ne s'agit pas de l'image proprement dite : les gradations indiquent des niveaux successifs de luminosité, ce qui permet la visualisation avec une très grande dynamique. La lumière est celle de l'étoile (laquelle est cachée par un masque rectangulaire pour ne pas aveugler le détecteur), diffusée par la poussière du disque.

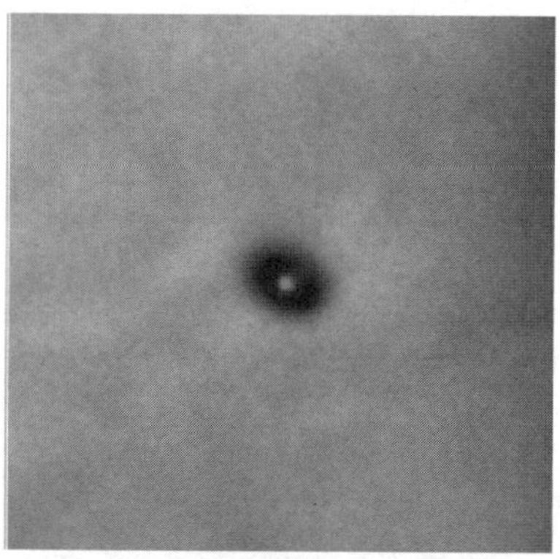

Figure 6.15. Un disque protoplanétaire dans la Nébuleuse d'Orion. Le télescope spatial Hubble a permis de découvrir plusieurs de ces objets immergés dans le gaz ionisé. On y voit une étoile juste formée, entourée d'un disque de poussières (et certainement aussi de gaz) qui se projette sur le fond lumineux de la nébuleuse. Son diamètre est environ 1 700 fois le rayon de l'orbite terrestre. Il est douteux que des planètes puissent un jour se former dans ce disque, car ici l'environnement est hostile.

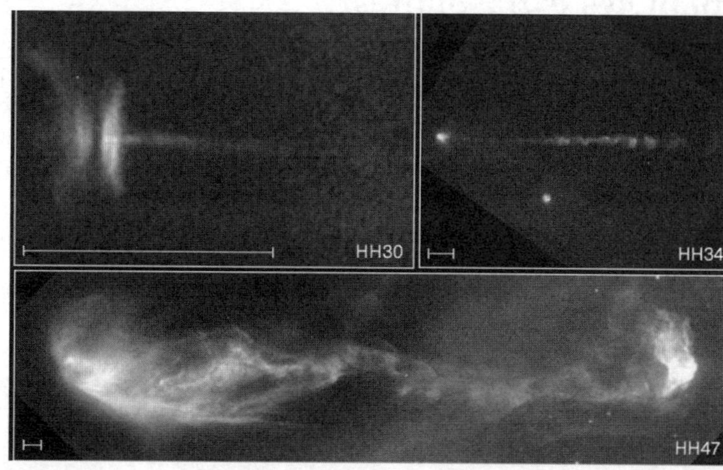

Figure 6.16. Jets émis par des étoiles très jeunes, observés avec le télescope spatial Hubble. Les barres correspondent à 1 000 fois le rayon de l'orbite terrestre (0,005 parsec). HH 30 (l'objet N° 30 de Herbig-Haro) est le plus jeune : les jets partent de chaque côté d'un disque qui est vu strictement par la tranche, au centre duquel se trouve l'étoile en formation, invisible optiquement. HH 34 est à une étape ultérieure : l'étoile est visible à gauche, et le jet a une structure complexe. Dans HH 47, l'étoile est faiblement visible au centre, et les jets ont creusé des cavités dans un nuage moléculaire, au bord desquelles ils ont créé des ondes de choc qui chauffent localement le gaz et rendent l'interface visible. Remarquer la similitude de cette image avec celle de la radiogalaxie Cygnus A (Fig. 4.3) : dans les deux cas, l'objet compact central émet deux jets qui interagissent avec le milieu environnant. Mais ni la nature des jets, ni l'échelle ne sont les mêmes.

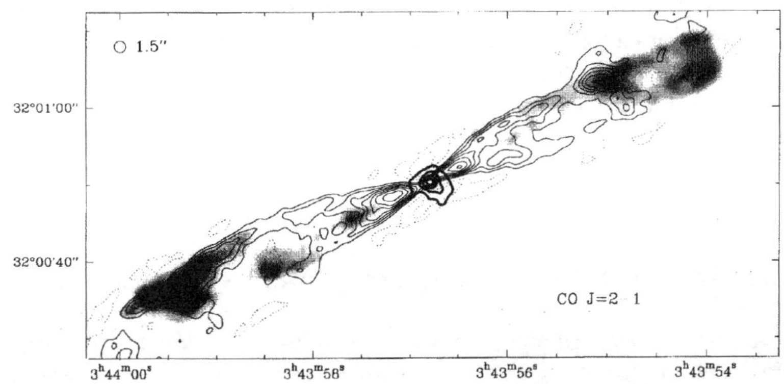

Figure 6.17. Les jets moléculaires de HH 211, vus en infrarouge et en ondes millimétriques. Semblable à HH 47 (Fig. 6.16), HH 211 consiste en deux jets de matière émis par une étoile très jeune. Ces jets interagissent avec un nuage moléculaire, formant un choc à l'interface. Les molécules du nuage affectées par ce choc émettent des raies : celles de la molécule H_2 dans l'infrarouge (en grisé) et celles de la molécule CO en radio (contours). Au centre, les traits épais indiquent l'émission thermique radio à 1,3 mm de longueur d'onde des poussières du disque circumstellaire, disque à peine résolu par l'interféromètre. L'ascension droite est en abscisses, la déclinaison en ordonnées. Les observations radio, dont la résolution angulaire est indiquée par le petit cercle, ont utilisé l'interféromètre de l'IRAM[6].

Les premières planètes extrasolaires

Les premières planètes extrasolaires ont été découvertes en 1992 autour du pulsar milliseconde PSR B1257+12[7] : l'observation des variations apparentes de la période du pulsar, dues à l'effet Doppler-Fizeau produit par les changements de sa vitesse radiale, ont permis de détecter indirectement la présence d'au moins trois planètes en orbite (deux autres sont soupçonnées) : les perturbations gravitationnelles dues à ces planètes se traduisent en effet sur le mouvement du pulsar. On a pu obtenir la masse de ces trois planètes, soit 0,015, 2,8 et 3,4 fois la masse de la Terre, et leurs distances respectives à l'étoile : 0,2, 0,4 et 0,5 fois la distance de la Terre au Soleil. Il est cependant difficile de penser que ces planètes soient nées en même temps que l'étoile : celle-ci est une étoile à neutrons, résidu de l'explosion d'une supernova qui aurait certainement détruit toute planète gravitant autour d'elle. Elles ont dû se former après l'explosion par un mécanisme qui reste à découvrir.

Trois années plus tard, les Suisses Michel Mayor et Didier Queloz découvraient la première planète autour de 51 Pegasi, une étoile normale assez semblable au Soleil[8]. Comme dans le cas des planètes autour du pulsar, la détection était indirecte : la présence de la planète était attestée par les variations périodiques que son action gravitationnelle produisait sur la vitesse radiale de l'étoile (Encadré 6.1). Il est intéressant de signaler que cette découverte capitale a été faite avec un télescope de seulement 1,93 m de diamètre, mais muni d'un spectrographe extrêmement performant : il permet de détecter des variations de vitesse radiale d'une dizaine de mètres par seconde seulement, ce qui correspond à une variation relative de la longueur d'onde des raies du spectre de l'étoile de 1/30 000 000e. Cette performance est rendue possible par l'observation simultanée d'un grand nombre de raies spectrales produites par l'étoile observée, et leur comparaison avec le spectre pré-enregistré d'une étoile du même type par une méthode de corrélation : on fait « glisser » le spectre de comparaison sur le spectre observé jusqu'à ce que la corrélation entre les deux soit maximale, et on mesure alors le déplacement relatif en longueur d'onde de l'ensemble du spectre de comparaison, obtenant ainsi le décalage spectral, d'où la vitesse radiale.

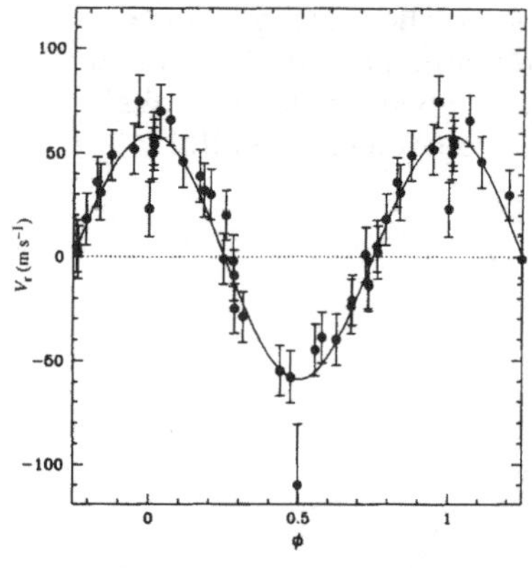

Figure 6.18. Variations de la vitesse radiale de l'étoile 51 Pegasi[12]. Elles résultent de la présence d'une planète, au cours de la révolution de cette planète en 2,45 jours. La vitesse radiale est portée en ordonnées, et le temps en abscisses, normalisé à la période de révolution de la planète. Les points sont les résultats de mesure, affectés de leurs barres d'erreur. Ces observations ont permis la découverte de la première planète en dehors du Système solaire. Sa masse est de l'ordre de 1,2 fois celle de Jupiter.

Encadré 6.1. La recherche des planètes extrasolaires

La plupart des planètes extrasolaires ont été découvertes par l'effet de leur gravité sur l'étoile autour de laquelle elles tournent, essentiellement par le groupe de Michel Mayor en Suisse et celui de Geoffrey W. Marcy aux États-Unis. Dans le système formé par une étoile et une planète tournant l'une autour de l'autre, le centre de gravité est un point fixe, situé très près de l'étoile car elle est beaucoup plus massive que la planète : il se trouve le plus souvent à l'intérieur même de l'étoile. Il s'ensuit que la vitesse de révolution de l'étoile autour de ce point fixe est faible, de l'ordre de quelques mètres ou dizaines de mètres par seconde, même si celle de la planète est grande (30 km/s pour la Terre). La planète étant beaucoup moins lumineuse que l'étoile, on ne voit que celle-ci dans un télescope.

Il est possible de mesurer la vitesse d'éloignement ou de rapprochement de cette étoile (vitesse radiale) grâce à l'effet Doppler-Fizeau qui produit un petit déplacement en longueur d'onde, respectivement vers le rouge ou vers le bleu, de l'ensemble de son spectre. Si l'on compare les longueurs d'onde d'un grand nombre de raies spectrales de l'étoile avec celles d'un spectre fixe de référence, on peut mesurer la vitesse radiale avec une grande précision, qui est actuellement plus limitée par la stabilité du spectrographe utilisé que par le flux lumineux de l'étoile. Par des mesures répétées, on observe les variations de la vitesse radiale, qui sont périodiques (Fig. 6.18) ; on obtient ainsi la période de révolution de la planète et de l'étoile. L'amplitude des variations de vitesse radiale ainsi mesurées donnerait directement la vitesse de révolution de l'étoile autour du centre de gravité si nous nous trouvions dans le plan de l'orbite ; malheureusement on ne connaît pas en général l'angle d'inclinaison i entre la ligne de visée et l'orbite, or ce que l'on mesure est le produit de la vitesse de révolution par sin$i$ (i est par convention égal à 90° si nous sommes dans le plan de l'orbite). Si l'on connaît la distance du système (généralement grâce au satellite HIPPARCOS) et la masse de l'étoile, qui est déduite de l'étude de son spectre, on obtient le produit de la masse de la planète par sin$i$. L'observation donne donc une borne inférieure de la masse de la planète.

Une autre méthode pour détecter des planètes extrasolaires consiste à rechercher la diminution d'éclat de l'étoile lorsqu'une planète passe devant son disque. Ceci ne se produit que si nous sommes approximativement dans le plan de l'orbite de la planète l'inclinaison i étant alors proche de 90°. La diminution d'éclat est très faible, et sa détection nécessite une photométrie extrêmement précise prolongée pendant de longues périodes. La première planète qui ait été découverte de cette manière orbite autour de l'étoile HD 209458[9]. Comme on a pu mesurer ultérieurement les variations de vitesse de l'étoile, on a dans ce cas une information complète sur la planète : masse (0,69 fois la masse de Jupiter), diamètre (1,4 fois celui de Jupiter), période (3,52 jours) et demi-grand axe de l'orbite (6,9 10^6 km)[10]. Plusieurs autres transits de planètes ont été observés depuis, comme sous-produits des observations photométriques d'un très grand nombre d'étoiles dans le relevé OGLE, qui était destiné initialement à rechercher des objets compacts formant une partie de la matière noire dans la Galaxie[11] (Fig. 6.19). La méthode photométrique a un grand avenir, surtout si l'on observe depuis l'espace : le satellite COROT est construit en grande partie dans ce but, et d'autres projets comme KEPLER sont en cours de construction ou dans les cartons.

Une troisième méthode, plus indirecte et plus problématique, consiste à rechercher dans la direction de nombreuses étoiles proches des émissions radio semblables à celles, très caractéristiques, qui proviennent de ceintures de particules chargées qui entourent les planètes pourvues d'un champ magnétique : celles de Jupiter sont spectaculaires, et les ceintures de Van Allen autour de la Terre produisent aussi une émission radio observée par les satellites et sondes spatiales. Cette méthode n'a pas encore été mise en œuvre.

Toutes ces méthodes détectent plus facilement les grosses planètes que les petites, et sauf la dernière celles qui sont proches de l'étoile. On peut espérer que l'amélioration des techniques et l'observation interférométrique dans l'espace permettront d'ici quelques années de détecter grâce au mouvement de l'étoile des planètes de type terrestre aussi éloignées que la Terre de leur étoile (Fig. 6.20).

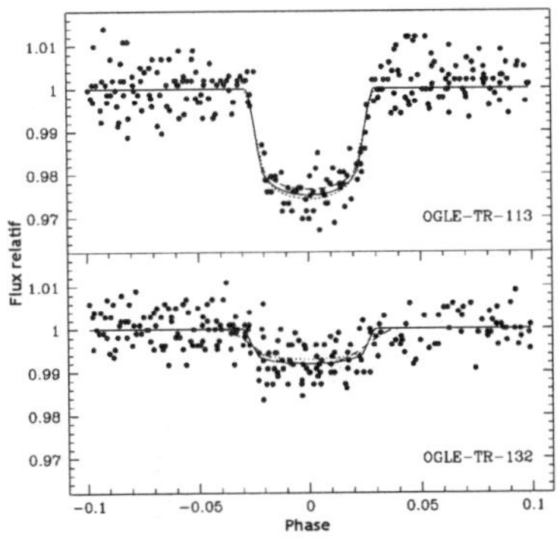

Figure 6.19. Observations du transit de planètes devant une étoile. L'intensité est portée en ordonnées, et le temps en abscisses, normalisé à la période de révolution de la planète. Les points correspondent à des observations individuelles. Remarquer la faiblesse de la diminution d'éclat de l'étoile, de 1 à 3 pour cent.

Plus de cent planètes autour des étoiles proches !

Depuis 1995, de très nombreuses planètes extrasolaires ont été découvertes, essentiellement par l'équipe de l'Observatoire de Genève et celle de l'Université de Californie à Berkeley[13]. À l'heure où j'écris (avril 2005), on dénombre 154 planètes autour de 136 étoiles proches (à moins de 50 parsecs de nous), de type voisin de celui du Soleil. Comme la distance de toutes ces étoiles proches est connue, et que leur statistique est complète, on peut calculer que plus de 5 % des étoiles de type voisin de celui du Soleil possèdent au moins une planète. On constate

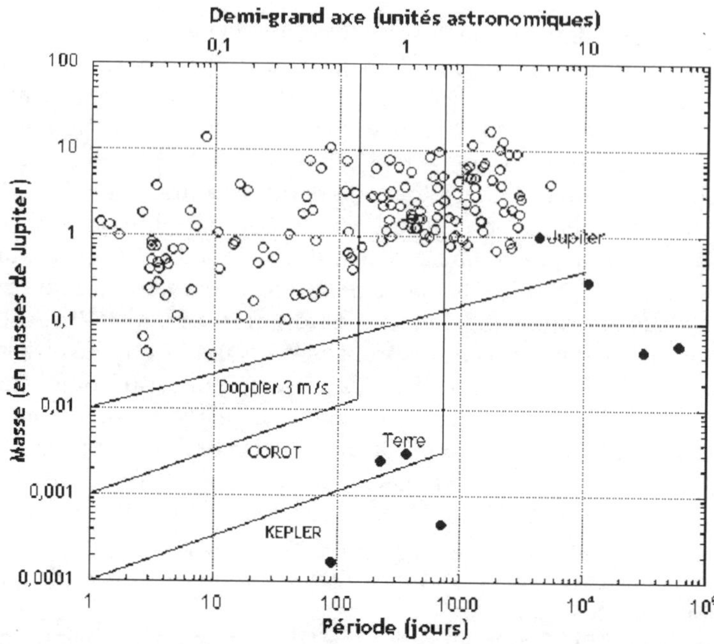

Figure 6.20. Masse, période de révolution et demi-grand axe de l'orbite des planètes extrasolaires découvertes jusqu'en novembre 2004. Elles sont figurées par des cercles, et les planètes du Système solaire par des points, pour comparaison. La masse indiquée est généralement une limite inférieure car on ne détermine le plus souvent que la quantité M sin$i$, où M est la masse vraie et i est l'inclinaison de l'orbite de la planète ($i = 90°$ si la ligne de visée est dans le plan de l'orbite). L'échelle des demi-grands axes de l'orbite est approximative : elle est calculée à partir de celle de la période en supposant que l'étoile centrale a la même masse que le Soleil, ce qui est à peu près correct. On constate que l'on pourrait à peine détecter aujourd'hui une planète ayant les caractéristiques de Jupiter autour d'une autre étoile à partir des variations de la vitesse radiale de celle-ci. Les limites de détection que l'on espère atteindre avec les futurs satellites COROT et KEPLER sont indiquées ; seule cette dernière mission pourrait détecter une planète comme la Terre. On a aussi indiqué la limite actuelle de détection à partir du sol, qui correspond à une précision d'environ 3 m/s sur la vitesse radiale de l'étoile.

que plus l'étoile est riche en éléments lourds, plus la probabilité qu'elle ait des planètes autour d'elles est élevée. Ceci reflète-t-il une plus grande facilité à former des planètes, ou, au contraire, est-ce la chute de matière solide sur l'étoile accompagnant la formation des planètes qui enrichit sa surface en éléments lourds ? Il est encore trop tôt pour pouvoir répondre à cette question.

Les méthodes de détection n'ont permis jusqu'ici de détecter que des planètes massives relativement proches de l'étoile, et nous sommes encore loin de pouvoir détecter des planètes comme la Terre (Fig. 6.20). Il est néanmoins surprenant de trouver des planètes massives très près de leur étoile (certaines de ces planètes accomplissent leur révolution en à peine plus d'un jour !) ; ces planètes, qui sont forcément très chaudes en raison de l'intensité du rayonnement stellaire, ne peuvent ressembler à Jupiter. Elles sont peut-être en train de perdre leur gaz sous l'effet du rayonnement de l'étoile. Certaines sont peut-être totalement dépourvues de gaz et sont réduites à leur noyau rocheux, s'il existe, mais alors leur petite taille ne permet pas leur détection avec les moyens actuels. Le modèle de formation de Safronov, qui s'applique peut-être, nous l'avons vu, au Système solaire, ne peut pas rendre compte de l'existence de grosses planètes très près de l'étoile centrale. Il faut peut-être revenir au modèle de Cameron, pour lequel les planètes se condenseraient directement à partir de la nébuleuse primitive, en même temps que leur étoile. Il se peut aussi que les grosses planètes se soient formées loin de l'étoile, et aient migré rapidement vers l'intérieur : en effet, elles peuvent perdre leur moment angulaire orbital au profit de ce qui reste du disque de gaz protoplanétaire, au cours de la formation du système planétaire. Elles devraient même tomber sur l'étoile en l'absence d'un mécanisme capable d'arrêter le transfert du moment angulaire, mécanisme qui pourrait être la dissipation du disque protoplanétaire.

Chaos dans les systèmes planétaires

Les systèmes planétaires sont loin d'être aussi immuables que ce que l'on pensait il y a un peu plus d'un siècle. Ils traversent des situations instables et chaotiques, où d'infimes perturbations gravitationnelles peuvent produire des effets spectaculaires. Ceci avait été suspecté par Henri Poincaré, et a été repris par le français Michel Hénon dès 1965, puis étudié en détail par Jacques Laskar[14] en France et par J. Wisdom[15] aux États-Unis. Ils ont montré par exemple que, bien que la mécanique céleste puisse prévoir avec précision la position des planètes à l'échelle de quelques dizaines d'années, elle est incapable de prédire à quoi ressemblera le Système solaire dans quelques centaines de millions d'années, surtout dans ses régions intérieures, et de dire quel était son aspect dans un passé lointain[16] (Fig. 6.21). De surcroît, l'axe de rotation des planètes peut changer fortement de direction au cours du temps. Ces variations ont de grandes répercussions sur le climat. Il est clair que Mars, par exemple, a connu dans le passé un climat plus chaud que le climat actuel, soit parce qu'il était plus proche du Soleil soit parce qu'il possédait une atmosphère plus épaisse produisant un effet de serre[d]. Mercure, la planète la plus proche du Soleil, pourrait même un jour être éjecté du Système solaire. Ces comportements chaotiques, partagés par bien des systèmes d'étoiles dans les galaxies, sont une des grandes découvertes de l'astronomie contemporaine.

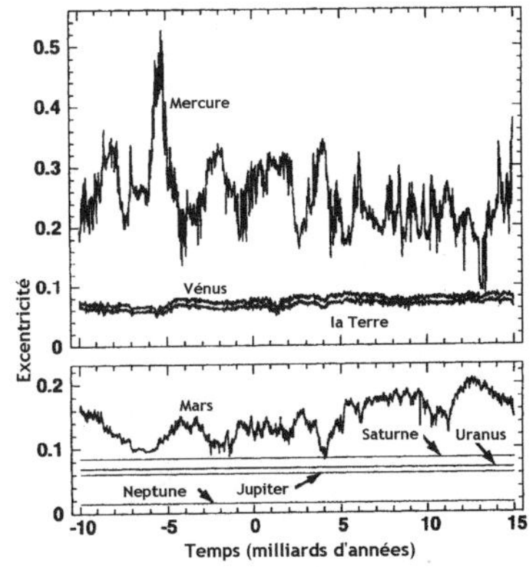

Figure 6.21. Un exemple de simulation de l'évolution de l'excentricité de l'orbite des planètes dans le passé et dans le futur[17]. L'excentricité, qui vaut 0 pour une orbite circulaire et est plus grande si l'orbite est plus elliptique, est portée pour les différentes planètes en fonction du temps, le temps 0 étant l'époque actuelle. Contrairement à ce que l'on pensait autrefois, les orbites des planètes sont loin d'être immuables au cours du temps. Les variations sont très prononcées pour Mars et surtout pour Mercure. Au-delà de quelques centaines de millions d'années, les résultats des simulations dépendent énormément de très petites variations des conditions initiales : la situation est chaotique. Pour certains choix des paramètres initiaux, l'excentricité pourrait atteindre 1 pour l'orbite de Mercure qui serait alors expulsé du Système solaire (cas non représenté ici).

Y a-t-il de la vie ailleurs que sur la Terre[18] ?

La découverte des planètes extrasolaires a ravivé, s'il en était besoin, l'intérêt pour la recherche de la vie en dehors de la Terre. Les aspects les plus naïfs de cette recherche sont certainement les tentatives de détection de signaux radio provenant d'éventuels êtres intelligents. La plus connue est le programme SETI (Search for Extra Terrestrial Intelligence) lancé aux États-Unis par Frank Drake en 1960, qui mobilise depuis cette époque une petite partie du temps d'observation d'un certain nombre de radiotélescopes, et a incidemment permis de financer leur amélioration. Elle fait l'hypothèse que ces êtres connaissent la raie

[d] En outre, la luminosité du Soleil a augmenté continuellement depuis sa stabilisation il y a 4,6 milliards d'années et est actuellement environ 30 % plus grande : le climat des planètes devait donc être plus froid dans le passé, si leur distance au Soleil était la même qu'aujourd'hui.

de l'hydrogène atomique à 21 cm, et émettent aux alentours de cette longueur d'onde des signaux destinés au reste de l'Univers. Jusqu'à présent aucun résultat n'a été obtenu, et il faut reconnaître que de notre côté nous n'avons fait que très peu d'efforts pour envoyer des signaux à destination d'autres étoiles. Plus sérieuses, et bénéficiant sans doute de plus grandes chances de succès, sont les tentatives de détection de traces de vie passée dans le Système solaire (passée, car les conditions actuelles sur les planètes et satellites en dehors de la Terre paraissent aujourd'hui très peu propices à la vie). Les premiers essais, réalisés par le programme VIKING sur Mars en 1975, étaient trop rudimentaires pour que l'on ait pu en espérer sérieusement un résultat. Les diverses recherches de traces de vie dans les roches lunaires et les météorites n'ont également fourni aucun résultat convaincant, malgré des affirmations contraires vite démenties[e]. Il nous faut maintenant attendre l'analyse d'échantillons martiens...

Mais d'abord, qu'est-ce que la vie ? Les spécialistes s'accordent à la définir par l'existence de la cellule, qui peut se reproduire, évoluer et s'autoréguler face au milieu ambiant. Ils estiment aussi qu'il ne peut y avoir d'autre chimie du vivant que celle du carbone (le silicium, auquel on a pensé quelquefois, a une chimie considérablement moins riche) ; d'ailleurs, les molécules peut-être pré-biotiques que l'on trouve dans le milieu interstellaire et les comètes sont des hydrocarbures et des molécules azotées, tout à fait caractéristiques de la chimie organique terrestre. Stanley Miller et Harold C. Urey en 1953, puis ultérieurement d'autres chercheurs, ont synthétisé des acides aminés, briques de base de l'ADN et des protéines qui sont des constituants essentiels de la cellule, en faisant agir différentes sources d'énergie sur un ensemble de molécules simples (H_2, CH_4, NH_3) et d'eau. Mais il n'est pas sûr que l'atmosphère primitive de la Terre ait eu une telle composition : les modèles actuels de formation de la Terre favorisent plutôt une atmosphère primitive riche en CO_2. L'apparition de la vie sur la Terre reste donc un mystère.

Quoi qu'il en soit, les premières cellules sont apparues très tôt, moins d'un milliard d'années après la formation de la Terre il y a 4,6 milliards d'années. Un autre fait établi est que c'est la vie qui a formé, via l'assimilation chlorophyllienne, l'oxygène libre qui constitue 20 % de l'atmosphère de la Terre, et indirectement l'ozone de la haute atmosphère, qui provient de l'oxygène par réactions photochimiques. Aussi peut-on chercher à détecter indirectement des traces de vie sur les planètes extrasolaires en y recherchant par spectroscopie de l'oxygène, de l'ozone ou même de la chlorophylle. Il existe des projets de ce genre (le projet DARWIN de l'ESA et le projet TERRESTRIAL PATHFINDER (TPF) de la NASA, qui sont probablement amenés à se fusionner), qui envisagent de voir directement des planètes autour

---

[e] Un problème majeur de ce genre de recherches est la contamination par la matière organique terrestre, qui est difficile à éviter malgré toutes les précautions que l'on peut prendre.

d'étoiles proches avec plusieurs télescopes satellisés formant un interféromètre, et à en faire la spectroscopie : ce sont des projets ambitieux et d'une grande difficulté, car une planète comme la Terre est des millions de fois moins lumineuse que l'étoile autour de laquelle elle tourne. Il s'agit pourtant de la meilleure, et peut-être de la seule façon de détecter la vie dans d'autres systèmes planétaires que le nôtre.

Du nouveau dans le Soleil[19]

Des moyens spécialisés pour l'étude de l'activité solaire

Après les résultats spectaculaires de l'astronomie planétaire, l'étude du Soleil a jusqu'à récemment donné l'impression de piétiner, sauf en ce qui concerne assez paradoxalement l'intérieur de l'astre. Ce n'est pas faute de moyens : les observatoires terrestres et spatiaux consacrés au Soleil sont nombreux, avec par exemple le télescope spécialisé THEMIS aux Canaries, pour lequel la participation française est importante, ou le radiohéliographe de Nançay qui fournit des images du Soleil de bonne qualité en ondes radio (Fig. 6.22; voir aussi Fig. 2.7). Dans l'espace, on peut citer le satellite solaire japonais en rayons X YOHKHO, et surtout le satellite européen et américain SOHO qui contient toute une panoplie d'instruments dans différents domaines de longueur d'onde. C'est que la physique solaire est extrêmement complexe; celle des étoiles l'est tout autant, cependant l'absence de résolution spatiale des observations stellaires n'autorise évidemment pas des études aussi détaillées que dans le cas du Soleil. Cette complexité ne me permet que quelques commentaires, faute de pouvoir approfondir le sujet.

L'étude de la surface et de l'atmosphère du Soleil à toutes les longueurs d'onde des rayons X aux ondes radio, a atteint un très grand degré de raffinement (Fig. 6.23); les méthodes de diagnostic

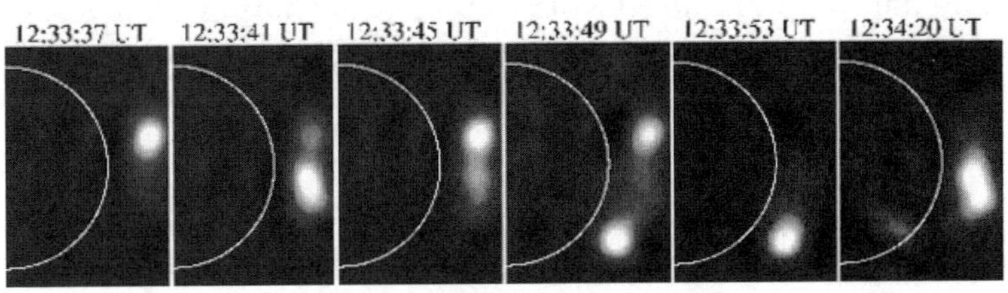

Figure 6.22. Sursauts radio du Soleil. Ces images sont obtenues à 73 cm de longueur d'onde avec le radiohéliographe de Nançay. Le temps est inscrit au-dessus de chaque image. Le cercle est le bord visible du Soleil. On voit se déplacer rapidement les régions d'émission. Cette émission est due à des électrons accélérés dans une éruption, qui se propagent le long des lignes de force du champ magnétique solaire avec une vitesse de l'ordre du tiers de celle de la lumière, et qui produisent les sursauts à leur passage dans la couronne; ils poursuivent ensuite éventuellement leur chemin dans le milieu interplanétaire.

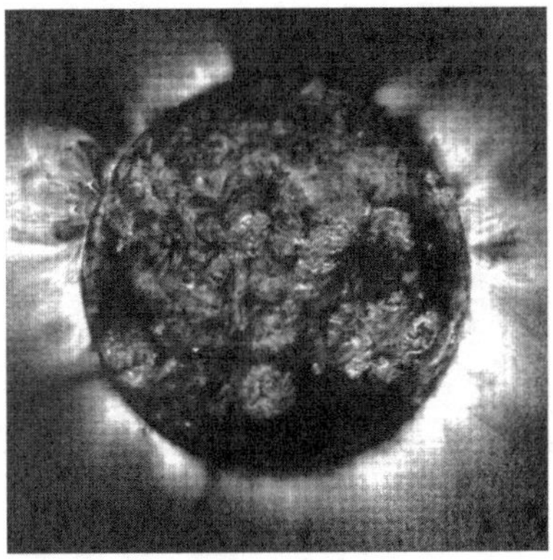

Figure 6.23. Carte de la température de la couronne solaire. Cette carte a été obtenue par le satellite SOHO, et montre le rapport des flux entre deux gammes d'énergie en rayons X. Les régions claires émettent relativement plus en X durs que les régions sombres, et sont donc plus chaudes. Les basses couches de l'atmosphère solaire n'émettant pas de rayons X, le disque solaire apparaît noir sur cette image; les régions chaudes de la couronne sont vues en projection sur le disque, ou bien à l'extérieur de celui-ci.

Figure 6.24. Éjection de matière par le Soleil. Dans cette image en rayons X obtenue avec le satellite SOHO, on peut observer l'éjection de matière très chaude par la basse couronne, dans une région active du Soleil.

spectroscopique des milieux ionisés, qui ont été développées en grande partie par les astronomes et appliquées largement à l'étude du plasma dans les réacteurs expérimentaux où l'on espère réaliser un jour la fusion de l'hydrogène, permettent de se faire une idée satisfaisante des conditions physiques qui règnent dans l'atmosphère solaire calme ou perturbée : densité, température, champ magnétique, présence de particules chargées de haute énergie. On commence à comprendre comment fonctionnent les accélérateurs naturels de particules qui, lors des éruptions solaires ou même en dehors des éruptions, produisent des électrons et des noyaux de grande énergie qui arrivent éventuellement à proximité de la Terre.

Mais on ne connaît toujours pas avec certitude les mécanismes physiques qui sont responsables du chauffage de l'atmosphère solaire extérieure — la chromosphère et la couronne — à des températures qui peuvent atteindre le million de degrés, et qui produisent l'évaporation de la couronne, ce qui forme le vent solaire : ce vent, qui sort de grandes régions dites *trous coronaux* surtout dans les régions polaires du Soleil[20], est canalisé par le champ magnétique qu'il entraîne en partie avec lui. Il remplit l'espace interplanétaire. On a cru longtemps que l'énergie nécessaire pour chauffer la couronne et y accélérer le vent était déposée par des ondes analogues à des ondes sonores, excitées par la turbulence au niveau de la surface visible du Soleil — la photosphère. Cette source d'énergie paraît cependant insuffisante. Il faut probablement faire appel à l'énergie du champ magnétique du Soleil, mais le mécanisme précis nous échappe encore.

Je ne dirai que quelques mots de l'activité solaire, malgré son importance pratique : les émissions sporadiques de particules chargées par le Soleil, soit à l'occasion des éruptions et des sursauts radio, soit par les trous coronaux (les CME, pour *coronal mass ejection,* Fig. 6.24), peuvent être suffisamment intenses pour perturber le fonctionnement d'appareils électroniques satellisés, aéroportés ou même au sol, et sont un grand danger pour les cosmonautes, un danger tel qu'il pourrait interdire dans la pratique les vols habités vers d'autres planètes. Cette activité est liée au champ magnétique de l'astre, dont on commence enfin à comprendre l'origine (rotation du Soleil et turbulence) et les propriétés.

Les oscillations solaires

Des progrès plus importants encore ont été réalisés dans notre connaissance de l'intérieur du Soleil. Pourtant cet intérieur n'est pas directement observable, sauf par l'étude des neutrinos qui sont les seules particules qui peuvent en sortir. Aussi l'étude des neutrinos solaires a-t-elle fait l'objet de beaucoup d'investigations, dont nous avons vu au chapitre 4 les difficultés et les problèmes : ces problèmes n'ont été résolus que tout récemment, non pas par des changements dans les modèles solaires qui ont au contraire été confirmés, mais lorsqu'on a réalisé que les différentes sortes de neutrinos peuvent se transformer l'une dans l'autre.

Une autre perspective s'est ouverte pour aborder l'étude de la structure interne du Soleil, mais de façon moins directe : c'est l'*hélio-sismologie*. Les années 1960 ont vu la découverte de pulsations du Soleil par Robert Leighton et ses associés au California Institute of Technology, avec une période de l'ordre de 5 minutes[21]. Elles se traduisent par de très faibles variations de son éclat et de la vitesse radiale de sa surface. Le Soleil est donc, comme les céphéides mais à un degré considérablement moindre, une étoile variable pulsante. Ces pulsations sont des vibrations de la sphère solaire toute entière, qui se comporte comme une caisse de résonance excitée aléatoirement par les mouvements de convection et de turbulence qui se produisent au-dessous de sa surface. Elles sont semblables dans leur principe à celles d'une plaque métallique excitée par un archet, qui vibre selon de nombreux modes de résonance différents, mais elles sont encore plus complexes puisque le résonateur est à trois dimensions au lieu de deux (Encadré 6.2). La surface du Soleil oscille donc simultanément en des millions de modes acoustiques. Pour les étudier, on doit disposer d'observations continues de l'éclat ou de la vitesse radiale, soit globales soit restreintes à des petites portions du Soleil, et qui doivent en tout cas s'étendre sur de longues périodes de temps.

Encadré 6.2. Les oscillations solaires

Le Soleil, comme toutes les étoiles, est une sphère de gaz en équilibre hydrostatique entre la pression et la gravité. Cette sphère se comporte comme une gigantesque caisse de résonance, qui vibre de deux façons différentes. D'une part, on y trouve des ondes acoustiques, semblables aux ondes sonores, où la force de rappel est la pression (ondes p). Elles sont analogues aux ondes sismiques dans la Terre. D'autre part, il existe des ondes de gravité, pour lesquelles la force de rappel est la force d'Archimède due à des différences locales de densité (ondes g) ; elles intéressent les régions centrales du Soleil et sont les seules qui puissent nous donner des informations sur ces régions. Toutes ces ondes sont excitées par les mouvements convectifs et turbulents qui se produisent sous la surface de l'astre. Les résonances de la sphère font que seules certaines d'entre elles peuvent se propager sans être rapidement atténuées (de même que seuls certains sons sont produits efficacement par une corde ou une plaque vibrante). Par exemple, les ondes p se propagent à l'intérieur du Soleil comme le montre la figure 6.25, et des exemples de modes de vibration résonants correspondants à la surface sont présentés figure 6.26. Comme les sources d'excitation ont des positions aléatoires, les ondes sont aussi distribuées de façon aléatoire et seule leur fréquence a une signification. Elle est voisine d'une vibration

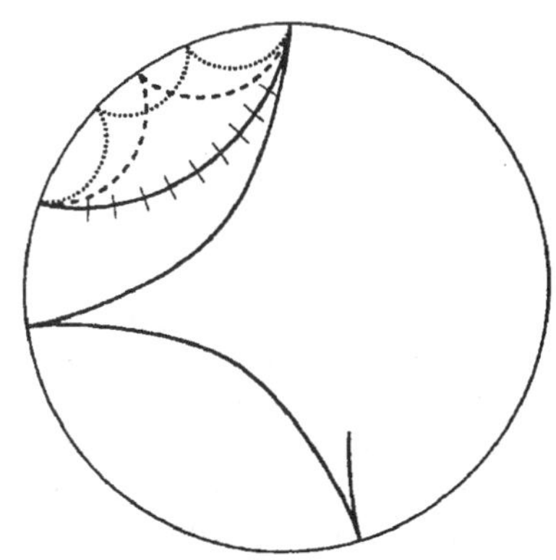

Figure 6.25. Schéma de la propagation d'ondes p à l'intérieur du Soleil. Créées vers la surface, ces ondes pénètrent à l'intérieur, sont réfractées par le gradient d'indice de réfraction, remontent à la surface et s'y réfléchissent, ce qui les renvoie vers l'intérieur, etc. Seules les ondes résonantes, c'est-à-dire qui aboutissent à leur point de départ après plusieurs réflexions, sont intenses (Fig. 6.26). Sur l'une de ces ondes, qui sont longitudinales (de type sonore), les fronts d'onde sont indiqués. Il faut réaliser qu'existent simultanément dans le Soleil des millions d'ondes de ce type, qui sont excitées aux différents points de sa surface.

par 5 minutes pour la plupart des ondes p, et de l'ordre d'une vibration par heure pour les ondes g. La surface du Soleil oscille simultanément en des millions de modes p, dont l'amplitude individuelle est de l'ordre de quelques centimètres ; la vitesse des mouvements totaux qui résultent de leur combinaison peut atteindre plusieurs mètres par seconde. La fréquence des ondes représente la signature de la structure des couches traversées : comme on le voit figure 6.25, les ondes différentes se propagent plus ou moins profondément et donnent ainsi des informations sur l'indice de réfraction des différentes couches, donc sur certains de leurs paramètres physiques. La rotation du Soleil produit un dédoublement de la fréquence, dû à l'effet Doppler-Fizeau : les ondes provenant d'une moitié du disque sont décalées dans un sens, celles de l'autre moitié dans l'autre sens : on peut ainsi obtenir des informations sur la vitesse de rotation des différentes couches du Soleil.

Jusqu'à présent, seules les ondes de pression ont été observées, et étudiées en détail. Il est beaucoup plus difficile d'observer les ondes de gravité, dont l'amplitude à la surface du Soleil n'est que de quelques millimètres car elles sont fortement atténuées avant d'arriver à la surface. Il semble cependant que le satellite SOHO ait permis de les détecter ; si cette détection est confirmée, on pourra pour la première fois accéder à la rotation du cœur de l'astre.

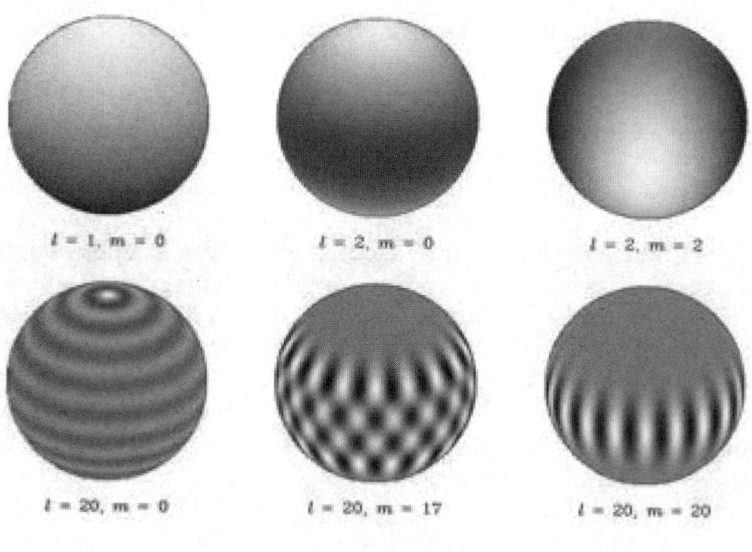

Figure 6.26. Quelques modes propres de vibration du Soleil, d'après J. Christensen-Dalsgaard[22]. Il s'agit de modes p, qui sont définis par deux nombres entiers l et m orthogonaux (analogues à des nombres quantiques). À un instant donné, les zones claires s'éloignent du centre du Soleil et les zones sombres s'en rapprochent ; et ce sera l'inverse au bout d'une demi-période de l'onde. En haut à gauche, le Soleil passe d'une forme de poire allongée en haut à une forme semblable allongée vers le bas ; en haut au milieu, il passe d'une forme d'ellipsoïde allongé (ballon de rugby) à une forme d'ellipsoïde aplati, etc. La vibration réelle du Soleil est la superposition de toutes ces ondes excitées partout à la surface : elles sont donc orientées aléatoirement, et leur amplitude et leur phase sont également aléatoires. Seule leur fréquence, qui dépend de l et de m, a une signification.

Trois possibilités s'offrent pour détecter les vibrations du Soleil : observer à partir d'une des régions polaires de la Terre, où le Soleil ne se couche pas pendant plusieurs mois en été, ou créer des réseaux de stations d'observation à différentes longitudes telles que, lorsque le Soleil se couche pour une certaine station, une autre plus à l'ouest prenne le relais, ou enfin utiliser des instruments dans l'espace, où l'on peut observer le Soleil en continu pendant une durée aussi longue que l'on veut. Ces possibilités ont été effectivement utilisées toutes les trois. Les premières observations détaillées des oscillations solaires ont été obtenues au pôle Sud en 1980 par des chercheurs de l'Université de Nice avec un collaborateur américain[23]. Plusieurs réseaux d'observations coordonnées ont également été créés, dont le plus important est le réseau GONG, qui fonctionne depuis 1995 avec six instruments identiques implantés à différentes longitudes[24]. Enfin SOHO, un satellite spécialisé dans l'observation solaire, a été placé en 1996 au point de Lagrange L1, le point situé entre la Terre et le Soleil où les attractions de ces deux astres sont égales et opposées. Il ne comporte pas moins de trois instruments consacrés à l'observation des oscillations solaires, de préférence celles de longue période qui correspondent à des vibrations des couches relativement profondes de l'astre[25].

Comme les vibrations du Soleil sont, comme celles des cordes ou des plaques vibrantes, fonction de la vitesse du son, leur étude permet d'obtenir cette vitesse à différentes profondeurs sous la surface de l'astre, ce qui donne une indication extrêmement précieuse sur les conditions physiques qui y règnent. Il est ainsi possible de vérifier les modèles théoriques du Soleil, qui n'ont cessé de se perfectionner depuis Eddington. En particulier, on a pu démontrer un fait qui était soupçonné depuis quelque temps : le triage par gravité des éléments à l'intérieur du Soleil, qui fait que depuis sa formation il y a 4,6 milliards d'années une fraction des éléments plus lourds que l'hydrogène, y compris l'hélium, est tombée progressivement vers le centre de l'étoile[26]. Il a également été possible de savoir comment la matière fluide du Soleil tourne sur elle-même aux différentes profondeurs. Curieusement, la rotation qui, en surface, n'est pas la même aux différentes latitudes, devient uniforme à l'intérieur de 0,7 rayon de l'astre : plus profond, le Soleil tourne comme un corps solide. Est-ce une conséquence d'un éventuel champ magnétique dans les profondeurs de l'astre ? Nous n'en savons rien encore. Le champ magnétique du Soleil, bien qu'il soit très étudié à sa surface, reste un paramètre mal connu, voire inconnu en profondeur. On ne sait pas non plus comment le Soleil tourne dans les zones centrales, qui sont inaccessibles aux ondes p.

Le monde complexe des étoiles[27]

Le monde des étoiles, comme le Soleil, nous a réservé bien des surprises au cours des dernières décennies. Bien entendu, l'intérieur des étoiles n'est pas connu avec le même raffinement que celui du Soleil, parce que nous ne disposons pas encore de tous les moyens d'investigation qui, comme dans le cas du Soleil, permettraient de vérifier les modèles. Cependant les oscillations de certaines étoiles ont été détectées, et l'on a l'espoir que l'astérosismologie nous permettra un jour de connaître mieux les propriétés de leur intérieur, comme c'est aujourd'hui le cas de l'héliosismologie pour le Soleil. Le satellite français COROT, dont le lancement est prévu en 2005, est construit dans le but d'étudier les oscillations de nombreuses étoiles en mesurant avec une très grande précision leur éclat en fonction du temps ; ceci lui permettra également de détecter le passage éventuel de grosses planètes devant l'étoile. En attendant, nous devrons nous contenter des informations fournies par la spectroscopie, qui a heureusement atteint un degré considérable de maturité. Les observations des étoiles appartenant à notre Galaxie sont complétées par celles d'étoiles appartenant à d'autres galaxies comme les Nuages de Magellan, dont la composition chimique est différente.

L'évolution des étoiles

Si l'on connaissait en 1970 les très grandes lignes de l'évolution des étoiles, depuis leur long séjour sur la séquence principale du diagramme de Hertzprung-Russell jusqu'à la fin de leur vie comme naine blanche et étoile à neutrons, il subsistait alors énormément d'incertitudes. La période intermédiaire où l'étoile devient une géante rouge était particulièrement mal comprise, en raison de la complexité des phénomènes que l'on soupçonnait s'y produire. De surcroît, les observations avec les satellites COPERNICUS et surtout IUE devaient bientôt montrer un phénomène nouveau et de grande ampleur, phénomène confirmé et précisé par la spectroscopie dans l'ultraviolet avec le télescope spatial Hubble et par des observations radio avec le VLA : un très grand nombre d'étoiles émettent un vent qui peut être très intense, énormément plus intense que le faible vent qui est issu du Soleil. Ce vent occasionne une grande perte de masse, qui concerne pratiquement toutes les étoiles massives (plus de quinze fois la masse du Soleil, environ) pendant toute leur vie, et aussi les étoiles moins massives pendant leur stade de géante rouge[28]. Les étoiles de grande masse peuvent perdre ainsi plus de la moitié de leur matière. Ces vents sont produits par la pression de radiation de la lumière de l'étoile sur les atomes de leur atmosphère (pour les étoiles chaudes) ou sur les grains de poussières qui se sont condensés dans l'enveloppe (pour les étoiles froides). Ils sont d'autant plus forts que l'atmosphère est plus riche en éléments lourds.

Cette perte de masse est suffisamment importante pour affecter profondément l'évolution des étoiles qui en sont l'objet, vis-à-vis de ce que prédisent les modèles classiques d'évolution[29] (Encadré 6.3). Elle peut même finir par mettre à nu le cœur très chaud de l'étoile. Ainsi l'on sait que les mystérieuses étoiles de Wolf-Rayet, les seules étoiles à présenter des raies d'émission, mais où les raies de l'hydrogène sont absentes, sont le stade final de l'évolution des étoiles de grande masse, qui ont éjecté la totalité de leurs régions externes riches en hydrogène[30]. Elles exploseront peu après comme supernovae. Les géantes rouges, qui ont une masse initiale plus petite, présentent un phénomène analogue à la fin de leur vie : la masse qu'elles ont éjectée se retrouve sous la forme d'une nébuleuse planétaire[f] ionisée par le reste de l'étoile, qui n'est autre que son noyau très chaud qui se refroidit progressivement et deviendra une naine blanche[g].

Encadré 6.3. L'évolution stellaire

Une étoile apparaît quand les réactions thermonucléaires s'amorcent au centre du nuage protostellaire de gaz et de poussières, lorsque la densité et la température ont atteint une valeur suffisamment grande. L'étoile évolue alors jusqu'à se stabiliser ; je ne parlerai pas ici de cette phase initiale qui sera détaillée plus loin. Lorsqu'elle est stable, elle convertit en hélium l'hydrogène de ses régions centrales. Dans les étoiles de masse relativement faible comme le Soleil, la température au centre est inférieure à $2\ 10^7$ K et la fusion de l'hydrogène se fait par les chaînes de réaction dites p-p (proton-proton), dont la première réaction (fusion de deux protons en deutérium) est très lente ; ceci explique la longévité de ces étoiles qui ne brûlent leur combustible que lentement. Plus prodigues, les étoiles de grande masse, dont la température centrale est supérieure à $2\ 10^7$ K, convertissent rapidement l'hydrogène en hélium par le cycle de réactions dit CNO, qui utilise en tant que catalyseurs les différents isotopes du carbone, de l'azote et de l'oxygène. Pendant toute cette phase, qui est de loin la plus longue de leur vie, les étoiles conservent des propriétés à peu près constantes, leur luminosité et leur température de surface étant plus grandes si leur masse est plus élevée : dans un diagramme luminosité-température, elles se trouvent dans la région dite *séquence principale* (Figs. 6.27 et 6.28).

Tout ceci dure jusqu'à ce que l'hydrogène soit épuisé dans le cœur de l'étoile. Pour des étoiles de masse inférieure à 0,8 fois la masse du Soleil, la durée de vie sur la séquence principale est supérieure à l'âge de l'Univers, si bien qu'aucune de ces étoiles n'a encore eu le temps d'évoluer au-delà. Pour une étoile comme le Soleil, la durée de vie est 10 milliards d'années : comme l'âge du Soleil est 4,6 milliards d'années, sa luminosité et sa température de surface resteront à peu près constantes pendant plus de 5 milliards d'années encore (en fait, la luminosité augmentera lentement au cours du temps, d'environ 10 % par milliard d'années). Lorsque tout l'hydrogène est brûlé dans le cœur de l'étoile, ce cœur se contracte

[f] L'adjectif « planétaire » vient de ce que les nébuleuses en question apparaissent comme des disques diffus dans de petits télescopes, ce qui rappelle l'aspect des planètes : voir Fig. 1.4.

[g] Les étoiles centrales des nébuleuses planétaires peuvent devenir temporairement des étoiles de Wolf-Rayet, mais de faible masse, si elles ont éjecté toute leur enveloppe hydrogénée.

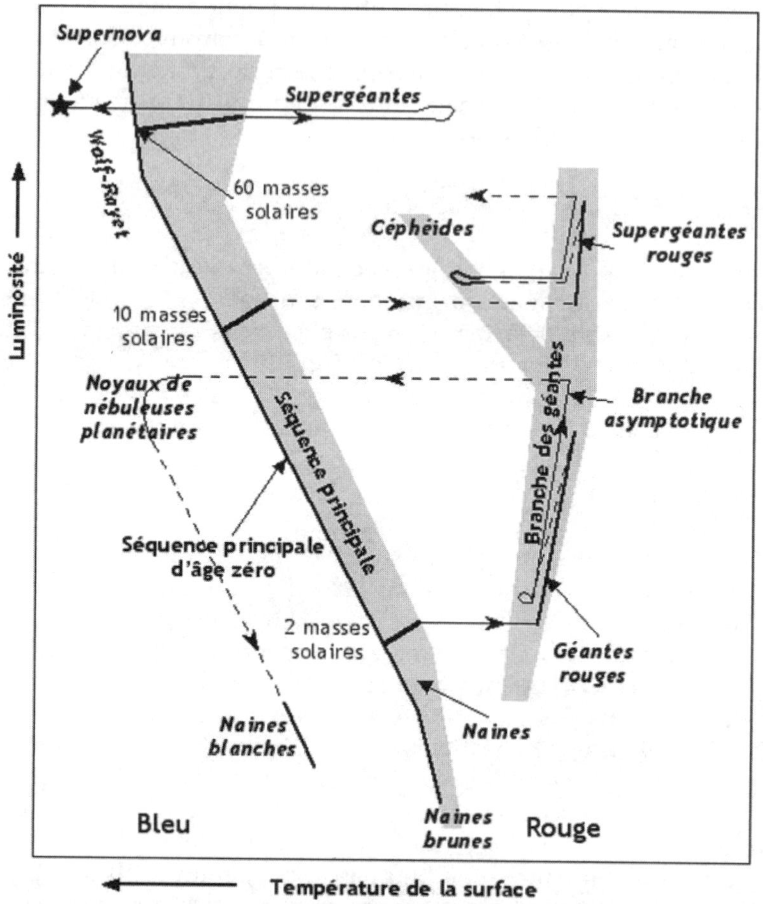

Figure 6.27. Schéma de l'évolution des étoiles. Trois trajets évolutifs d'étoiles de masses différentes et de composition chimique analogue à celle du Soleil sont représentés dans un diagramme où la luminosité de l'étoile est portée en fonction de la température de sa surface ; noter que l'échelle des températures croît de droite à gauche. Les étoiles les plus froides sont rouges, les plus chaudes sont bleues. Les explications sont données dans l'encadré 6.3. L'épaisseur du trait représentant le trajet évolutif est d'autant plus grande que ce trajet est parcouru plus lentement ; les étoiles passent très peu de temps le long des parties en traits interrompus. Pour les étoiles de masse intermédiaire (autour d'une dizaine de masses solaires) la boucle qui est exécutée au stade de géante rouge avant l'ascension de la branche asymptotique est très développée ; l'étoile y est alors instable et devient temporairement une céphéide, dont les pulsations sont très importantes. L'explosion finale des étoiles massives en supernova dépend de l'importance de la perte de masse et ne se produit pas nécessairement à l'endroit indiqué sur la figure : elle peut avoir lieu avant que l'étoile ait eu le temps de parvenir au stade Wolf-Rayet.

sous l'effet de sa propre gravité et s'échauffe jusqu'à ce que la température y atteigne 1 à 2 10^8 K ; alors les noyaux d'hélium ^{4}He parviennent à se fusionner trois par trois pour former un noyau de carbone ^{12}C, tandis qu'à la surface du cœur l'hydrogène, réchauffé, se met à brûler dans une mince couche.

Cette production soudaine d'énergie occasionne dans un premier temps le gonflement des couches extérieures de l'étoile. Sa luminosité augmente progressivement tandis que la température de sa surface diminue : on a alors affaire à une géante rouge (ou à une supergéante rouge pour les étoiles de grande masse). Lorsque la température de la surface descend à environ 3 500 K, l'étoile réussit à évacuer son excédent d'énergie grâce à l'établissement de la convection dans son enveloppe : sa luminosité décroît très rapidement et sa température remonte. Lorsque l'hélium est épuisé dans le cœur après une période de stabilité, celui-ci se contracte à nouveau et le processus recommence : gonflement de l'étoile, augmentation de luminosité et refroidissement de la surface. L'étoile remonte alors dans le diagramme luminosité-température comme elle l'avait fait précédemment.

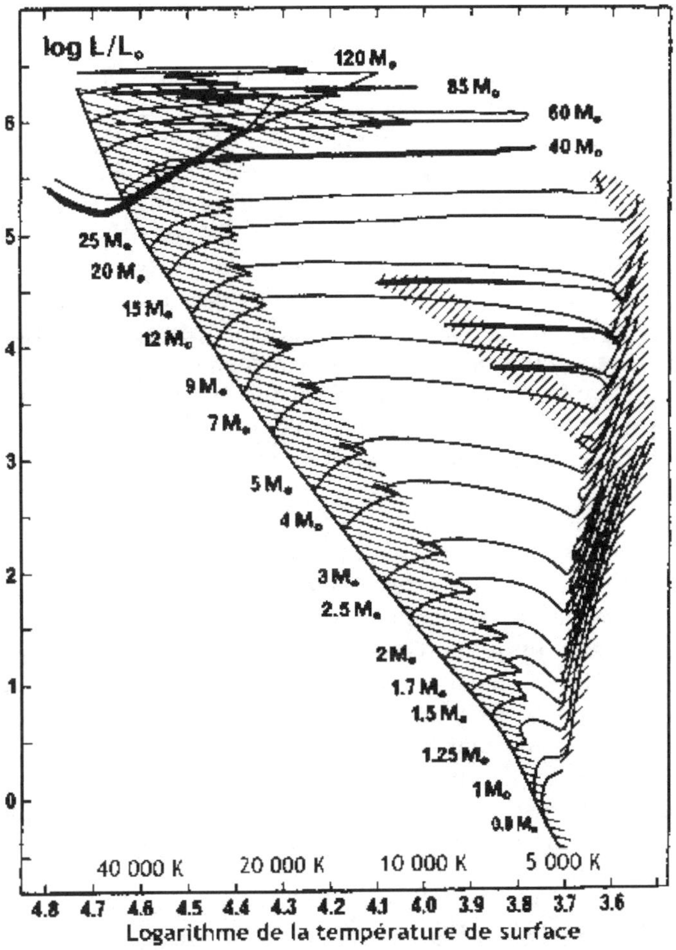

Figure 6.28. Tracés calculés de l'évolution d'étoiles de masses comprises entre 0,9 et 120 fois la masse du Soleil, et de composition chimique analogue à celle du Soleil[31]. La luminosité de l'étoile (en luminosités solaires, unités logarithmiques) est portée en fonction de la température de la surface de l'étoile. La composition chimique initiale des étoiles est celle du Soleil. Les zones hachurées sont celles où se produisent les principales réactions nucléaires. La fin de l'évolution, qui se termine au stade de naine blanche pour les étoiles de faible masse et par une explosion de supernova pour celles de grande masse, n'est pas représentée. Comparer avec la figure 6.27.

Le trajet qu'elle parcourt dans le diagramme de Hertzprung-Russell est presque le même que lorsqu'elle était une géante rouge : on dit qu'elle parcourt la *branche asymptotique.* La suite de l'évolution est complexe et était mal comprise jusqu'à une époque récente. Sans aller dans les détails, je dirai simplement que l'étoile perd beaucoup de masse et finit par se débarrasser de presque toutes ses couches extérieures, mettant à nu un noyau compact très chaud dont le rayonnement ultraviolet ionise la matière éjectée : on a alors affaire à une nébuleuse planétaire, qui finira par se dissiper tandis que le noyau devient une naine blanche, qui subsistera très longtemps.

Les étoiles les plus massives arrivent à court-circuiter une grande partie de ces étapes, surtout si leur perte de masse, qui commence dès après leur formation, est importante. Si leur masse est supérieure à une dizaine de fois la masse du Soleil, elles finissent leur vie d'une façon explosive en supernova, laissant derrière elles une étoile à neutrons ou un trou noir.

Figure 6.29. La naine brune GL 229B. Cette image du télescope spatial Hubble montre une naine brune près de l'image saturée de l'étoile GL 229A, autour de laquelle elle gravite. Le jet lumineux qui paraît sortir de l'étoile brillante est un artefact dû à la diffraction dans le télescope. Cette naine brune a une masse comprise entre 20 à 50 fois celle de Jupiter. Contrairement aux planètes, elle est lumineuse par elle-même (bien que 100 000 fois moins que le Soleil) et se refroidit lentement, car aucune réaction nucléaire ne s'y produit.

Les naines brunes

Les étoiles de faible masse sont très peu lumineuses, et sont donc difficiles à observer ; elles sont également difficiles à étudier sur le plan théorique. Ce n'est que très récemment que l'on est arrivé à élucider la plupart des problèmes que pose leur modélisation, un travail où s'est illustré le groupe de l'École normale supérieure de Lyon[32]. Au-dessous d'une masse de 0,08 fois environ la masse du Soleil, les réactions de fusion thermonucléaires ne peuvent pas se déclencher dans une étoile après sa formation, et celle-ci reste un objet relativement froid, nommé naine brune (Fig. 6.29). Ces étoiles avortées, très peu brillantes, sont longtemps restées hypothétiques. Leur recherche rappelle celle d'une aiguille dans un tas de foin, et malgré beaucoup d'efforts les premières détections certaines, dans l'amas d'étoiles des Pléiades, ne datent que de 1994-1995. Les naines brunes partagent avec les planètes la propriété de ne pas présenter de réactions thermonucléaires ; ce fait permet de confirmer leur identification par la présence dans leur spectre d'une raie du lithium, un élément qui est très facilement détruit par des réactions nucléaires même dans les étoiles les plus froides. Mais la ressemblance s'arrête là : les naines brunes ont une masse supérieure à celle des planètes, et ni leur constitution physique, ni la manière dont elles se forment ne sont comparables : comme les étoiles plus massives, les naines brunes se forment directement par effondrement gravitationnel d'un nuage de matière interstellaire, ce qui n'est pas le cas des planètes, comme on l'a vu précédemment. Bien que les naines brunes soient très nombreuses, leur masse totale ne dépasse pas quelques centièmes de la masse totale des étoiles d'une galaxie comme la nôtre.

Novae et binaires à rayons X

Il n'est pas dans mon propos — ce serait d'ailleurs impossible dans le cadre limité de ce livre — de décrire même sommairement l'incroyable jungle des étoiles. Je dirai cependant quelques mots des étoiles doubles. Les phénomènes extraordinaires qui se produisent dans les étoiles doubles serrées constituent un des domaines les plus fascinants de l'astronomie contemporaine. Certes on sait depuis longtemps qu'environ la moitié des étoiles appartiennent à des systèmes binaires ou plus complexes, mais ce n'est que depuis une trentaine d'années que l'on a réalisé à quel point la physique et l'évolution des étoiles peuvent être affectées par leur appartenance à un tel système, surtout si les composantes sont très proches l'une de l'autre, ce qui est un cas très fréquent. Déjà, à la suite de certains astronomes comme Evry Schatzman, on avait remarqué que les novae (ces étoiles qui présentent des explosions spectaculaires souvent récurrentes) sont des étoiles binaires serrées, dont l'une des composantes est une naine blanche (Fig. 6.30). Au cours de son évolution normale, l'autre composante perd de la matière sous la forme d'un vent, qui tombe sur la naine blanche. Comprimée dans sa chute, cette matière s'échauffe considérablement, au point que des réactions thermonucléaires explosives s'y produisent, d'où l'apparition d'une nova, quelquefois récurrente.

Ce sont surtout les observations X qui ont mis en évidence les phénomènes étonnants qui se produisent dans les étoiles doubles serrées. Une des découvertes les plus spectaculaires faites avec le satellite américain UHURU, lancé en 1970, est l'identification de nombreuses sources de rayons X à des systèmes binaires. Si les premières années 70 ont été l'une des périodes réellement enthousiasmantes de l'astronomie, c'est en grande partie à cause des découvertes sur ces systèmes, découvertes qui se sont succédées avec rapidité.

Ce fut d'abord la mise en évidence de pulsations X régulières et rapides dans certains objets, pulsations qui rappelaient celles des pulsars en radio. Une étude plus fine de la période de ces pulsations montra des variations périodiques, correspondant à un effet Doppler-Fizeau provenant du mouvement de l'étoile qui émet les rayons X autour d'une autre étoile. Une étude à long terme de cette période révéla que la rotation sur elle-même de la composante émettrice s'accélère continuellement, au lieu de se ralentir comme on aurait pu s'y attendre puisqu'elle perd de l'énergie sous forme de rayons X. L'énergie qui est nécessaire pour produire ce rayonnement n'est donc pas empruntée à l'énergie de rotation de l'étoile, comme elle l'est dans les pulsars radio. La seule source d'énergie plausible est l'énergie gravitationnelle qui est libérée lors de l'accrétion par l'objet émetteur du gaz issu de l'autre étoile. Ce gaz ne peut pas tomber directement sur l'étoile émettrice, en raison de son moment angulaire, et se distribue en un disque d'accrétion en rotation rapide (Fig. 6.31). C'est là que le

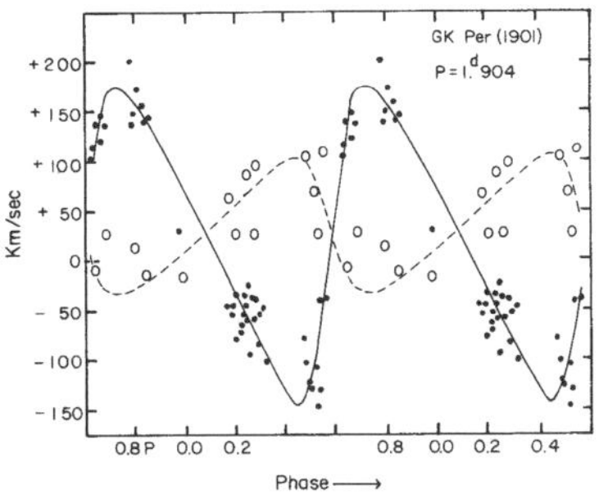

Figure 6.30. La courbe de vitesse radiale des deux composantes de GK Persei[33]. Cette étoile double serrée a donné naissance à une nova en 1901. Ces deux composantes, l'une rouge et l'autre bleue qui est une naine blanche, tournent autour du centre de gravité du système. Des courbes moyennes sont tracées à travers les points observationnels, le temps (en abscisses) étant normalisé à la période de révolution du système, 1,904 jours.

Figure 6.31. Schéma d'une étoile binaire émettant des rayons X. Les deux composantes, très proches l'une de l'autre, sont une étoile normale qui perd de la masse (une géante rouge ou une étoile très massive), et un astre compact : naine blanche, étoile à neutrons ou trou noir. Le gaz perdu par la première est attiré par l'autre, autour de laquelle il spirale et s'accumule en un disque d'accrétion : en effet, il ne peut pas tomber directement sur cette étoile en raison de son moment angulaire. La matière du disque doit donc perdre ce moment angulaire avant d'arriver sur l'étoile. C'est possible soit par viscosité, soit par l'éjection de jets symétriques (cas représenté ici) ; dans les deux cas, le champ magnétique joue un rôle déterminant. Au cours de ce processus la matière s'échauffe et émet éventuellement des rayons X, de façon continue ou sporadique. Ce schéma s'applique à toutes sortes de phénomènes, et pas seulement aux sources de rayons X : on explique ainsi les novae, certaines sources de rayons gamma, etc. L'accrétion de matière dans un disque avec formation de jets se produit aussi en grand dans les noyaux de galaxies et les quasars, mais cette fois la matière qui finit par tomber sur le trou noir central provient de tout l'environnement du noyau.

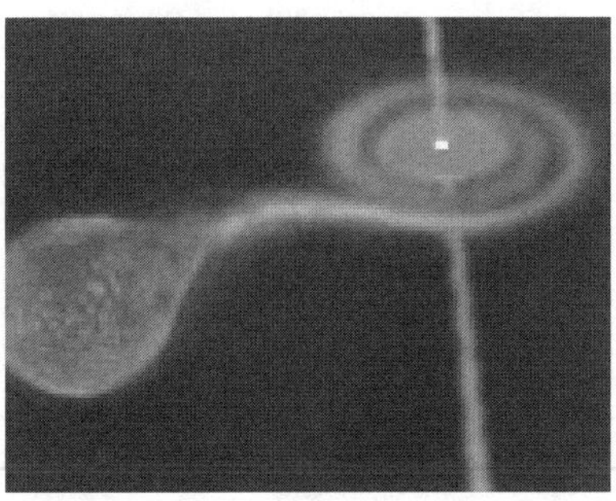

rayonnement X est émis. S'il peut perdre son moment angulaire de rotation — nous verrons plus loin comment — le gaz se rapproche progressivement de l'objet situé au centre du disque sur lequel il finit par tomber, de même qu'un satellite artificiel freiné par l'atmosphère terrestre perd son énergie et son moment angulaire de rotation (qu'il communique à l'atmosphère) et finit par tomber sur la Terre. L'étoile centrale voit alors sa rotation s'accélérer.

Ce mécanisme, dont l'existence n'était soupçonnée que par peu de gens en 1970 (parmi ces pionniers, il faut citer l'Américain Robert Kraft), est extrêmement répandu dans l'Univers. Le résultat dépend de la masse et de la nature des composantes du système binaire. Lorsqu'une de ces composantes est une naine blanche, résidu de l'évolution d'une étoile de masse relativement faible, et que l'autre étoile, par exemple parvenue à l'état de géante rouge au cours de son évolution normale, perd beaucoup de masse, on a affaire à ce que l'on appelle une binaire cataclysmique (on en connaît environ 500, mais il y en a certainement bien davantage dans la Galaxie). Les novae sont les plus spectaculaires de ces binaires : elles sont caractérisées par de grandes variations d'éclat, des explosions, etc. Cependant les binaires cataclysmiques n'émettent pas beaucoup de rayons X.

Dans les étoiles binaires qui sont des sources intenses de rayons X, la composante sur laquelle tombe la matière n'est pas une naine blanche mais souvent une étoile à neutrons : c'est ce que suggère fortement sa rotation très rapide (de l'ordre d'un tour par seconde), qui est responsable des pulsations X régulières. De son côté, l'étoile primaire, qui est bien visible optiquement, est une étoile chaude et de grande masse qui se vide progressivement de sa substance au profit de l'étoile secondaire, en émettant ce vent stellaire intense dont j'ai parlé précédemment. Dans certains cas, on peut mesurer directement la masse des composantes en appliquant les lois de la gravitation (lois de Kepler) au système binaire, et l'on trouve que la masse de la composante primaire est de l'ordre de quelques dizaines de fois la masse du Soleil, ainsi que l'on pouvait s'y attendre à partir de ses propriétés optiques, tandis que la composante secondaire a une masse de 1 à 2 masses solaires, caractéristique des étoiles à neutrons.

Dans la source binaire de rayons X Cygnus X-1, sans doute le plus célèbre de ces objets, le rayonnement X ne présente pas les pulsations régulières qui caractérisent la rotation des étoiles à neutrons, mais des fluctuations extrêmement rapides, à l'échelle de quelques millièmes de seconde. Ici, la masse de la composante secondaire est de l'ordre de six fois la masse du Soleil, ce qui est trop pour une étoile à neutrons : aucune configuration stable ne peut exister pour une étoile très condensée, naine blanche ou étoile à neutrons, lorsque sa masse dépasse environ deux fois la masse du Soleil. Il semble bien que l'on ait cette fois affaire à un trou noir, dans lequel la matière accumulée dans le disque d'accrétion finit par tomber et disparaître définitivement ; bien entendu, l'émission X doit avoir lieu avant cette disparition puisqu'aucun rayonnement ne peut sortir d'un trou noir. On peut calculer que pour un trou noir de 6 masses solaires, le maximum d'émission a lieu à un rayon d'environ 115 km, endroit où la période de rotation, telle qu'elle observée à distance en tenant compte du décalage spectral gravitationnel, est d'environ dix millisecondes. Comme l'a montré en 1976 l'américain Elihu A. Boldt grâce à deux observations en fusée spécialement conçues[34], cette période est effectivement présente dans les fluctuations du rayonnement X ; Boldt avait même prévu, en étudiant la propagation du rayonnement près du trou noir, que la durée de chaque fluctuation devait être de l'ordre d'un millième de seconde, ce qui a été confirmé par ses observations. Ce sont de remarquables confirmations de l'existence d'un trou noir au centre du disque d'accrétion.

Malgré la grande excitation du monde astronomique et du grand public à l'annonce de cette découverte, elle fut l'objet d'un certain scepticisme de la part de nombreux astronomes ; pourtant les trous noirs avaient été prévus depuis très longtemps par les théoriciens. Ce scepticisme a bien entendu conduit à de nombreux travaux observationnels qui n'ont fait que confirmer l'existence du trou noir : il s'est finalement révélé très positif. Une dizaine d'autres candidats trous noirs sont venus s'ajouter à Cyg X-1.

Le mécanisme par lequel le disque d'accrétion émet des rayons X est resté mystérieux jusqu'à ce que les Russes Nicolai Shakura et Rachid Sunyaev suggèrent en 1973 l'existence de turbulence dans les disques, qui peut à la fois transférer le moment angulaire de l'intérieur à l'extérieur et permettre à la matière interne de tomber sur l'astre central, tout en chauffant une partie du gaz jusqu'à une température de l'ordre du million de degrés à laquelle il émet des rayons X[35]. 18 ans plus tard, les Américains Steven Balbus et John Hawley comprenaient l'origine de cette turbulence, qui est une instabilité du gaz en présence d'un champ magnétique[36].

Dans les années 1970, on a découvert un autre objet extraordinaire appelé SS 433. Ce système binaire produit une émission X et (comme d'autres binaires X d'ailleurs, mais en plus intense) une émission radio. Il est à l'origine de deux jets symétriques de matière, émis de part et d'autre de l'étoile avec une vitesse de près du quart de la vitesse de la lumière. D'autres systèmes du même genre ont été découverts plus récemment, dont certains émettent non seulement des rayons X, mais aussi du rayonnement gamma[37]. Nous verrons que ces propriétés sont analogues à celles des noyaux actifs de galaxies et des quasars, si bien que l'on a pu qualifier ces objets de mini-quasars. Elles ont des points communs avec celles des étoiles en formation. Dans tous ces cas, les jets sont émis au voisinage d'un objet compact — étoile ou trou noir — entouré d'un disque d'accrétion, perpendiculairement à ce disque. C'est un autre moyen que la nature a trouvé pour se débarrasser du moment de rotation du gaz de ce disque, lui permettant ainsi de tomber sur l'objet central. Par un mécanisme complexe suggéré en

1982[38], qui fait intervenir le champ magnétique, la rotation est évacuée avec la matière éjectée, dans des jets qui tournent donc rapidement sur eux-mêmes[39]. Ces objets fascinants témoignent de ce que la réalité peut dépasser les créations les plus délirantes de l'esprit humain.

Les sursauts gamma

Un autre cas non moins extraordinaire est celui des sursauts de rayons gamma. Leur découverte, faite en 1969 avec le satellite d'espionnage américain VELA 5B, qui était muni d'un détecteur de rayons gamma dont le but était de détecter des explosions nucléaires soviétiques, a été rendue publique en 1973. Les astronomes ont alors placé dans plusieurs satellites de petits détecteurs de rayons gamma, qui ont permis de localiser les sources de ces sursauts avec une grande précision en mesurant le décalage de leur temps d'arrivée sur les différents satellites : de très bons résultats ont été obtenus par une collaboration franco-soviétique, où le partenaire français était le CESR (Centre d'études spatiales du rayonnement) de Toulouse. Rien de remarquable n'était cependant visible aux positions repérées. La distribution isotrope de ces sursauts dans le ciel laissait pourtant à penser qu'ils provenaient d'étoiles proches. Personne n'osait imaginer qu'ils pourraient au contraire venir de très loin dans l'Univers, et pourtant nous savons aujourd'hui que c'est le cas.

À partir de 1996, le satellite italo-néerlandais BEPPO-SAX a réussi à détecter une émission de rayons X consécutive à certains sursauts gamma, à en localiser la source avec grande précision, et à avertir aussitôt différents observatoires. Des correspondants visibles et même radio ont alors été détectés, ce qui a permis de voir que ces événements se produisaient dans des galaxies lointaines. L'émission de rayons gamma est certainement produite par l'explosion d'une supernova[h]. Ceci a été prouvé par l'observation directe en 2003, avec plus de 65 détecteurs gamma différents dans le monde, d'un sursaut précédant de quelques jours l'augmentation de lumière caractéristique d'une supernova située dans une galaxie lointaine. On pense que les sursauts gamma accompagnent presque automatiquement l'effondrement d'une étoile massive, mais que comme l'émission se fait de façon très directive, on ne peut les observer que lorsque le faisceau est dirigé vers nous.

Vu leur énorme intensité, ces sursauts peuvent être détectés aux distances les plus grandes auxquelles on puisse rêver, et pourraient nous donner les seules indications réalistes sur les premières étoiles massives de l'Univers, *via* l'émission de rayons gamma pendant leur effondrement. D'autres sursauts gamma pourraient être émis lors de la fusion

---

[h] C'est pourquoi j'ai cru bon d'en parler avec les étoiles et non dans le chapitre qui suit, qui est consacré aux galaxies.

finale d'une paire d'étoiles à neutrons formant un couple très serré, et coïncideraient alors avec une émission caractéristique d'ondes gravitationnelles. On voit tout l'intérêt que peuvent présenter ces phénomènes extraordinaires, qui sont observables sans difficulté à condition de tomber au bon moment ! Aussi ne faut-il pas s'étonner que plusieurs satellites permettent actuellement de détecter les sursauts gamma et de mesurer leur position, notamment le satellite européen INTEGRAL. On a vu également apparaître des observatoires robotisés dont le télescope peut être instantanément braqué dans la direction d'un sursaut, dès que sa position est transmise par le satellite (voir Fig. 5.24).

Entre les étoiles[40]

Après cette description très partielle de la faune des étoiles, le lecteur s'attend sans doute à ce que le milieu interstellaire ne lui offre que des images bien ternes. Qu'il se rassure, il n'en est rien. Les récentes décennies ont vu un bouleversement profond de nos conceptions sur ce milieu, bouleversement qui provient surtout de la radioastronomie et de l'observation dans l'espace. Vers 1970, on s'imaginait la matière interstellaire comme faite de nuages de gaz froid et peu dense immergés dans un gaz plus chaud et encore moins dense, le milieu internuage. On savait bien sûr que certaines régions proches d'étoiles chaudes sont ionisées par leur rayonnement ultraviolet et émettent de la lumière et des ondes radio, formant les nébuleuses gazeuses. On commençait aussi à découvrir que d'autres régions, perturbées par une explosion de supernova plus ou moins ancienne, forment des bulles plus ou moins sphériques émettrices d'ondes radio, de lumière et de rayons X.

Cette vue devait se révéler très incomplète. Nous savons aujourd'hui que la matière interstellaire est continuellement agitée par les explosions de supernovae et par les vents stellaires, et que sa structure est en conséquence extrêmement inhomogène, plutôt faite de filaments et de nappes que de nuages plus ou moins sphériques. Ce milieu est turbulent et traversé par des ondes de choc. Les restes de supernovae, qui contiennent du gaz extrêmement chaud (plusieurs millions de degrés), en se répandant dans le milieu interstellaire, le remplissent de ce gaz qui occupe une grande partie de son volume.

Les molécules interstellaires

Un résultat capital, obtenu vers 1970, est la découverte dans l'espace interstellaire de nombreuses molécules, au moyen de leurs raies radio émises surtout en ondes millimétriques. J'ai relaté au chapitre 2 les premiers pas de ces découvertes ; les progrès décisifs sont venus de la construction par Penzias et Wilson du premier récepteur d'ondes millimétriques réellement sensible, qui leur a permis de découvrir en quelques jours six molécules, en particulier le monoxyde de carbone CO, dont l'observation devait se révéler fondamentale pour l'étude de la structure de notre Galaxie et des galaxies extérieures. De son côté, le satellite américain COPERNICUS a étudié de façon approfondie à partir de 1972 la molécule d'hydrogène H_2, la plus abondante de toutes, que l'on observe principalement par ses raies ultraviolettes.

On connaît aujourd'hui près de 130 molécules interstellaires, sans compter leurs substitutions isotopiques où des atomes d'hydrogène sont remplacés par du deutérium, l'isotope 12 du carbone par l'isotope 13 plus rare, etc. Il y en a certainement bien davantage, car les molécules symétriques ne sont pas détectables, à de rares exceptions près comme la molécule d'hydrogène H_2, alors qu'elles n'ont aucune raison d'être absentes dans le milieu interstellaire. Toutes les molécules interstellaires connues aujourd'hui sont identifiées avec certitude, la plupart à partir de l'observation de raies dans le domaine millimétrique. Si les plus simples de ces molécules, comme CO ou OH, sont répandues un peu partout dans le gaz interstellaire, la plupart, et notamment les molécules complexes, se trouvent surtout dans des nuages denses, opaques à la lumière, nuages qui sont presque entièrement formés de molécules mélangées à de la poussière. On a alors réalisé que ces nuages ne sont autres que les nébuleuses obscures, dites aussi nuages sombres et maintenant nuages moléculaires, où la poussière absorbe complètement la lumière des étoiles situées à l'arrière (Fig. 1.7). Ce que l'on ne savait pas auparavant, c'est que certains sont les objets les plus gros et les plus massifs de notre Galaxie (plusieurs dizaines d'années-lumière de diamètre et jusqu'à un million de fois la masse du Soleil, ou peut-être plus).

La chimie par laquelle se forment les molécules interstellaires est totalement différente de celle de nos laboratoires. À l'exception de quelques molécules comme H_2 qui se forment par catalyse sur les grains de poussière interstellaire, les molécules interstellaires sont synthétisées dans le gaz par des réactions faisant intervenir des ions atomiques ou moléculaires (on observe d'ailleurs quelques-uns de ces ions moléculaires, comme HCO^+ et N_2H^+). Ceci peut paraître paradoxal : les nuages moléculaires sont si opaques que le rayonnement ultraviolet, le facteur habituel d'ionisation, ne peut y pénétrer. Cependant cette opacité est en réalité un facteur favorable, car sinon le rayonnement ultraviolet dissocierait les molécules complexes plus rapidement qu'elles ne se forment. En fait, l'ionisation est due aux rayons cosmiques, qui pénètrent sans encombre à l'intérieur des nuages moléculaires et arrachent leurs électrons aux atomes d'hydrogène et d'hélium (les plus abondants de tous). Ils forment ainsi une petite quantité d'ions H^+ et He^+, qui sont les points de départ de presque toute la chimie interstellaire. Grâce aux efforts patients et conjugués de physiciens moléculaires, de physico-chimistes et d'astronomes, on comprend assez bien cette chimie, au moins dans ses grandes lignes.

C'est aussi grâce à de telles collaborations qu'ont pu être identifiées dans le milieu interstellaire des molécules si instables dans les conditions du laboratoire qu'elles n'y sont qu'à peine observables. Il est peu de domaines de recherche où le travail interdisciplinaire soit aussi nécessaire et aussi fructueux. L'aide que les astronomes reçoivent des physiciens et des chimistes est compensée par l'apport des observations astronomiques à la physique moléculaire, par exemple par l'étude de ces molécules instables, ou par la mesure très précise de la fréquence et de la structure des transitions moléculaires qui est rendue possible par l'extrême finesse des raies interstellaires.

Cependant l'euphorie des années 1970 et 1980 à propos de la chimie interstellaire s'est quelque peu refroidie quand on a découvert que beaucoup d'observations ne sont pas en accord avec les idées simples que je viens de mentionner. Tout d'abord il existe en dehors des nuages sombres des molécules complexes que l'on ne s'attend pas à trouver car elles sont rapidement détruites par le rayonnement ultraviolet des étoiles[41]. C'est donc qu'il y a des réactions chimiques capables de les produire en abondance pour compenser leur destruction. De telles réactions existent bien, mais elles nécessitent des températures élevées, de l'ordre de 1 000 K ; sans doute ces températures sont-elles atteintes au passage des ondes de choc, ou dans des endroits où se produit par intermittence une forte dissipation de la turbulence[42]. Tout cela reste à vérifier. Même dans les nuages moléculaires, tout ne va pas pour le mieux : certaines molécules dont on s'attend à ce qu'elles soient très abondantes, comme H_2O ou O_2, sont au contraire rares ou absentes. L'explication la plus raisonnable est que la matière de ces nuages est continuellement brassée par la turbulence, ce qui expose de temps en temps ces molécules à la surface où elles sont détruites par le rayonnement ultraviolet[43]. Ceci met en évidence l'importance de phénomènes dynamiques mal connus, dont la compréhension nécessite que l'on fasse encore des progrès dans l'étude de la turbulence.

La poussière interstellaire

La poussière, qui est intimement mélangée avec le gaz dans tout le milieu interstellaire, nous a également réservé des surprises. Cette poussière absorbe — c'est connu depuis longtemps — la lumière des étoiles. Étant ainsi chauffés à des températures qui restent en général assez basses — une trentaine de degrés K — les grains de poussière réémettent l'énergie absorbée dans l'infrarouge moyen et lointain, avec un maximum à des longueurs d'onde comprises entre 100 et 300 micromètres. La première surprise est que plus du tiers du rayonnement des étoiles d'une galaxie comme la nôtre est ainsi convertie en rayonnement infrarouge lointain : la poussière, qui est un composant pourtant bien mineur des galaxies (sa masse est moins du millième de celle des étoiles dans la nôtre), joue donc un grand rôle dans leur physique.

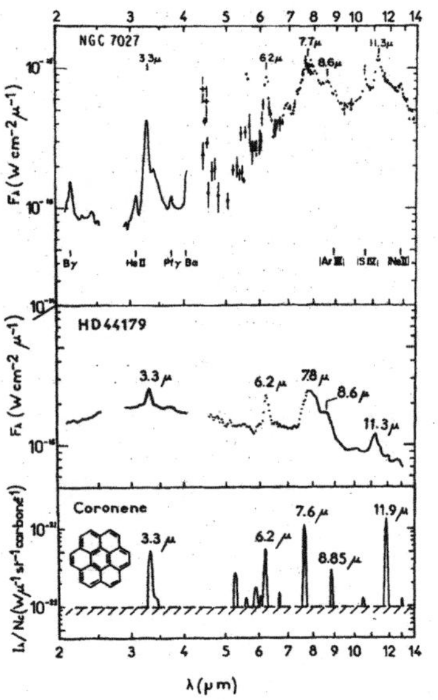

Figure 6.32. Identification des bandes infrarouges de certains objets avec des PAH[46]. De haut en bas le spectre de la nébuleuse planétaire NGC 7027, celui de la protonébuleuse planétaire HD 44179 (objet intermédiaire entre une géante rouge de la branche asymptotique et une nébuleuse planétaire), et le spectre de laboratoire d'un PAH, le coronène, dont la formule chimique est indiquée. Remarquer la correspondance assez bonne entre les bandes dans les trois spectres.

L'autre surprise est la présence d'une émission dans l'infrarouge proche qui provient de régions où le rayonnement stellaire n'est pas intense et où les poussières devraient être froides, donc ne devraient émettre que dans l'infrarouge lointain d'après la loi de Planck. L'astronome américaine Kris Sellgren, qui a découvert cette émission en 1984, a proposé qu'elle soit due à des très petits grains de poussière ne comprenant que quelques dizaines d'atomes[44] : lorsqu'un tel grain absorbe un photon ultraviolet, il est porté immédiatement à une température élevée, plusieurs centaines ou même un millier de degrés K, et se refroidit en quelques secondes en émettant un rayonnement dans l'infrarouge proche. La même année, les Français Alain Léger et Jean-Loup Puget (Fig. 6.32), suivis de Louis Allamandola, Alexander Tielens et John R. Barker aux États-Unis[45], suggéraient que ces petits grains sont des grosses molécules aromatiques formées d'un certain nombre de cycles benzéniques, dites PAH pour, en anglais, *Polycyclic Aromatic Hydrocarbons*.

Cette hypothèse devait être amplement confirmée par les observations ultérieures, notamment celle des satellites d'observation infrarouge IRAS puis ISO, même si certains détails ne sont pas encore bien compris (Fig. 6.33). Les observations avec ISO ont permis d'assez bien connaître la composition de grains interstellaires plus gros, qui sont

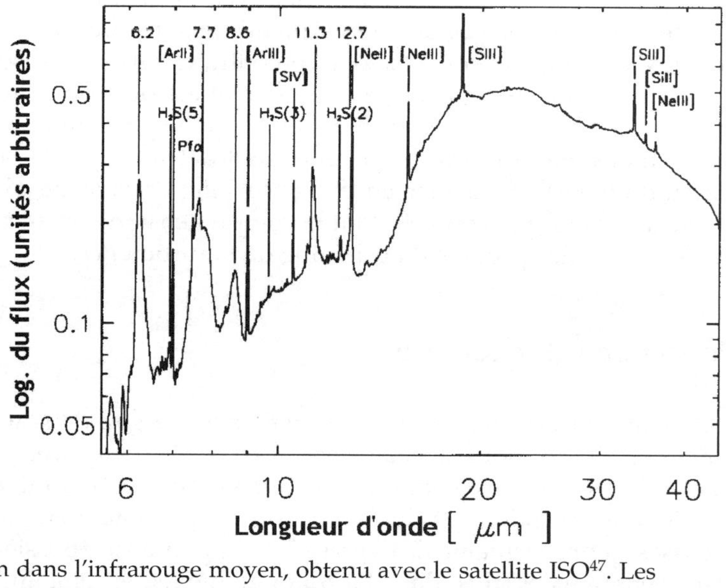

Figure 6.33. Spectre de la Nébuleuse d'Orion dans l'infrarouge moyen, obtenu avec le satellite ISO[47]. Les nombreuses raies interdites identifiées entre crochets sont produites par le gaz ionisé de la nébuleuse, ainsi que la raie de l'hydrogène Pfund α (indiquée Pfα). L'émission continue sous-jacente est due à la poussière interstellaire chauffée par le rayonnement stellaire, dans la nébuleuse elle-même et surtout dans l'interface entre cette nébuleuse et un nuage sombre situé à l'arrière. Cette émission apparaît dans l'infrarouge moyen lorsque le champ de rayonnement ultraviolet est supérieur à environ 1 000 fois celui qui règne dans la région de la Galaxie qui nous entoure[48]. C'est également dans cette interface que sont émises les bandes intenses à 6,2, 7,7, 8,6, 11,3 et 12,7 μm, qui sont dues aux grosses molécules polyaromatiques.

faits de silicates ou de carbone (graphite) et sont souvent recouverts d'un manteau solide de glace d'eau, d'ammoniac, de méthane, d'alcool méthylique, de monoxyde et de dioxyde de carbone, etc. (Fig. 6.34). Les noyaux de silicates ou de graphite sont formés par condensation dans l'atmosphère des étoiles géantes rouges qui les ont éjectés dans leur vent, et sont également issus des novae et des supernovae[i]. Quant au manteau qui les recouvre éventuellement, il provient du gel de molécules interstellaires sur les grains très froids dans les nuages moléculaires. Lorsque les étoiles se forment dans ces nuages — nous allons y venir — le gaz et les grains de poussière sont les matériaux de base de l'étoile et de son cortège planétaires ; les grains forment le matériau des comètes et certains sont même inclus dans les météorites, comme nous l'avons vu au début de ce chapitre. Ainsi les grains, comme le gaz, sont recyclés dans les étoiles, et les éléments lourds du Soleil, des planètes … et de notre corps ont un jour été contenus dans la poussière interstellaire.

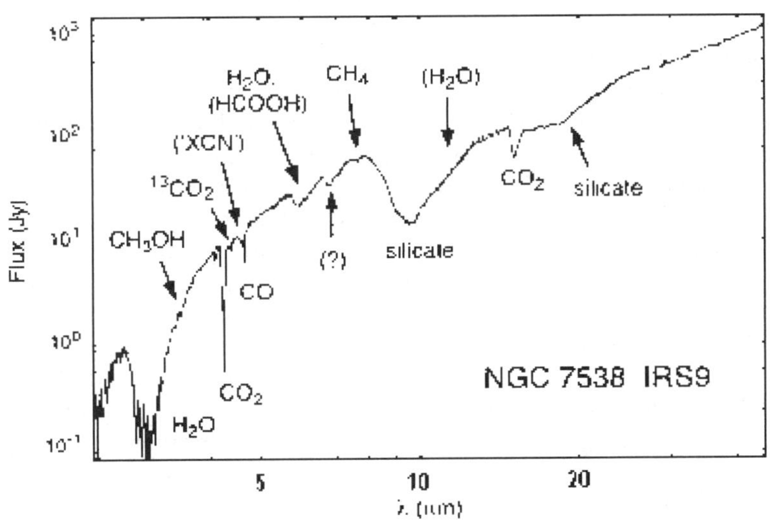

Figure 6.34. Spectre infrarouge dans la direction d'une étoile jeune massive, obtenu avec le satellite ISO[49]. Ici l'on observe de nombreuses bandes d'absorption produites dans la matière d'un nuage sombre interposée entre l'étoile, qui est un fort émetteur infrarouge, et nous. Elles révèlent la nature des grains de poussière interstellaire dans ce nuage : on voit deux bandes des silicates qui forment le noyau des grains, et des bandes de différentes molécules sous forme de glace, déposées sur ces noyaux. La molécule désignée comme « XCN » a été ultérieurement identifiée comme étant OCN^-. Le graphite qui constitue probablement d'autres grains n'est pas détectable dans ce domaine spectral.

La formation des étoiles[50]

L'observation des molécules et des grains interstellaires nous ouvre par ailleurs la connaissance d'un phénomène fondamental et encore très mal compris : la formation des étoiles. Il est certain, en effet, que les étoiles naissent au sein des nuages moléculaires. Ceux-ci étant totalement opaques à la lumière, l'observation optique ne peut pratiquement

[i] Ceci ne semble pas suffire pour compenser la destruction des grains dans le milieu interstellaire et lors de la formation des étoiles : nous avons de fortes indications que les grains sont aussi formés dans le milieu interstellaire lui-même.

rien nous apprendre sur ce phénomène : tout au plus commençons-nous à voir les étoiles lorsqu'elles ont réussi à dissiper ce qui reste de la matière interstellaire qui leur a donné naissance, mais leur évolution est alors déjà bien entamée. Cependant les ondes radio et l'infrarouge lointain traversent sans atténuation les nuages les plus épais et permettent donc d'en étudier l'intérieur. Les régions qui sont en train de s'effondrer sous leur propre gravité pour former des étoiles émettent des raies moléculaires dont l'étude permet en principe de connaître la composition, la température, la densité et la vitesse d'effondrement. D'autre part, les poussières qui sont mélangées avec le gaz rayonnent dans l'infrarouge, et l'on peut observer ce rayonnement même s'il provient des profondeurs du nuage. Les ondes millimétriques et submillimétriques et l'infrarouge peuvent donc contribuer à connaître les processus complexes qui régissent la formation des étoiles.

Nos connaissances sur les premières phases sont cependant encore bien incomplètes, et proviennent en grande partie de modèles théoriques et d'expériences numériques. Il est très difficile, en effet, de « voir » directement une étoile au début de sa formation, et ce n'est que récemment que l'on a commencé à obtenir des observations convaincantes de l'effondrement de la matière sous sa propre gravité, qui est préalable à la formation de l'étoile[51]. Les étapes ultérieures sont mieux observées, que ce soit en radio avec des interféromètres millimétriques comme celui de l'IRAM, ou en infrarouge avec des satellites comme ISO et au sol avec de grands télescopes[52] (Encadré 6.4). Le fait le plus frappant est que le matériau du nuage continue à tomber sur l'étoile bien après que les réactions nucléaires aient commencé en son sein, formant un disque d'accrétion dont le moment angulaire de rotation est partiellement éliminé par l'émission de spectaculaires jets de matière. Le disque d'accrétion finit par disparaître presque entièrement, laissant derrière lui un disque bien moins important à partir duquel se forment les planètes, le disque protoplanétaire ; mais nous n'avons pas encore réussi à observer directement la formation de planètes, ce qui relèvera de l'interférométrie. Même certaines naines brunes sont entourées d'un disque protoplanétaire. À l'exception de ces naines brunes, les étoiles évoluent ensuite en se contractant encore jusqu'à rejoindre la séquence principale du diagramme de Hertzprung-Russell — une phase étudiée dès 1950 par le Japonais Chushiro Hayashi[53] : on les nomme alors étoiles T Tauri, du nom de leur prototype.

Encadré 6.4. La formation des étoiles

Comme les nuages interstellaires au sein desquels se forment les étoiles sont totalement opaques à la lumière visible, ce n'est que grâce aux observations dans l'infrarouge et en ondes radio, confrontées à des modèles théoriques, que l'on est parvenu assez récemment à savoir ce qui se passe lors des toutes premières étapes de la vie des étoiles (Fig. 6.35) : le satellite ISO et les interféromètres millimétriques, notamment celui de l'IRAM, ont joué pour cela un rôle crucial. L'effondrement gravitationnel du nuage initial produit une augmentation de densité et un échauffement de sa région centrale, formant ainsi un cœur dense. Même en ondes millimétriques où le nuage est assez transparent, bien plus qu'en infrarouge, on ne peut voir que la surface de ce cœur, dont la température n'est au début que de l'ordre de 10 à 20 K. Sa température augmente ensuite légèrement car il continue à se contracter, et l'on commence souvent à observer l'émission de jets de matière de part et d'autre de la protoétoile, dont on a vu dans le texte que le rôle est d'évacuer le moment angulaire de rotation qui empêcherait la contraction de se poursuivre : l'objet est alors dit de Classe 0. Quelque temps après (objet de Classe I), l'étoile s'est formée et les réactions thermonucléaires s'y sont allumées ; elle apparaît dans l'infrarouge entourée d'un disque d'accrétion, tandis que les jets continuent à être émis. Par la suite (objet de Classe II), les jets disparaissent et l'étoile, devenue une étoile T Tauri d'après le nom du prototype de cette classe, est visible optiquement tout en restant entourée du disque d'accrétion. Celui-ci disparaît progressivement, peut-être par formation de planètes (Classe III), puis l'étoile arrive sur la séquence principale à la fin de la phase de contraction d'Hayashi. Tout cela prend quelques centaines de millions d'années pour une étoile dont la masse est de l'ordre de celle du Soleil, moins si elle est plus massive. La formation des étoiles de très grande masse est certainement bien plus rapide, mais elle est beaucoup moins bien connue que celle des étoiles de petite masse. La formation des étoiles binaires doit certainement présenter des différences avec celle des étoiles simples, mais elle reste à étudier.

Quant aux étoiles chaudes et massives, elles ionisent l'intérieur du « cocon » où elles sont nées, formant ce que l'on appelle une nébuleuse gazeuse (appelée aussi région HII) ultracompacte (Fig. 6.36), que l'on ne peut guère étudier qu'en radio pour l'instant. Elles finissent par apparaître à nos yeux toutes formées, après qu'elles ont partiellement dissipé la matière qui les entoure.

La proportion dans laquelle se forment les étoiles des différentes masses — ce que les spécialistes appellent la *fonction initiale de masse* — présente un grand intérêt dans l'étude de l'évolution des galaxies. La théorie n'est pas d'un grand secours pour prédire cette fonction, car il est très difficile de prévoir comment les nuages moléculaires se fragmentent pour donner les étoiles ; sans doute la turbulence joue-t-elle un grand rôle dans ces processus. Quoi qu'il en soit, toutes les observations montrent que la fonction initiale de masse est la même partout dans notre Galaxie, que ce soit dans les amas d'étoiles des différents

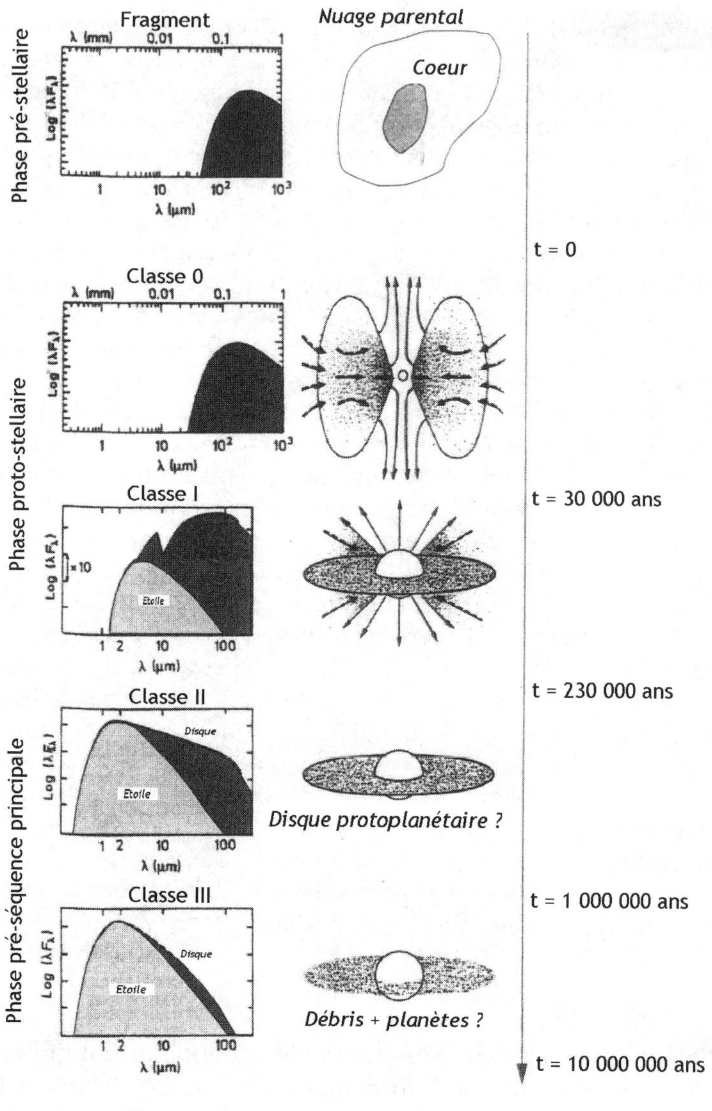

Figure 6.35. Schéma de la formation d'une étoile, d'après Philippe André[54]. Au milieu, les aspects successifs. À droite, une échelle de temps très approximative. À gauche, le spectre émis : l'émission de la poussière est en noir, et celle de l'étoile après sa formation en grisé. Dans la phase pré-stellaire (en haut), un cœur dense est formé dans un nuage moléculaire et se contracte lentement ; sa température est de 10 à 20 K, aussi bien pour la poussière que pour le gaz, et l'on observe l'émission thermique de sa poussière en ondes submillimétriques et millimétriques, ainsi que les raies émises par les molécules de son gaz (non représentées). Dans la phase proto-stellaire, la matière qui formera l'étoile se rassemble dans un disque épais en rotation, qui commence à perdre son moment angulaire en émettant un jet de part et d'autre le long de l'axe de rotation. La matière s'échauffe mais sa température ne dépasse pas 70 K et l'émission n'est encore que dans l'infrarouge lointain. Puis l'étoile commence à se former et sa surface est portée à une température de plusieurs centaines de K, si bien qu'elle émet dans l'infrarouge moyen ; le disque, maintenant bien formé, est à environ 70 K et émet dans l'infrarouge lointain ; de la matière continue à tomber sur le système. Dans la phase pré-séquence principale, les réactions nucléaires s'amorcent dans l'étoile qui atteint le stade T Tauri. Sa température est de 1 000 à 3 000 K et elle devient visible optiquement car le disque commence à se dissiper. Plus tard, il ne reste plus grand chose du disque où des planètes se sont peut-être formées. Ce stade est encore mal connu.

types ou pour les étoiles dites du champ, en dehors des amas[56]. Bien entendu, comme les étoiles massives évoluent beaucoup plus vite que les étoiles de faible masse, il ne reste dans les vieux amas stellaires, c'est-à-dire les amas globulaires, que les étoiles peu massives, dont la masse est inférieure à 0,8 fois la masse du Soleil pour les plus anciens, dont l'âge est proche de 13 milliards d'années. Dans les amas les plus jeunes comme celui qui se trouve dans la Nébuleuse d'Orion, les étoiles massives très lumineuses se trouvent invariablement accompagnées d'étoiles de toutes masses, y compris de naines brunes. Il faut bien entendu de très grands télescopes, ou le télescope spatial Hubble, pour arriver à voir ces étoiles très faibles à côté des « phares » que sont les étoiles les plus massives, et l'observation doit de préférence se faire

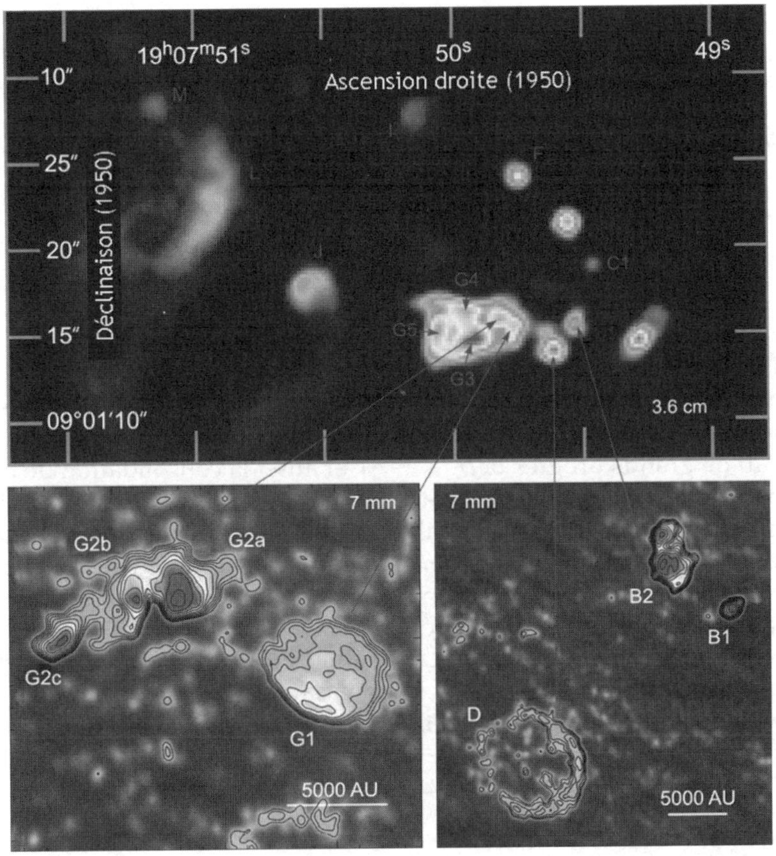

Figure 6.36. Nébuleuses gazeuses ultracompactes observées en radio[55]. Au dessus, une image radio de la région galactique W49A obtenue avec le Very Large Array à 3,6 cm de longueur d'onde. On y voit l'émission du gaz ionisé de plusieurs petites nébuleuses gazeuses. Les deux images du dessous sont des vues à grande échelle de quelques-unes d'entre elles à 7 mm de longueur d'onde, toujours obtenues avec le VLA ; l'intensité est représentée à la fois par des courbes de niveau et des niveaux de gris. Les objets ont une taille d'environ 5 000 unités astronomiques (UA, soit la distance de la Terre au Soleil). Chacun d'eux est ionisé par une seule étoile de grande masse, qui vient de s'y former. Optiquement, on ne voit rien dans toute la région.

dans l'infrarouge car les poussières absorbent très souvent leur rayonnement visible.

La masse maximale que peuvent atteindre les étoiles à leur naissance a été longtemps discutée. La théorie est encore incapable de la prédire, et il faut ici recourir à l'observation. On a cru quelque temps que l'objet central de l'amas d'étoiles jeunes 30 Doradus, dans le Grand Nuage de Magellan (voir Figs. 5.7 et 4.12), dénommé R 136, avait une masse énorme, environ 2 000 fois celle du Soleil, ce qui en aurait fait l'étoile la plus massive connue. Cependant l'interférométrie des tavelures a permis, en 1985, de résoudre cet objet en au moins huit étoiles très proches les unes des autre, dont la masse individuelle ne pouvait guère dépasser 100 à 200 masses solaires[57]. Ce résultat a été confirmé et étendu par d'autres observations avec le télescope spatial Hubble et en optique adaptative : R 136 est en fait un amas de plus de 400 étoiles très jeunes, auxquelles s'ajoutent probablement des milliers d'étoiles inobservables de faible masse, le tout dans un diamètre de 5 années-lumière seulement. À partir de 1987, les observations du Français Mohammad Heydari-Malayeri et des Américains Nolan Walborn et Philip Massey, entre autres, ont permis de découvrir un grand nombre de cas analogues, dont celui de l'amas très obscurci NGC 3603 qui est l'équivalent de R 136 dans notre Galaxie[58]. Il est maintenant clair qu'il n'existe pas d'étoiles de masse supérieure à une centaine de fois celle du Soleil, et aussi que ces amas stellaires jeunes et compacts sont les précurseurs des amas globulaires.

Données nouvelles sur notre Galaxie[59]

Le disque galactique

Nous abordons maintenant la structure de notre Galaxie. Comme la physique stellaire, c'est un domaine de recherche déjà ancien qui a connu de grands progrès depuis 1970, et aussi la consolidation de certains résultats peu clairs grâce à des observations systématiques plus nombreuses et de meilleure qualité. C'est le cas de la cartographie de la structure spirale de la Galaxie, obtenue à l'Observatoire de Marseille par Yvonne et Yvon Georgelin en combinant des observations optiques et radio-astronomiques, et améliorée récemment au point sans doute de la rendre définitive (Fig. 6.37). Un résultat du même genre est la mise en évidence d'un gradient radial dans la composition chimique du disque de notre Galaxie : en effet tant les étoiles que le gaz contiennent

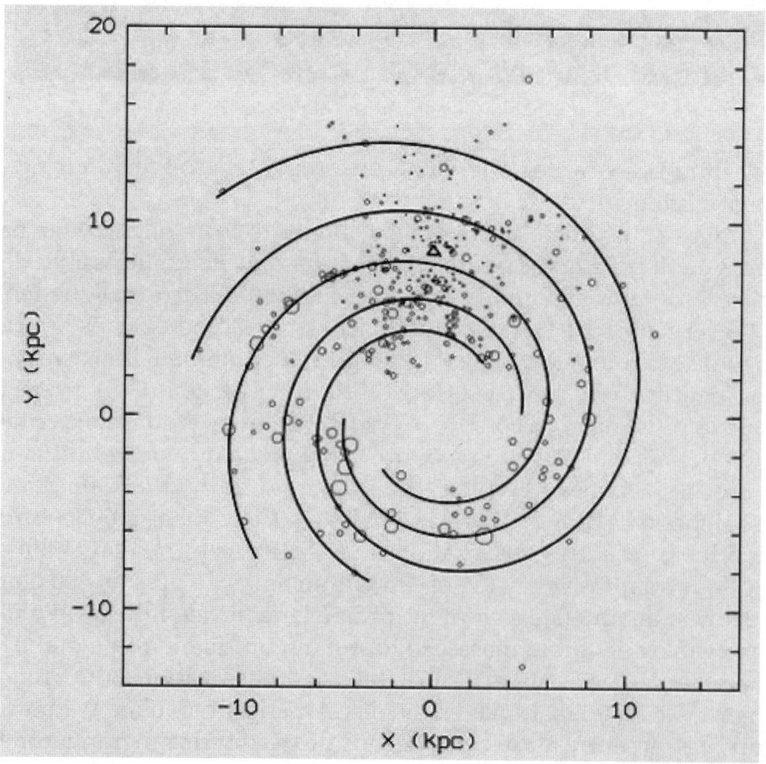

Figure 6.37. Schéma de la structure spirale de la Galaxie[63]. Les cercles symbolisent les nébuleuses gazeuses de distance connue, leur taille étant liée à l'importance de l'objet. La position du Soleil est représentée par un triangle. Le meilleur ajustement des positions des nébuleuses est donné par une spirale à 4 bras. Comparer à la figure 2.24, qui est beaucoup moins sûre.

moins d'éléments lourds (par rapport à l'hydrogène) dans les zones extérieures de la Voie lactée que dans l'intérieur[60]. Enfin de patients travaux de photométrie et de spectroscopie accomplis depuis des années par des astronomes danois, suisses et suédois avec de petits télescopes spécialisés, joints aux mesures de distance et de mouvement des étoiles par le satellite HIPPARCOS, fournissent une base de données extrêmement complète sur les étoiles du voisinage solaire, qu'il ne reste plus qu'à exploiter[61]. Les résultats préliminaires confirment ce que l'on soupçonnait : l'évolution de la région voisine du Soleil ne peut en aucune manière être expliquée par les théories simples que l'on avait échafaudées à cet effet[62]. C'est un exemple des travaux de longue haleine qui sont nécessaires pour comprendre notre Galaxie ; d'autres sont les relevés systématiques du ciel menés dans l'infrarouge avec d'autres petits télescopes spécialisés (DENIS, piloté par la France, et 2MASS aux États-Unis), ou dans le domaine visible avec les caméras à grand champ dont sont maintenant munis beaucoup de télescopes de 2 à 4 m de diamètre.

La juxtaposition d'observations à différentes longueurs d'onde est également capable de nous apporter d'autres renseignements de première importance sur le disque de notre Galaxie. Par exemple, la combinaison d'observations radio dans la raie à 21 cm et dans la raie de la molécule CO à 2,6 mm de longueur d'onde avec les observations en infrarouge du satellite IRAS et celles en rayons gamma des satellites COS-B et CGRO nous donne une vue complète de la distribution de la matière interstellaire et des rayons cosmiques dans la Galaxie[64]. Sans entrer dans les détails, le résultat est que le centre galactique est une région finalement assez peu spectaculaire malgré la présence de gros complexes moléculaires ; des observations récentes avec le satellite INTEGRAL ont montré que son intense émission de rayons gamma ne provient pas de la matière interstellaire, mais de nombreuses sources ponctuelles de nature encore indéterminée. Mais il existe une zone de formation d'étoiles extrêmement active, située à peu près à mi-distance entre le centre et nous. Cette région apparaît de façon évidente dans la distribution de presque toutes les quantités caractéristiques de la structure galactique, à l'exception curieusement de celles qui sont le plus anciennement connues : en effet, ni la masse totale, qui est déduite de l'étude de la rotation et est dominée par les étoiles vieilles, ni le gaz atomique révélé par la raie à 21 cm, ne présentent de maximum dans cette région.

Je ne m'étendrai pas davantage sur le disque galactique, et parlerai de résultats nouveaux et souvent inattendus concernant deux régions différentes de la Galaxie : le halo et le noyau.

L'origine du halo stellaire de la Galaxie

On sait depuis longtemps que notre Galaxie ne se réduit pas à son disque, mais qu'elle est entourée par un système plus ou moins sphérique d'étoiles : le halo. Les amas globulaires d'étoiles, vieux et pauvres en éléments lourds, en sont les premiers éléments, mais d'autres se sont ajoutés : des étoiles isolées, peut-être échappées quelquefois des amas globulaires, du gaz, des électrons de très haute énergie maintenus par un champ magnétique, et enfin de la matière noire de nature inconnue, dont la masse totale est au moins dix fois supérieure à celle du disque galactique. Examinons ces composantes tour à tour, car elles ont toutes posé des questions dont l'histoire est intéressante et souvent inattendue.

Les étoiles du halo, qu'elles appartiennent ou non à des amas globulaires, ont pour caractéristique d'être toutes très vieilles et de posséder beaucoup moins d'éléments lourds que les étoiles du disque. On a donc tout naturellement pensé que ces étoiles avaient été formées tout au début de l'histoire de la Galaxie dans le nuage de gaz plus ou moins sphérique qui lui a donné naissance, qui n'avait pas encore été enrichi en éléments lourds[j], tandis que le reste du gaz s'amassait progressivement en un disque où il a engendré, et engendre encore, les autres étoiles[65]. Mais il est curieux de constater que le halo de notre grande voisine, la galaxie d'Andromède, est constitué d'étoiles beaucoup plus riches en éléments lourds que le halo de notre Galaxie. D'autre part, il y a une grande diversité dans les abondances en éléments lourds des étoiles du halo galactique. Tout ceci jette un doute sur ce scénario, qui est aujourd'hui abandonné. On estime au contraire que le halo résulte de la capture par la Galaxie de petites galaxies voisines, formées il y a longtemps. Il y en effet autour de la Galaxie, outre nos deux galaxies satellites bien connues, les Nuages de Magellan, une douzaine de petites galaxies peu spectaculaires, dites galaxies elliptiques naines, qui sont faites d'étoiles semblables à celles du halo. Nous assistons actuellement à la capture d'une de ces galaxies, la galaxie du Sagittaire.

L'histoire de la découverte de cette galaxie est assez curieuse. Lors d'une de nos missions d'observation au télescope CFHT à Hawaii, mon collègue Marc Azzopardi et moi-même avons eu l'idée d'observer des régions voisines du centre de notre Galaxie, dans la constellation du Sagittaire, où la poussière interstellaire n'absorbe pas trop la lumière des étoiles ; nous avons eu la surprise d'y découvrir des étoiles d'un type particulier, dites étoiles carbonées, que l'on ne s'attendait pas à trouver dans les régions centrales de notre Galaxie[66]. C'est une des découvertes les plus intéressantes de ma vie, dont je dois préciser qu'elle a été faite par hasard, en dehors du programme principal pour lequel nous avions obtenu du temps de télescope ! Persuadés que ces étoiles appartenaient aux régions centrales de la Galaxie, nous avons

---

[j] Il n'est pas inutile de rappeler que la composition chimique de la surface d'une étoile, qui est celle que l'on détermine par spectroscopie, est sauf exceptions celle de la matière interstellaire qui lui a donné naissance : les produits de la nucléosynthèse qui prend place dans l'intérieur de l'étoile n'arrivent à la surface que très tard dans l'évolution stellaire.

essayé de comprendre les raisons de leur présence avec l'aide d'un des meilleurs spécialistes de ce type d'étoiles, le Suédois Bengt Westerlund, sans arriver à des résultats vraiment convaincants.

Les choses en restèrent là jusqu'à ce que des astronomes de Cambridge en Angleterre découvrissent dix ans plus tard, en étudiant systématiquement des plaques photographiques à grand champ, une galaxie elliptique naine très peu lumineuse et assez étendue sur le ciel de part et d'autre du centre galactique, qu'ils baptisèrent galaxie du Sagittaire[67]. Cette galaxie est à 80 000 années-lumière de nous, donc loin de l'autre côté du centre galactique qui est à 30 000 années-lumière, et il fut tout de suite clair que les étoiles carbonées que nous avions découvertes se trouvaient en réalité faire partie de cette galaxie : elles étaient donc intrinsèquement sept fois plus lumineuses que si elles avaient fait partie des régions centrales de la Galaxie (dans le rapport du carré des distances). Leur luminosité était alors semblable à celle des étoiles du même type que l'on peut observer dans les autres galaxies satellites de la nôtre, et notre problème était résolu. La galaxie du Sagittaire, qui est en train d'être capturée par notre Galaxie, a déjà laissé derrière elle des amas globulaires qui font maintenant partie du halo galactique. Nous avons aujourd'hui beaucoup d'autres preuves que les étoiles du halo proviennent de telles captures. Il en est de même des étoiles qui forment le faible halo lumineux qui est visible de part et d'autre du disque de certaines galaxies vues par la tranche.

Quelle que soit leur provenance, les étoiles du halo les plus déficientes en éléments lourds doivent avoir la même composition chimique que la matière à partir de laquelle se sont formées notre Galaxie et ses voisines. Malgré tous les efforts, on n'a pas réussi à trouver d'étoile complètement dépourvue d'éléments lourds, ce qui prouve que cette matière avait déjà été enrichie par une première génération d'étoiles. Grâce à des observations spectroscopiques très détaillées des étoiles du halo les plus pauvres en éléments lourds, faites avec le VLT de l'ESO par les Français Roger Cayrel, François et Monique Spite et leurs collaborateurs, on connaît maintenant la composition chimique de cette matière primitive : elle est semblable à celle de la matière qui est éjectée par l'explosion finale d'étoiles de quelques dizaines de fois la masse du Soleil[68]. Ainsi les premières étoiles apparues dans l'Univers étaient-elles des étoiles de grande masse, dont l'explosion comme supernova sera probablement détectable avec le successeur du télescope spatial Hubble, le James Webb Space Telescope (JWST) qui devrait être lancé en 2011.

Le halo gazeux

Il existe aussi autour de notre Galaxie un halo de gaz. Depuis longtemps, les radioastronomes ont observé loin du plan galactique des nuages de gaz froid, qui émettaient la raie de l'hydrogène atomique à 21 cm de longueur d'onde. L'origine de ce gaz n'était cependant pas

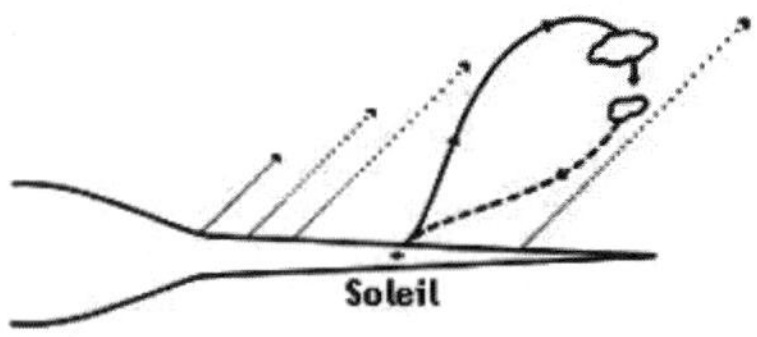

Figure 6.38. Schéma de la fontaine galactique[71]. Le gaz chaud issu du disque galactique monte dans le halo (lignes pointillées avec flèche). La ligne en gras indique le cycle au cours duquel le gaz a une trajectoire ascendante, avant de se contracter en se refroidissant : il se forme alors des nuages ionisés, puis neutres car les ions et les électrons libres s'y recombinent. Ils finissent par retomber sur le disque.

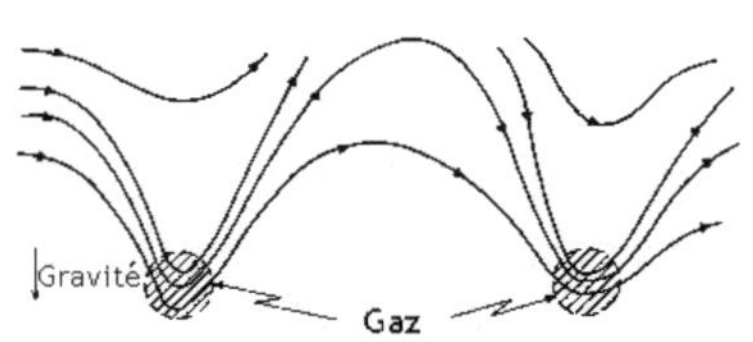

Figure 6.39. Schéma de l'instabilité de Parker[73]. Dans les régions du disque galactique qui contiennent peu de gaz, la pression des particules du rayonnement cosmique gonfle ce gaz, et avec lui le champ magnétique : il en résulte une déformation des lignes de force magnétiques, symbolisées ici par des courbes avec flèches. Dans des cas extrêmes, les lignes de force s'ouvrent vers l'extérieur, et le gaz et les rayons cosmiques peuvent sortir de la Galaxie. Sinon (cas représenté ici), le gaz ainsi poussé vers le halo peut retomber vers le disque sous l'effet de la gravité en glissant le long des lignes de force du champ magnétique, et s'accumuler dans les régions proches du plan : les régions déjà denses deviennent encore plus denses. Il y a donc une instabilité à grande échelle, que l'on appelle instabilité de Parker. Ces accumulations de gaz dense favorisent la formation d'étoiles.

claire. Nous savons depuis peu que certains de ces nuages ont une composition chimique semblable à celle du gaz du disque galactique, tandis que d'autres, plus pauvres en éléments lourds, doivent provenir de l'extérieur et sont en train d'être capturés par la Galaxie[69]. Dès 1956, Spitzer avait remarqué que leur propre gravité n'était pas suffisante pour empêcher ces nuages de se disperser, et qu'une pression extérieure était nécessaire pour les contenir. Il a imaginé que cette pression était celle d'un gaz très chaud et très dilué, qui proviendrait des restes de supernovae[70]. Cette intuition devait se révéler exacte, mais il a fallu attendre une vingtaine d'années pour que le gaz chaud soit détecté directement par son émission de rayons X et par les raies d'absorption que les ions qu'il contient produisent dans le spectre des étoiles du halo.

Le gaz du halo joue un grand rôle dans l'évolution de la Galaxie. D'une part, les nuages qui arrivent de l'extérieur alimentent le disque galactique en gaz pauvre en éléments lourds, à partir duquel se formeront de nouvelles étoiles. D'autre part, le gaz très chaud issu des supernovae, en se refroidissant, se contracte en nouveaux nuages qui retombent sur le disque galactique à quelque distance de l'endroit d'où le gaz est issu, ce qui produit un mélange des différentes parties du gaz du disque (Fig. 6.38). Ces phénomènes, qui impliquent de grandes quantités de gaz, affectent profondément l'évolution du disque et la formation des étoiles. De fait, nous ne pouvons pas comprendre cette évolution, et le gradient de composition chimique dans le disque galactique, sans faire intervenir ces échanges de matière.

Le halo de la Galaxie est également rempli de particules de haute énergie, qui forment le rayonnement cosmique. Parmi ces particules, les électrons émettent des ondes radio par le mécanisme synchrotron dans le champ magnétique de la Galaxie, ce qui donne une émission radio étendue loin du plan de la Voie lactée ; on observe également cette émission dans d'autres galaxies spirales qui sont vues par la tranche (j'en ai parlé en détail au chapitre 2). C'est le gaz du halo qui sert de support au champ magnétique nécessaire à cette émission, champ qui est créé par les courants électriques qui circulent dans ce gaz : en effet, le gaz du halo est conducteur de l'électricité car il est partout partiellement ou totalement ionisé. Le champ magnétique empêche les particules chargées du rayonnement cosmique de s'échapper du halo (à quelques fuites près), car leurs trajectoires sont enroulées autour des lignes de force du champ. Le halo galactique sert donc de réservoir pour ces particules cosmiques, qui sont accélérées dans les restes de supernovae. Ces idées sont dues aux Russes L.V. Ginzburg (prix Nobel pour d'autres recherches) et S.I. Syrovatskii[72] et à l'Américain Eugene Parker. Ce dernier a montré que la pression des rayons cosmiques dans le disque galactique pousse vers le halo une partie du champ magnétique et du gaz des régions peu denses du disque. Il en résulte une instabilité à grande échelle illustrée par la figure 6.39, qui joue un rôle fondamental dans la formation des étoiles.

La matière noire dans la Galaxie

Enfin, le halo galactique contient la matière noire de la Galaxie. Ce terme désigne une composante autre que les étoiles et le gaz, qui ne se manifeste que par sa gravitation. Comment a-t-elle été mise en évidence ? Nous avons vu au chapitre 2 que le disque de la Galaxie est en rotation sur lui-même : chaque point est en équilibre entre l'attraction des régions internes et la force centrifuge, que l'on peut aisément évaluer connaissant la vitesse de rotation. Dans les régions les plus extérieures du disque, où il n'y a en apparence presque plus de matière, on s'attendrait à ce que la vitesse de rotation diminue comme l'inverse de la racine carrée de la distance au centre galactique, conformément à la loi de Kepler. Il n'en est rien : la vitesse de rotation reste sensiblement constante dans les régions les plus extérieures du disque, jusqu'à 50 000 années-lumière au moins du centre[74]. Ceci implique qu'il y a encore beaucoup de masse dans les régions extérieures de la Galaxie, même dans des régions où l'on ne voit pratiquement plus d'étoiles[k].

Diverses déterminations de la masse totale de la Galaxie, qui reposent sur la dynamique des amas globulaires et des galaxies elliptiques naines, concluent qu'elle doit être proche de 10^{12} fois la masse du Soleil, soit environ 10 fois plus que la masse combinée des étoiles et de la matière interstellaire. On est donc conduit à l'idée, proposée pour la première fois dès 1974[75], qu'il existe de la masse supplémentaire, sous la forme d'une matière invisible et de nature inconnue, dite *matière noire*. Zwicky avait déjà proposé l'existence d'une telle matière, mais dans les amas de galaxies. Des considérations dynamiques montrent que la matière noire n'est pas entièrement confinée dans le disque mais a une distribution plutôt sphérique, encore qu'une fraction importante puisse se trouver dans les régions extérieures du disque. Bien entendu, on s'est aussitôt posé la question de sa nature. S'agit-il de trous noirs, d'étoiles peu lumineuses comme les naines blanches ou des planètes isolées, ou de particules élémentaires non encore détectées au laboratoire ?

Le Polonais Bohdan Paczynski a montré en 1986 comment on pourrait détecter des trous noirs, étoiles ou planètes dans le halo en observant leur effet de lentille gravitationnelle lorsqu'ils passent devant des étoiles plus lointaines[76] (voir Appendice 2). Comme il faut pour cela que les deux objets soient presque exactement alignés, de tels événements sont très peu fréquents : il faut donc observer un très grand nombre d'étoiles de fond pour espérer voir quelque chose. Ceci implique de faire à de nombreuses reprises des images avec le plus grand champ possible de régions où la densité d'étoiles lointaines est très grande : Nuages de Magellan, galaxie d'Andromède, ou régions centrales de notre Galaxie. On compare les

---

[k] Il est facile de montrer que si la vitesse de rotation est indépendante du rayon R dans la Galaxie, et que si la matière noire a une distribution sphérique, sa masse à l'intérieur de ce rayon est sensiblement proportionnelle à R, et sa densité au rayon R est proportionnelle à $1/R^2$. La matière noire est donc assez concentrée, mais il y en a encore beaucoup aux grands rayons.

images prises à différentes époques jusqu'à ce que l'on détecte la variation de l'éclat d'une ou plusieurs étoiles qui caractérise l'effet de la lentille gravitationnelle. Il faut dans ce but mesurer sur chaque image l'éclat de *toutes* les étoiles, ce qui nécessite bien entendu des moyens de mesure et des moyens informatiques considérables. Plusieurs groupes de chercheurs, issus pour la plupart de la physique des particules où l'on a l'habitude de ces traitements de masse pour l'exploitation des clichés des chambres à bulles ou des chambres à étincelles, se sont lancés dans l'aventure avec des télescopes spécialisés : on peut citer les groupes français EROS et POINT-AGAPE, les groupes américains MACHO et MEGA, le consortium européen PLANET, le groupe polonais OGLE, le groupe japonais et néo-zélandais MOA, etc. Quelques événements ont bien été détectés par ces différents groupes, mais il est maintenant clair que seule une faible fraction de la matière noire du halo est formée de ces objets compacts[1]. Une autre possibilité est que la matière noire galactique soit en partie faite de petits nuages d'hydrogène[77]. De leur côté, des physiciens des particules tentent actuellement de découvrir diverses particules élémentaires nouvelles qu'ils désignent par le terme général de WIMP (en anglais, *Weakly Interacting Massive Particle*, soit particule massive à interaction faible), qui pourraient contenir l'essentiel de la masse : un des candidats favoris est le neutralino, une particule neutre dont l'énergie serait comprise entre une centaine et quelques milliers de milliards d'électron-volts. La détection des WIMPs paraît possible soit directement (expérience EDELWEISS), soit par l'observation de particules résultant de leurs interactions avec la matière (expériences AMANDA et ANTARES).

Le centre galactique et son trou noir

Le centre de la Galaxie est une région tout aussi intéressante que son halo. Bien que le noyau galactique soit très peu actif comparé à celui de certaines autres galaxies, son environnement est complexe et animé de mouvements violents. On y trouve un amas central d'étoiles très dense, qui contient de nombreuses étoiles nouvellement formées. Ce n'est que depuis peu que l'on a pu l'observer en détail dans l'infrarouge (les poussières interstellaires interposées absorbent complètement la lumière visible dans cette direction). On soupçonne depuis longtemps que le noyau lui-même est un trou noir de grande masse. Ces soupçons sont devenus une certitude depuis que les moyens d'observation ont permis d'abord de constater l'existence d'une source radio extrêmement compacte, dite Sagittarius A (en abrégé Sgr A), qui n'est autre que ce noyau (ou plus exactement son environnement immédiat), puis d'observer avec un grand degré de raffinement les mouvements du gaz et des étoiles aux alentours. On a d'abord vu que du gaz gravite autour

[1] Ces programmes ont cependant des sous-produits très intéressants concernant la détection et l'étude de différentes sortes d'étoiles variables, et aussi la découverte de planètes passant devant les étoiles autour desquelles elles orbitent.

du noyau avec une grande vitesse, et que la dispersion des vitesses des étoiles de l'amas central augmentait vers le noyau : ces deux observations montraient la présence d'une grande masse au centre de la Galaxie, de l'ordre de 3 millions de fois la masse du Soleil. Mais on ne pouvait pas encore affirmer qu'il s'agissait d'un trou noir.

Grâce à l'optique adaptative, un groupe d'astronomes allemands a pu observer le mouvement autour du noyau de plusieurs étoiles, dont une étoile qui passe seulement à 11 heures-lumière du noyau (Fig. 6.40) : l'étude de son orbite elliptique, parcourue en 15 ans, et de celle des autres étoiles, implique que la masse centrale est 2,9 ± 0,2 millions de masses solaires[78]. Comme le rayon de l'objet central est nécessairement inférieur à ces 11 heures-lumière, on ne voit pas ce qu'il pourrait être d'autre qu'un trou noir : aucune autre hypothèse n'est plausible. Assez curieusement, ce trou noir paraît nu, sans disque d'accrétion notable, bien qu'il soit entouré de particules de haute énergie responsables de l'émission radio de Sgr A et qu'il émette des rayons X. Mais on a observé récemment des variations rapides de l'émission infrarouge du noyau qui pourraient être dues à de la matière gravitant très près du trou noir[79]. D'autres informations sur cet objet fascinant devraient être bientôt apportées par des observations interférométriques.

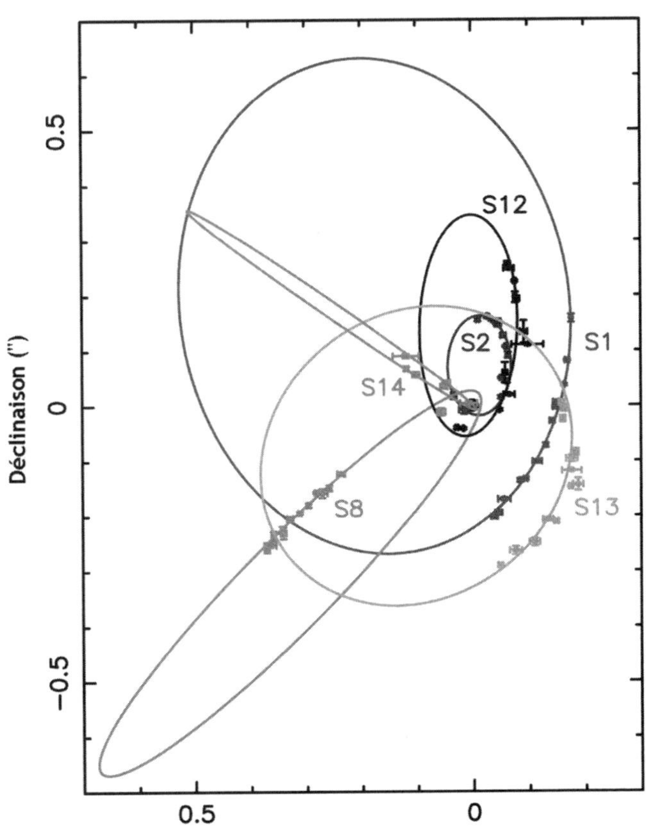

Figure 6.40. Orbites d'étoiles autour du trou noir central de la Galaxie[80]. Les points de mesure ont été obtenues par des observations infrarouges en optique adaptative menées pendant dix années à l'Observatoire européen austral (télescope de 3,6 m et VLT). Remarquer l'échelle de la figure. La période de révolution de ces étoiles, dont les positions successives observées sont indiquées par des points, est comprise entre 15 ans et plusieurs centaines d'années. Le trou noir central se trouve au foyer commun des ellipses des étoiles S2, S8, S12, S13 et S14 (seule l'ellipse S1, mal définie par les mesures, paraît poser problème). L'étoile S14 passe à seulement 11 heures-lumière du trou noir. On peut déduire du mouvement des étoiles la masse du trou noir central, qui est de 2,9 millions de fois la masse du Soleil.

Chapitre 7

Une vue contemporaine de l'Univers. II. Astronomie extragalactique et cosmologie

La physique des galaxies[1]

Tournons-nous maintenant vers les galaxies extérieures. Nous avons vu que le début de leur étude physique date des années 1950, période qui fut avant tout une période d'exploration où s'accumulèrent les données nouvelles : rotation des galaxies spirales, premières tentatives de détermination de leur masse et de celle des galaxies elliptiques, mise en évidence de phénomènes extraordinaires comme l'activité centrale de certaines galaxies et leur émission radio très intense. Mais la physique et l'évolution des galaxies, et même l'origine de leur morphologie, nous échappaient alors complètement. De toute façon, les observations n'étaient pas assez détaillées, sauf en optique, pour que la comparaison entre notre Galaxie et les galaxies extérieures ait pu être très profitable[a].

La plupart des progrès vraiment significatifs dans l'observation des galaxies proches ont été faits à partir de 1970. Les développements de l'instrumentation, tant au sol que dans l'espace, nous ont alors permis d'avoir une connaissance détaillée, quoique encore fragmentaire, de ces galaxies dont la comparaison avec la nôtre nous a beaucoup apporté. Par exemple, on a disposé de cartes à haute résolution de l'émission de la raie à 21 cm, donc de la distribution de l'hydrogène atomique, dans un certain nombre de galaxies spirales proches, cartes où la structure spirale est très visible (Fig. 7.1) ; l'étude de la raie à 21 cm nous a également renseigné sur la cinématique du gaz. Des observations dans les raies de la molécule CO (dont une importante partie a été effectuée par des chercheurs de notre pays) nous a informé sur la distribution des nuages moléculaires. De même, la distribution et la cinématique du gaz ionisé, et dans une certaine mesure celles des restes de supernovae, sont connues en détail dans de nombreuses galaxies spirales ou

[a] La découverte par Baade de l'existence de deux populations stellaires aux caractères très différents dans la galaxie d'Andromède a été une importante exception, en raison de ses répercussions sur la compréhension de notre propre Galaxie.

irrégulières par des observations tant optiques que radio. On a déterminé la composition chimique de beaucoup de ces objets et son gradient à travers le disque des galaxies spirales. Ces observations nous ont donné la possibilité d'aborder sérieusement et de résoudre au moins en partie un certain nombre de problèmes que posent les galaxies : l'origine de leur structure, la formation des étoiles et leur évolution. Je me souviens qu'avant 1970 presque personne n'osait aborder sérieusement ces problèmes, tant ils paraissaient difficiles, et les quelques tentatives qui avaient alors été faites pour y répondre nous apparaissent avec du recul comme très peu satisfaisantes, voire fausses.

Structure spirale et dynamique des galaxies

La structure spirale est le trait caractéristique le plus évident de nombreuses galaxies, connu depuis Lord Rosse au milieu du XIXe siècle. Cependant son origine est restée longtemps incomprise. En effet, les galaxies spirales tournent sur elles-mêmes en se déformant, et toute structure matérielle à grande échelle est détruite par cette déformation en un temps court par rapport à l'âge de l'Univers : l'abondance des galaxies spirales a alors de quoi surprendre si les bras sont des structures matérielles entraînées par la rotation. Ces bras, pour survivre, ne doivent donc pas suivre la rotation. Diverses solutions à ce problème avaient été imaginées dans le passé, aucune n'étant satisfaisante, jusqu'à ce que les Américains C.C. Lin et F. Shu aient proposé une meilleure explication au milieu des années 1960[2]. Ils ont montré que les bras de spirale devaient être des zones de compression temporaires du gaz, c'est-à-dire des ondes assez semblables à des ondes sonores. Ces *ondes de densité* tournent sans se déformer, et sont traversées plus ou moins vite par le gaz selon sa propre vitesse de rotation. Lorsque le gaz entre dans l'onde de densité, sa compression engendre l'effondrement gravitationnel d'une fraction des nuages et la formation d'étoiles : dans cette théorie, les bras de spirale sont ainsi non seulement des régions de compression du milieu interstellaire, mais aussi des régions de formation d'étoiles dont les plus massives ionisent le gaz avoisinant, formant ainsi des nébuleuses gazeuses visibles. Les étoiles subissent aussi des ondes de densité, mais elles sont beaucoup moins marquées que celles du gaz. Tout ceci est observé en optique et en radio : en particulier, on observe des écarts à la rotation du gaz situé dans les bras de spirale (Fig. 7.1).

Le problème avec la théorie des ondes de densité est qu'il faut trouver un mécanisme pour les créer et pour compenser une perte d'énergie continuelle, due à divers processus. On a montré postérieurement à Lin et Shu que les ondes de densité peuvent être excitées par n'importe quelle perturbation gravitationnelle qui n'a pas la symétrie circulaire : le passage proche d'une autre galaxie, par exemple d'une galaxie satellite comme en possèdent beaucoup de galaxies spirales (dont la galaxie d'Andromède et notre propre Galaxie), ou bien la

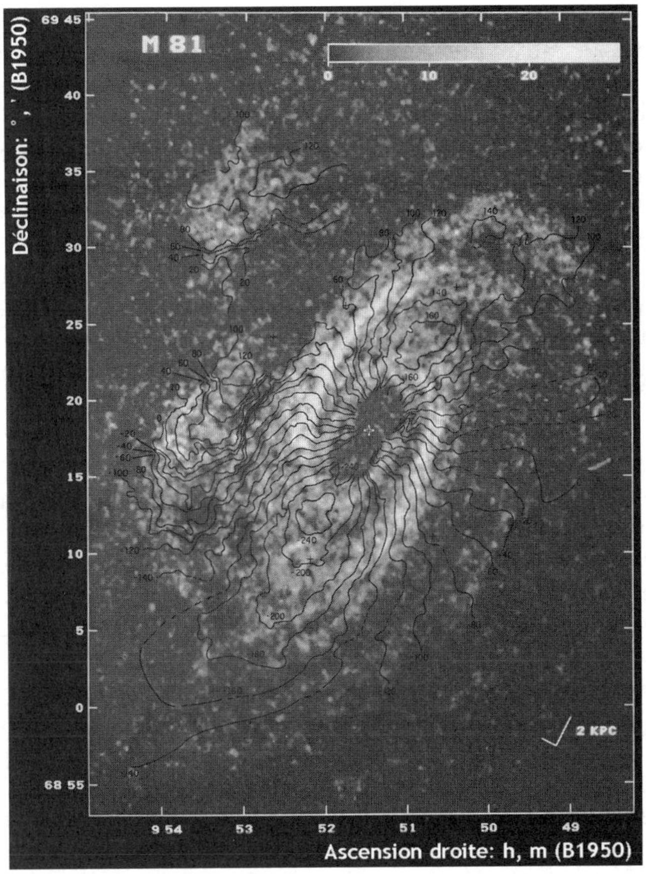

Figure 7.1. Carte en raie à 21 cm de l'hydrogène de la galaxie M 81, obtenue avec l'interféromètre de Westerbork (WSRT)[3]. La raie à 21 cm permet non seulement d'obtenir la distribution de l'hydrogène atomique interstellaire, mais aussi son champ de vitesses, représenté par les lignes d'égale vitesse radiale superposées sur la carte. À une variation régulière de vitesse due à la rotation de la galaxie s'ajoutent des ondulations de ces lignes à la traversée des bras de spirale, qui ont donné une des toutes premières indications de la validité de la théorie des ondes de densité pour rendre compte de la structure spirale.

présence d'une barre dans les régions centrales, peuvent induire et entretenir une onde de densité, donc une structure spirale. La figure 4.13 nous a montré qu'une barre, c'est-à-dire une concentration de masse allongée symétrique par rapport au centre, peut apparaître spontanément dans le disque stellaire d'une galaxie. La figure 7.2 est

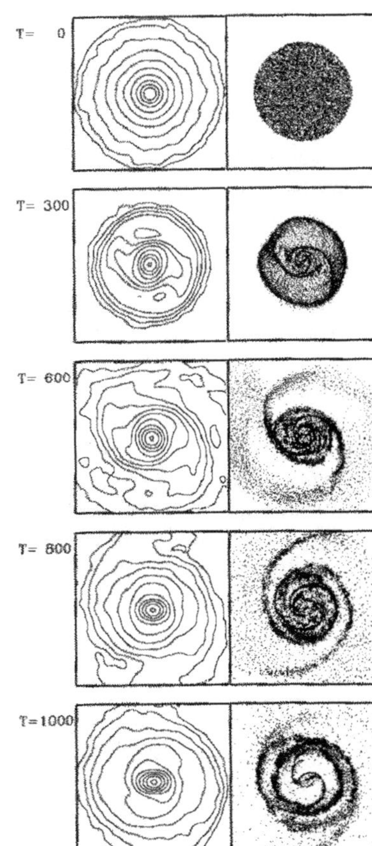

Figure 7.2. Simulation de l'évolution dynamique des étoiles et du gaz dans une galaxie spirale[5]. Il s'agit d'un calcul à trois dimensions, dont seule est représentée ici la projection dans le plan de la galaxie. À gauche, la densité de surface des étoiles dans le disque de la galaxie (nombre d'étoiles par unité de surface du disque) est représentée par des contours en échelle logarithmique. À droite, la densité de surface du gaz interstellaire est figurée par des points. L'état initial est en haut : les composants sont en équilibre sous l'effet de la gravité, de la rotation et de leur dispersion de vitesse. Il n'y a pas de halo massif dans cette simulation. L'évolution est représentée à différents temps T, en millions d'années. La formation d'étoiles à partir du gaz, et l'éjection de gaz par les étoiles ne sont pas considérées. Remarquer l'apparition et l'évolution d'une barre stellaire, et les structures complexes du gaz en bras de spirale, anneaux et barre.

une illustration de l'effet d'une barre sur le gaz du disque, où l'on voit apparaître des structures qui sont effectivement observées dans les galaxies. Elle nous montre que ces structures, et notamment les bras de spirale, intéressent principalement la matière interstellaire, et peu les étoiles, conformément à la théorie des ondes de densité. Le potentiel de gravitation du gaz ainsi perturbé réagit cependant quelque peu sur les étoiles, si bien que la situation n'est pas toujours facile à appréhender. Un point intéressant de ces simulations dynamiques est qu'elles montrent que dans certains cas du gaz peut se déplacer vers le centre de la galaxie, ce qui tend à détruire la barre. Cependant, la capture de gaz par le disque devient alors efficace ; s'alourdissant, le disque devient instable et une nouvelle barre se forme[4]. Ce cycle peut se produire plusieurs fois au cours de la vie d'une galaxie.

Mais pourquoi observe-t-on des bras dans des galaxies qui n'ont ni barre ni compagnon ? Cette question a été résolue grâce à une approche totalement différente du problème, due aux Américains Humberto Gerola et Philip E. Seiden. Les bras de spirale sont caractérisés observationnellement, je l'ai dit, par la présence d'étoiles nouvellement formées. Or les observations dans notre Galaxie montrent que la formation d'étoiles est un processus contagieux, au moins en ce qui concerne les plus massives d'entre elles qui sont aussi les mieux observables.

Gerola et Seiden ont développé une simulation numérique qui étudie ce qui se passe dans une galaxie en rotation, où la formation d'étoiles se produit soit quelquefois spontanément au hasard, soit par contagion à partir d'étoiles voisines formées précédemment[b] (Fig. 7.3). Les chaînes d'étoiles jeunes qui résultent de cette contagion se déforment en raison de la rotation différentielle de la galaxie, et se font et se défont continuellement. Le résultat de ces simulations est

Figure 7.3. Simulation numérique de la structure d'une galaxie spirale avec formation contagieuse d'étoiles[7]. L'emplacement des régions de formation d'étoiles est indiqué à diverses époques après le début de la simulation, dont l'unité est de 15 millions d'années. Le modèle suppose que les étoiles se forment spontanément de temps à autre, puis induisent en chaîne la formation d'étoiles dans les régions voisines. La rotation différentielle de la galaxie déforme les zones de formation en fragments de spirales, qui se font et se défont continuellement. Ce modèle peut expliquer l'aspect de certaines galaxies.

[b] L'effondrement gravitationnel du nuage moléculaire qui conduit à la formation d'étoiles peut être engendré par la compression due à l'onde de choc d'une supernova ayant explosé à proximité, ou par d'autres perturbations liées à la formation d'étoiles voisines. Souvenons-nous que les supernovae résultent de l'explosion d'étoiles de grande masse, dont la durée de vie ne dépasse pas une dizaine de millions d'années.

frappant : la structure obtenue ressemble tout à fait à celle de beaucoup de galaxies spirales à bras multiples. La formation contagieuse des étoiles rend également compte avec beaucoup de bonheur de la structure des galaxies irrégulières. En particulier, le modèle prévoit que la formation d'étoiles dans les galaxies irrégulières de très petites dimensions se fait par sursauts rares mais violents, conformément à ce qui est observé[6]. Ces sursauts se traduisent par la formation temporaire d'une nébuleuse gazeuse géante très lumineuse qui donne à la galaxie une apparence compacte, presque stellaire : on a alors affaire à une galaxies bleue compacte, une espèce découverte par Zwicky.

La matière noire dans les galaxies

Un des résultats les plus inattendus et les plus mystérieux obtenus depuis 1970 concerne la masse des galaxies spirales. L'amélioration des techniques radio et de la spectroscopie optique a rendu possible la mesure par effet Doppler-Fizeau de la vitesse d'éloignement ou de rapprochement de régions très extérieures de galaxies spirales, dont l'émission visible est très faible. On peut en déduire la vitesse de rotation et s'en servir pour estimer la masse totale des régions plus proches du centre que le point où la rotation est mesurée. Dans tous les cas étudiés, à de très rares exceptions près, on constate que la vitesse de rotation, au lieu de diminuer comme on s'y attendrait à grande distance du centre, reste sensiblement constante (Fig. 7.4). Nous avons vu au chapitre précédent que c'est le cas pour notre Galaxie. Ceci implique que la masse totale des galaxies est bien plus grande que ce que l'on pouvait imaginer, et qu'il y a beaucoup de masse dans les régions externes qui n'émettent que très peu de lumière[c]. Divers arguments conduisent à penser que cette masse pourrait être distribuée dans un halo étendu plus ou moins sphérique, plutôt que dans un disque plat. La nature de cette masse invisible, qui rappelle celle que l'on avait précédemment trouvée dans les amas de galaxies, est encore inconnue. Devant cette difficulté, certains ont essayé avec quelque succès de tourner le problème en supposant que la loi d'attraction universelle de Newton est un peu modifiée à grande distance, l'attraction y étant un peu plus grande ce qui évite d'introduire de la masse supplémentaire[8]. Mais même s'il n'est pas possible de prouver directement que cette hypothèse est incorrecte, elle se heurte à de sérieuses difficultés[9] et n'est pas acceptée par la grande majorité des astronomes. Pour l'instant, on tient toujours compte de la matière noire dans les études dynamiques des galaxies, qu'elle affecte assez profondément. Heureusement, elle ne semble pas jouer un très grand rôle dans leur évolution.

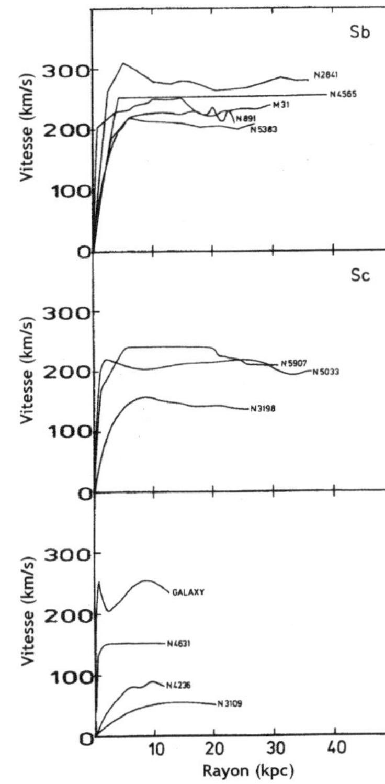

Figure 7.4. Courbes de rotation de quelques galaxies spirales[10]. Ces courbes qui donnent la vitesse de rotation en fonction de la distance au centre de la galaxie ont été obtenues à partir d'observations de la raie à 21 cm de l'hydrogène interstellaire semblables à celle de la figure 7.11. On constate que la vitesse de rotation devient à peu près constante à partir d'une certaine distance au centre, ce qui implique la présence de grandes quantités de masse même là où l'on ne voit plus guère d'étoiles, et donc de matière noire. Des résultats semblables ont été obtenus par des observations optiques[11].

[c] On peut se demander pourquoi les courbes de rotation des galaxies spirales sont très semblables les unes aux autres. Ceci implique une relation entre la matière visible et la matière noire dans les galaxies, une sorte de « conspiration cosmique » dont l'origine est encore incomprise.

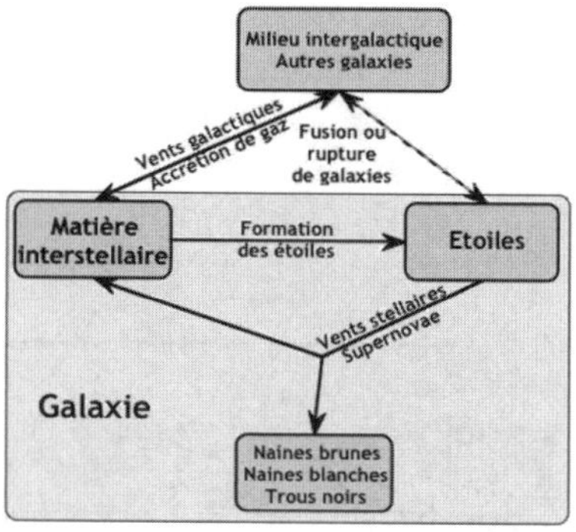

Figure 7.5. Schéma de l'évolution d'une galaxie.

L'évolution des galaxies

Étoiles, gaz et évolution des éléments chimiques

L'idée de base de l'évolution des galaxies, qui est très simple, a été mise en œuvre pour la première fois aux États-Unis par Richard B. Larson et Beatrice M. Tinsley[12]. Les étoiles se forment à partir du gaz et à la fin de leur vie éjectent leur enveloppe dans le milieu interstellaire, les parties centrales de ces étoiles devenant à leur mort un astre dense, naine blanche, étoile à neutrons ou trou noir (Fig. 7.5). Les naines brunes n'évoluent pas, et les étoiles ordinaires de faible masse évoluent si lentement qu'elles bloquent également de la matière qui ne participera pas à l'évolution ultérieure de la galaxie. Comme les étoiles fabriquent des éléments lourds par réactions thermonucléaires, la matière qu'elles rejettent enrichit continuellement avec ces éléments le gaz interstellaire, et les étoiles qui s'y formeront ultérieurement. Ainsi, une galaxie composée au début seulement d'un gaz d'hydrogène et d'hélium, sans éléments lourds, contient au cours de son évolution de moins en moins de gaz et de plus en plus d'étoiles et d'astres denses ; le gaz et les étoiles des générations successives sont de plus en plus riches en éléments lourds. En même temps, la galaxie change progressivement de couleur puisqu'on y trouve de plus en plus d'étoiles vieilles de faible masse, qui sont pour la plupart relativement froides, donc rouges. Si la formation d'étoiles est très active, l'évolution se produit très vite et l'on obtient après peu de temps une galaxie dans laquelle les éléments lourds sont abondants, de couleur rouge et quasiment dépourvue de gaz : c'est le cas des galaxies elliptiques, au moins de certaines d'entre elles. Au contraire, si la formation d'étoiles est lente, du moins en moyenne, on obtient une galaxie bleue contenant surtout du gaz et pauvre en éléments lourds : c'est le cas des galaxies irrégulières.

À l'intérieur d'une même galaxie, les diverses régions peuvent ne pas évoluer à la même vitesse. On observe en effet que les régions centrales des galaxies spirales sont pauvres en gaz, les étoiles et le gaz résiduel contenant beaucoup d'éléments lourds, et ressemblent aux galaxies elliptiques, tandis que leurs régions externes où la formation d'étoiles a été moins active ressemblent aux galaxies irrégulières. Les gradients de composition chimique des galaxies spirales s'expliquent ainsi tout naturellement, du moins en première approximation.

Comme bien d'autres, j'ai été attiré par ce domaine de recherche en raison de sa nouveauté et de sa nature interdisciplinaire : il utilise non seulement toutes sortes de données observationnelles mais également les résultats des théories de l'évolution stellaire et de la nucléosynthèse. Au début, ce fut l'euphorie car la théorie et l'observation paraissaient très bien s'accorder. Mais les difficultés commencèrent à s'accumuler dès qu'on commença à étudier la question de plus près. Tout d'abord, on réalisa que les propriétés de notre Galaxie près du Soleil — la région évidemment la mieux connue de l'Univers — ne peuvent pas être expliquées par un modèle simple d'évolution en « boîte fermée » où des générations successives d'étoiles se seraient formées et auraient évolué à partir du gaz initial, sans échange de matière avec l'extérieur. Beaucoup de travail a été consacré à la recherche d'explications à ces difficultés : bien entendu, comme dans tout problème où l'on peut jouer sur de nombreux paramètres, il existe plusieurs solutions possibles. La plus séduisante est que le gaz du voisinage solaire est continuellement renouvelé, soit par l'accrétion de matière provenant du halo ou du milieu intergalactique comme nous l'avons vu au chapitre précédent, soit par des mouvements radiaux de gaz dans le disque galactique lui-même ; ces phénomènes peuvent peut-être rendre compte également du gradient radial de composition chimique de notre Galaxie et des galaxies spirales, et expliquer certaines anomalies comme l'abondance élevée des poussières dans les régions les plus extérieures de certaines galaxies[13].

Il semble que la situation soit moins complexe pour les petites galaxies irrégulières comme les galaxies bleues compactes, qui sont des objets de petite taille et de petite masse. De fait, j'ai montré avec des collègues mexicains que ces galaxies contiennent d'autant moins d'éléments lourds que la proportion de gaz y est plus élevée, et que plus elles sont massives, plus elles sont évoluées[14]. Ceci s'explique assez bien car la formation d'étoiles est contagieuse et donc d'autant plus rapide que la densité et la masse sont grandes. Certaines de ces galaxies sont capables d'éjecter de grandes quantités de gaz dans le milieu intergalactique à la suite de l'explosion de nombreuses supernovae[15], ce qui doit affecter leur évolution.

Évolution dynamique et interactions entre galaxies

Nous ne pouvons donc plus considérer que les galaxies se comportent comme des objets isolés : elles échangent de la matière avec le milieu intergalactique, et leurs interactions mutuelles, qui sont fréquentes malgré les distances qui les séparent, produisent des effets très importants, parfois catastrophiques. Les images du ciel nous ont révélé de très nombreux cas où des galaxies groupées en paires ou en associations plus nombreuses montrent des distorsions, des ponts de matière, des excroissances filamenteuses, etc., bref des traces visibles d'interactions (Fig. 7.6).

Figure 7.6. La galaxie NGC 7252. Cet objet est un exemple typique de deux galaxies en interaction gravitationnelle profonde. À gauche, l'image obtenue à partir du sol montre deux queues de marée où la matière des deux galaxies est expulsée par l'interaction. On y remarque à l'extrémité de ces queues des nodosités qui deviendront sans doute, en se séparant, des galaxies irrégulières. À droite, un agrandissement de la partie centrale observée avec le télescope spatial Hubble, qui montre une mini-spirale de 3 kiloparsecs de diamètre, laquelle résulte probablement aussi de l'interaction.

Figure 7.7. L'anneau de Hoag. Cette galaxie est un des plus beaux exemples connus d'une galaxie en anneau, qui résulte de la collision de plein fouet de deux galaxies. Elle est ici observée avec le télescope spatial Hubble.

Figure 7.8. La galaxie à anneau polaire NGC 4650A. Cette image du télescope spatial Hubble montre le résultat spectaculaire d'une rencontre entre deux galaxies. Voir la figure 7.9 pour une simulation numérique d'une telle rencontre.

Il revient aux frères Alar et Juri Toomre le mérite d'avoir montré que ces manifestations d'interaction sont d'origine entièrement gravitationnelle, et proviennent des forces de marée exercées par les galaxies les unes sur les autres[16]. Avec un choix judicieux des circonstances de la rencontre entre deux galaxies (orientation des trajectoires et vitesse), on peut rendre compte par des modèles numériques des morphologies et des cinématiques les plus étranges rencontrées dans la nature (Fig. 3.1). La belle structure spirale un peu déformée que l'on voit dans la célèbre galaxie des Chiens de Chasse M 51 (voir Fig. 1.3) — aux yeux du public le prototype des galaxies spirales — est produite par l'influence gravitationnelle de son compagnon ! Les morphologies les plus surprenantes sont peut-être celles des galaxies en anneau avec un noyau plus ou moins excentré, qui résultent de la rencontre de deux galaxies de face et de plein fouet (Fig. 7.7), ou celles des galaxies qui possèdent un anneau polaire, perpendiculaire à leur disque (Fig. 7.8). Les simulations numériques rendent très bien compte de ces divers aspects (Fig. 7.9).

De telles rencontres peuvent souvent aller jusqu'à la capture gravitationnelle de la plus petite galaxie par la plus grosse. Il n'est pas facile de comprendre intuitivement comment deux galaxies qui se rencontrent peuvent se capturer : on pourrait penser que si les nuages de gaz interstellaires des deux galaxies peuvent effectivement fusionner grâce à leur viscosité, les étoiles de chaque galaxie passent sans difficulté à travers l'autre, la densité étant suffisamment faible pour que les collisions soient exceptionnelles. Mais c'est ignorer un phénomène collectif dit *friction dynamique*, qui freine les étoiles lors de leur traversée et permet la capture (Encadré 7.1). C'est ainsi que certaines galaxies elliptiques géantes situées au centre des amas sont probablement des galaxies cannibales, qui ont avalé tout ce qui est passé à proximité[d]. On peut observer des traces de ces évènements sous la forme de coquilles plus ou moins sphériques entourant une grosse galaxie (Figs. 7.10 et 7.11). De même, le gaz qui forme des disques dans de nombreuses galaxies elliptiques résulte probablement de l'accrétion de petites galaxies irrégulières, étoiles et gaz, par la grosse galaxie. Ces disques peuvent même tourner en sens inverse de la rotation des étoiles de la galaxie, et avoir une orientation quelconque par rapport à celle-ci : cela dépend des conditions de la capture de la petite galaxie par la grosse. À l'inverse, il semble que des galaxies irrégulières puissent se détacher de longues queues de marée qui résultent de l'interaction entre deux galaxies, dont l'une au moins est spirale[18] : la figure 7.6 en montre un exemple.

[d] Nous avons vu au chapitre précédent que le halo stellaire de notre Galaxie résulte probablement de la capture de petites galaxies satellites.

Figure 7.9. Trois étapes de la simulation numérique de la formation d'un anneau polaire autour d'une galaxie[17]. Une galaxie riche en gaz s'approche d'une autre galaxie vue ici par la tranche. Au bout de 1,2 milliards d'années, le gaz des régions externes de la première galaxie commence à former une queue de marée (image du haut). 1,5 milliards d'années après, cette queue s'enroule autour de la galaxie, et forme de nouvelles étoiles (image du milieu). Au bout de 1,2 milliards d'années supplémentaires, un anneau de gaz et d'étoiles jeunes s'est formé, qui persistera très longtemps (en bas).

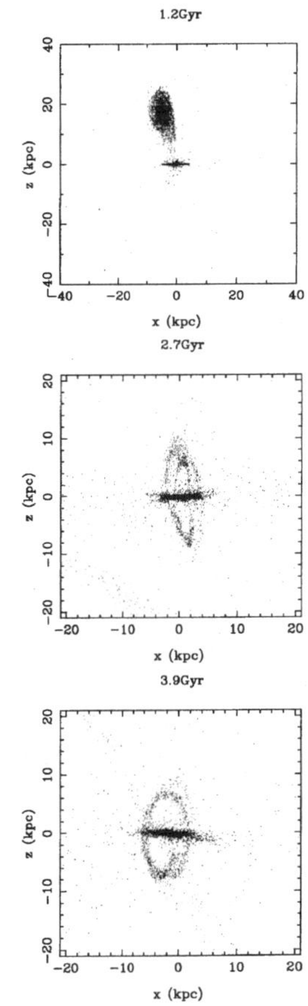

Figure 7.9.

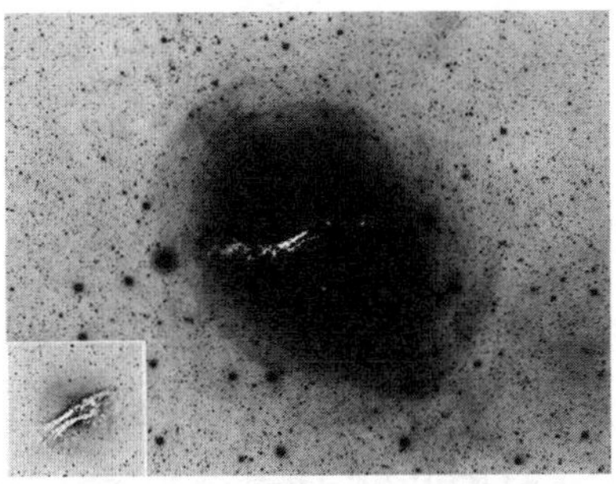

Figure 7.10. Les coquilles autour de la galaxie NGC 5128 (Centaurus A)[19]. Un procédé photographique spécial utilisant des masques permet de révéler ces structures faibles, ici présentées en négatif. La petite figure en bas à gauche montre une coquille interne, et la grande figure des coquilles externes. Ces coquilles sont produites lors de l'interaction entre une galaxie elliptique et une galaxie spirale. La poussière appartenant au milieu interstellaire du disque de celle-ci, qui est vue par la tranche, produit des marques d'absorption (en blanc). Pour une photographie positive normale de cette galaxie, voir la figure 2.29.

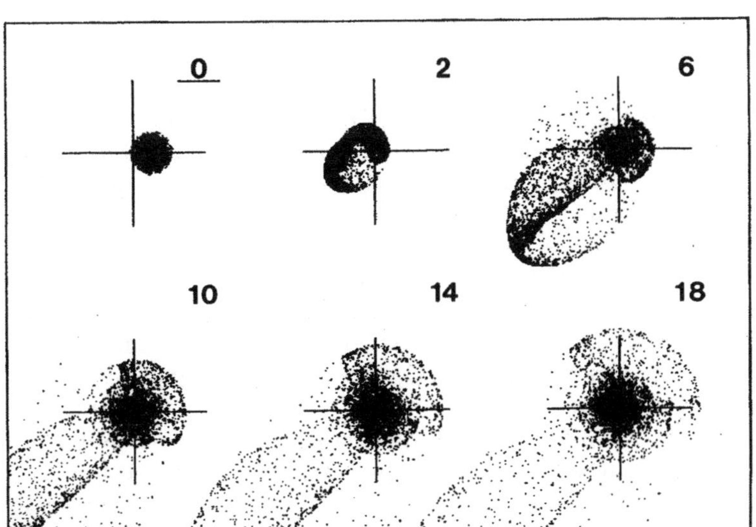

Figure 7.11. Simulation numérique de la formation de coquilles autour d'une galaxie elliptique qui absorbe une galaxie spirale[20]. La galaxie elliptique, non représentée, a son centre au milieu de la croix. La galaxie spirale, en rotation sur elle-même, s'en approche ; différentes étapes de l'interaction sont représentées, de 0 à 18 (unités de temps arbitraires). Une partie des étoiles de la galaxie spirale forme plusieurs coquilles et une queue de marée.

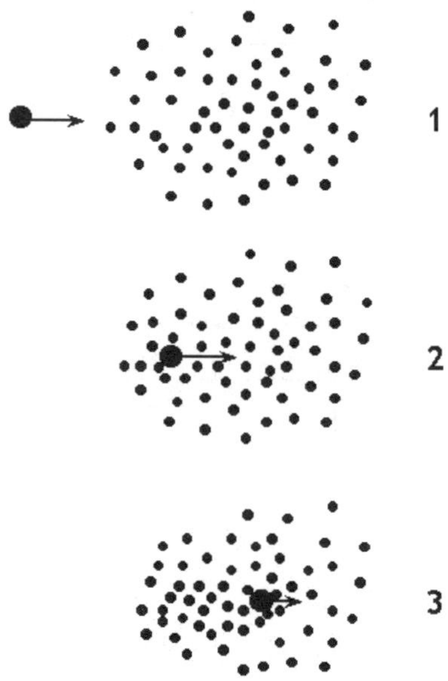

Figure 7.12. Principe de la friction dynamique. En haut, une étoile ou un ensemble d'étoiles pénètre dans une galaxie. Au milieu, elle attire les étoiles de la galaxie qui tendent à s'accumuler autour d'elle. En bas, pendant ce temps, elle s'est déplacée, l'accumulation se produit à l'arrière et la freine.

Encadré 7.1. La friction dynamique

Quand deux étoiles passent à proximité l'une de l'autre avec une grande vitesse relative, leurs trajectoires sont des hyperboles et elles conservent leur vitesse après leur interaction : seule la direction de leur mouvement a changé, et il n'y a ni échange d'énergie, ni freinage. La situation est différente s'il y a plus de deux étoiles. Considérons par exemple une étoile (ou un ensemble d'étoiles) qui traverse une galaxie à grande vitesse (Fig. 7.12). Cette étoile attire par gravité les étoiles proches, dont la densité augmente localement. Mais comme ce rassemblement prend du temps, l'augmentation de densité se fait alors que l'étoile projectile est déjà passée. Cependant cette étoile est elle-même attirée par cette agglomération à l'arrière, ce qui freine son mouvement. Le milieu se comporte donc comme ayant une certaine viscosité, bien qu'il n'y ait aucun contact direct entre les étoiles, et produit ce que les spécialistes appellent une *friction dynamique*. On conçoit que l'étoile ainsi freinée puisse être suffisamment ralentie pour être capturée par la galaxie. Ce raisonnement peut s'étendre à toutes les étoiles de la galaxie projectile, qui peut être ainsi globalement capturée et se fusionner avec la galaxie cible. Cependant la conservation de la quantité de mouvement complique quelque peu les choses : certaines étoiles peuvent se retrouver dans des parties extérieures de l'objet unique ainsi formé, voire même en être expulsées. Ce n'est que depuis quelques décennies que l'on a réalisé l'importance de la friction dynamique, qui joue un rôle majeur dans l'évolution des galaxies.

Noyaux de galaxies, quasars et trous noirs

Il est aujourd'hui certain que les quasars sont des noyaux de galaxies particulièrement actifs. En effet, des observations récentes ont montré que les quasars proches se trouvent souvent dans des amas de galaxies de même décalage spectral ; on a même réussi, surtout grâce aux excellentes images fournies par le télescope spatial Hubble, à détecter autour des quasars la galaxie dont ils sont le noyau, ce qui est évidemment difficile car le quasar peut être dix à cent fois plus lumineux que le reste de la galaxie[21] (Fig. 7.13). Il existe tous les intermédiaires entre les noyaux peu actifs de la plupart des galaxies comme la nôtre, les galaxies de Seyfert dont le noyau actif est un mini-quasar et les quasars proprement dits, qui sont extrêmement lumineux. Par ailleurs, la structure et les propriétés de l'émission radio des radiogalaxies et des quasars sont pratiquement impossibles à distinguer. L'ensemble de ces constatations a fait cesser la controverse qui a longtemps existé sur la nature du décalage spectral des quasars, décalage dont tout le monde s'accorde aujourd'hui à penser qu'il est dû, comme celui des galaxies, à l'expansion de l'Univers.

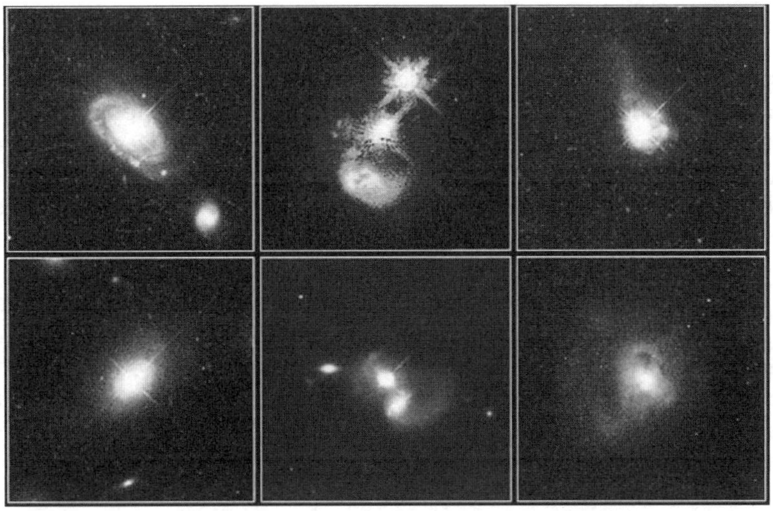

Figure 7.13. Galaxies entourant des quasars. Dans ces images prises avec le télescope spatial Hubble, on voit la galaxie dont le quasar, très brillant, est le noyau. C'est le quasar qui produit les aigrettes de diffraction que l'on voit dans ces images. Dans l'image au milieu en haut, une étoile galactique est visible à côté de l'ensemble galaxie-quasar.

Pourtant les tenants de cette hypothèse « cosmologique » ont eu très temporairement des doutes sérieux sur sa validité lorsque les observations radio interférométriques à très longue base (VLBI) ont montré, au début des années 1970, l'existence de changements très rapides de la structure de certains quasars ou noyaux de galaxies, qui correspondent visiblement à des éjections de matière[22]. On observe également ces changements en optique dans certains quasars ou jets de galaxies (Fig. 7.14). Si les quasars sont à la distance correspondant à leur

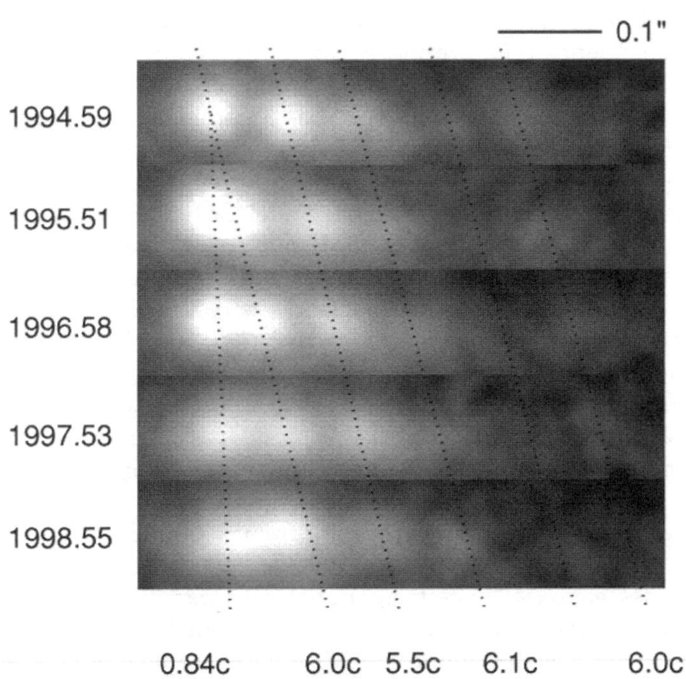

Figure 7.14. Mouvements « superluminiques » dans le jet de la radio-galaxie Virgo A (M 87)[26]. Ces observations ont été faites en optique avec le télescope spatial Hubble. Les images du jet obtenues à une année d'intervalle montrent des composantes qui paraissent éjectées latéralement par le noyau de la galaxie (à gauche, non visible ici) jusqu'à 6 fois la vitesse de la lumière. Ces vitesses ne sont pas réelles ; il faut pour que ce phénomène ait lieu que le jet soit dans une direction proche de celle de l'observateur (supposé vu de la galaxie), et que sa vitesse soit proche de celle de la lumière. Les composantes du jet sont des bouffées de particules relativistes, qui comprennent des électrons qui émettent de la lumière par rayonnement synchrotron dans le champ magnétique du jet.

décalage spectral (dans l'hypothèse où ce décalage est dû à l'expansion de l'Univers), les mouvements transversaux ainsi détectés se font apparemment à une vitesse supérieure à celle de la lumière, ce qui paraît à première vue en contradiction avec la relativité restreinte — une théorie bien établie s'il en est ! Diverses explications ont été initialement proposées pour rendre compte de cet étrange phénomène[23]. Celle qui a été retenue après force discussions est justement basée sur la relativité restreinte : on montre que si un objet se meut dans une direction voisine de la ligne de visée avec une vitesse relativiste, il paraît se déplacer transversalement avec une vitesse supérieure à celle de la lumière[24]. Le paradoxe apparent ainsi résolu, restait à expliquer pourquoi une proportion importante des quasars montrent ces mouvements « superluminiques », ce qui paraît à première vue incompatible avec une orientation qui doit être aléatoire des directions d'éjection. Les Anglais Peter Scheuer et Anthony Readhead devaient lever cette deuxième difficulté en remarquant que le rayonnement reçu d'une source qui se rapproche de nous à une vitesse proche de celle de la lumière est considérablement plus intense que si la source se déplaçait dans d'autres directions, ou était au repos : c'est un autre effet de la relativité restreinte[25]. C'est pourquoi l'on observe de préférence les objets où se produisent ces mouvements superluminiques.

D'où vient l'énergie des noyaux de galaxies ?

Les observations suggèrent fortement qu'un mécanisme unique, plus ou moins actif selon les cas, est à l'origine de l'énorme libération d'énergie observée dans les noyaux de galaxies et les quasars. Il s'agit très probablement de l'accrétion de matière par un trou noir de très grande masse[27]. La formation d'un tel trou noir dans la région dense qu'est le noyau d'une galaxie ne pose pas de problèmes conceptuels et théoriques particuliers. On peut montrer que lorsque de la matière tombe dans un trou noir, une fraction importante de son énergie de masse est récupérée sous forme de particules de haute énergie. Le trou noir est probablement entouré d'un disque d'accrétion, qui perd son moment angulaire de rotation en éjectant une partie de sa matière sous forme de jets de part et d'autre du disque, le reste de la matière finissant par tomber dans le trou noir : nous avons vu au précédent chapitre que ce mécanisme de perte de moment angulaire est à l'œuvre dans certains objets galactiques comme SS 433, et qu'il participe de façon générale à la formation des étoiles.

Je ne parlerai pas des détails de ce qui se passe dans le noyau des galaxies, qui ont fait l'objet d'un grand nombre de travaux observationnels et théoriques comme ceux de Suzy Collin-Zahn en France, mais je dirai quelques mots des preuves de l'existence des trous noirs au centre des galaxies[28]. Les trous noirs étant par définition inobservables, on ne peut que chercher à détecter l'effet de leur gravité sur leur environnement. Une possibilité est d'étudier le mouvement des étoiles de l'amas central dans le champ de gravitation du trou noir, comme je l'ai décrit pour le cas de notre Galaxie : mais contrairement au cas du noyau de la Galaxie, il n'est pas possible de voir l'orbite d'étoiles individuelles, mais seulement de déterminer la dispersion de leurs vitesses. C'est ainsi que Wallace Sargent, Peter J. Young et leurs collaborateurs au Mont Palomar ont suggéré dès 1978 l'existence d'un trou noir de grande masse dans le centre de la radiogalaxie Virgo A (M 87)[29].

La méthode s'est considérablement raffinée depuis, et des trous noirs dont la masse est de l'ordre de 100 millions à un milliard de fois la masse du Soleil ont été mis en évidence dans beaucoup de galaxies actives. La présence bien établie d'un disque d'accrétion tournant à une vitesse considérable, plusieurs milliers ou dizaines de milliers de kilomètre par seconde, serait une autre preuve de l'existence d'un trou noir central massif dans les galaxies, mais il reste à voir directement ce disque, ce que l'interférométrie devrait permettre dans un futur proche. On est d'ores et déjà parvenu avec l'interféromètre VLTI de l'ESO à mesurer les dimensions d'une petite structure autour du noyau actif de la galaxie NGC 1068 (Fig. 7.15) : ses dimensions angulaires, 0,03 seconde de degré ; correspondent à un diamètre de 3 parsecs (10 années-lumière), à l'intérieur duquel se trouve un autre objet encore plus petit et plus chaud qui pourrait être le disque d'accrétion lui-même.

La présence de ces trous noirs soulève un certain nombre de questions : pourquoi les galaxies ont-elles des trous noirs de masse si différente, de quelques millions de masses solaires à quelques milliards ? Pourquoi ces noyaux de galaxies sont-ils actifs à certaines périodes, et dormants à d'autres ? S'il n'y a pas de réponse claire à la première question, nous allons voir qu'il existe des éléments de réponse à la seconde.

Les galaxies infrarouges

Une des découvertes majeures faites avec le satellite infrarouge IRAS, et précisée ultérieurement avec le satellite ISO, est celle de galaxies qui

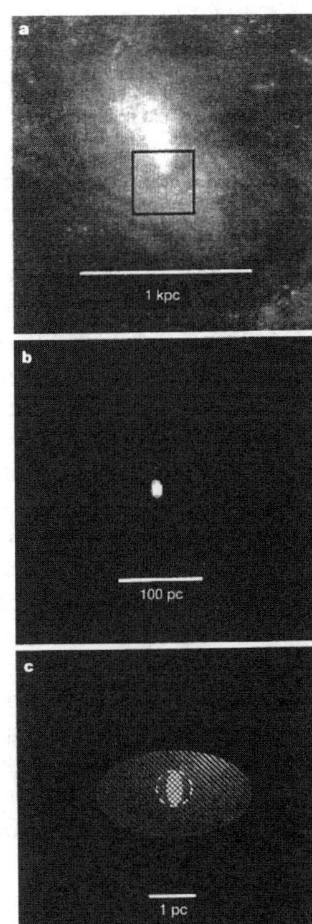

Figure 7.15. Images et modèle du noyau de la galaxie de Seyfert NGC 1068[30]. **a** : image de la région centrale de la galaxie en lumière visible, prise avec le télescope spatial Hubble. À la distance de NGC 1068, 1 seconde de degré = 70 parsecs. **b** : image du champ carré de la figure précédente, obtenue à 8,7 µm avec l'interféromètre VLTI du VLT de l'ESO, pour lequel on combine la lumière reçue par deux des télescopes de 8 m ; ici l'émission est celle de la poussière chauffée par le rayonnement intense qui existe dans la région. On observe le noyau de la galaxie. **c** : un modèle du noyau construit à partir de l'observation précédente et d'observations spectroscopiques. Une composante centrale où la poussière a une température supérieure à 800 K est juste résolue dans la direction verticale de l'image, et non résolue dans l'autre direction (sa forme est comprise entre l'ellipse centrale et le cercle en traits interrompus). Elle est entourée d'une composante plus étendue où la poussière a une température de 320 K.

émettent énormément plus dans l'infrarouge lointain que les galaxies « normales » comme la nôtre. Certains de ces objets ont une luminosité totale 100 fois, et même 1 000 fois plus grande que notre Galaxie[31]. Ces galaxies « ultra lumineuses » sont, avec les quasars, les objets les plus lumineux de l'Univers. On s'est beaucoup interrogé au début sur la source de leur énergie, car ils contiennent tellement de poussières que l'on n'y voit pratiquement rien optiquement : ils ne sont d'ailleurs guère plus lumineux dans le visible que les galaxies ordinaires, presque toute l'énergie servant à chauffer les poussières qui la ré-émettent dans l'infrarouge. Ces galaxies paraissent toutes doubles (Fig. 7.16) : en général, on y observe deux noyaux distincts qui doivent être des trous noirs très massifs. On y assiste donc à l'interaction, voire à la fusion entre deux galaxies[e]. La source d'énergie paraît provenir d'étoiles nouvellement formées lors d'une énorme flambée. Il s'ajoute dans certains cas la chute de matière sur un des trous noirs, ou même les deux[32]. Tout ceci résulte de la compression du gaz des deux galaxies sous l'effet de leur rencontre, et aussi des importantes perturbations gravitationnelles qui facilitent la chute du gaz sur les noyaux. Ces galaxies sont riches en gaz moléculaire (détecté notamment par les raies de la molécule CO en ondes millimétriques) à partir duquel se forme une énorme quantité d'étoiles.

Il n'est pas interdit de penser que l'on assiste là à la naissance d'un quasar — éventuellement d'un quasar double — qui apparaîtra pleinement à nos yeux après dissipation de ce qui reste du gaz et des

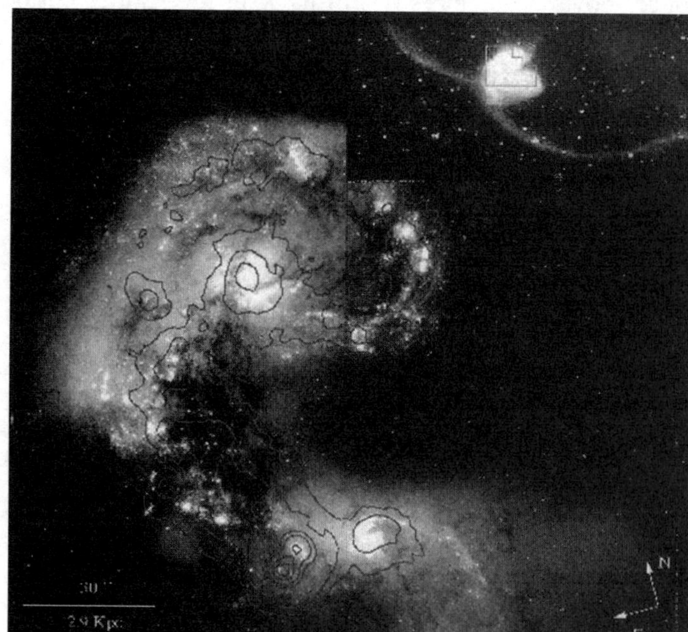

Figure 7.16. La partie centrale de la paire de galaxies en interaction NGC 4038/9, vue avec le télescope spatial Hubble et en infrarouge moyen avec le satellite ISO[33]. L'insert en haut à droite montre où se trouve la partie observée, qui occupe le reste de l'image. Les contours superposés sur l'image du télescope spatial sont des isophotes en infrarouge moyen (12,5-18 µm), où l'on observe l'émission des poussières interstellaires. L'aspect en infrarouge diffère de l'aspect en lumière visible, et révèle des régions d'émission intense due à des poussières chaudes, qui sont complètement cachées dans le visible par les poussières froides interposées. Des étoiles jeunes très lumineuses, également invisibles optiquement, chauffent les poussières dans ces régions. Il est vraisemblable que l'interaction entre les deux galaxies (voir le modèle de l'interaction représenté sur la figure 3.1) a comprimé le gaz et engendré la formation de ces étoiles.

[e] Dans plusieurs milliards d'années, notre Galaxie et sa voisine la galaxie d'Andromède M 31 pourraient fusionner et former une galaxie ultra lumineuse.

poussières sous l'effet de l'énorme énergie produite par les nouvelles étoiles explosant en supernovae. Quant aux vieilles étoiles, elles se mélangeront et se redistribueront pour former une galaxie elliptique géante : il existe souvent au centre des amas de galaxies, qui sont évidemment des lieux favorables à la rencontre des galaxies, une galaxie elliptique géante (dite galaxie cD) qui résulte probablement de telles fusions entre galaxies et continue à capturer tout ce qui passe à sa portée (Fig. 1.23).

Entre les galaxies « calmes » et ces monstres — galaxies ultra lumineuses et quasars — il existe toute une gamme d'intermédiaires : des galaxies à flambées d'étoiles plus ou moins actives ou des galaxies à noyau actif (par exemple les galaxies de Seyfert ou de Markarian) dont certaines sont des radiogalaxies. 10 % de toutes les galaxies présentent une certaine activité dans leurs régions centrales ; dans le passé, la proportion était beaucoup plus grande et les galaxies à grand décalage vers le rouge, donc vues lorsqu'elles étaient très jeunes, montrent très souvent des signes évidents de formation intense d'étoiles. Ceci n'exclut nullement que les autres, comme notre propre Galaxie, ne contiennent pas de trou noir et ne deviendront pas actives à certaines périodes de leur existence. L'étude de toute cette faune, et en particulier des relations entre noyau actif et formation d'étoiles[34], est un des grands sujets de l'astronomie d'aujourd'hui.

Le milieu intergalactique

Qu'il y a-t-il entre les galaxies ? C'est une question que l'on se pose depuis longtemps mais qui n'a eu un début de réponse qu'en 1966, lorsque les Américains John N. Bahcall et Edward E. Salpeter découvrirent la présence de nombreuses raies d'absorption dans le spectre des quasars. Certaines ont des caractéristiques voisines de celles des raies d'absorption que produit le milieu interstellaire dans le spectre des étoiles de notre Galaxie, et ont un décalage spectral voisin de celui du quasar dont elles absorbent la lumière : il s'agit visiblement d'absorptions dues au gaz interstellaire de la galaxie dont le quasar est le noyau, ou d'autres galaxies de l'amas interposées entre le quasar et nous. D'autres raies d'absorption sont de même nature mais ont des décalages spectraux très différents de celui du quasar : elles proviennent de galaxies interposées. Leur intérêt est de permettre de voir jusqu'à quel rayon la matière interstellaire s'étend dans les galaxies, et dans quel état d'ionisation elle se trouve. Comme on observe à la fois des raies dues à l'hydrogène atomique et des raies dues à des éléments plus lourds, ces observations donnent aussi l'abondance de ces éléments par rapport à l'hydrogène : une information précieuse pour les galaxies très lointaines, car elle nous permet de connaître l'histoire de la formation des éléments lourds dans l'Univers. On a même détecté des raies d'absorption de molécules comme H_2 (en ultraviolet) et CO (en ondes millimétriques, en absorption devant le rayonnement radio du quasar)[35] jusqu'à un décalage spectral élevé : $z = 0{,}89$. Mais tout cela ne nous donne pas de renseignement sur le milieu intergalactique proprement dit.

Cette information provient d'un autre type de raies d'absorption, qui forment ce que l'on appelle la forêt de Lyman (Fig. 7.17). Ces raies très fines et très nombreuses sont des raies Lyman α de l'hydrogène (longueur d'onde au laboratoire 121,6 nm, dans l'ultraviolet lointain) dont le décalage vers le rouge est inférieur à celui du quasar : elles correspondent donc à des nuages d'hydrogène distribués tout au long de la ligne de visée entre nous et le quasar. Ces nuages sont beaucoup trop nombreux pour être dus à des galaxies, et sont réellement intergalactiques. Il y a en a beaucoup plus aux décalages spectraux élevés que près de nous. Il se peut qu'ils soient des laissés pour compte des « briques de base » à partir desquels se formeraient les galaxies : pour fabriquer des galaxies, une partie des nuages seraient capturés par l'attraction gravitationnelle de concentrations préexistantes de matière noire qui formeraient le halo massif de la galaxie.

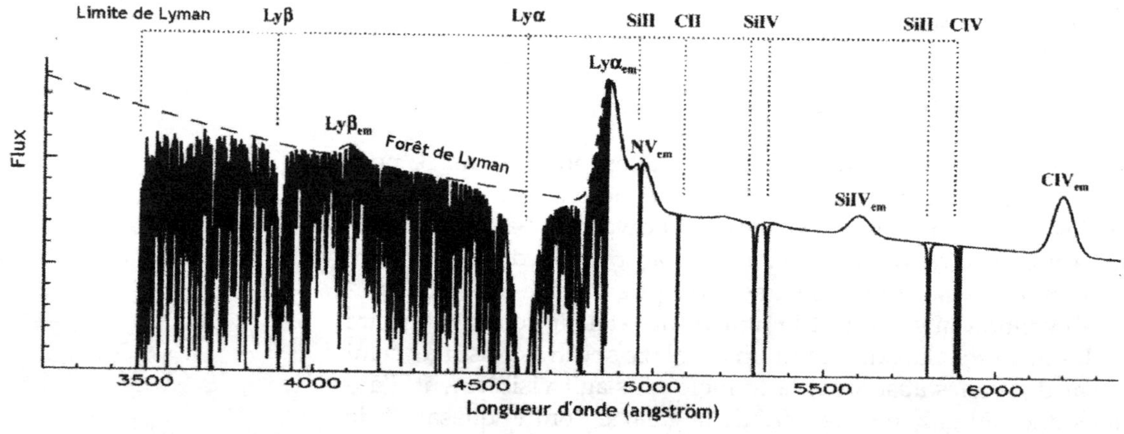

Figure 7.17. Spectre d'un quasar de décalage spectral 3,0. On peut y voir des raies d'émission larges indiquées par l'indice *em*, produites par le gaz du quasar et décalées vers le rouge : les raies Lyman β et Lyman α de l'hydrogène, la raie NV de l'azote 4 fois ionisé, la raie SiIV du silicium 3 fois ionisé et la raie CIV du carbone 3 fois ionisé (longueur d'onde au laboratoire respectivement 102,6, 121,6, 124,0, 140 et 155 nanomètres). On trouve en absorption, indiquées en haut de la figure, des raies, plus étroites, des mêmes éléments ainsi que les raies SiII et CII du silicium et du carbone ionisés une fois : ces raies sont produites par le gaz interstellaire d'une galaxie interposée, à un décalage spectral de 2,8. Remarquer que cette galaxie absorbe complètement le rayonnement du quasar aux longueurs d'onde plus courtes que la limite de Lyman de l'hydrogène, qui est indiquée. Enfin de très nombreuses raies d'absorption se trouvent aux longueurs d'onde inférieures à celle de la raie Lyman α du quasar ; elles forment la *forêt de Lyman* ; ce sont des raies Lyman α produites par de nombreux nuages de gaz intergalactique tout le long de la ligne de visée. Il existe certainement des nuages analogues à des décalages spectraux plus faibles, mais on ne peut les voir puisque le rayonnement du quasar est bloqué par la galaxie à $z = 2{,}8$ aux longueurs d'onde inférieures à sa limite de Lyman.

Le gaz très chaud dans les amas de galaxies

Une autre sorte de matière intergalactique existe dans les amas de galaxies : du gaz très chaud, à plus de 10 millions de degrés, qui a été découvert en 1972 par son émission en rayons X avec le satellite UHURU[36] (Fig. 7.18). Ce sont des radioastronomes qui ont soupçonné d'abord son existence à la fin des années 1960, à une époque où l'on n'en avait encore aucune preuve directe : en effet des structures radio étendues observées autour de certaines galaxies faisant partie d'amas de galaxies suggèraient tout naturellement des déformations produites par l'interaction hydrodynamique avec un milieu gazeux ambiant, ce qui leur donne l'aspect d'un têtard[37] : le déplacement de ces galaxies dans le gaz intergalactique de l'amas produit les distorsions observées. Ce déplacement peut aussi arracher le gaz des parties extérieures des galaxies spirales au centre des amas, formant ainsi ce que l'on appelle des galaxies anémiques[38].

Les galaxies qui tombent pour la première fois dans un amas sont aussi fortement affectées par le gaz intergalactique : on peut y voir en optique un aspect en têtard, des distorsions, des compressions qui produisent éventuellement un sursaut de formation d'étoiles, etc.[39]

Dans un amas de galaxies moyen, la masse du gaz très chaud est égale à environ trois fois la masse de l'ensemble des galaxies de l'amas (mais le tout ne constitue que 20 % de la masse totale de l'amas, qui est dominée par la matière noire). Ce gaz est riche en éléments lourds, ce qui montre qu'il a précédemment été de la matière stellaire, et a donc été éjecté par les supernovae des galaxies de l'amas dans une phase active de l'histoire de la formation des étoiles. Comme le gaz très chaud du halo des galaxies dont j'ai parlé au chapitre précédent, celui des amas se refroidit lentement et doit progressivement tomber au centre de l'amas sous l'effet de la gravité. La recherche des flots de refroidissement (en anglais *cooling flows*) ainsi créés, dont la température doit être de plus en plus basse lorsqu'on s'approche du centre de l'amas, a été longtemps infructueuse en raison de difficultés observationnelles. Ce n'est que tout récemment que l'on a découvert avec les instruments de l'IRAM le gaz moléculaire froid qui est l'aboutissement du processus de refroidissement[40]. Il est alors capturé, semble-t-il, par la galaxie centrale de l'amas où il formera de nouvelles étoiles.

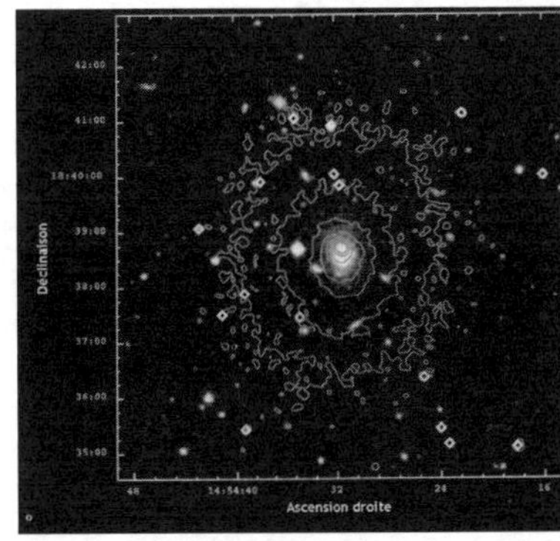

Figure 7.18. Image en rayons X de l'amas de galaxies A 1991, obtenue avec le satellite CHANDRA[41]. Les contours de l'émission X entre 0,6 et 7 keV sont superposés à une image optique de l'amas, qui est dominé par une grosse galaxie. On peut déduire de ces contours la distribution des masses dans l'amas. Les losanges sont des sources X qui correspondent à des galaxies, en général plus lointaines que l'amas.

Le renouveau de la cosmologie

En 1970, la cosmologie était dans une impasse. L'existence d'un Big Bang initial était certes bien établie, notamment grâce à la découverte du rayonnement fossile de l'Univers. Mais l'optimisme de Sandage et d'autres qui espéraient que l'on pourrait, grâce à l'étude statistique des galaxies lointaines et des quasars, choisir entre les différents modèles d'univers possibles, était en train de s'effondrer comme nous l'avons vu au chapitre 2 : on réalisait en effet que ces objets évoluent au cours du temps, et donc que les propriétés des objets lointains — et donc jeunes, plus proches du Big Bang initial — sont différentes de celles des objets proches. Par exemple, Alessandro Braccesi et ses collaborateurs de Bologne ont découvert en 1980 l'existence de galaxies lointaines très bleues[42], où se produit une grande flambée de formation d'étoiles, qui est probablement la première de leur histoire. Cette évolution avec le temps, et aussi les complications probables de la formation et de l'évolution des galaxies et des quasars par rapport aux idées plutôt simplistes que nous en avions autrefois, ont fait pratiquement perdre tout espoir de faire un choix parmi les modèles d'Univers possibles à partir de tests cosmologiques portant sur ces objets. De plus, on n'arrivait pas alors à comprendre comment se forment les galaxies.

Aussi la tendance, déjà marquée dans les années 1960, à attaquer le problème cosmologique par les méthodes de la cosmologie physique prônées par James Peebles s'est-elle considérablement développée au cours des années 1970. Les progrès les plus remarquables dans les tests cosmologiques de nature physique ont concerné l'abondance des éléments fabriqués peu après le Big Bang initial, abondance qui nous renseigne sur les conditions qui régnaient à cette période, et indirectement, à partir de ces conditions, sur la densité de l'Univers. Le deutérium — l'isotope lourd de l'hydrogène — est le plus sensible aux conditions initiales ; son abondance est assez bien connue au voisinage du Soleil grâce à des observations faites par des astronomes américains et français avec le satellite COPERNICUS, et largement confirmées depuis avec le satellite FUSE, et l'on peut remonter sans trop d'hypothèses arbitraires à son abondance initiale après le Big Bang : celle-ci implique que la matière ordinaire — appelée par les spécialistes matière baryonique puisque sa masse est contenue essentiellement dans les baryons, protons et neutrons, qui forment les noyaux atomiques — a une densité moyenne de l'ordre de $4\ 10^{-28}$ kg/m^3 dans l'Univers local, soit environ 4 % de la densité critique dont nous verrons plus loin la signification (voir Encadré 2.7).

L'abondance initiale de l'hélium — un autre élément synthétisé lors du Big Bang — est bien établie grâce à l'observation à partir du sol de galaxies peu évoluées (irrégulières et bleues compactes), où les étoiles n'ont pas eu le temps de fabriquer beaucoup d'hélium supplémentaire. Elle limite indirectement, de son côté, le nombre d'espèces possibles de neutrinos, qui ne dépasse pas les trois espèces connues : c'est une contribution intéressante de la cosmologie à la physique des particules élémentaires. Dans les années 1970, la tendance était de penser que l'Univers ne contenait que cette matière baryonique et était donc presque vide, ce qui impliquait que son expansion n'était que très peu ralentie par l'attraction gravitationnelle entre ses différentes parties. La découverte (ou plutôt la redécouverte) de la matière noire autorisait à ajouter de la masse, la densité restant cependant toujours inférieure à la densité critique. Cependant certains théoriciens, promoteurs de la théorie de l'inflation dont je reparlerai tout à l'heure, auraient bien voulu que la densité fût exactement égale à la densité critique, ce à quoi les observateurs avaient peine à croire.

Devant ces incertitudes et ces affirmations péremptoires qui paraissaient arbitraires, il a régné à cette époque chez beaucoup d'astronomes quelque défiance vis-à-vis de la cosmologie. Il est vrai que, pour « vendre » leurs projets auprès des agences de financement, certains ont voulu laisser croire que la solution des grands problèmes que pose l'Univers, y compris la question de son origine, était juste à portée de main. C'est encore vrai aujourd'hui, et l'Anglais Michael Disney avait beau jeu de critiquer en 2000 une déclaration triomphaliste des promoteurs du satellite cosmologique WMAP qui prétendaient qu'ils pourraient « *établir le modèle cosmologique de façon aussi sûre que le modèle standard des particules élémentaires [et que] nous en [saurions] alors autant, ou même plus, sur les premières étapes de l'Univers que sur les constituants fondamentaux de la matière.* »[43] D'après Disney, de telles affirmations « *sont naïves à l'extrême et témoignent d'un manque complet de jugement sur l'histoire, sur ce qu'est la différence considérable entre une science d'observation [comme l'astronomie] et une science expérimentale [comme la physique], et sur les limites particulières de la cosmologie en tant que discipline scientifique.* » Il continue en faisant la liste de quelques-uns des *credos* habituels des cosmologistes :

> « 1. *Aucune spéculation n'est faite qui ne puisse pas, au moins en principe, être comparée avec des faits observationnels ou expérimentaux ;*
>
> 2. *La partie observable de l'Univers est représentative de l'ensemble du Cosmos ;*
>
> 3. *Le nombre de paramètres libres qui décrivent l'Univers est plus petit que le nombre d'observations indépendantes et incontestables que nous pouvons faire ;*
>
> 4. *Les lois de la Physique qui ont régi l'Univers depuis son origine sont, ou peuvent être, connues par des considérations indépendantes de la cosmologie elle-même …*
>
> 5. *Nous vivons à la première époque où l'humanité possède les moyens techniques permettant de réaliser les observations cruciales.* »

À dire vrai, la plupart des cosmologistes contemporains se posent honnêtement des questions sur tous ces points, à l'exception peut-être du dernier, pour lequel ils ont l'excuse que les progrès récents des observations ont été foudroyants. Les résultats en sont si spectaculaires qu'il nous est difficile de nous abstraire de l'idée que nous n'approchons pas de la Vérité, avec un grand V. Je vais maintenant tenter de résumer notre conception actuelle de l'Univers (ou du moins la conception majoritaire !) ; mais le lecteur ne devra pas s'étonner si des remises en cause plus ou moins importantes ont lieu dans les années qui viennent.

Concepts classiques : l'expansion de l'Univers

Plaçons-nous dans le cadre de la relativité générale d'Einstein, qui a jusqu'ici été entièrement confirmée par toutes les expériences et observations. Pour un cosmologiste, l'évolution de l'Univers relativement proche, supposé homogène (c'est-à-dire de densité uniforme, ce qui n'est évidemment qu'une approximation valable seulement à très grande échelle) et isotrope (c'est-à-dire semblable à lui-même en moyenne dans toutes les directions), est gouvernée par deux paramètres seulement. Ce sont la vitesse d'expansion locale — le paramètre de Hubble (Encadré 7.2), et la variation de cette vitesse avec le temps cosmique, ou avec la distance puisque ces deux quantités sont liées — le paramètre de décélération (Encadré 7.3). La valeur du paramètre de Hubble a fait l'objet de controverses acharnées pendant tout le dernier demi-siècle entre les partisans d'une valeur élevée, menés par Gérard de Vaucouleurs, et les partisans d'une valeur plus faible par environ un facteur 2, essentiellement Alan Sandage et Gustav Tammann. Il ne me paraît pas utile de détailler ces controverses, dans lesquelles on peut détecter une certaine part de mauvaise foi. On s'accorde aujourd'hui sur une valeur intermédiaire de la vitesse d'expansion de l'Univers local, (71 ± 4) km/s par mégaparsec. Nous verrons plus loin que l'étude du rayonnement de l'Univers permet de l'obtenir de façon indépendante de toute autre mesure, de même que d'autres paramètres cosmologiques (Tableau 7.1). Quant au paramètre de décélération, sa détermination est bien plus délicate et ce n'est que très récemment qu'une valeur fiable en a été obtenue, comme nous allons le voir à l'instant.

Encadré 7.2. Le paramètre de Hubble

Si R est une longueur dans l'Univers (par exemple la distance entre deux galaxies), le paramètre de Hubble est $H = R'/R$, où R' est la dérivée de cette distance par rapport au temps : il indique donc l'accroissement relatif de la distance par unité de temps, dû à l'expansion de l'Univers. H n'a aucune raison de rester constant au cours de l'évolution de l'Univers, et le nom de *constante de Hubble* qu'on lui donne souvent est assez incorrect. Dans l'Univers local, le paramètre de Hubble local H_0 (que l'on peut désigner correctement dans ce cas comme la constante de Hubble) est le rapport entre la vitesse à laquelle les galaxies s'éloignent de nous (la vitesse radiale) et leur distance. Pour l'obtenir, il faut donc mesurer à la fois la vitesse radiale et la distance de galaxies aussi nombreuses que possible, et prendre la moyenne du rapport entre ces deux quantités.

La détermination de la vitesse radiale par spectroscopie en utilisant l'effet Doppler-Fizeau ne pose pas de problème particulier. Il n'en est pas de même de la détermination de la distance, qui est pleine de pièges comme le montre l'histoire. En 1929, peu après sa découverte de l'expansion de l'Univers, Edwin Hubble a donné avec Milton Humason la première valeur de H_0, 500 km/s par Mpc, 7 fois plus grande que la valeur actuelle. Il y avait trois étapes dans cette détermination : ils obtenaient d'abord la distance de plusieurs galaxies proches, en comparant l'éclat des céphéides (étoiles pulsantes) qu'elles contenaient avec leur éclat dans les amas globulaires de notre Galaxie, dont la distance était connue par ailleurs ; puis ils obtenaient la distance de galaxies plus lointaines (dans l'amas de galaxies de Virgo) en comparant l'éclat de leurs étoiles les plus brillantes avec celui des étoiles les plus brillantes des galaxies précédentes. Enfin ils estimaient l'éclat global de galaxies très lointaines en le comparant à celui des galaxies du même type de cet amas. Malheureusement les « céphéides » des amas globulaires sont différentes de celles que l'on voit dans les galaxies, qui sont bien plus brillantes, et ce que Hubble croyait être des étoiles isolées dans les galaxies de Virgo étaient en fait des amas d'étoiles, plus lumineux que les étoiles les plus brillantes dans les galaxies proches. Il résulta de tout cela une forte sous-estimation de la distance des galaxies lointaines, et donc une surestimation de H_0.

Par la suite, on a essayé, tout en conservant les mêmes « luminaires standard », d'en utiliser d'autres. Par exemple, une relation empirique dite de Tully-Fisher entre la vitesse de rotation d'une galaxie spirale et sa luminosité[44] permet d'obtenir une valeur approximative de sa distance. Mais il n'en reste pas moins que jusqu'aux années 1980 le monde des astronomes se partageait entre les partisans d'une valeur basse du paramètre de Hubble, de l'ordre de 50 km/s par Mpc, et ceux d'une valeur élevée de l'ordre de 100 km/s par Mpc. Une partie de la difficulté réside dans le fait que la distribution non uniforme de la matière perturbe la relation de Hubble dans l'Univers local d'une façon difficile à corriger. Il est donc nécessaire pour l'établir correctement d'utiliser des galaxies lointaines.

Une des motivations principales de la construction du télescope spatial Hubble a été de mieux déterminer le paramètre de Hubble, en observant les céphéides des galaxies relativement proches grâce à son excellent pouvoir de résolution angulaire. Un très gros programme d'observation, piloté initialement par l'Américain Marc Aaronson, mort accidentellement en 1987, a été conçu à cet effet dès 1984, et ses résultats définitifs ont été publiés en 2001. La procédure est la suivante :

– On adopte pour le Grand Nuage de Magellan une distance de 50 ± 3 kpc, obtenue à partir de la comparaison de différents types d'étoiles qu'il contient avec celles de la Galaxie ; la distance de ces dernières est elle-même basée sur les observations du satellite astrométrique HIPPARCOS. Les céphéides du Grand Nuage servent alors de luminaires standard grâce à la relation période/luminosité.

Cette relation pourrait dépendre un peu de la composition chimique des étoiles, et donc de la galaxie observée. Ce problème, dont l'existence est connue depuis longtemps, reste la principale source d'incertitude dans l'évaluation du paramètre de Hubble.

– La détermination de la période de céphéides dans une trentaine de galaxies proches grâce à des observations répétées avec le télescope spatial permet alors d'obtenir leur distance. Certaines de ces galaxies font partie d'amas dont on connaît ainsi la distance, et donc celle des autres galaxies de l'amas.

– Pour obtenir la distance de galaxies plus lointaines, on utilise différents critères que l'on peut étalonner sur les galaxies précédentes : supernovae de Type Ia, relation de Tully-Fisher, relation entre la dispersion de vitesse des étoiles dans les galaxies elliptiques et leur luminosité[45], « granularité » de la brillance de surface des galaxies elliptiques due à leur résolution en étoiles (qui dépend donc de la distance)[46], supernovae de Type II dont la distance peut être obtenue directement par une méthode particulière dite méthode de Baade-Wesselink[47], effet Sunyaev-Zel'dovich (voir le glossaire).

– Une moyenne pondérée entre ces différentes méthodes donne la valeur finale du paramètre de Hubble, qui est 72 ± 8 km/s par Mpc (Fig. 7.19), en excellent accord avec celle qui est fournie par l'étude des fluctuations spatiales du rayonnement de l'Univers, soit 71 ± 4 km/s par Mpc.

– Il existe encore une autre possibilité pour obtenir le paramètre de Hubble, indépendamment de tout étalonnage local : le délai temporel entre les variations d'éclat des images des quasars doubles produites par un effet de lentille gravitationnelle (voir Appendice 2). Cette méthode et celle qui utilise l'effet Sunyaev-Zel'dovich sont nettement moins précises, au moins pour l'instant, que les méthodes précédentes, mais donnent des résultats en bon accord compte tenu des erreurs.

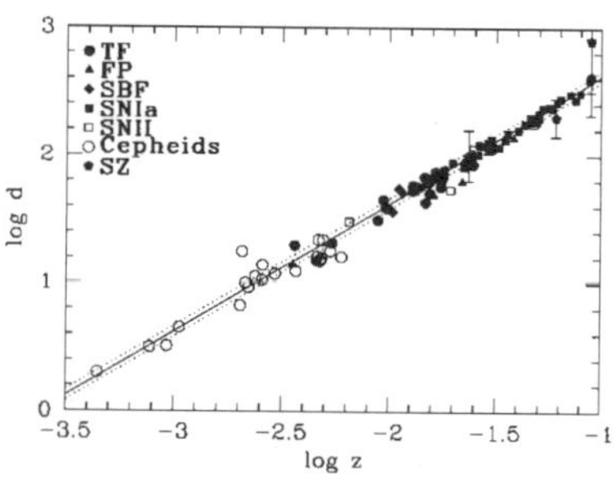

Figure 7.19. La version actuelle du diagramme de Hubble entre le décalage spectral et la distance des galaxies[48]. Le décalage spectral *z* est en abscisses et la distance *d*, en millions de parsecs, est en ordonnées (échelles logarithmiques). La signification des symboles est la suivante. TF : relation de Tully-Fisher ; FP : ; SBF : fluctuations de la brillance de surface des galaxies elliptiques ; SNIa : supernovae de type Ia ; SNII : supernovae de type II ; Cepheids : céphéides ; SZ ; effet Sunyaev-Zel'dovich. La droite en trait continu correspond à une valeur du paramètre de Hubble de 72 km/s par mégaparsec, et les deux droites correspondent à une variation de 10 % de ce paramètre.

Encadré 7.3. Le paramètre de décélération

Le paramètre de décélération décrit la variation avec le temps de la vitesse d'expansion de l'Univers à une époque donnée, par exemple notre époque. Si R est une longueur dans l'Univers (par exemple la distance entre deux galaxies), ce paramètre est défini comme $q = -R''R/R'^2$, où R' est la dérivée première de cette distance par rapport au temps et R'' la dérivée seconde. Si l'expansion s'accélère, R'' est positif et q est négatif; si elle se ralentit, q est positif. En l'absence de constante cosmologique ou d'énergie noire (nous verrons plus loin de quoi il s'agit), q est lié à la densité totale de matière et d'énergie (laquelle est équivalente à la matière en vertu de la relation $E = mc^2$) par la relation simple $q = \Omega/2$, où Ω est le rapport entre cette densité et la valeur critique (9,5 10^{-27} kg/m^3 pour l'Univers local) : dans ce cas, l'expansion ne peut que se ralentir puisque q est nécessairement positif (c'est d'ailleurs pour cela que l'on a choisi son signe et son nom). Le fait que l'expansion s'accélère actuellement implique donc que la constante cosmologique est non nulle, ou qu'il existe une énergie noire. L'expression mathématique qui lie q à Ω est alors plus compliquée.

Une surprise : l'accélération de l'Univers

Une des observations cosmologiques les plus importantes de ces dernières années est celle des explosions de supernovae dans des galaxies très lointaines. Elle a nécessité l'étude systématique d'un très grand nombre de galaxies, observées à différentes époques jusqu'à ce qu'on y découvre l'explosion d'une supernova. On suit alors l'évolution de la luminosité de la supernova, ce qui permet de savoir à quel type elle appartient : en effet, certaines supernovae dites supernovae de type II, en abrégé SN II, résultent de l'explosion d'étoiles massives, d'autres dites SN Ib de l'explosion de ces étoiles massives particulières que sont les étoiles de Wolf-Rayet, et enfin d'autres, les SN Ia, de l'explosion thermonucléaire d'une étoile naine blanche qui a grossi jusqu'à la limite d'instabilité de Chandrasekhar (voir le Chapitre 1) par accrétion de la matière d'un compagnon[49]. Ces dernières ont une luminosité au maximum d'éclat qui paraît être la même pour toutes, avec une bonne précision. Contrairement aux galaxies et aux quasars, les SN Ia n'ont aucune raison de montrer d'effets d'évolution avec le temps cosmique, puisqu'elles proviennent d'étoiles semblables les unes aux autres, dont la composition chimique initiale ne semble jouer aucun rôle. On peut donc les utiliser comme « luminaires standard » et tracer avec elles un diagramme luminosité apparente (flux reçu sur Terre) — décalage spectral, ce dernier étant mesuré grâce au spectre de la galaxie à laquelle appartient la supernova. Les résultats obtenus en 1998-1999 par deux groupes américains différents[50,51] sont en très bon accord, et ils ont été confirmés et étendus par de récentes observations avec le télescope spatial (Fig. 7.20). La luminosité apparente varie bien comme l'inverse du carré de la distance pour les décalages spectraux z pas trop grands, disons inférieurs à 0,1, pour lesquels l'Univers peut être considéré comme ayant une géométrie euclidienne (celle avec laquelle nous sommes familiers). Après étalonnage de la luminosité des SN Ia dans des galaxies proches de distance connue, on obtient ainsi une valeur du paramètre de Hubble qui est en excellent accord avec les autres déterminations. Mais aux décalages spectraux plus

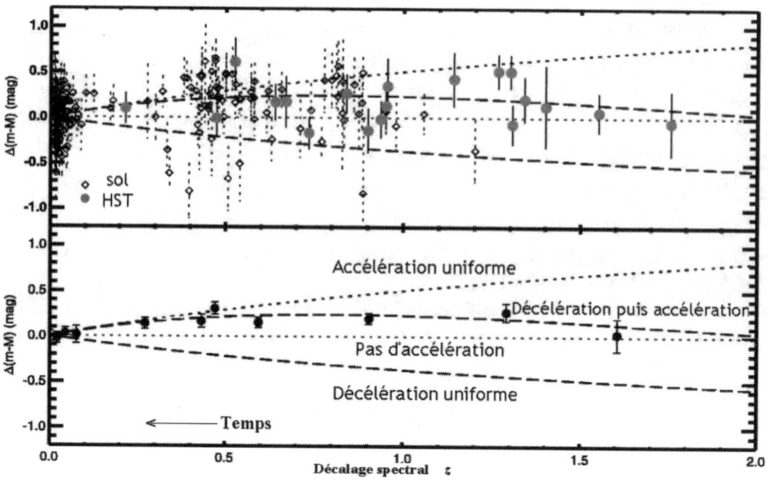

Figure 7.20. Supernovae de type Ia et accélération de l'expansion de l'Univers[52]. La différence entre la magnitude observée de SNIa et la magnitude calculée dans un modèle d'univers de géométrie euclidienne ($\Omega = 1$) et sans accélération est portée en fonction du décalage spectral : en haut pour des supernovae individuelles observées soit à partir du sol soit à partir du télescope spatial Hubble, en bas pour des moyennes de ces quantités. Le décalage spectral z augmente vers la droite, donc le temps cosmique t croît vers la gauche, l'époque actuelle correspondant à $z = 0$. On voit que les observations ne sont compatibles qu'avec un modèle où une phase de décélération de l'expansion est suivie dans le temps d'une phase (actuelle) d'accélération. La transition entre ces deux régimes a eu lieu à un décalage spectral voisin de 0,5, qui correspond à un âge de l'Univers d'environ 7 milliards d'années.

grands, cette loi n'est plus valable et dépend du paramètre de décélération : à la surprise générale, l'observation des supernovae lointaines a montré qu'elles sont moins lumineuses que ce que à quoi l'on s'attendrait si l'expansion de l'Univers s'était ralentie. Leur distance est donc plus grande que prévu, ce qui implique que l'expansion de l'Univers s'est en réalité accélérée pendant les 5 derniers milliards d'années, après avoir ralenti précédemment ! Or les masses et l'énergie du rayonnement présentes dans l'Univers, qui jouent un rôle identique en ce qui concerne la gravitation en vertu de la relation $E = mc^2$, tendent à ralentir son expansion en raison de l'attraction gravitationnelle entre ses différentes parties. L'accélération implique donc nécessairement l'existence d'une force répulsive.

Nous avons vu au chapitre 1 qu'en 1916, bien avant que Hubble ait découvert l'expansion de l'Univers, Einstein, qui aurait bien voulu que l'Univers fût statique, avait introduit une force répulsive sous la forme de la constante cosmologique Λ, qui apparaît naturellement comme une constante d'intégration dans les équations différentielles qu'il avait établies pour décrire la dynamique de l'Univers. Mais après la découverte de l'expansion, Einstein a pensé que cette constante, qui apparemment n'avait plus de raison d'être, devait être nulle. Ce n'était pas l'avis de tout le monde : par exemple, Lemaître avait construit des modèles d'Univers avec une constante cosmologique non nulle, mais l'opinion générale était qu'il fallait la négliger, pour ne pas compliquer le problème cosmologique. Ce n'est que tout récemment que cette constante a été réintroduite.

On peut aussi considérer qu'il existe une « énergie noire » qui joue le même rôle que la constante cosmologique, ce qui a l'avantage de donner un sens physique à cette constante. La relativité générale n'interdit en rien l'existence de cette forme particulière d'énergie dont la gravité serait répulsive, et que l'on désigne souvent aujourd'hui sous le nom de *quintessence*[53]. La nature de cette énergie est un irritant mystère que les cosmologistes cherchent aujourd'hui à éclaircir ; mais je ne peux dans le contexte de ce livre tenter d'approfondir, et même d'aborder cette question. Quoi qu'il en soit, le fait que l'expansion de l'Univers se soit d'abord ralentie, puis accélérée, indique que la matière en a dominé la dynamique dans une première période, alors que c'est l'énergie noire qui la domine maintenant. Il est très risqué de prédire ce qui se passera dans le futur, étant donné l'étendue de notre ignorance sur cette énergie noire.

Par ailleurs, nous avons des preuves de plus en plus convaincantes, sur lesquelles je reviendrai, que l'Univers est « plat », c'est-à-dire que sa géométrie est euclidienne, celle avec laquelle nous sommes familiers. Il est difficile de se représenter ce que cela veut dire exactement, cette notion ne prenant tout son sens qu'en écrivant les équations qui décrivent l'Univers en relativité générale. Quoi qu'il en soit, cela implique que la somme des masses et des énergies dans l'Univers, y compris l'énergie noire dont je viens de parler, est égale à une valeur critique d'environ $9{,}5\ 10^{-27}\ \mathrm{kg/m^3}$. Les cosmologistes ont l'habitude de désigner par Ω la fraction de cette valeur critique qui correspond à un des constituants de l'Univers. Par exemple, la matière baryonique contribue à la densité de masse/énergie de l'Univers comme $\Omega_B = 0{,}04$, mais la matière qui est visible sous forme d'étoiles n'y contribue que comme 0,005, le reste étant sous forme de gaz dans les amas de galaxies et sous d'autres formes non encore identifiées. La matière noire non baryonique (peut-être constituée de particules élémentaires nouvelles comme les neutralinos) correspond à $\Omega_N = 0{,}23$, et l'ensemble de la matière à $\Omega_M = \Omega_B + \Omega_N = 0{,}27$. Il faudrait y inclure la masse des neutrinos, puisque nous savons aujourd'hui que les neutrinos ont une masse. L'Univers contient beaucoup de neutrinos, mais leur masse est très mal connue et tout ce que l'on peut dire est que leur contribution à Ω_M doit être comprise entre 0,003 et 0,008 : elle n'est donc pas dominante. Quant à l'énergie noire, sa contribution est $\Omega_Q = 1 - \Omega_M = 0{,}73$, soit plus des deux tiers du total …

L'origine du rayonnement cosmologique

Les autres progrès essentiels réalisés par la cosmologie contemporaine proviennent de l'étude détaillée du rayonnement qui remplit l'Univers[54]. Pour en comprendre le principe, il me faut dire quelques mots de l'origine de ce rayonnement. À une époque lointaine, peu après le Big Bang, l'Univers était très chaud et les atomes qu'il contenait — essentiellement de l'hydrogène — étaient entièrement ionisés, c'est-à-dire que le gaz était un plasma de protons et d'électrons. Le rayonnement ambiant étant continuellement diffusé par les électrons libres (c'est ce que les physiciens appellent la diffusion Thomson : Encadré 7.4), c'était le rayonnement d'un corps noir à la même température que le plasma. Cette diffusion rendait aussi le milieu opaque. Au cours de l'expansion, l'Univers s'est refroidi et quand sa température a atteint environ 3 000 K (degrés absolus), les protons se sont combinés avec les électrons pour former des atomes d'hydrogène ; la diffusion Thomson a alors disparu et la matière s'est découplée du rayonnement. L'Univers est devenu transparent, et le rayonnement de corps noir à 3 000 K s'y est propagé librement. Le décalage spectral correspondant à cette époque est d'environ $z = 1\,000$ (celui de l'époque actuelle est évidemment $z = 0$). On peut montrer par des considérations simples qu'au cours de l'expansion qui a suivi, le rayonnement est resté celui d'un corps noir, mais avec une température proportionnelle à $1 + z$. Nous le voyons donc avec une température d'environ 3 000 K /1 000 = 3 K ; la valeur exacte, mesurée par le satellite COBE, est 2,725 ± 0,002 K.

Encadré 7.4. La diffusion Thomson

Lorsqu'un électron libre est soumis à une onde électromagnétique, le champ électrique de l'onde induit un mouvement de vibration de cet électron. Celui-ci se comporte alors comme une petite antenne et émet dans toutes les directions une onde électromagnétique de même fréquence que l'onde incidente, ce qui produit donc une diffusion de cette onde. Ce phénomène, découvert par l'Anglais Joseph John Thomson[55], est assez peu important dans la vie courante, mais il devient fondamental dans le gaz totalement ionisé de l'Univers avant la recombinaison, où tous les électrons sont libres et participent à la diffusion. De diffusion en diffusion, les photons accomplissent dans le milieu un trajet aléatoire énormément plus long qu'un trajet en ligne droite. La lumière se propage donc mal et le milieu est opaque. Le rayonnement électromagnétique et la matière sont alors couplés : si la densité de la matière augmente, le rayonnement qui est en quelque sorte emprisonné dans cette matière devient proportionnellement plus intense. Le second principe de la thermodynamique implique que dans un tel milieu isolé, le rayonnement est en équilibre avec la matière, et est celui d'un corps noir à la température du gaz.

Les fluctuations du rayonnement cosmologique

En réalité, le rayonnement de l'Univers n'est pas exactement isotrope, c'est-à-dire le même dans toutes les directions. La première anisotropie, bien mise en évidence par le satellite COBE, provient de notre mouvement particulier par rapport à l'Univers local, qui est de 368 km/s dans la direction de la constellation Crater (coordonnées galactiques $l = 264°$, $b = 48°$). L'effet Doppler-Fizeau fait que les longueurs d'onde du rayonnement sont légèrement diminuées (déplacées vers le bleu) dans la direction du mouvement, et légèrement augmentées (déplacées vers le rouge) dans la direction opposée[f]. Mais les observations ultérieures ont montré qu'en plus de cette anisotropie bipolaire existent de très faibles anisotropies plus localisées, qui indiquent l'existence de fluctuations de température à l'époque de la recombinaison de l'hydrogène (Fig. 7.21). Ces fluctuations sont d'un intérêt capital car elles nous donnent de très précieuses indications sur les premières étapes de l'évolution de l'Univers. Aussi ne faut-il pas s'étonner que plusieurs dispositifs spécialisés au sol, ou embarqués à bord de ballons (BOOMERANG en collaboration entre les États-Unis, le Canada, la Grande-Bretagne et l'Italie, ARCHEOPS en France avec diverses collaborations[56], etc.) et le satellite américain WMAP lancé en 2001, aient été construits spécialement pour les étudier[57]. À plus long terme, le satellite européen PLANCK, dont le lancement est prévu en 2007, devrait encore améliorer notre connaissance de ces fluctuations. Le principe de la mesure est simple, mais sa réalisation est difficile en raison de la grande précision requise : on compare le rayonnement millimétrique et submillimétrique en provenance de différentes directions de l'espace, ceci en général à plusieurs longueurs d'onde et à différentes échelles spatiales.

L'existence de fluctuations du rayonnement cosmologique a été prévue indépendamment dès la fin des années 1960 par James Peebles et son étudiant de thèse Jer Yu à Princeton[58], et par Yakov Zel'dovich et Rachid Sunyaev à Moscou[59]. Ils ont réalisé que l'ensemble du plasma et du rayonnement de l'Univers avant la recombinaison, qui se comporte comme un seul fluide, peut transporter des ondes de compression et de raréfaction analogues à des ondes sonores ; les compressions chauffent le milieu et les raréfactions le refroidissent, si bien que ces ondes doivent produire des fluctuations de la température du

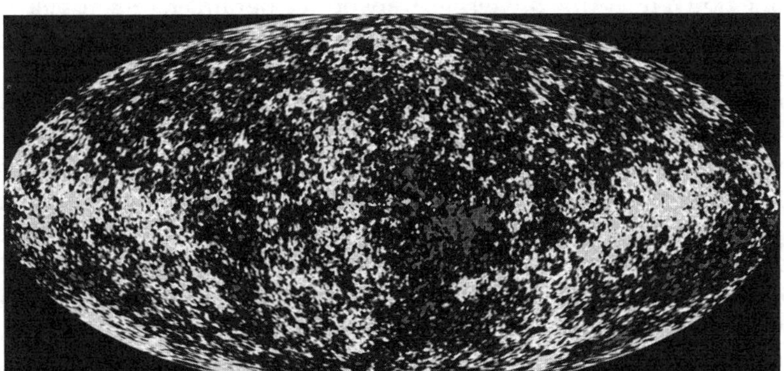

Figure 7.21. Les fluctuations de la température du fond du ciel observées par le satellite WMAP. Les observations ont été corrigées de l'anisotropie dipolaire due au mouvement de la Terre par rapport à l'Univers local, et de l'émission des poussières de la Galaxie. La totalité du ciel est représentée en coordonnées galactiques, la longitude croissant horizontalement de la droite vers la gauche et la latitude de bas en haut ; le centre galactique est au milieu. Les régions sombres ont une température moins élevée que la moyenne (2,725 K), les claires une température plus élevée.

[f] La variation relative de toutes les longueurs d'onde est de 368/300 000 = 0,0012, ce qui correspond à une variation relative identique de la température du rayonnement, laquelle est donc de 2,728 K dans la direction du déplacement de la Terre et de 2,722 K dans la direction inverse.

rayonnement de l'Univers puisque cette température est étroitement couplée à celle du gaz grâce à la diffusion Thomson. L'observation de fluctuations du rayonnement de l'Univers prouve l'existence de ces ondes. Cette existence pose en elle-même un problème : celui de l'horizon. Actuellement, nous ne pouvons observer qu'une partie de l'Univers, celle dont le rayon est la distance que la lumière a traversé depuis le Big Bang, en 14 milliards d'années environ : il y a donc un horizon au-delà duquel nous ne pouvons rien voir. Dans le passé, la partie visible était plus réduite puisque l'âge de l'Univers était moins grand. Il en résulte une difficulté majeure : pourquoi la température de l'Univers est-elle si uniforme puisque les différentes parties de l'Univers n'avaient pas pu communiquer entre elles avant l'époque de la recombinaison, où l'horizon était bien plus réduit qu'aujourd'hui ? Cette difficulté apparaît également lorsqu'on essaye de comprendre l'origine, qui est certainement proche dans le temps du Big Bang, des fluctuations de cette température : en effet, on peut toujours trouver un moment dans le passé où l'horizon était plus petit que la structure à laquelle on s'intéresse, et dont on s'étonne donc qu'elle puisse être aussi cohérente.

L'inflation et les ondes dans l'Univers

Une des possibilités pour résoudre ce paradoxe est la *théorie de l'inflation*, proposée en 1981 par l'Américain Alan H. Guth et, indépendamment, par le Russe Andrei Linde[60]. Elle implique que l'Univers a une géométrie « plate », donc que $\Omega = 1$, ce qui fait qu'à l'époque certains observateurs ont eu du mal à admettre cette théorie puisque cette géométrie nécessite l'existence de matière ou d'énergie autres que celles dont nous avons l'habitude. La théorie de l'inflation fait l'hypothèse d'une nouvelle forme d'énergie, transportée par un champ appelé *inflaton* auquel correspond une particule élémentaire, le boson de Higgs, dont les physiciens ont suspecté l'existence avec le LEP (Large Electron Positron collider) du CERN, et qu'ils vont rechercher avec les futurs grands accélérateurs comme le LHC (Large Hadron Collider) en construction par le CERN. Cette énergie aurait produit une expansion très rapide et accélérée de l'Univers très peu après le Big Bang, l'inflation. Ce que nous voyons actuellement ne serait qu'une petite partie de l'Univers qu'un observateur imaginaire aurait pu observer avant l'inflation : ceci résout le problème de la communication entre les différentes partie de l'Univers que nous percevons aujourd'hui. De plus, les fluctuations quantiques du champ inflaton, amplifiées par cette expansion rapide, auraient produit les perturbations de densité dont sont issues les ondes qui traversent l'Univers primitif.

La théorie de l'inflation est susceptible de vérifications, et a effectivement été vérifiée en partie par l'étude des fluctuations de la température du rayonnement de l'Univers. En effet, comme toutes les perturbations initiales ont été créées de façon extrêmement rapide, comme par un coup porté sur un instrument à percussion, elles ont produit quasi simultanément les ondes de type sonore dont j'ai parlé plus haut, ondes dont on estime que l'amplitude initiale était la même à toutes les fréquences. Dans le cadre de la relativité générale, où l'espace et le temps sont liés, il faut imaginer la propagation de ces ondes comme se faisant dans le temps ; ce sont des ondes progressives. Elles ont commencé au moment de l'inflation et sont arrivées à l'époque de la recombinaison 380 000 ans plus tard, avec une phase qui dépendait de leur longueur d'onde. Leur amplitude à cette époque dépendait donc également de cette longueur d'onde : si la phase était 2π ou un multiple entier de 2π, la pression de l'onde était maximale sur la surface de recombinaison, et l'augmentation correspondante de la température était aussi maximale (Fig. 7.22). Celles des ondes qui répondaient à cette condition, et donc dont les effets ont été les plus grands, correspondaient à un « son » fondamental et à ses harmoniques 2, 3, 4, etc., qui avaient une longueur d'onde 2, 3, 4, etc. fois plus petite.

Les fluctuations spatiales du rayonnement de l'Univers dues à ces ondes sont d'autant plus étendues angulairement que leur longueur d'onde était plus grande. L'observation montre que les ondes fondamentales ont donné des fluctuations de la température du fond de ciel dont les dimensions angulaires sont de l'ordre de 1 degré (Figs. 7.23 et 7.24), ce qui correspond à des distances de l'ordre de 1 million d'années-lumière sur la surface de recombinaison, et donc de l'ordre du milliard d'années-lumière actuellement[g]. Les harmoniques ont produit

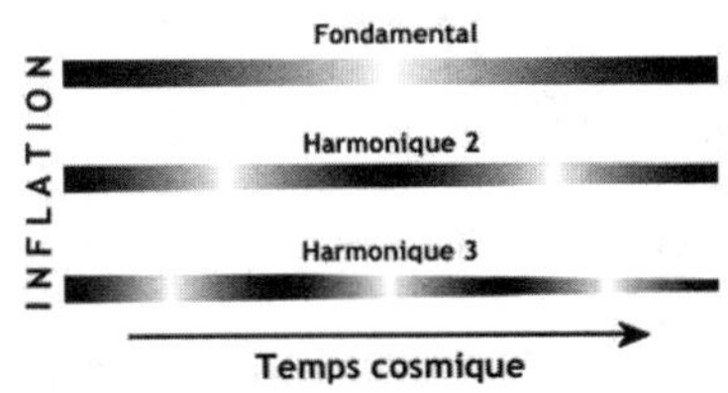

Figure 7.22. Schéma de la propagation des ondes dans l'Univers avant la recombinaison. Bien qu'il existe des ondes de toutes longueurs et se propageant dans toutes les directions, on n'a représenté ici qu'une onde fondamentale et des ondes harmoniques 2 et 3. Ces ondes sont symbolisées par des bandes horizontales, où les zones sombres représentent des maxima de pression et les zones claires des minima. L'épaisseur de la bande symbolise l'amplitude de l'onde : les harmoniques 2 et surtout 3 sont atténués au cours de la propagation.

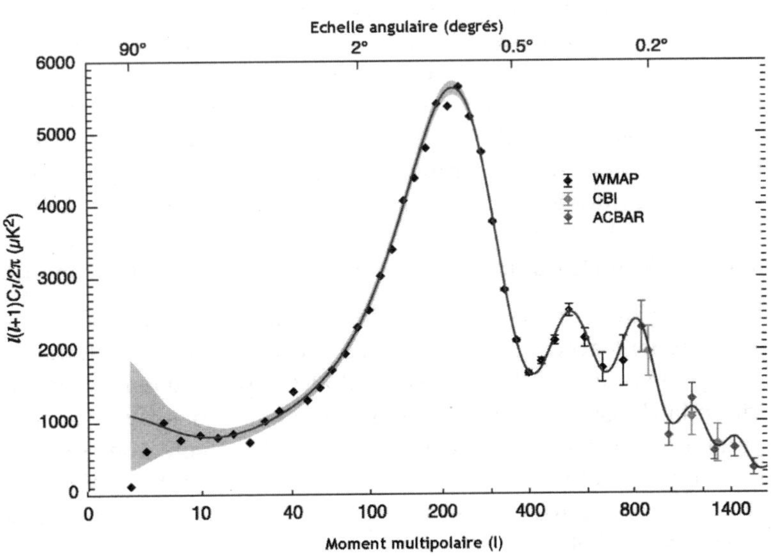

Figure 7.23. Le spectre des fluctuations du rayonnement du ciel, observé par le satellite WMAP, avec deux autres séries de mesures au sol. Il est obtenu par l'analyse de Fourier de la carte de la température du rayonnement (Fig. 7.21). L'intensité (carré de l'amplitude) des fluctuations est portée en fonction de leur échelle angulaire θ, en haut, et du moment multipolaire l, en bas (échelles logarithmiques), lequel est inversement proportionnel à θ : $l = \pi/\theta$ si θ est en radians. Les zones grisées donnent l'erreur de mesure dans certaines régions du spectre, les barres d'erreur dans d'autres. Le pic principal, qui indique les fluctuations les plus intenses, correspond aux ondes fondamentales de l'Univers avant la recombinaison ; les pics suivants correspondent aux harmoniques 2, 3 et 4.

[g] Les distances dans l'Univers en expansion sont inversement proportionnelles à $z + 1$, z étant le décalage vers le rouge. Comme ce dernier est de 1 000 pour la surface de recombinaison, et de 0 près de nous, les distances ont augmenté d'un facteur 1 000 depuis l'époque de recombinaison.

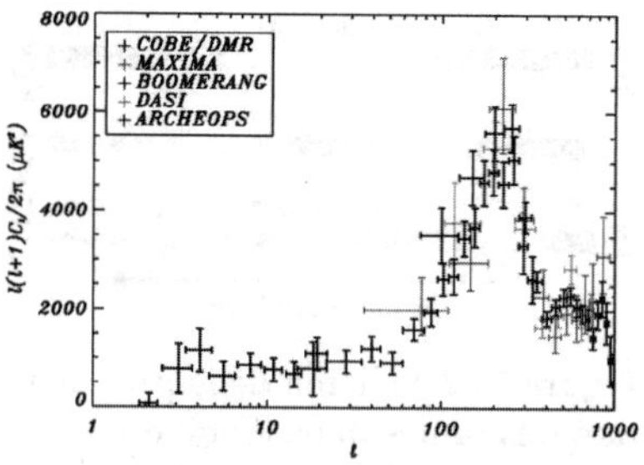

Figure 7.24. Le spectre des fluctuations du rayonnement du ciel, tel qu'il était connu avant les résultats du satellite WMAP grâce au satellite COBE et à différentes observations en ballon et au sol. Comme pour la figure 7.23, l'intensité est portée en fonction du moment multipolaire *l* (échelle logarithmique). Les résultats ont été parfaitement confirmés par WMAP (comparer à la figure 7.23) ; ils étaient moins précis car seules de petites portions du ciel avaient pu être observées.

des perturbations d'étendue d'autant plus faible que leur rang est plus élevé. On conçoit donc qu'il soit possible, en analysant statistiquement la taille et l'intensité des perturbations du rayonnement cosmologique, de reconnaître les ondes fondamentales et les premiers harmoniques, de mesurer leur intensité à leur arrivée sur la surface de recombinaison et d'obtenir ainsi des informations précieuses sur l'inflation et sur la géométrie de l'Univers dans lequel ces ondes se sont propagées.

Contrairement aux ondes sonores pures, les ondes de l'Univers primordial étaient sensibles à la gravité : en effet, leur longueur d'onde étant très grande, elles englobaient dans une région de compression une grande quantité de matière dont les effets gravitationnels étaient considérables. On peut montrer que les fluctuations du champ inflaton qui ont créé les ondes au moment de l'inflation concernaient à la fois la matière baryonique et la matière noire, si bien que les zones de compression de l'onde étaient au début à la fois des concentrations de matière baryonique et de matière noire. Cependant, seule la matière baryonique (la matière dont nous avons l'habitude) a subi ensuite la compression ou la raréfaction de l'onde, tandis que les effets gravitationnels étaient dominés par la matière noire qui est bien plus abondante.

Si la longueur d'onde était très grande, par exemple pour l'onde fondamentale, la gravité que cette matière a produit a aidé la compression pendant longtemps, et l'amplitude de l'onde à son arrivée sur la surface de recombinaison était grande. Mais ce n'est plus vrai pour les harmoniques dont la longueur d'onde était plus courte pour lesquels les concentrations de la matière baryonique ne coïncidaient plus au bout d'un certain temps avec les zones de compression de l'onde, et qui ont ainsi produit une diminution progressive de son amplitude. En conséquence, l'intensité des fluctuations du rayonnement cosmologique diminue quand leur taille est plus petite (Fig. 7.22). Du rapport d'intensité entre les harmoniques et le fondamental, on peut déduire des informations sur les deux types de matière, et obtenir la valeur de différents paramètres, dont Ω_B qui indique la densité de la matière baryonique.

Il est remarquable que la valeur trouvée ainsi pour Ω_B, 0,044 ± 0,004, soit en excellent accord avec celle déduite de l'étude du deutérium, dont j'ai parlé plus haut (voir Encadré 2.7). On peut également déduire Ω_M, donc la densité totale de matière, de l'étude des fluctuations du rayonnement cosmologique, et aussi l'âge de l'Univers que l'on trouve en accord avec celui des plus vieilles étoiles de notre Galaxie. Les valeurs des paramètres portés au tableau 7.1 proviennent uniquement des mesures de COBE et de WMAP, et sont finalement aussi précises, ou même plus précises que celles que l'on peut obtenir plus directement, comme le paramètre de Hubble. Elles devraient encore être considérablement raffinées grâce au satellite PLANCK, qui observera les fluctuations dues aux harmoniques élevés sur la totalité du ciel, donc avec la meilleure statistique possible.

Tableau 7.1. Les paramètres cosmologiques déduits des observations avec COBE et WMAP

Paramètre	Symbole	Valeur
Densité critique	ρ_{crit}	9,5 10^{-27} kg/m^3
Densité totale (matière baryonique et noire + rayonnement + énergie noire), exprimée en prenant la densité critique comme unité	$\Omega_{tot} = \rho/\rho_{crit}$	1,02 ± 0,02
Densité d'énergie noire (quintessence)	Ω_Q	0,73 ± 0,04
Densité baryonique	Ω_B	0,044 ± 0,004
Densité de matière baryonique et noire	Ω_M	0,27 ± 0,04
Densité de neutrinos	Ω_n	< 0,0076
Température de corps noir de l'Univers	T_{cmb}	2,725 ± 0,002 K
Paramètre de Hubble	H_0	71 ± 4 km/s par Mpc
Âge de l'Univers	t_0	13,7 ± 0,2 10^9 ans
Décalage spectral à la recombinaison	z_{rec}	1 089 environ
Âge à la recombinaison	t_{rec}	379 ± 8 10^3 ans

Avant le Big Bang

Malgré la cohérence de l'édifice de la cosmologie moderne, il subsiste des questions de fond. Que l'Univers soit dominé par une forme d'énergie que nous ne comprenons que difficilement, l'énergie noire ou quintessence, et par une forme de matière dont nous ne parvenons pas à découvrir la nature malgré tous nos efforts, la matière noire, est peu satisfaisant pour l'esprit. Nous n'avons même pas réussi à identifier toute la matière baryonique, c'est-à-dire la matière ordinaire. L'éclaircissement de ces mystères est certainement la tâche majeure à laquelle devront s'atteler théoriciens et observateurs du futur. Et puis, notre connaissance de la physique des tous débuts de l'Univers est insuffisante.

Nous avons vu au premier chapitre que l'existence d'une singularité initiale au moment du Big Bang, avec une densité infinie, est inévitable si la relativité générale est encore valable dans ces conditions extrêmes. Dans ce cas, le temps a commencé au moment du Big Bang et la question de ce qu'il pouvait y avoir avant n'a pas de sens. Mais beaucoup ont des doutes sur l'existence d'une telle singularité : si elle n'a pas eu lieu, l'Univers et le temps peuvent avoir existé avant le Big Bang, peut-être depuis toujours. Pour décrire correctement le Big Bang, il est indispensable de quantifier la relativité générale, c'est-à-dire de construire une théorie englobant la relativité générale et la mécanique quantique (notons cependant que l'intérêt pratique de cette théorie se limite à ces circonstances extrêmes). Les tentatives pour l'établir n'ont pratiquement fait aucun progrès jusqu'au milieu des années 1980, sans doute parce que la manière d'appréhender le problème n'était pas assez révolutionnaire : en effet, il ne s'agissait pas seulement de développer de meilleures techniques mathématiques, mais d'imaginer de nouveaux concepts.

L'un de ces concepts est la théorie des cordes, proposée dès 1968 par le physicien du CERN Gabriele Veneziano pour décrire le monde des particules élémentaires comme les protons ou les neutrons, et leurs interactions. Elle n'a pas réellement atteint ce but, sans toutefois qu'il y ait d'incompatibilités avec l'expérience, et a été provisoirement abandonnée au profit de la chromodynamique quantique, qui décrit ces particules à partir de constituants plus élémentaires, les quarks. Mais la théorie des cordes a été réactivée récemment comme une des possibilités qui s'ouvrent pour combiner la relativité générale et la mécanique quantique. Donner plus de détails sur ces sujets complexes et en pleine évolution, sur lesquelles travaillent actuellement un grand nombre de chercheurs, nous entraînerait bien trop loin[61]. Retenons-en simplement une des idées de base, qui est que les particules élémentaires ne sont pas ponctuelles, mais que l'une de leurs dimensions qui n'est pas infiniment petite (d'où le nom de cordes). On ne peut alors pas accumuler des particules en un ensemble infiniment petit — une singularité : ceci permet d'éviter la singularité du Big Bang.

Si cela est vrai, on peut imaginer que l'Univers se soit condensé à un moment de son histoire, son effondrement ayant été arrêté par des effets quantiques et suivi d'un rebondissement qui serait le Big Bang. La matière et l'énergie auraient donc pu exister depuis toujours, et le temps aurait pu être infini dans le passé comme il doit l'être dans l'avenir. L'Univers aurait alors peut-être gardé une mémoire de certaines structures qui existaient avant le Big Bang. La période d'inflation, qui paraît nécessaire pour rendre compte des structures que nous observons aujourd'hui dans le rayonnement cosmologique, aurait d'ailleurs pu survenir avant le Big Bang. Il ne semble pas impossible dans un futur relativement proche de vérifier ces idées, qui relèvent pour l'instant du domaine de la spéculation, grâce à de nouvelles observations de la structure du rayonnement cosmologique avec le futur satellite PLANCK, et à l'observation d'ondes gravitationnelles d'origine cosmologique avec une nouvelle génération de détecteurs succédant à VIRGO et à LIGO. Enfin, il se pourrait que l'Univers que nous connaissons soit accompagné d'autres univers qui se sont eux aussi condensés puis ont rebondi chacun dans leur propre Big Bang. Mais nous n'avons aucune chance de les observer.

Même si l'on parvient à mettre en évidence par l'expérience d'ici quelques années le boson de Higgs, la particule responsable potentiellement de l'inflation, il nous restera donc bien d'autres points à éclaircir qui relèvent à la fois de la cosmologie et de la physique fondamentale. Malgré les énormes progrès accomplis récemment, les observations cosmologiques sont encore quelque peu incertaines, des remises en cause étant toujours possibles. La théorie des particules élémentaires est encore incomplète, et la quantification de la relativité générale balbutiante. C'est en s'épaulant l'une l'autre que la cosmologie et la physique progresseront encore : leur dialogue, qui est aussi ancien que ces deux sciences, peut encore évoluer dans des directions imprévisibles.

La formation des galaxies

La figure 7.25 résume les conceptions généralement admises aujourd'hui sur l'évolution temporelle de l'Univers. On y voit différentes étapes de la formation et de l'évolution des galaxies. Considérons d'abord leur formation. Vers 1970, on ne comprenait pas comment les galaxies pouvaient se former, faute de connaissances sur les fluctuations initiales de densité dans lesquelles s'accumule la matière. Aujourd'hui, nous connaissons bien ces fluctuations grâce aux observations dont je viens de parler, et le problème semble résolu dans ses grandes lignes.

Grandes structures et matière noire

Il me semble cependant intéressant de retracer très brièvement l'histoire des travaux concernant la formation des galaxies depuis 1970. C'est à cette époque qu'ont commencé les études systématiques de la distribution des galaxies à grande échelle dans l'Univers, et que l'on a commencé à réaliser l'existence de grandes structures en forme de bulles sur les parois desquelles se trouvent les galaxies et les amas de

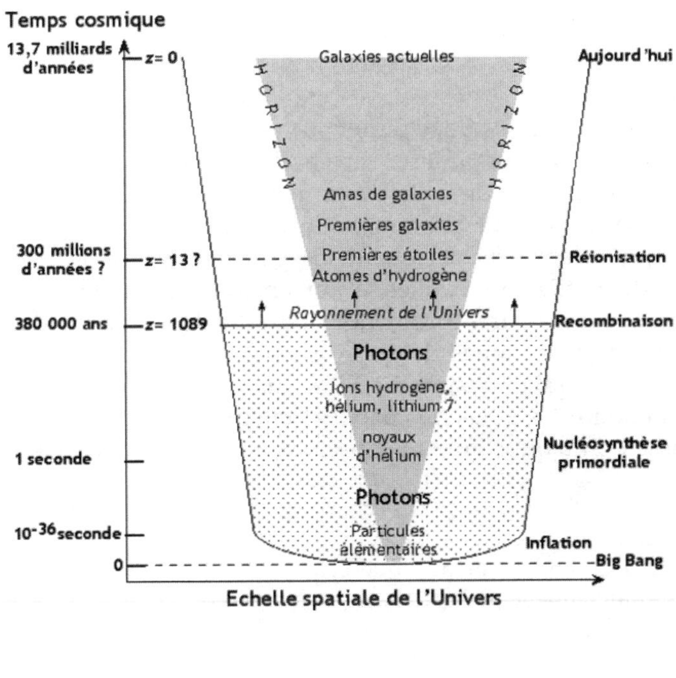

Figure 7.25. Schéma de l'évolution temporelle de l'Univers.

galaxies. L'une de ces structures, le Grand Mur, s'étendait au moins sur 200 millions de parsecs (700 millions d'années-lumière) : on commençait à se demander si l'hypothèse de l'uniformité de l'Univers à grande échelle, qu'avaient faite Einstein et les cosmologistes qui l'ont suivi, était réellement valable et s'il ne fallait pas tout remettre en question[h]. Cependant, il devenait clair que les structures de l'Univers ont crû à partir de fluctuations initiales de densité, les régions plus denses attirant par gravité la matière du voisinage au détriment des régions moins denses, lesquelles finalement ont formé les vides autour desquels se concentrait la matière. C'était à la fin des années 1980.

Cependant, on savait aussi que l'essentiel de la gravité était due à la matière noire, la matière visible des galaxies ne représentant qu'une faible fraction du total de la matière de l'Univers. La matière visible n'a d'ailleurs aucune raison *a priori* d'être répartie comme la matière noire. On ne savait rien — et on ne sait toujours pas grand chose — de la nature de cette matière noire, ce qui ouvrait deux possibilités :

– ou bien la matière noire était « froide », c'est-à-dire qu'elle pouvait s'accumuler facilement sous l'effet de sa gravité : Peebles et d'autres ont montré qu'alors les premières structures à se former auraient été relativement petites : ç'aurait été des galaxies, voire même des fragments plus petits qui se seraient rassemblés en galaxies ;

– bien la matière noire était « chaude », c'est-à-dire que sa pression, contrebalançant la gravité, était telle qu'elle ne tombait pas aisément sur elle-même : alors, comme l'ont montré Zel'dovich et ses collègues, ce sont les grandes structures et les amas de galaxies qui se seraient formées d'abord, la matière noire ayant nécessairement eu une distribution initiale assez uniforme.

Le problème était maintenant de choisir entre ces deux possibilités. Si la matière noire était « froide », la distribution de la matière visible ne devait pas être très différente de celle de cette matière, alors que ce ne pouvait pas être le cas si la matière noire était « chaude » ; dans ce dernier cas, la formation des galaxies par fragmentation et effondrement des amas aurait posé des problèmes difficiles. Ce n'est que tout récemment que l'on a pu montrer sans ambiguïté que les galaxies ont une distribution proche de celle de la matière noire[62] : nous savons donc maintenant que celle-ci est « froide », et donc que les premières structures qui se sont formées sont les galaxies, chacune avec son propre halo de matière noire. Elles se sont ensuite rassemblées en amas et autres grandes structures ; ce phénomène a dû être assez rapide puisqu'on trouve déjà des amas de galaxies en formation à un décalage spectral de 4,1, ce qui correspond à 1,2 milliards d'années après le Big Bang[63]. Cependant les amas de galaxies étaient bien moins nombreux dans le passé qu'aujourd'hui, une observation faite avec le satellite en

[h] La suite a cependant montré que cette hypothèse reste valable à une échelle plus grande que le milliard d'années-lumière.

rayons X XMM-NEWTON[64]. À l'époque actuelle, la formation des amas et des grandes structures a cessé car l'accélération de l'expansion de l'Univers s'oppose efficacement aux effets de la gravité à grande échelle.

Il est maintenant possible, grâce à la puissance des ordinateurs, de simuler tout ceci en commençant par les fluctuations initiales de densité au moment de la recombinaison, telles qu'elles sont révélées par l'étude du rayonnement de l'Univers. Les résultats obtenus sont en accord impressionnant avec les observations récentes des relevés SLOAN et 2dF, qui fournissent la distribution dans l'espace de plusieurs centaines de milliers de galaxies (Fig. 7.26) : ceci donne confiance dans toute cette histoire.

L'évolution des galaxies

Il s'agit maintenant de comprendre comment ont évolué les galaxies après leur formation. C'est un problème très complexe : certaines galaxies sont observées plus ou moins telles qu'elles étaient peu après leur formation — il s'agit essentiellement de certaines galaxies elliptiques où toutes les étoiles se sont formées très vite[i] —, tandis que

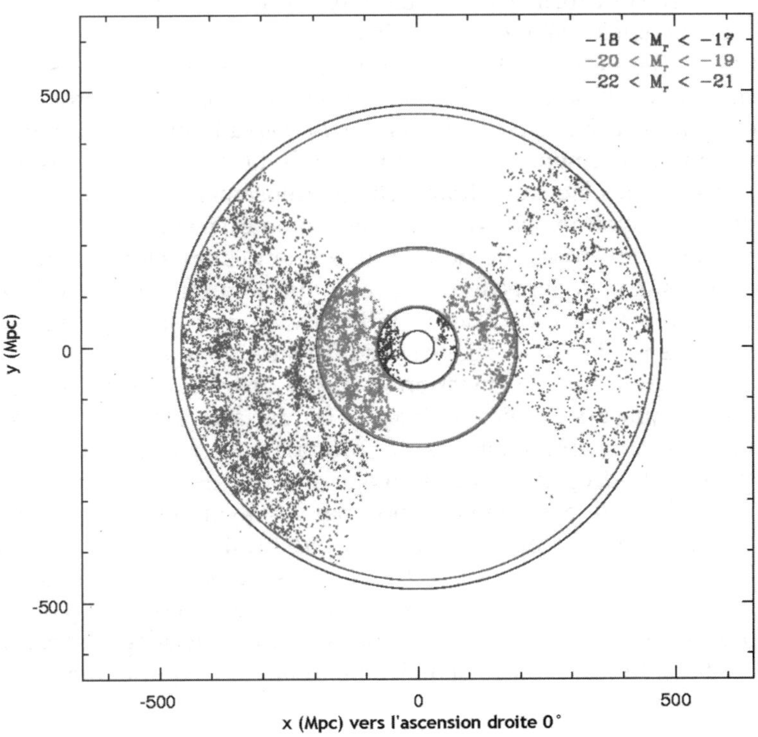

Figure 7.26. Distribution des galaxies dans l'Univers local jusqu'à 450 Mpc environ. Cette figure a été construite à partir du relevé SLOAN, qui a mesuré la magnitude et le décalage spectral d'un très grand nombre de galaxies[65]. Chaque point représente une galaxie dans une tranche de 5° autour du plan de l'équateur céleste. Les abcisses et les ordonnées donnent la distance en mégaparsecs (nous sommes placés au centre de la figure). Afin d'éviter les biais observationnels et d'obtenir une image lisible et bien représentative de la réalité, seules sont figurées les galaxies faisant partie d'une tranche de magnitude absolue dans le rouge M_r (corrigée du décalage spectral et donc ramenée à la même longueur d'onde) qui dépend de la zone considérée : entre 30 et 78 Mpc, $-18 < M_r < -17$; entre 78 et 193 Mpc, $-20 < M_r < -19$; entre 193 et 454 Mpc, $-22 < M_r < -21$. Les observations sont moins complètes dans la partie droite de la figure, qui n'a pas été observée entièrement, mais elles ne sont pas biaisées non plus. On constate que les galaxies sont situées sur la paroi de « bulles » dont le diamètre est de l'ordre d'une centaine de Mpc, bien visibles à droite ; les amas de galaxies sont à l'intersection de plusieurs de ces bulles. On peut également voir des « murs » de galaxies plus ou moins rectilignes, dont la longueur atteint plusieurs dizaines de Mpc, voire même une ou deux centaines de Mpc.

[i] D'autres galaxies elliptiques sont probablement le produit de la fusion de deux galaxies, et ne sont pas nécessairement très vieilles.

d'autres ont été profondément modifiées, notamment parce qu'elles ont échangé de grandes quantités de matière avec l'extérieur, par exemple en capturant d'autres galaxies. Au vu de cette complexité, il ne paraît pas raisonnable pour l'instant d'envisager des simulations numériques détaillées de l'évolution des galaxies, même si certains s'y sont essayés. On peut cependant tenter de tracer de façon purement empirique l'histoire globale des galaxies, par exemple en essayant de connaître comment a varié le taux de formation d'étoiles dans l'Univers depuis l'époque de la recombinaison.

On pense généralement qu'au début les galaxies n'étaient que des nuages de gaz emprisonnés dans des concentrations de matière noire. L'argument essentiel pour l'affirmer est que la distribution des galaxies dans l'Univers ressemble à celle de la matière noire. Cependant des observations récentes jettent un doute : la dynamique des galaxies elliptiques, telle qu'elle est révélée par l'observation de la vitesse radiale des nébuleuses planétaires que l'on trouve à différentes distances du centre de la galaxie, ne permet de détecter aucun signe de la présence de matière noire[66]. Comment se forment donc les galaxies elliptiques ? Celles qui résultent de la fusion de galaxies spirales ne devraient-elles pas contenir de la matière noire, puisque celles-ci en sont pourvues ? Autant de questions qui n'ont pas de réponse à l'heure actuelle.

Quand se sont formées les premières étoiles, et faisaient-elles déjà partie de galaxies ? Même s'il paraît vain de vouloir observer directement ces étoiles, on peut tout au moins tenter d'en observer les effets. Le principal est l'ionisation du gaz par leur rayonnement ultraviolet : on peut parler d'une époque de la *ré-ionisation*, à laquelle l'Univers est redevenu partiellement opaque en raison de la diffusion Thomson de la lumière sur les électrons libres. Malheureusement, l'étude des fluctuations du rayonnement de l'Univers, même si elle nous a appris énormément de choses, ne nous donne que des renseignements très peu précis sur la ré-ionisation : tout ce que l'on en sait est qu'elle a commencé assez tôt, moins de 400 millions d'années après le Big Bang, ce qui correspond à un décalage spectral z supérieur à 11.

L'observation de l'absorption par l'hydrogène neutre dans le spectre des quasars permet de fixer la fin de la ré-ionisation, c'est-à-dire la seconde recombinaison entre protons et électrons pour former les atomes d'hydrogène, à un décalage spectral de 6 environ[j]. La ré-ionisation pourrait avoir été due non pas au rayonnement ultraviolet d'étoiles, mais à celui des quasars. Cependant, il y a très peu de quasars à ces grands décalages spectraux, alors qu'on a observé aujourd'hui grâce aux grands télescopes au sol et au Télescope spatial de nombreuses galaxies — donc des étoiles — à des décalages spectraux de 6 ou davantage ; le record actuel, obtenu par une équipe française au

[j] La première recombinaison, dont j'ai parlé précédemment, avait eu lieu bien plus tôt, à un décalage spectral de l'ordre de 1 000.

VLT de l'ESO[67], est une galaxie dont le décalage spectral $z = 10{,}0$ a pu être mesuré grâce à un effet de lentille gravitationnelle qui renforce sa luminosité plusieurs dizaines de fois (voir Appendice 2). Il n'est pas démontré, cependant, que ces galaxies aient pu produire la ré-ionisation : le problème reste ouvert.

Plus près de nous, la situation est meilleure. Le télescope spatial Hubble et les grands télescopes ont permis d'obtenir des statistiques sur le rayonnement ultraviolet des galaxies (évidemment décalé vers le rouge) en fonction de leur décalage spectral, jusqu'à $z = 6$ environ (Fig. 7.27). Comme ce rayonnement est produit essentiellement par des étoiles jeunes et de grande masse, on peut obtenir ainsi le taux de formation des étoiles — au moins des étoiles massives — aux différents décalages spectraux. Ce taux était environ dix fois plus grand qu'aujourd'hui au décalage spectral $z = 1$, il y a 5 milliards d'années. Il pourrait avoir été encore supérieur à des décalages spectraux de 2 ou 3, soit respectivement 2,6 ou 1,7 milliards d'années après le Big Bang, 11 ou 12 milliards d'années avant l'époque actuelle[k].

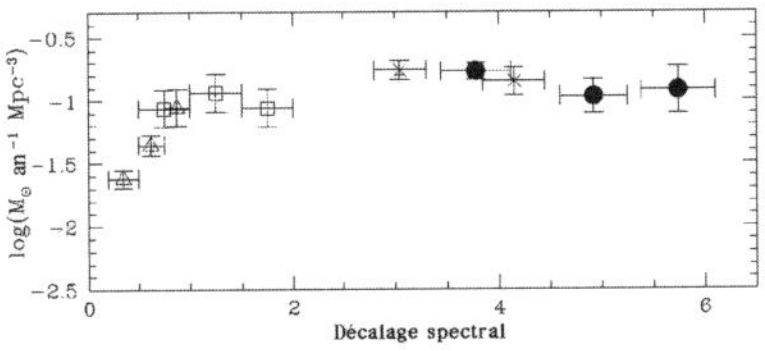

Figure 7.27. Taux de formation d'étoiles en fonction du décalage spectral, obtenu à partir d'observations avec le télescope spatial Hubble[71]. Ce taux, en échelle logarithmique, est donné en masses solaires par an et par Mpc^3 de co-volume, c'est-à-dire du volume de l'Univers au décalage z qui devient égal à 1 Mpc^3 à $z = 0$ à la suite de l'expansion de l'Univers (la masse se conserve donc dans le co-volume). Il est déterminé à partir du flux ultraviolet (décalé en fonction de z) des galaxies, qui est proportionnel au taux de formation d'étoiles. Les valeurs obtenues par différents auteurs sont indiquées avec leurs incertitudes ; cependant des corrections mal connues d'extinction par les poussières interstellaires font que ces taux sont plus incertains qu'indiqué. Néanmoins il est clair que le taux de formation d'étoiles était beaucoup plus grand dans le passé (aux décalages spectraux élevés) que maintenant, et était déjà important à un décalage spectral de 6.

Aux décalages spectraux encore plus grands, la situation est incertaine car l'absorption du rayonnement ultraviolet par les poussières interposées est grande et mal connue. On manque aussi sans doute des galaxies qui contiennent beaucoup de poussières qui les rendent opaques : on en connaît l'existence par des observations en infrarouge lointain ou en radio où l'absorption par la poussière est faible : ce sont les galaxies infrarouges dont j'ai parlé précédemment. Les comptages de galaxies en infrarouge faits avec le satellite ISO[68] et avec le télescope submillimétrique JCMT et son détecteur SCUBA (Fig. 5.8)[69] montrent que ces galaxies étaient plus nombreuses dans le passé (Figs. 7.28 et 7.29). La brillance élevée du fond de ciel entre 10 μm et 1 mm de longueur d'onde ne peut pas s'expliquer sans invoquer l'émission d'un grand nombre de galaxies infrarouges à des décalages spectraux élevés[70]. Il reste beaucoup de travail à faire dans ce domaine passionnant, qui sera certainement privilégié par les grands instruments du futur.

À l'exception de certaines d'entres elles qui sont visiblement les précurseurs des galaxies elliptiques (Fig. 7.30), les galaxies les plus lointaines connues sont assez informes, ne ressemblant pas aux belles galaxies spirales régulières proches de nous. Comment elles se sont assemblées à partir des nuages de gaz primordiaux, puis structurées, n'est pas bien compris : voici un autre grand sujet d'étude pour

[k] Il est intéressant de constater que la quantité de gaz présente dans l'Univers diminue avec le temps car il forme de plus en plus d'étoiles. La diminution observée de la quantité de gaz est d'ailleurs en bon accord avec ce que l'on peut prévoir connaissant le taux auquel se forme les étoiles massives en fonction du décalage spectral – ou du temps cosmique. Par ailleurs, l'évolution de l'abondance des éléments lourds dans les galaxies, telle que l'on peut la déduire des raies d'absorption dans les quasars, est compatible avec cette évolution. Voir pour ces questions l'article de Pei Y.C., Fall S.M., Hauser M.G. (1999) *Astrophysical Journal* 522, p. 604.

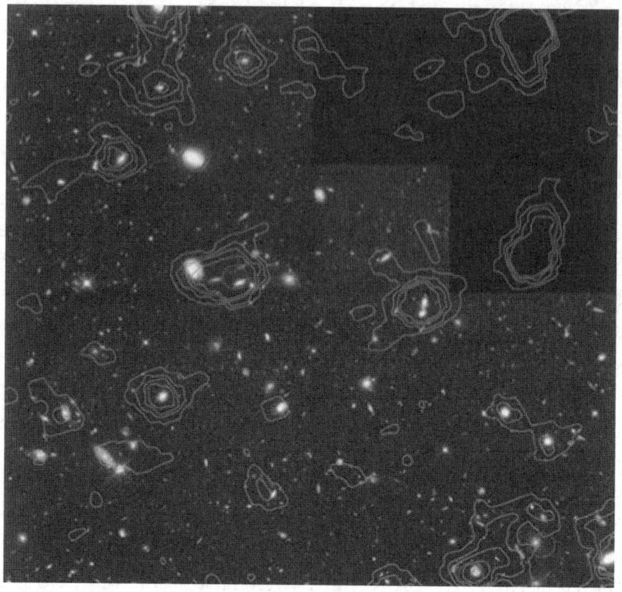

Figure 7.28. Un champ profond du télescope spatial Hubble observé dans l'infrarouge à 15 µm avec le satellite ISO[72]. Les isophotes infrarouges sont superposés à l'image optique. Les cercles représentent des détections avec ISO à 6,75 µm. La plupart des objets infrarouges sont identifiés à des galaxies lointaines.

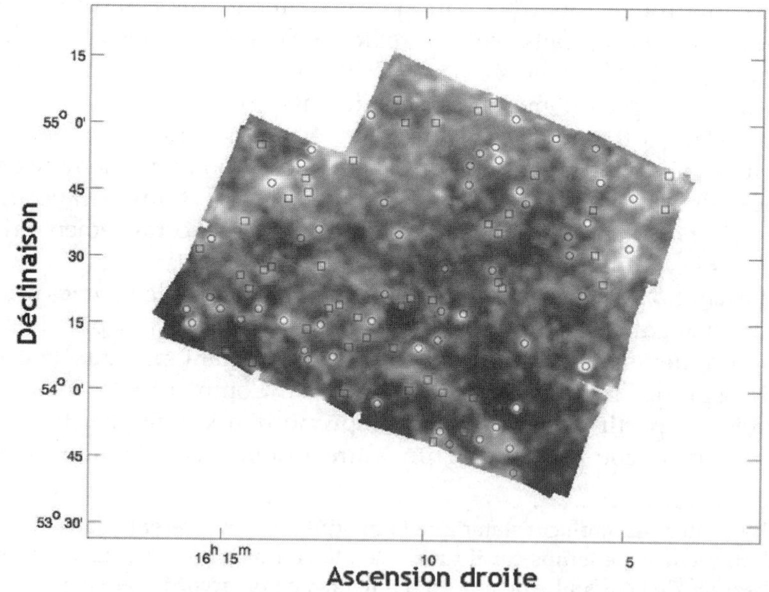

Figure 7.29. Sources observées avec le satellite ISO dans l'infrarouge lointain[73]. Il s'agit d'objets très faibles observés à 170 µm. Les niveaux de gris indiquent l'intensité, et les détections de sources sont représentées par des cercles ou des carrés selon le flux. La plupart sont des galaxies lointaines.

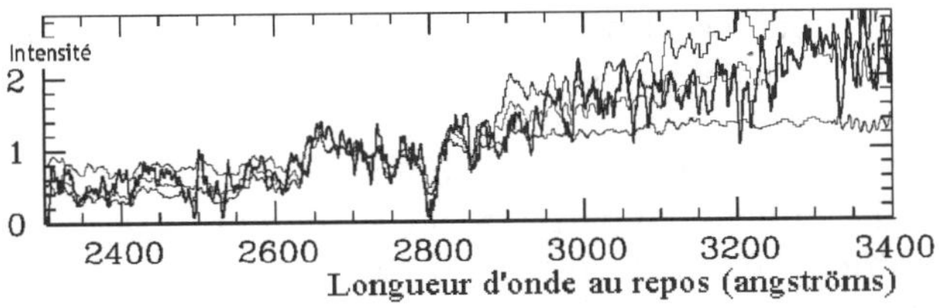

Figure 7.30. Spectre moyen de galaxies elliptiques à très grand décalage spectral (1,6 à 1,9)[77]. Ce spectre, en trait gras, observé avec le VLT de l'ESO, est porté en unités arbitraires d'intensité en fonction de la longueur d'onde au repos (corrigée du décalage spectral). Il est comparé avec des spectres synthétiques de populations d'étoiles ayant des âges de 500 (bas), 1 100 (milieu) et 3 000 (haut) millions d'années : on voit que ces galaxies ont des âges de l'ordre d'un 1 milliard d'années, alors que l'âge de l'Univers correspondant à leur décalage spectral est de l'ordre de 3 milliards d'années. Elles se sont donc formées environ 2 milliards d'années après le Big Bang, ce qui est très tôt.

Figure 7.31. Quelques images partielles du Hubble Ultra-deep Field. Ces images, obtenues en accumulant 270 heures d'observation avec le télescope spatial Hubble, sont les plus profondes jamais obtenues du ciel. On y observe de très nombreuses galaxies dont les plus faibles sont généralement très irrégulières.

l'avenir. Nous commençons heureusement à disposer de tout le matériel nécessaire, sous la forme d'images du ciel extrêmement sensibles, notamment les champs profonds observés pendant plusieurs dizaines ou même centaines d'heures par le télescope spatial Hubble (*Hubble deep fields* en anglais : Fig. 7.31) ; la photométrie et la spectroscopie des galaxies qu'ils contiennent permettent d'en obtenir le décalage spectral et de connaître le taux de formation d'étoiles.

L'observation de raies d'absorption devant les quasars nous fournit déjà des informations sur les nuages de gaz primordiaux[74]. Les observations en radio et en infrarouge lointain permettent de détecter des galaxies peu visibles en optique ou même en infrarouge proche, de voir quand apparaît le gaz moléculaire préalable à la formation stellaire, et de mesurer le taux de formation d'étoiles : par exemple, la molécule CO et l'émission thermique des poussières chauffées par les étoiles jeunes ont été détectées dans les galaxies jusqu'à des décalages spectraux de 4,7[75], et même dans le quasar le plus lointain connu, à $z = 6{,}4$ [76], grâce à l'interféromètre de l'IRAM et au VLA. Les grands instruments de l'avenir au sol et dans l'espace sont conçus entre autres pour tenter de résoudre les difficiles problèmes que posent la formation et l'évolution initiale des galaxies. Nous allons en dire un mot dans le chapitre qui suit.

Chapitre 8

Que pourrait être l'astronomie de demain ?

L'évolution des techniques et des résultats de l'astronomie au cours des dernières décennies a été si rapide et souvent si surprenante que toute extrapolation à long terme de la situation actuelle ne peut être qu'hasardeuse. Cependant le délai de décision et de construction des grands projets est tel que nous connaissons déjà les grands moyens dont disposera l'astronomie vers 2010. Au vu de ces projets, que je décrirai succinctement tout à l'heure, on est quelque peu effrayé. Les instruments existants sont si puissants qu'ils ont déjà fourni une quantité énorme de données, et en fourniront encore bien davantage. La principale difficulté à laquelle se heurte aujourd'hui la recherche astronomique est d'exploiter intelligemment ces observations. On ne peut y parvenir qu'au prix d'une automatisation de plus en plus poussée du traitement des données, et d'un accroissement des possibilités de visualisation permettant l'appréhension aussi rapide et globale que possible des résultats d'observations complexes. Les moyens informatiques existent, et les astronomes sont formés à les utiliser. Mais cela suffit-il ? Il faut que les chercheurs soient en nombre suffisant et soient soulagés des tâches annexes, et même dans une certaine mesure des tâches d'observation qui impliquent de longs et fatigants voyages dans des observatoires lointains (au risque malheureusement de perdre le contact avec l'observation). Il faut également qu'ils acquièrent la tournure d'esprit et l'organisation nécessaire à l'exploitation scientifique optimale d'une telle montagne de résultats. Ceci nécessite, chez un même individu, une bonne compréhension des observations et du traitement des données, et une culture théorique profonde.

La pente naturelle de la recherche en astronomie, comme sans doute dans d'autres disciplines, est soit de construire des instruments sans se trop préoccuper de leur utilité réelle, soit d'observer et de dépouiller les observations sans trop songer à leur interprétation, soit enfin de faire de la théorie « pure » en ne se souciant pas assez des observations sur lesquelles elle doit être fondée. L'histoire de l'astronomie en France au XXe siècle, dont on a trouvé quelques éléments dans les pages qui précèdent, montre à quel point nos astronomes ont autrefois succombé à ces tendances, et quel mal ils ont eu à redresser la barre. En outre, la tendance à la spécialisation, qui résulte tout naturellement de l'accroissement de la complexité de notre discipline et de la diversification de ses moyens d'investigation, présente un risque considérable de stérilisation de l'imagination des chercheurs. Plus que jamais doivent être développés une ouverture d'esprit vers d'autres domaines que le sien propre, et des contacts et des collaborations avec les astronomes d'autres spécialités, et aussi avec les physiciens, les chimistes et les mathématiciens.

La situation actuelle des laboratoires et des chercheurs

Un équilibre nécessaire, mais pas toujours réalisé

Ainsi l'exploitation scientifique optimale des immenses possibilités d'observation actuelles présente des difficultés de deux ordres, les unes matérielles et les autres intellectuelles. Sur le plan matériel, il est clair que dans de nombreux pays les moyens en fonctionnement et l'attribution des postes ne suivent pas les équipements. Il est toujours plus facile d'obtenir des autorisations et des fonds pour construire un nouveau télescope, car c'est spectaculaire, que pour acquérir les ordinateurs et le matériel de dépouillement nécessaires à son utilisation scientifique rationnelle, sans parler des postes pour les jeunes chercheurs, les ingénieurs, les techniciens et les administratifs. En France, l'obtention de crédits et de postes use la santé des directeurs de laboratoire et même, il faut le reconnaître, de beaucoup de membres de leurs instances de tutelles. La situation générale de la recherche scientifique est devenue explosive en 2004, surtout en ce qui concerne les postes : elle a entraîné des mouvements sociaux de grande ampleur, dont il est trop tôt pour dire s'ils porteront des fruits bien que le gouvernement ait lâché du lest et fait quelques promesses. Il est vrai que l'avenir des étudiants qui désirent faire de l'astronomie est très peu satisfaisant : après de longues études aboutissant au doctorat, ils doivent passer quelques années à l'étranger au moment où ils sont le plus productifs avant d'avoir quelque chance d'obtenir un poste en France ... si l'on ne les a pas oubliés entre temps. Dans beaucoup de cas, ils restent à l'étranger où ils sont mieux payés, et sont donc perdus pour nous. Nous ne disposons que d'un nombre très insuffisant de postes d'accueil temporaires qui nous permettraient d'engager de jeunes étrangers après leur doctorat à la place de nos expatriés.

Cette analyse peut s'appliquer à bien d'autres pays. Dans l'euphorie économique des années 1960, la population scientifique s'est considérablement accrue dans le monde entier, y compris celle des ingénieurs et des techniciens; on ne manquait pas non plus de crédits de fonctionnement. En revanche, on manquait de grands instruments, longs à construire et peut-être encore plus longs à décider. Actuellement, la situation s'est inversée : la population ne s'est guère accrue, mais le parc instrumental s'est énormément développé et continuera à se développer, au risque de ne plus pouvoir en tirer tout le profit souhaitable. En France, par exemple, les seuls grands instruments dont on disposait à la fin des années 1960 étaient les deux télescopes optiques de 1,93 et 1,50 m de diamètre de l'Observatoire de Haute-Provence et le radiotélescope de Nançay, à peine entré en service. On a alors continué à équiper les observatoires français, par exemple avec le télescope de 2 m au Pic du Midi et un télescope de Schmidt de 1 m à l'Observatoire de la Côte-d'Azur ; et surtout, nous avons disposé de près de la moitié du temps d'observation sur le télescope CFHT de 3,60 m à Hawaii, et du quart du temps d'observation sur les instruments de l'Observatoire européen austral : un télescope de 3,60 m, un autre de 1,50 m et plusieurs télescopes plus petits à La Silla, auxquels se sont ajoutés depuis dix ans le NTT et surtout les quatre télescopes du VLT et l'interféromètre VLTI au Paranal. Dans le domaine radioastronomique, le radiotélescope de 30 m et l'interféromètre de l'IRAM, sans oublier le radiotélescope SEST à La Silla aujourd'hui fermé, nous ont ouvert des possibilités comparables. De surcroît, des données très nombreuses et de grande qualité nous sont parvenues du télescope spatial et de nombreux satellites et sondes interplanétaires. Nous n'avons pas vraiment les moyens matériels et surtout humains d'exploiter tout cela. Je ne suis pas sûr que la situation doive s'améliorer beaucoup, car l'astronomie n'est plus depuis longtemps parmi les priorités des instances dirigeantes, bien qu'elle suscite toujours l'intérêt d'un large public.

Diversité dans les situations nationales

Aux États-Unis, la situation est bien plus favorable. Ceci tient non seulement à l'existence de moyens relativement plus importants que chez nous, y compris pour la recherche publique contrairement à certaines idées reçues, mais surtout à ce que le financement de la recherche se fait essentiellement par contrats pluriannuels. Ces contrats englobent la panoplie complète des moyens nécessaires : crédits d'équipement et de fonctionnement, mais aussi postes temporaires pour les chercheurs, les ingénieurs et les techniciens. Certes ceci conduit à une certaine précarité, tempérée cependant par le fait que les bons laboratoires peuvent aisément obtenir le financement d'un nouveau contrat lorsque le précédent s'achève. L'Europe met en place des programmes du même genre, qui sont très appréciés quand on arrive à s'y immiscer, ce qui est tout un art où nos collègues anglais sont passés maîtres[a]. Mais l'heure n'est probablement pas encore à ce type d'organisation de la recherche en France, malgré les bruits de réforme qui circulent activement.

---

[a] La philosophie des programmes de recherche de l'Union Européenne a été fortement critiquée par les chercheurs, d'autant plus qu'elle varie assez profondément d'une année à l'autre ce qui rend très difficile aux demandeurs d'élaborer leur stratégie : voir par exemple *Nature* 426, p. 481 (4 décembre 2003).

Le développement de l'astronomie dans le reste du monde dépend évidemment de la situation économique de chaque pays. L'astronomie est très développée en Europe, avec une mention particulière pour les Pays-Bas, le Royaume-Uni, l'Allemagne et l'Italie, nations où existe depuis très longtemps une tradition de recherche en astronomie, qui ne s'est jamais interrompue malgré les vicissitudes de la politique. Parmi les nouveaux venus il faut citer l'Espagne qui depuis la chute du franquisme, s'est hissée au niveau le plus élevé grâce à sa participation à l'IRAM et à un remarquable développement de l'astronomie optique, particulièrement aux Canaries où l'on trouve d'excellents sites d'observation et où un télescope optique national de 10 m de diamètre, le GTC (Gran Telescopio Canarias) est en construction. Hors d'Europe, la situation est excellente au Japon, au Canada, au Mexique, et bien évidemment au Chili qui bénéficie de 10 % du temps d'observation sur les très nombreux instruments qui y sont installés. L'Afrique du Sud est la seule nation africaine où l'astronomie soit développée : il y a ici aussi une longue tradition, car l'Observatoire du Cap fondé par les Anglais a constamment fonctionné depuis le début du XIXe siècle. Dans les pays de l'ancien bloc soviétique, les astronomes qui n'ont pas émigré (surtout aux États-Unis qui y ont « fait leur marché » dès la chute du régime soviétique) font ce qu'ils peuvent dans des conditions difficiles. L'astronomie connaît un développement spectaculaire en Inde et en Chine, où sont construits des instruments originaux et bien adaptés (le GMRT en Inde, et en Chine un télescope important à grand champ, le LAMOST), et aussi à Taïwan où se sont installés des chercheurs de premier plan formés surtout aux États-Unis, et depuis quelques années en France. La Corée du Sud ne devrait pas non plus rester à l'écart.

Cependant beaucoup de chercheurs, en particulier ceux des pays de l'Est et des nations en voie de développement, n'ont pas d'accès direct aux grands instruments au sol et dans l'espace puisqu'ils n'ont pas participé à leur financement. C'était autrefois un handicap majeur, mais la situation a beaucoup évolué. Tout d'abord, il y a une politique d'ouverture des instruments à tous les chercheurs. Cette politique a été initiée par les radioastronomes qui, à quelques exceptions près, ont ouvert à tous l'utilisation de leurs radiotélescopes, à la seule condition qu'ils présentent de bons programmes d'observation. Cette condition n'est cependant pas anodine : pour présenter de bons programmes, il faut de l'expérience à la fois technique et scientifique, et c'est justement ce qui manque à la plupart des chercheurs de ces pays qui proposent des programmes. Aussi cette politique a-t-elle ses limites. Plus intéressante et plus utile encore est la création des observatoires virtuels, dont nous avons parlé au chapitre 5. Grâce à eux, tout chercheur a accès gratuitement via Internet à toutes les données acquises plus de 6 mois ou d'un an auparavant, la durée relativement courte pendant laquelle l'observateur reste propriétaire des données qu'il a acquises. Mais travailler ainsi dans l'isolement est bien difficile ...

Les grandes questions

Les deux chapitres précédents nous ont montré qu'en dépit des progrès extraordinaires qu'a fait notre connaissance de l'Univers au cours des dernières décennies, beaucoup de questions restent ouvertes. C'est évidemment à tenter de les résoudre que les astronomes vont travailler dans le futur, dans les conditions qui viennent d'être décrites et avec des moyens qui seront, du moins peut-on l'espérer, orientés dans ce but. Faisons une liste des principaux problèmes non résolus ou qui ne sont que très partiellement résolus, liste que certains pourront évidemment trouver incomplète et surtout inégale, certains problèmes étant plus fondamentaux que d'autres.

– Comment s'est formé le Système solaire, et pourquoi les planètes et leurs satellites sont-ils si différents les uns des autres ?

– Le Système solaire est-il typique, ou est-il plutôt une exception au vu de ce que nous commençons à savoir des systèmes planétaires autour des autres étoiles ?

– Quelle est l'évolution dynamique des systèmes planétaires ?

– Y a-t-il, ou y a-t-il eu de la vie sur d'autres planètes que la Terre ?

– Y a-t-il, ou y a-t-il eu des êtres pensants sur d'autres planètes que la Terre ?

– Quelles ont été les conditions dans lesquelles est née la vie[b] ?

– Comment le champ magnétique du Soleil se forme-t-il, et quel est son rôle dans la structure et l'activité de l'astre ?

– Quel est le rôle de la convection, de la rotation et du champ magnétique dans la structure et l'évolution des étoiles ?

– Quel est le rôle de la turbulence, des chocs et du champ magnétique dans la structure et l'évolution du milieu interstellaire ?

— Comment les étoiles et leurs systèmes planétaires se forment-ils ? Y a-t-il différents modes de formation des systèmes planétaires ?

– Quelle est l'histoire de notre Galaxie, et en particulier du voisinage du Soleil ?

– Quelle est la nature de la matière noire ?

– Les galaxies diffèrent-elles dans leur contenu en matière noire, et si oui pourquoi ?

– Quelle est l'évolution morphologique des galaxies ?

– Comment les galaxies elliptiques se sont-elles formées ?

– Quand et comment les premières étoiles et les premières galaxies sont-elles apparues ? À quelle époque la ré-ionisation de l'Univers a-t-elle eu lieu, et quelle en était la cause ?

– Quand et comment les galaxies ont-elles formé un trou noir supermassif en leur centre ? Peut-on détecter des ondes gravitationnelles émises à cette occasion, et peut-on observer d'autres effets de relativité générale produits par ces trous noirs ?

---

[b] C'est la seule question à laquelle l'astronomie puisse éventuellement répondre en ce qui concerne l'origine et l'évolution de la vie. Les autres relèvent des sciences du vivant.

– Qu'est-ce que l'énergie noire ? Quelles signatures a-t-elle éventuellement laissées dans l'évolution des grandes structures de l'Univers ?

– Peut-on étudier l'époque de l'inflation grâce aux ondes gravitationnelles ?

– Comment l'astronomie peut-elle contribuer à l'édification d'une théorie unifiée des phénomènes quantiques et gravitationnels ?

– Pourquoi l'Univers a-t-il les propriétés observées ? Pourquoi ces propriétés sont-elles ajustées de façon à permettre l'émergence et l'évolution des étoiles, des planètes et des organismes vivants[c] ? Comment ces structures complexes ont-elles évolué à partir de la distribution quasiuniforme d'une matière chaude dans l'Univers primitif ?

– Y a-t-il un début et une fin à l'Univers ? Y a-t-il d'autres univers que le nôtre ?

Ces questions définissent ce que devrait être l'astronomie de demain. La réponse à certaines d'entre elles pourrait être obtenue dans une ou deux décennies, d'autres resteront sans réponse pendant bien plus longtemps, peut-être à jamais. Pour attaquer ces problèmes, une stratégie mondiale est certainement souhaitable, encore que la part des initiatives individuelles et des découvertes inattendues ne puisse être sous-estimée. Mais de toutes façons les principaux types de grands instruments généralistes que l'on pourrait voir surgir d'ici une dizaine d'années sont déjà définis à partir de l'expérience passée et présente, indépendamment de tout programme scientifique.

Tendances de l'astronomie au sol

Après ces remarques générales, il me faut être plus spécifique. Les instruments de l'astronomie au sol sont, depuis longtemps déjà, soit des instruments géants aussi universels que possible, soit des instruments plus petits et plus spécialisés. Cette tendance ne fait que s'accentuer et n'a aucune raison de s'inverser. Certains instruments du futur sont, techniquement parlant, des extensions d'instruments existants ; je vais en dire quelques mots, sans prétendre être exhaustif[1]. À plus long terme, on pourrait voir apparaître des instruments d'un concept entièrement nouveau, dont on parlera plus loin.

[c] C'est ce que l'on appelle le principe anthropique : l'Univers qui nous entoure paraît très bien adapté à la naissance de la vie et de l'homme. On peut imaginer qu'il existe d'autres univers moins bien adaptés où la vie n'apparaîtra pas (voir le chapitre 7) ; mais nous n'en saurons sans doute jamais rien et tout ceci reste du domaine d'une spéculation quasi-métaphysique.

Télescopes supergéants

On croyait dans les années 1970 que les grands télescopes optiques allaient se stabiliser vers un diamètre de l'ordre de 4 m : de fait, les grands télescopes mis en service à cette époque avaient tous un diamètre de cet ordre. La raison était que le coût d'un télescope croissait à l'époque presque comme le cube de son diamètre D (en fait comme $D^{2,6}$). Pour aller au-delà, il fallait changer radicalement de technique : c'est ce qui fut fait avec l'introduction des montures alt-azimuthales, et surtout des miroirs mosaïques ou des miroirs déformables, contrôlés par les procédés de l'optique active. Leur longueur focale, de plus en plus courte par rapport à leur diamètre, permettait de conserver à la coupole des dimensions raisonnables. Nous avons vu précédemment les fruits de ces efforts. Il serait illusoire de croire que l'on va en rester là. Déjà des projets de télescopes encore plus grands, de 30 à 100 m de diamètre, sont en discussion, et certains sont conceptuellement déjà avancés. Les principes développés pour les télescopes de la génération précédente peuvent s'y appliquer sans grand changement, et il ne semble pas qu'il y ait de difficulté technique fondamentale pour en réaliser la mécanique et l'optique.

L'optique active permet de construire des télescopes aussi grands que l'on puisse rêver avec des mosaïques de miroirs de 8 à 10 m de diamètre (eux-mêmes déformables et dont la surface est ajustée par ce procédé) ; on peut aussi, si l'on préfère, utiliser des miroirs rigides plus petits. Qu'ils soient déformables ou rigides, ces miroirs doivent être alignés les uns par rapport aux autres de manière à former une surface pratiquement parfaite même si la monture n'est pas rigide (Encadré 8.1). Le grand problème que posent ces instruments gigantesques, si l'on veut qu'ils soient autre chose que des « entonnoirs à lumière » qui ne permettraient que la spectroscopie, est la correction des effets de la turbulence de l'atmosphère par optique adaptative, afin d'obtenir de bonnes images : nous sommes encore loin de l'avoir résolu, mais les spécialistes sont optimistes. Il faut remarquer que ces télescopes rendront probablement inutiles les interféromètres optiques dont la base serait inférieure à une centaine de mètres de longueur ; mais l'avenir de l'interférométrie optique est dans l'espace, comme nous le verrons plus loin.

Encadré 8.1. Le projet de télescope supergeant de l'ESO

Il existe plusieurs projets de télescopes optiques supergéants, dont le diamètre va de 30 à 100 m. Ces projets ne sont pas nouveaux : les premières idées datent du milieu des années 1970. Celui de l'Observatoire européen austral, dénommé OWL[2] pour OverWhelmingly Large Telescope (en français : télescope extrêmement grand), est apparu vers 1997 lorsqu'on a réalisé qu'après le HST et le VLT des progrès vraiment très substantiels nécessiteraient l'augmentation du diamètre des télescopes par un facteur 10. Ce télescope, en monture alt-azimuthale, aurait un miroir primaire concave sphérique de 100 m de diamètre et un miroir secondaire convexe sphérique de 30 m de diamètre, avec un correcteur à plusieurs miroirs asphériques permettant d'obtenir de bonnes images dans un champ de 3 minutes de degré (Fig. 8.1). La longueur focale du miroir primaire serait de 180 m et la distance entre les deux miroirs de 120 m. Le miroir primaire et le miroir secondaire seraient tous deux faits d'une mosaïque de miroirs sphériques identiques, assez petits et rigides, de l'ordre de 1 m de diamètre : leur production de masse permettrait un coût réduit. La qualité finale de la surface serait réalisée par optique active, ce qui suppose 3 actuateurs par miroir élémentaire et donc une électronique et une informatique lourdes, quoique parfaitement réalisables avec les moyens actuels. La monture, en acier, serait relativement classique mais la masse de la partie mobile serait évidemment très importante, de l'ordre de 14 800 tonnes si la structure est en acier et de 8 500 tonnes si elle est en fibres de carbone. Il n'est pas prévu de dôme : le télescope serait à l'air libre, peut-être protégé des intempéries si nécessaire par un hangar roulant; les miroirs seraient recouverts par des pétales étanches quand ils ne sont pas utilisés. On ne peut éviter l'effet du vent sur le télescope, que l'on pense compenser grâce à un miroir de renvoi asservi permettant de stabiliser l'image. C'est un des éléments du système d'optique adaptative qui est nécessaire pour corriger les effets de la turbulence atmosphérique et bénéficier de toute la qualité d'image permise par le télescope, laquelle serait limitée par la diffraction à environ un millième de seconde de degré. La réalisation de cette optique adaptative est sans doute le point le plus délicat du projet. Le coût du télescope et de son instrumentation focale et des bâtiments est estimé à un milliard d'euros, soit environ trois fois le coût du VLT de l'ESO. L'Europe pourra-t-elle supporter ce coût, ou le projet devra-t-il devenir mondial comme ALMA ? Il n'est pas possible de répondre à cette question, ni de préciser à quelle date le projet pourrait être réalisé.

ALMA, le premier projet mondial en radioastronomie

Les ondes millimétriques et submillimétriques ont fourni des résultats si intéressants et si riches en promesses qu'il est apparu naturel à la très grande majorité des astronomes de toutes spécialités qu'il faille s'engager dans un grand projet dans ce domaine. Jamais un tel consensus n'avait précédemment été atteint, et le projet a été vite décidé (ce qui ne veut pas dire que son financement ne pose pas de problème).

Figure 8.1. Le projet OWL de télescope de 100 m de diamètre de l'ESO.

Sa construction démarre : c'est le projet ALMA, (pour Atacama Large Millimeter Array, en anglais ; Encadré 8.2). Ce projet couvre pratiquement toute l'astronomie, du Système solaire aux galaxies en passant par le milieu interstellaire et les étoiles, mais ce sont ses possibilités pour la cosmologie qui sont les plus fascinantes. En effet, nous avons vu qu'il existe des galaxies infrarouges où une grande flambée de formation stellaire n'est visible qu'en infrarouge lointain ou en ondes submillimétriques et millimétriques, tant la poussière l'obscurcit en optique. Nous avons de bonnes indications sur l'existence en grand nombre de telles galaxies à des distances très grandes dans l'Univers, mais il s'agit maintenant de les voir et de mesurer leur décalage spectral. Par sa sensibilité et son pouvoir de résolution angulaire, ALMA est l'instrument idéal pour cela, en conjonction avec les projets JWST et HERSCHEL dont je parlerai plus loin. ALMA présente une autre caractéristique : c'est le premier projet réellement mondial de l'astronomie à partir du sol, qui réunit Europe, États-Unis et Japon. Chacun des partenaires avait son propre projet dans le domaine, mais a finalement été convaincu qu'il valait mieux joindre les efforts que de se livrer à une concurrence particulièrement coûteuse. En sera-t-il de même pour les télescopes optiques géants ? Il est trop tôt pour répondre.

Encadré 8.2. Le projet ALMA

ALMA (pour Atacama Large Millimeter Array), le premier très grand projet astronomique du XXIe siècle, est un interféromètre comportant 64 antennes de 12 m de diamètre, certaines fixes et d'autres

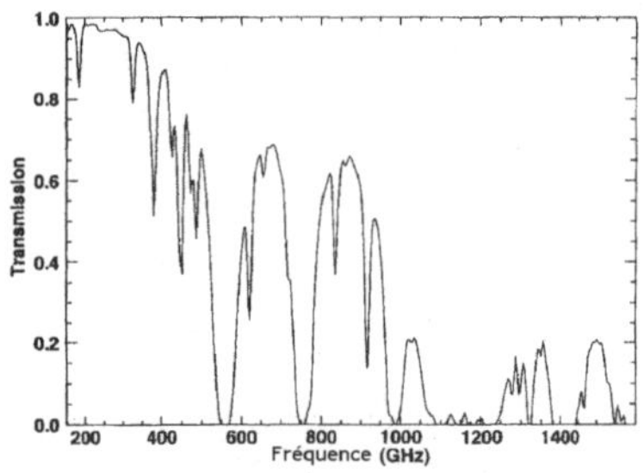

Figure 8.3. Transmission de l'atmosphère terrestre en ondes submillimétriques[3]. La transmission de l'atmosphère au zénith est portée en fonction de la fréquence dans un excellent site d'altitude (4 800 m) proche de celui d'ALMA, dans des conditions particulièrement bonnes : la hauteur d'eau précipitable (c'est-à-dire la hauteur qu'occuperait la vapeur d'eau si elle était entièrement condensée en eau liquide), qui détermine la transmission, n'était que 0,25 mm. On observe une bonne transmission en dessous de 500 GHz (au-dessus de 0,6 mm de longueur d'onde), autour de 675 GHz (0,44 mm) et de 875 GHz (0,34 mm). Les fenêtres de transmission aux fréquences plus élevées sont inutilisables.

mobiles, les bases pouvant s'étendre jusqu'à 10 km ou davantage (Fig. 8.2). Les récepteurs couvriront les longueurs d'onde entre 4 mm et 0,30 mm. Il n'y a pas de difficulté fondamentale dans la faisabilité de ce projet, qui découle directement des interféromètres millimétriques et submillimétriques existants, mais il nécessite une production de masse des antennes et surtout de l'électronique, qui est très complexe. Le coût total est estimé à environ 500 millions de dollars, un peu plus que celui du VLT de l'ESO. Le site est un plateau à 5 000 m d'altitude au nord du Chili, dans le désert d'Atacama, à l'est de la petite ville de San Pedro de Atacama. C'est sans aucun doute un des meilleurs sites du monde, peut-être le meilleur avec le centre du continent antarctique : il n'y pleut pratiquement jamais, et l'atmosphère y est particulièrement sèche, si bien que la transmission atmosphérique en ondes submillimétriques peut être très bonne (Fig. 8.3). L'endroit est accessible par une route joignant le Chili à l'Argentine, et un gazoduc venant d'Argentine fournira l'énergie. Compte tenu des difficultés de vie à une telle altitude, l'instrument sera automatisé de façon à réduire au minimum le personnel nécessaire sur place. Il est construit en collaboration entre le National Radio Astronomy Observatory (NRAO) aux États-Unis et l'ESO, auxquels se joint maintenant le Japon. En Europe, les laboratoires les plus actifs dans le projet se trouvent en Allemagne, en Italie, en France, au Royaume-Uni, aux Pays-Bas et en Suède. ALMA sera mis en service progressivement, d'abord en 2006 avec quelques antennes, et on espère qu'il sera terminé en 2010 ou 2011.

Figure 8.2. Le projet d'interféromètre millimétrique/submillimétrique ALMA.

L'évolution et le futur de l'astronomie spatiale

Politique ou science ? Navette spatiale et Station spatiale internationale

Passons maintenant au domaine spatial. La recherche spatiale des années 1990 a été en partie dominée par le programme américain, qui était centré sur l'utilisation de la navette spatiale et dont le point culminant a été le télescope spatial Hubble, lancé en 1990 au moyen de la navette après d'importants retards. L'Europe ayant une participation de 15 % à ce programme par l'intermédiaire de l'Agence spatiale européenne, qui a construit d'ailleurs une partie de l'appareillage embarqué, son sort a été fortement lié à celui de la navette, qui a heureusement permis des réparations et des changements d'instruments focaux pour le HST[d]. Cependant les contraintes liées à l'utilisation de la navette spatiale ont entraîné des suppléments de poids et de prix considérables par rapport à ce que l'on aurait obtenu pour le même but scientifique en lançant le satellite par la méthode habituelle. Les impératifs de sécurité liés à la présence d'hommes à bord font plus que tripler le coût de tout engin spatial par rapport à celui d'un engin automatique semblable : c'est le cas des satellites habités et de la navette elle-même, mais il y a aussi un supplément de prix pour tout satellite lancé à partir de la navette.

Les observations astronomiques faites directement à partir de la navette n'ont pas été très fructueuses. D'une part son environnement immédiat est fortement pollué par des émanations gazeuses et divers détritus, et le mouvement des astronautes n'est pas propice à la stabilité du pointage des instruments. D'autre part, les astronautes étant très occupés à diverses tâches, il n'est pas possible de compter sérieusement sur eux pour faire des observations suivies, et leur seule utilité réelle est de pouvoir débloquer quelques éléments qui pourraient se trouver coincés : cette opération nécessite d'ailleurs souvent leur sortie hors du module pressurisé et est donc extrêmement complexe. La durée totale effectivement disponible pour l'observation astronomique au cours d'un vol de sept jours ne dépasse pas 80 heures, ce qui est très peu comparé à ce qu'on obtient en satellite, dont la durée de vie est rarement inférieure à plusieurs années. En résumé, les inconvénients de l'utilisation de la navette spatiale vis-à-vis d'un satellite indépendant paraissent plus grands que ses avantages : le gain financier est faible pour un temps d'observation beaucoup plus court, et souvent des difficultés techniques supplémentaires.

---

[d] Rappelons que la France contribuait pour près du tiers au budget de l'Agence spatiale européenne au moment du lancement du HST, et a donc eu en ce qui la concerne une participation de l'ordre de 5 % au télescope spatial.

On peut en dire autant, et même davantage, de la Station spatiale intenationale (ISS, pour International Space Station). La Station spatiale a été décidée pour des raisons uniquement politiques et militaires, et ne présente guère d'intérêt pour les astronomes. On a cependant tenté de les y impliquer, mais en vain : les seuls projets astronomiques susceptibles d'utiliser la Station sont EUSO, un détecteur de rayons cosmiques de très haute énergie, projet lourd et encombrant qui est très peu exigeant sur son environnement, et AMS, un autre détecteur de rayons cosmiques destiné à mesurer leur composition. On peut y ajouter un projet du CNES : les essais en apesanteur de l'horloge atomique ultra-précise PHARAO.

Les plans stratégiques de l'Agence spatiale européenne

Depuis une vingtaine d'années, les agences spatiales ont compris l'intérêt, et même la nécessité, de faire des plans à long terme. L'Agence spatiale européenne a démarré sous l'impulsion de Roger Bonnet ce processus, auquel j'ai participé, en élaborant en 1984-85 un plan pour l'astronomie (au sens large) dit HORIZON 2000, comportant quatre gros projets dits « pierres angulaires » et un certain nombre de projets plus petits. L'idée a été reçue avec enthousiasme par les scientifiques, et aussi par les gouvernements des pays membres, ce qui a permis une augmentation du budget de la recherche spatiale européenne. Malgré des difficultés financières, l'accroissement budgétaire s'étant prématurément arrêté et s'étant même transformé en érosion, avec pour conséquences des retards considérables et des ambitions réduites, ce programme a été *grosso modo* réalisé. Les quatre pierres angulaires sont :

– un ensemble destiné étudier le Soleil et les relations Soleil-Terre, formé du satellite SOHO lancé en 1995 et de CLUSTER, un ensemble de quatre petits satellites d'exploration de la magnétosphère terrestre qui devaient être mis en orbite en 1996[e] ;

– le satellite de rayons X XMM-NEWTON lancé en 1999 ;

– la sonde ROSETTA lancée en 2004 vers une comète[f] ;

– enfin, le satellite HERSCHEL en ondes millimétriques et submillimétriques, auquel s'est ajouté le satellite de cosmologie PLANCK ; ils seront lancés en 2007.

Dix projets plus petits étaient prévus, mais tous n'ont pas abouti. Une décennie après, un exercice de prospective semblable auquel j'ai également participé conduisait à la définition du programme HORIZON 2000+. Ce programme introduisait trois autres pierres angulaires :

– une mission vers Mercure (BEPICOLOMBO), qui devrait être lancée vers 2012) ;

---

[e] Le lancement a échoué, mais un nouveau lancement a été réalisé avec succès en 2000.

[f] Le lancement ayant été retardé d'un an, elle a dû changer de comète cible.

– un projet d'interférométrie spatiale destiné à la mesure très précise de la position des astres et à la détection de planètes autour d'autres étoiles, qui s'est dédoublé en GAIA, un « super-HIPPARCOS » finalement non interférométrique qui devrait être lancé avant 2012, et en DARWIN, un interféromètre infrarouge à plusieurs satellites qui devrait, à plus long terme, observer directement des planètes extrasolaires et y rechercher la vie ;

– un détecteur d'ondes gravitationnelles de basse fréquence, inobservables du sol, le projet LISA dont on envisage le lancement vers 2013.

Il faut à ceci ajouter quatre missions moins coûteuses, du moins en principe, dont une vers Mars devenue MARS EXPRESS, lancé en 2003 et une en physique solaire. Une participation à la Station spatiale internationale était aussi recommandée du bout des lèvres. Enfin, un intérêt se manifestait clairement pour les projets destinés à vérifier des éléments de physique fondamentale, par exemple la relativité générale, dont le projet LISA. L'état actuel des projets de l'ASE est donné au tableau 8.1.

Enfin on trouve, financé en dehors du programme scientifique, un ensemble de sondes vers Mars pouvant aboutir à un vol habité : le projet AURORA.

Tableau 8.1. Les projets de l'Agence spatiale européenne

Projet	Date	Domaine	Remarques
DOUBLE STAR	2004	2 satellites, magnétosphère, complément de CLUSTER	Chine, collaboration ASE
IRIS	2005	IR moyen et lointain	Japon, collaboration ASE
VENUS EXPRESS	2005		1re mission européenne vers Vénus
SOLAR-B	2005	Astronomie solaire	Japon, Royaume-Uni, NASA, collaboration ASE
COROT	2006-7	Oscillations stellaires, planètes extrasolaires	France, Autriche, Espagne, Brésil, Allemagne, Belgique, collab. ASE
HERSCHEL	2007	IR lointain, submillimétrique	Avec la NASA
PLANCK	2007	Cosmologie	
MICROSCOPE	2007	Test du principe d'équivalence des masses inerte et pesante	Avec le CNES, précision espérée 10^{-15}
LISA PATHFINDER	2008	Préparation technique à LISA	
EDDINGTON	2009 ?	IR moyen et lointain	Annulé (provisoirement ?)
JSWT	2011	Visible, IR proche et moyen	Successeur du HST, avec la NASA
GAIA	2012	Astrométrie	
BEPICOLOMBO	2012	Mission vers Mercure	2 satellites + atterrisseur
LISA	2013 ?	Ondes gravitationnelles	3 satellites, avec la NASA
Solar Orbiter ?	2014 ?	Physique solaire	Décision en 2005
DARWIN	2014 ?	Planètes extrasolaires	Interféromètre, 6 télescopes
HYPER	Après 2015	Tests de relativité générale et d'électromagnétisme	

Les pierres angulaires des plans HORIZON 2000 et HORIZON 2000+ sont indiquées en caractères gras. L'ASE est seulement partenaire, éventuellement minoritaire, dans plusieurs des projets. Pour plus d'information, voir le site http://sci.esa.int

Le programme de la NASA

La NASA ne pouvait être en reste, et a lancé un programme de longue durée qui, bien entendu, tentait de devancer le projet de l'ASE et y a partiellement réussi. Très habilement, la NASA a réussi à faire entrer tous ses projets astronomiques (hors Système solaire) dans un cadre scientifique nommé « Origines », dont le but est de comprendre l'origine de l'Univers et celle de la vie : vaste programme alléchant pour le public et les décideurs, où les projets paraissent s'insérer dans une suite logique, bien qu'en réalité leur succession soit dictée par des impératifs techniques et financiers. La liste des programmes de la NASA est donné dans le tableau 8.2. En les comparant avec ceux de l'ASE, on constate qu'il y a compétition sur certains points chauds, notamment la détection de planètes extrasolaires (COROT *vs.* KEPLER), mais aussi collaboration : le futur télescope spatial JWST (Fig. 8.4) est constuit en commun comme l'était le télescope spatial Hubble, et il y aura sans doute fusion entre les projets apparemment concurrents DARWIN et TPF. Les collaborations s'étendent aussi bien pour la NASA que pour l'ASE à d'autres pays comme le Japon ou la Chine. Il est vrai que la compétition ne saurait concerner effectivement des projets très ambitieux et coûteux comme ceux d'interférométrie dans l'espace, et que même si des projets différents sont présentés par les agences spatiales, ils ont des bonnes chances de fusionner, comme c'est parfois le cas pour les projets très coûteux en physique des particules.

Figure 8.4. Le futur télescope spatial JWST (John Webb Space Telescope). Ce télescope au miroir mosaïque de 6,5 m de diamètre fonctionnera essentiellement dans l'infrarouge proche et moyen. Les grands panneaux horizontaux sont des écrans thermiques protégeant le télescope de la chaleur solaire.

Tableau 8.2. Les projets de la NASA

Projet	Date	Domaine	Remarques
DEEP IMPACT	2005	Sonde vers la comète Tempel 2	Impact sur la comète ; lancé en 2005
SOFIA	2005	Infrarouge moyen et lointain	Télescope de 2,7 m de diamètre en avion, avec l'Allemagne
DAWN	2006	Petites planètes	Orbiteur autour de Vesta et Cérès
SUMO	2006	Relativité générale	Horloge ultra-stable
HERSCHEL	2007	IR lointain, submillimétrique	Avec l'ASE
KEPLER	2007	Planètes extrasolaires	Télescope de 1 m de diamètre ; recherche de planètes terrestres par occultation
STEP	2007	Test du principe d'équivalence des masses inerte et pesante	Précision espérée 10^{-18}
Space Interferometry Mission	2009 ?	Planètes extrasolaires	Détection par interférométrie
Mars Science Laboratory	2009 ?	Rover sur Mars	Longue durée et grand rayon d'action
JWST (James Webb Space Telescope)	2011	Infrarouge proche et moyen	Successeur du HST. Télescope de 6,5 m de diamètre segmenté
Jupiter Icy Moons	2011 ?	Orbiteur autour de Callisto, Ganymède et Europa	
LISA	2013 ?	Ondes gravitationnelles	3 satellites, avec l'ASE
TPF (Terrestrial Planet Finder)	2014 ?	Planètes extrasolaires	Comme DARWIN : interféromètre multi-télescopes ; fusion possible
Single Aperture Far-Infrared Observatory	2015 ?	IR moyen et lointain, submillimétrique	Télescope refroidi de 8 m de diamètre
Grand télescope spatial	2018 ?	Ultraviolet, visible	

Liste des projets jusqu'en 2020. Les projets dont la date ne comporte pas de point d'interrogation sont sélectionnés, ce qui ne veut pas dire qu'ils seront effectivement lancés à la date indiquée. Pour plus d'informations, voir les sites http://www.jpl.nasa.gov et http://ngst.gsfc.nasa.gov

Qu'advient-il des programmes nationaux ?

Les projets purement nationaux sont évidemment plus modestes, encore que le Japon et maintenant la Chine aient d'ambitieux programmes spatiaux propres, avec de très belles réalisations dans le cas du Japon. En France, le CNES, qui souffre d'importantes coupures de crédits, n'a pu actuellement financer que trois projets nationaux relativement modestes intéressant les astronomes : le satellite COROT, destiné à l'étude des oscillations stellaires et à la recherche de planètes extrasolaires par occultation, avec de nombreuses collaborations, le satellite MICROSCOPE, qui doit tester en collaboration avec l'ASE l'équivalence entre la masse pesante et la masse inerte avec une haute précision, et l'essai sur la Station spatiale internationale de l'horloge atomique PHARAO construite à l'Observatoire de Paris, qui fournira entre autres des tests particulièrement précis de la relativité générale. Il est vrai que ces trois projets seront des premières mondiales : ils doivent en principe arriver avant les projets américains correspondants que sont respectivement KEPLER, STEP et SUMO.

Le financement des projets spatiaux est une affaire complexe. En Europe, l'Agence spatiale européenne a la maîtrise d'œuvre de ses satellites, mais de nombreuses parties, notamment les instruments scientifiques proprement dits, sont réalisés dans les pays membres sur financement national : c'est ainsi que le CNES subventionne en France des développements techniques et la réalisation d'instruments pour l'ASE (actuellement pour HERSCHEL et PLANCK) et aussi pour les satellites nationaux, dans des laboratoires dits « spatiaux » qui sont soit entièrement spécialisés en recherche spatiale, soit plus généralistes. Cependant, dans le domaine scientifique, le financement par l'Agence spatiale européenne et souvent les agences nationales ne concerne strictement que la recherche et le développement pour l'espace, ainsi que les centres qui reçoivent, traitent, archivent et distribuent les données spatiales.

Ce n'est pas le cas aux États-Unis, où la NASA finance aussi des opérations d'astronomie au sol, par exemple actuellement le programme de recherche de planètes extra-solaires avec les télescopes Keck, ou celui de détection de disques circumstellaires avec les deux télescopes du LBT fonctionnant en interféromètre. La NASA accorde aussi des contrats de recherche liés plus ou moins directement à l'utilisation de données spatiales, qui comprennent comme à l'ordinaire aux États-Unis des crédits d'équipement et de fonctionnement et des postes de chercheurs, d'ingénieurs, de techniciens et même d'administrateurs. Elle finance aussi des instituts spécialisés comme le JPL (Jet Propulsion Laboratory) à Pasadena en Californie ou le STScI, l'Institut scientifique du télescope spatial où l'on peut faire des recherches assez éloignées de l'utilisation des données spatiales à condition qu'elles soient de qualité. Cette largeur d'esprit est certainement un facteur important du succès de l'astronomie américaine, et les astronomes européens regrettent souvent que leurs agences spatiales n'aient pas une politique aussi ouverte. Mais il est vrai que leur budget total, y compris celui de l'ASE, est beaucoup plus réduit que celui de la NASA.

Que sera l'astronomie en l'an 2020 ?

Quel est à long terme l'avenir de l'astronomie mondiale ? Il est très difficile de le préciser car cet avenir dépend clairement de conditions politico-économiques, elles-mêmes bien imprévisibles, conditions qui pèsent surtout sur la réalisation des grands projets. La course actuelle au gigantisme continuera-t-elle ? Il est intéressant de rappeler dans ce contexte quelques phrases écrites en 1962 par Fred Hoyle : « *Chaque technique nouvelle importante paraît tout d'abord avoir des possibilités illimitées. Mais après une ou deux décennies, l'expérience montre que son rendement scientifique commence à diminuer. Chaque résultat nouveau coûte alors davantage en temps, en efforts et en argent qu'au début. Ce processus est déjà à l'œuvre pour la radioastronomie. Il y a quelques années, les découvertes pouvaient être faites en radioastronomie avec un équipement relativement primitif. Ce n'est plus vrai aujourd'hui. Les radiotélescopes nouveaux, pour être efficaces, doivent maintenant être financés et planifiés sur une grande échelle.* » Il y a une certaine prescience dans ces propos, bien qu'ils aient été partiellement démentis peu d'années après par la découverte des pulsars et celle du rayonnement de l'Univers, deux découvertes fondamentales faites avec des moyens relativement réduits. Des radiotélescopes et interféromètres géants ont bien été construits et ont permis de grandes découvertes, souvent dans des directions non prévues au départ. Aussi me garderai-je bien d'essayer de pronostiquer les tendances de l'astronomie dans une vingtaine d'années. Un tel pronostic n'aurait d'ailleurs qu'une portée limitée, car tout instrument nouveau bien conçu, quel qu'il soit, ne peut manquer d'amener des résultats importants. Mais le rendement scientifique des instruments géants sera-t-il réellement à la mesure de leur taille? Voilà une question à laquelle il est plus difficile de répondre; elle se pose d'ailleurs dans d'autres domaines comme la physique des hautes énergies et des particules élémentaires ...

Figure 8.5. Le Square Kilometer Array (SKA). SKA serait composé d'une centaine d'éléments comme celui du cercle visible au premier plan, dispersés sur une grande étendue. Chacun d'eux aurait une surface de l'ordre de 10 000 m^2. Il en existe différents concepts qui sont à l'étude à des fins comparatives.

Cette difficulté n'empêche pas, bien entendu, les astronomes de rêver à des instruments géants reposant sur de nouveaux principes. Par exemple, du côté de la radioastronomie, le projet SKA (Square Kilometer Array), qui fait appel à des techniques très innovantes, a pour but d'étudier l'Univers lointain avec une sensibilité et une résolution angulaire inégalée (Fig. 8.5); on pense aussi à un grand interféromètre en ondes métriques et décamétriques, LOFAR (Low Frequency Array Telescope). De leur côté, les astronomes solaires voudraient un nouvel instrument de grande taille dénommé FASR (Frequency Agile Solar Radiotelescope), affranchi autant que possible, grâce à un ajustement continuel des fréquences de réception, des parasites qui brouillent de plus en plus le spectre des ondes radio.

Hoyle écrivait aussi en 1962 : « *Je pense que la recherche spatiale, comme la radioastronomie, atteindra finalement un équilibre vis-à-vis des méthodes traditionnelles, et je pense que dans cet équilibre l'essentiel de l'astronomie continuera à progresser de la même façon qu'elle l'a fait dans le passé.* » Ces prédictions se sont réalisées : radioastronomie et astronomie optique font aujourd'hui bon ménage, de même que l'astronomie dans l'espace et l'astronomie au sol, dont les budgets sont sensiblement équivalents si l'on tient compte du coût du personnel. Ces équilibrages se sont réalisés spontanément parce que les radioastronomes et les astronomes « spatiaux » sont aujourd'hui à peu près complètement intégrés dans la communauté des astronomes traditionnels, et aussi parce que les motivations non scientifiques et scientifiques de la recherche spatiale ont fini par se découpler plus clairement l'une de l'autre. Aux États-

Unis, un méga-programme comme le programme APOLLO d'exploration lunaire est devenu impensable de nos jours sans collaboration avec d'autres pays, le climat politique ayant changé : visiblement des événements comme le lancement du SPOUTNIK soviétique, qui avait déclenché la fondation de la NASA puis le programme APOLLO dans un contexte de guerre froide et de compétition pour le prestige, ne signifieraient plus grand chose aujourd'hui aux yeux du grand public … en attendant une éventuelle compétition avec la Chine. Qu'en sera-t-il des projets de vols habités vers Mars ?

Tous les grands projets que j'ai mentionnés dépassent notablement le cadre d'une seule nation, sauf celui des États-Unis et peut-être de la Chine de demain. Une compilation récente des projets de différents pays européens pour l'astronomie au sol[4] montre que la collaboration à ces grands projets, sur lesquels il existe un certain consensus, est la priorité générale de chaque pays. Certains, dont la France, envisagent même de renoncer à tout nouveau projet national au sol d'une certaine importance pour consacrer tous leurs moyens à ces projets internationaux et à leur exploitation. Il est vrai que l'exemple de l'ESO ou de l'IRAM montre que les projets internationaux peuvent se révéler scientifiquement bien plus rentables que les projets nationaux, quoi qu'on ait pu en dire. Une stratégie européenne et même mondiale devient donc nécessaire pour assurer un développement harmonieux de l'astronomie et la coordination indispensable entre les activités au sol et dans l'espace[5]. À côté des agences internationales comme l'ESO et l'ASE, d'autres instances de discussion comme la Société astronomique européenne (EAS pour European Astronomical Society) et la Fondation européenne pour la science (ESF, pour European Science Foundation) devraient jouer un rôle croissant pour promouvoir l'astronomie du futur en Europe. Mais restera-t-il une place pour les initiatives individuelles originales, qui ont été dans le passé à l'origine de tant de découvertes ?

Appendice 1

Petite histoire de l'interférométrie en France

Interférométrie en ondes radio

Le premier interféromètre réalisé en France pour l'observation du ciel en ondes radio est l'œuvre de Jacques Arsac. Ce petit instrument, qui comportait quatre antennes montées sur une poutre d'axe est-ouest orientable en hauteur, fonctionnait à la longueur d'onde de 3 cm et était destiné à l'observation du Soleil[1]. Construit au début des années 1950, il suivait de peu les premiers interféromètres anglais et australiens, conçus pour des longueurs d'onde beaucoup plus grandes. Il se trouvait alors à Marcoussis, à une trentaine de kilomètres au sud de Paris ; il fut transporté en 1956 à la station de radioastronomie de Nançay, où on lui ajouta d'autres antennes et où il fonctionne toujours. Arsac, qui a par ailleurs fondé le centre de calcul de l'Observatoire de Paris-Meudon en 1959, s'est intéressé aux problèmes mathématiques posés par la transformation de Fourier, qui est à la base de la théorie des interféromètres. S'il y avait de ce point de vue un milieu favorable à l'Institut d'Optique, auprès de mathématiciens comme Laurent Schwartz et à l'Observatoire de Paris, la transformée de Fourier n'avait pas l'heur de plaire à certains collègues, y compris aux États-Unis, et à certains professeurs de physique dans des universités françaises : on cite le cas d'une chercheuse dont la carrière a été temporairement bloquée parce qu'elle travaillait dans ce domaine !

Une expertise s'était donc constituée dans notre groupe de radioastronomie : en 1956 était terminé à Nançay un interféromètre solaire dû à Jacques-Émile Blum, la première version du radiohéliographe de Nançay. En 1959 je pouvais commencer mon travail de thèse avec un autre interféromètre comportant deux antennes de 7 m de diamètre mobiles sur deux voies ferrées perpendiculaires. Ces antennes étaient d'anciens radars allemands Würzburg récupérés par la Royal Air Force anglaise et offerts par elle au Laboratoire de Physique de l'École normale supérieure. On pensait aussi dès 1955 à un grand projet qui aurait été un interféromètre à deux antennes mobiles de 25 m de diamètre ; ce projet fut écarté au profit du radiotélescope qui est toujours en fonctionnement à Nançay. Le retard pris dans la construction de ce radiotélescope, dont le financement arriva dès 1956 mais qui ne fut mis en service qu'en 1967, et également le fait que le groupe anglais de

Cambridge ait délibérément fait le choix des interféromètres, fit que certains d'entres nous, dont j'étais, regrettaient cette décision.

Pensant que le grand radiotélescope pourrait être assez rapidement dépassé (effectivement, l'Allemagne devait mettre en service en 1971 le radiotélescope orientable de 100 m de diamètre d'Effelsberg, plus puissant et plus facile à utiliser), nous commençâmes à rêver à un nouvel interféromètre. Ce rêve, datant de 1966, devint pour moi d'autant plus concret qu'en 1968-69 j'avais travaillé aux États-Unis avec l'interféromètre du California Institute of Technology à Owens Valley, lequel comporte comme le projet français initial deux antennes mobiles de 25 m de diamètre. Nous ne voulions cependant pas copier cet instrument, mais nous orienter vers le domaine encore vierge des ondes millimétriques. À dire vrai, les arguments scientifiques étaient faibles, mais nous étions persuadés que l'ouverture d'un nouveau domaine de longueurs d'ondes ne pourrait manquer d'apporter des résultats nouveaux et importants. Ceci s'est effectivement réalisé en 1970 avec l'impressionnante moisson de découvertes de molécules interstellaires, faite grâce à leurs émissions en ondes millimétriques.

Le nouveau projet fut rendu possible par la volonté de l'Observatoire de Bordeaux et de la Faculté des sciences de cette ville de se lancer aussi dans l'aventure en construisant un petit instrument prototype. Un chercheur de notre groupe, Jean Delannoy, émigra à Bordeaux en 1967 et pilota la réalisation d'un petit interféromètre à deux antennes fixes de 2,5 m de diamètre, qui observait le Soleil à une longueur d'onde de 7 mm. Cet instrument, mis en service en 1973, se révéla un excellent banc d'essai même si les résultats obtenus sur le Soleil n'étaient pas de premier ordre (nous nous y attendions d'ailleurs). Malgré de fortes oppositions internes à notre groupe, et provenant également d'une majorité d'astronomes classiques qui voyaient d'un mauvais œil la croissance de la radioastronomie, née hors du sérail, nous réussissions en 1970 à faire inscrire au document préparatoire au VIe plan (c'était encore l'époque heureuse de la planification !) un projet de grand interféromètre millimétrique. Notre opiniâtreté a payé ; mais si l'inscription au Plan était une condition nécessaire, elle était loin d'être suffisante comme la suite devait le montrer[2]. La réalisation devait prendre vingt ans, et les dissensions entre radioastronomes mirent plus longtemps encore à se calmer, même après qu'il soit devenu évident que le projet était un succès.

Tout d'abord, le budget prévu au plan était très insuffisant. Aussi avons-nous vaguement envisagé un projet par étapes, ou une collaboration avec d'autres pays. Puis, nous fûmes informés par le Centre National de la Recherche Scientifique (CNRS) et son Institut National d'Astronomie et de Géophysique (INAG) dont nous dépendions pour les grands projets, qu'il n'y aurait pas d'argent avant 1975 en raison de la récession budgétaire qui commençait à affecter la recherche scientifique après les années fastes de la décennie 1960. Le rapprochement avec l'étranger, en l'occurrence le Royaume-Uni et l'Allemagne, se fit donc plus concret, car il devenait évident que seul un projet international aurait des chances d'aboutir. Le Royaume-Uni s'est rapidement désisté. Quant à l'Allemagne, elle avait son propre projet, un radiotélescope millimétrique de 30 m de diamètre, ce qui rendit le mariage difficile. Bien entendu, aucune des deux parties ne voulait renoncer à son projet, mais nous avons les uns et les autres réalisé au bout de quelque temps que les deux instruments étaient complémentaires : une antenne unique est mieux adaptée à la cartographie d'une grande région du ciel, et si un interféromètre permet d'atteindre un pouvoir de résolution angulaire élevé sur de petits objets, il est insensible aux structures étendues. La solution pour avoir à la fois un grand pouvoir de résolution sans perdre ces structures est de combiner les observations interférométriques avec les observations faites avec une grand antenne ayant au moins deux fois le diamètre des antennes individuelles de l'interféromètre.

Finalement nous avons convenu avec nos collègues allemands que le mieux serait de réaliser les deux instruments. Mais s'est alors posée la question du site, qui pour l'observation en ondes millimétriques doit se trouver à la plus haute altitude possible. Les allemands voulaient absolument que leur antenne soit située en Espagne dans la Sierra Nevada, ceci pour une raison scientifique mineure (un meilleur accès au centre de la Galaxie qui se trouve très au sud), et pour deux raisons politiques plus sérieuses mais officiellement inavouables : la crainte de l'agitation sociale et d'une certaine inefficacité de l'organisation française en comparaison à l'organisation allemande (le souvenir de mai 1968 était encore vivace), et d'autre part la nécessité pour la Société Max Planck, notre interlocuteur outre Rhin, de racheter un comportement quelque peu colonialiste lors de l'installation précédente d'un observatoire optique à Calar Alto, en Andalousie, comportement qui avait été très mal perçu en Espagne. Nous avons bien compris ces arguments, mais malgré nos explorations il s'est révélé impossible de trouver dans la Sierra Nevada un plateau élevé d'étendue suffisante pour y placer l'interféromètre, alors qu'un tel endroit existait en France : le plateau de Bure, dans le Dévoluy près de Gap. Pour débloquer la situation, le CNRS et la Société Max Planck ont désigné un groupe de trois experts étrangers fort connus, afin qu'ils entérinent ce qui était évident : il fallait se résoudre à construire les deux instruments dans deux sites séparés. Mais comme l'Andalousie était encore peu développée sur le plan scientifique, les experts ont recommandé que l'institut commun soit construit à Grenoble, ce qui fut fait.

Il est sans grand intérêt de relater les nombreux obstacles qui se sont élevés par la suite, surtout en France, sur le chemin de l'Institut de radioastronomie millimétrique (IRAM) franco-allemand, auquel s'est joint plus tard l'Espagne, qui développait activement avec l'aide de la France et de l'Allemagne un groupe de radioastronomes intéressés par l'utilisation du télescope de 30 m installé sur son sol, mais aussi par l'accès à l'interféromètre. Si Bernard Grégory, qui fut Directeur général du CNRS jusqu'à sa mort prématurée en 1976, s'est montré un défenseur convaincu et efficace du projet, son successeur l'a été beaucoup moins. Assez paradoxalement, ce sont le Directeur administratif et financier du CNRS, Pierre Creyssel, et son adjointe Jacqueline Mirabel, qui ont été les meilleurs artisans de sa réalisation, éventuellement en opposition avec la direction scientifique. L'histoire du projet a connu de tels rebondissements et de si nombreux marchandages qu'il est impossible de dire à quel moment une décision irrévocable a été prise. Le processus de décision a été une sorte de lente cristallisation, avec des hauts et des bas, dont l'étape finale a attendu 1979, et un an de plus pour l'accord officiel avec l'Espagne. Nos concurrents étrangers, eux avaient été plus rapides : de nombreux télescopes millimétriques, heureusement moins puissants que celui de l'IRAM mis en service en 1985, avaient surgi ça et là dans le monde, et trois interféromètres millimétriques étaient en fonctionnement au moment de l'inauguration de l'interféromètre du plateau de Bure avec ses trois premières antennes de 15 m de diamètre, en 1989. C'est seulement en 2002 que l'interféromètre a atteint sa configuration finale avec 6 antennes. Mais heureusement les résultats scientifiques ont dépassé les espérances.

Interférométrie optique

L'histoire récente de l'interférométrie optique en France commence en 1970 avec l'invention par Antoine Labeyrie d'une nouvelle technique d'observation : l'interférométrie des tavelures[3]. La turbulence de l'atmosphère induit des déformations rapidement variables dans l'espace et dans le temps de la surface d'onde de la lumière qui arrive d'une étoile sur un télescope. Celles-ci produisent un étalement considérable de l'image (le *seeing*) et ne permettent pas d'atteindre le pouvoir de résolution théorique du télescope si son diamètre est supérieur à une dizaine de centimètres. Cependant, si l'on observe l'image avec un temps de pose inférieur à un centième de seconde, on constate qu'elle se compose d'un certain nombre de taches — les tavelures — qui résultent des interférences entre les différentes zones de quasi-planéité de la surface d'onde qui arrive sur le télescope. Ces tavelures ont, elles, les dimensions de l'ordre de celles de la tache de diffraction théorique du télescope, soit 1,2 λ/D en radians, λ étant la longueur d'onde et D le diamètre du miroir. Elles contiennent donc l'information recherchée sur la structure de l'objet observé : si par exemple celui-ci est une étoile double, il donne des franges d'interférence dans chacune des tavelures, d'où le nom de la méthode. L'analyse des tavelures d'un grand nombre d'images à très courte pose permet, par des procédés mathématiques à base de transformée de Fourier, de reconstituer l'image de l'objet avec le pouvoir de résolution théorique du télescope, au prix d'une perte de sensibilité. Cette technique, qui est parfaitement au point, a permis de séparer de nombreuses étoiles doubles ou multiples.

Par ailleurs, des chercheurs courageux, sous l'impulsion du même Labeyrie, ont repris la méthode interférométrique imaginée par Fizeau pour mesurer le diamètre d'une étoile : celui-ci écrivait en 1867 [4].

> « *Il existe ... une relation remarquable et nécessaire entre la dimension* [comprendre : intensité] *des franges [d'interférence] et [la dimension] de la source lumineuse ; en sorte que les franges ... ne peuvent prendre naissance que lorsque la source lumineuse n'a plus que des dimensions angulaires presque insensibles ; d'où, pour le dire en passant, il est peut-être permis d'espérer qu'en s'appuyant sur ce principe et en formant, par exemple, au moyen de deux larges fentes très écartées, des franges d'interférence au foyer des grands instruments destinés à observer des étoiles, il deviendra possible d'obtenir quelques données nouvelles sur les diamètres angulaires de ces astres* ». Mais « *les difficultés d'exécution [sont] considérables* », ce que l'avenir devait confirmer.

En 1873, Édouard Stéphan, directeur de l'Observatoire de Marseille, tenta d'appliquer cette idée en munissant le miroir du télescope de 80 cm de diamètre de cet observatoire d'un écran ne laissant passer la lumière que par deux lunules écartées de 65 cm, et en pointant l'instrument sur les étoiles les plus brillantes. Pour toutes ces étoiles, il observa des franges d'interférence très nettes, montrant ainsi que leur diamètre apparent était très inférieur à 0,15 secondes de degré[5]. Il conclut : « *le principe de la méthode est bon, le télescope est trop petit, voilà tout* ». La méthode fut reprise en 1920 par Albert A. Michelson et Francis G. Pease, qui réussirent à mesurer le diamètre d'une étoile, Bételgeuse avec deux miroirs séparés de 7 m dont la lumière était recueillie par le télescope de 2,5 m de diamètre du Mont Wilson. Ils avaient cependant rencontré de telles difficultés qu'ils avaient ensuite abandonné.

Reprenant le flambeau plus de cinquante ans plus tard, Labeyrie et ses collègues ont construit, après de premiers essais réussis à l'Observatoire de Nice, un interféromètre dit I2T comportant deux télescopes de 25 cm de diamètre, déplaçables sur une base Nord-Sud de 64 m de long, avec lequel ils ont pu en 1977 mesurer le diamètre apparent des deux composantes de l'étoile géante Capella[6], composantes qui avaient seulement été séparées par Michelson et Pease. À la suite de cette première, et tandis que des interféromètres optiques étaient progressivement mis en service à l'étranger, Labeyrie entreprenait la construction d'un interféromètre à miroirs de 1,5 m de diamètre, qui cumulait malheureusement les difficultés. En effet, aux problèmes intrinsèques de l'interférométrie avec des télescopes de diamètre supérieur à un ou deux décimètres qui implique une combinaison de l'interférométrie des tavelures et de l'interférométrie de Michelson, s'ajoutait la difficulté de travailler avec des télescopes de conception radicalement nouvelle, contenus dans des boules. Cet interféromètre nommé GI2T-REGAIN a fini par fonctionner en 1997 avec deux télescopes, mais le domaine avait déjà été singulièrement écrémé par ses concurrents.

L'heure est aujourd'hui à l'interférométrie optique avec de grands télescopes : interférométrie entre les deux télescopes Keck de 10 m à Hawaii par exemple, et surtout entre les 4 télescopes de 8 m du VLT de l'Observatoire européen austral et ses télescopes auxiliaires, qui forment le VLTI. L'ampleur de ce dernier projet est telle qu'il ne peut être qu'européen ; la France y joue un rôle important grâce à son savoir-faire. À plus long terme, l'avenir de l'interférométrie optique est dans l'espace, avec une résolution angulaire pratiquement illimitée qui devrait permettre de voir directement des planètes autour d'autres étoiles que le Soleil : plusieurs projets sont sérieusement à l'étude dans les agences spatiales et notre pays y participe activement.

Appendice 2

L'optique gravitationnelle[1]

Après la détection en 1919 de la déviation de la lumière par le champ de gravitation du Soleil, qui fut une vérification éclatante de la théorie de la relativité générale (voir le chapitre 1), on a réalisé qu'une masse interposée devant une étoile ou une galaxie pourrait exercer un effet de lentille en déviant ainsi la lumière, et en produire une ou plusieurs images déplacées et déformées. Certains astronomes ont alors pensé que l'on pourrait de cette façon mesurer des masses dans l'Univers. Une fois de plus, le grand pionnier fut Fritz Zwicky, qui écrivit en 1937 avec une impressionnante prescience[2] :

« *L'été dernier le Dr. V.K. Zworykin … m'a mentionné la possibilité de la formation d'images sous l'action de champs de gravitation. En conséquence j'ai fait quelques calculs qui m'ont montré que les nébuleuses extragalactiques offrent des possibilités bien supérieures aux étoiles pour l'observation des effets de lentille gravitationnelle … La découverte d'images de nébuleuses* [terme utilisé à l'époque pour galaxies] *formées par les champs de gravitation d'une nébuleuse proche serait d'un intérêt considérable pour plusieurs raisons :*

(1) Elle fournirait une nouvelle vérification de la théorie de la relativité générale.
(2) Elle nous permettrait de voir des nébuleuses à des distances plus grandes que celles que l'on peut atteindre d'habitude avec les plus grands télescopes. Une telle extension des parties connues de l'Univers promet de jeter une lumière nouvelle sur nombre de problèmes cosmologiques.
(3) Le problème de la détermination de la masse des nébuleuses est actuellement au point mort … L'observation de la déviation de la lumière autour des nébuleuses pourrait fournir le moyen le plus direct pour déterminer ces masses. »

L'affaire en resta là jusqu'à ce que plusieurs astronomes, notamment l'Allemand Sjur Refsdal, s'intéressent à nouveau au problème dans les années 1960. En 1979, Dennis Walsh, Robert F. Carswell et Ray J. Weymann annonçaient la découverte d'un quasar double dont les deux composantes, identiques à tous les points de vue, étaient les images gravitationnelles d'un seul objet formées par une galaxie interposée[3]. D'autres objets de ce genre — quasars apparemment doubles, triples et quadruples, anneaux qui se produisaient lorsque le quasar et la galaxie interposée étaient exactement alignés — ne tardèrent pas à être découverts. Les quasars sont souvent variables au cours du temps,

Figure A2.1. Arcs gravitationnels dans l'amas de galaxies A370. Presque tous les objets que l'on voit dans cette image du VLT de l'ESO sont des galaxies appartenant à l'amas : remarquer en particulier deux grosses galaxies elliptiques. L'arc visible sous celle du bas est le premier qui ait été découvert. C'est l'image gravitationnelle d'une galaxie plus lointaine produite par la masse de l'amas. On observe en dessous un autre arc gravitationnel plus faible, et plusieurs images allongées qui sont aussi d'origine gravitationnelle.

et l'on put observer que les variations d'éclat de leurs différentes images gravitationnelles se produisaient avec un certain retard les unes par rapport aux autres[4] : ce retard est dû à la différence de longueur des trajets optiques, comme le montrera plus loin la figure A2.3, ainsi qu'au retard de la propagation de la lumière qui est un autre effet relativiste, observé pour la première fois par l'Américain Irwin Shapiro et ses collaborateurs dans le Système solaire[5]. Enfin Geneviève Soucail, Bernard Fort, Yannick Mellier et Jean-Pierre Picat en France[6], et Roger Lynds et Vahe Petrosian aux États-Unis[7] découvraient indépendamment un grand arc bleu dans l'amas de galaxies Abell 370 de décalage spectral $z = 0{,}37$ (Fig. A2.1) : il fut bientôt clair qu'il s'agissait de l'image déformée d'une galaxie bien plus lointaine que l'amas, dont le décalage était de 0,724. Depuis cette époque, les lentilles gravitationnelles ont offert des méthodes de choix pour l'étude des masses dans l'Univers.

La figure A2.2 montre des exemples de lentilles gravitationnelles : la lumière d'un quasar ou d'une galaxie lointaine située derrière une galaxie ou un amas de galaxies plus proche est déviée par le champ de gravitation de l'objet interposé, et selon les circonstances peut parvenir à l'observateur par plusieurs chemins différents, correspondant à autant d'images (Fig. A2.3). Si l'objet lointain est étendu, ses images

Figure A2.2. Arcs gravitationnels dans l'amas de galaxies A 2218. Cette image obtenue avec le télescope spatial Hubble montre de nombreux arcs qui tendent à entourer les plus grosses galaxies de l'amas, qui sont localisées dans les régions où se trouve l'essentiel de la masse. Il s'agit d'images gravitationnelles de galaxies situées loin derrière l'amas.

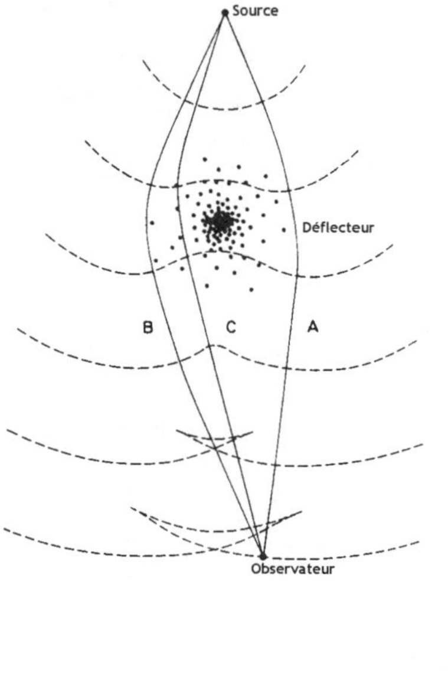

Figure A2.3. Formation d'images gravitationnelles par une masse[8]. La lumière émise par la source est déviée par le déflecteur (la masse d'un amas galaxies par exemple), et plusieurs rayons différents parviennent en général à l'observateur. Les surfaces d'onde sont indiquée en traits interrompus ; elles sont en chaque point normales au rayon lumineux. Ici, l'observateur voit trois images A, B et C. Noter que si la source varie au cours du temps, ce qui est souvent le cas si c'est un quasar, ces variations sont d'abord perçues dans l'image A, puis dans l'image B, et enfin dans l'image C, en raison de la longueur différente des trois chemins optiques correspondants.

sont déformées, généralement en forme d'arc de cercle (Fig. A2.4). Les images gravitationnelles peuvent être considérablement plus lumineuses que ne serait l'objet vu directement, en raison de la concentration de la lumière par la lentille gravitationnelle. Ainsi s'explique la proportion anormalement élevée de quasars qui paraissent à première vue associés à des galaxies. Cette anomalie a longtemps été utilisée comme argument par ceux qui étaient opposés à l'interprétation du décalage spectral par l'expansion de l'Univers, puisque si quasar et galaxie étaient physiquement associés leur décalage spectral différent ne pourrait s'expliquer ainsi. Mais c'est en réalité un biais observationnel qui résulte de l'amplification de la lumière du quasar par la galaxie interposée.

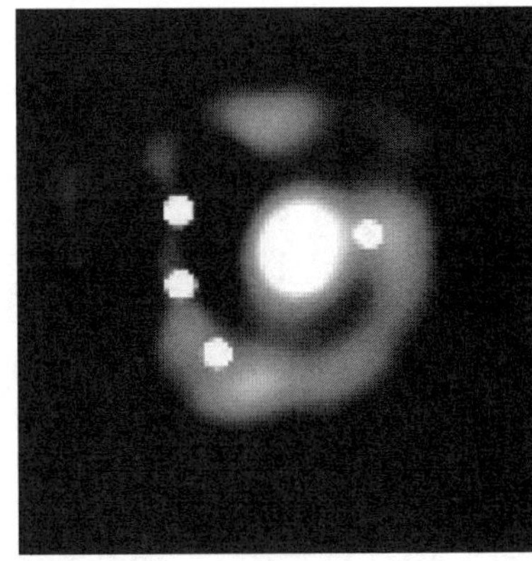

Figure A2.4. L'image gravitationnelle RSX J1131-1231. Cette image obtenue avec le télescope de 3,6 m de diamètre de l'ESO au Chili est particulièrement complexe. On y voit 4 images gravitationnelles ponctuelles d'un quasar de décalage spectral $z = 0{,}66$, formées par une galaxie elliptique de décalage spectral 0,3, qui est visible au centre. On observe en plus un anneau partiel, qui est l'image gravitationnelle de la galaxie lointaine dont le quasar est le noyau.

L'étude détaillée des différentes images d'une galaxie donnée par un amas permet, si l'on a obtenu par ailleurs le décalage spectral de ces deux objets, de connaître la masse totale de l'amas, et même dans une certaine mesure sa distribution à l'intérieur de l'amas (Fig. A2.5). On a constaté que les amas de galaxies peuvent avoir une masse totale jusqu'à cent fois plus grande que celle des étoiles et du gaz des galaxies qu'ils contiennent, ce qui implique l'existence d'une énorme quantité de matière noire. Cette conclusion est corroborée par l'étude de la distribution du gaz chaud des amas, que l'on obtient par l'observation en rayons X à partir de satellites artificiels, et dont on peut déduire le champ de gravitation dans l'amas car il est en équilibre hydrostatique entre sa pression (connue) et la gravitation. La combinaison des deux méthodes permet d'améliorer la précision avec laquelle sont déterminées la masse de l'amas et sa distribution.

Une fois connues la masse de l'objet interposé et sa forme, on connaît aussi la géométrie des rayons lumineux et l'on peut obtenir le rapport entre le délai d'arrivée de la lumière entre deux images de l'objet lointain et le temps total de trajet de la lumière (voir Fig. A2.3). Si l'on mesure le délai, en corrélant entre elles les variations d'éclat des deux images, on obtient le temps de trajet, donc la distance de l'objet lointain ; ce n'est possible que pour les quasars, grâce à leurs variations temporelles importantes et relativement rapides. Si l'on a aussi déterminé le décalage spectral de cet objet, on peut déterminer le paramètre de Hubble sans passer utiliser les mesures habituelles de distance. Les résultats obtenus ne sont pas encore très précis en raison des incertitudes sur la distribution de la masse dans l'amas, mais ils sont néanmoins en bon accord avec ce que donnent les autres méthodes[10].

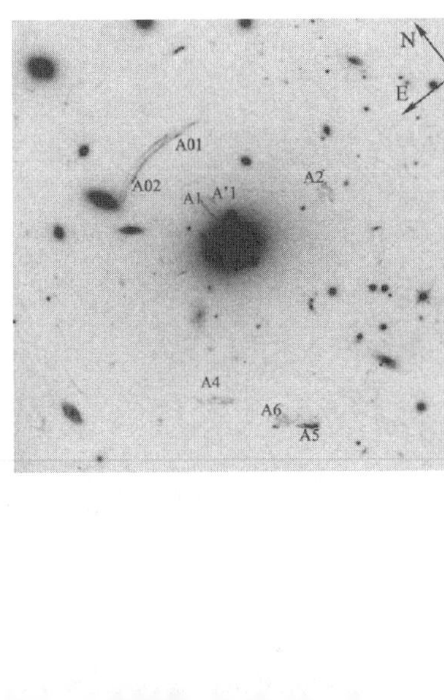

Figure A2.5. Images gravitationnelles données par l'amas de galaxies MS2137.3-2353. Les images gravitationnelles sont repérées par des lettres[9]. Noter l'arc rectiligne qui semble sortir de la grosse galaxie centrale, et les détails de l'arc A01-A02 qui sont des images déformées de parties d'une galaxie lointaine. À partir de ces images, il est possible de déterminer la distribution de la masse dans l'amas.

En dehors de ces arcs spectaculaires, les amas de galaxies déforment faiblement les images de toutes les galaxies d'arrière-plan : c'est ce qu'on appelle en anglais le *weak lensing* (faible effet de lentille). Ces déformations ne sont guère visibles individuellement, puisque les galaxies ont des formes et des dimensions variées, mais si l'on observe beaucoup de galaxies, on constate que leurs images tendent en moyenne à être allongées perpendiculairement à la direction du centre de l'amas, comme de petits arcs. On peut alors se servir de cette propriété pour déterminer la masse de l'amas. C'est en principe possible pour tous les amas de galaxies, même si l'on n'y voit pas les grands arcs gravitationnels dont la formation nécessite que la galaxie de fond soit bien alignée avec le centre de l'amas. On peut même espérer cartographier ainsi toute la masse dans l'Univers accessible, en observant un très grand nombre de galaxies dans un champ étendu : leur orientation préférentielle dans certaines zones (ce que les spécialistes appellent le *cisaillement cosmique*, en anglais *cosmic shear*), indique la présence de masses interposées.

Des distorsions systématiques des images dans des champs ne contenant pas d'amas de galaxies évidents ont ainsi été découvertes en 2000, simultanément par plusieurs groupes, dont un en France utilisant le télescope CFH[11], et confirmées par des observations avec le VLT[12]. Il n'est pas possible, du moins actuellement, de connaître réellement la distribution des masses qui sont responsables de ces distorsions, mais on peut déjà obtenir des informations statistiques sur le contenu en masse de l'Univers : on a ainsi vérifié que les paramètres cosmologiques déduits de l'observation des fluctuations du rayonnement de l'Univers étaient en bon accord avec ce contenu, et montré, ce qui est plus intéressant, que la distribution des galaxies n'est pas très différente de celle de la matière noire. Cette méthode est aussi probablement la seule qui puisse nous permette de vérifier dans le futur l'existence des cordes cosmiques, ces déformations topologiques de la géométrie de l'Univers qui résulteraient de fluctuations au tout début de l'époque d'inflation. On espère enfin mesurer la masse de galaxies individuelles en observant leur effet sur les images des galaxies lointaines, mais ceci n'a pas encore été réalisé. Ces recherches sont parmi les principales études de l'Univers lointain qui sont menées actuellement avec les caméras CCD à grand champ installées sur certains télescopes comme le télescope CFH, le NTT et le VLT survey telescope de l'ESO, ou le VLT.

Une autre application de l'optique gravitationnelle est la détection d'objets compacts comme des étoiles ou des planètes, lorsqu'ils passent devant d'autres objets compacts plus éloignés, étoiles ou quasars. Il est impossible dans ce cas de séparer les unes des autres les images gravitationnelles, qui sont extrêmement rapprochées ; mais l'effet dit de *microlentille gravitationnelle* est néanmoins détectable si l'objet proche se déplace latéralement par rapport à l'objet éloigné, ce qui est bien souvent le cas. L'éclat apparent de l'objet lointain est alors amplifié pendant une durée de quelques semaines à quelques mois, qui dépend des distances et des vitesses mises en jeu et de la racine carrée de la masse de l'objet interposée. On a d'abord appliqué cette notion à certaines fluctuations d'éclat d'un quasar situé derrière une galaxie. On constate parfois que seule une des images gravitationnelles du quasar a un éclat variable, ce qui exclut des variations propres au quasar : il s'agit alors d'un effet de microlentille dû à une des étoiles de la galaxie interposée. Cet effet est d'autant plus net que le quasar a un diamètre angulaire plus petit, et il donne donc quelques indications sur la taille du quasar.

On a également utilisé l'effet de microlentille gravitationnelle pour la recherche d'objets compacts dans le halo galactique, en étudiant les variations d'éclat d'un très grand nombre d'étoiles situées dans les Nuages de Magellan et la galaxie d'Andromède. Plusieurs dizaines de telles variations ont été observées, mais ce nombre est trop petit pour que les objets compacts ainsi détectés puissent constituer une partie importante de la matière noire du halo. Le sous-produit de ces recherches, qui est la détection de différentes classes d'étoiles variables, est heureusement d'un très grand intérêt.

En revanche, un assez grand nombre de microlentilles gravitationnelles ont été observées dans la direction de la région centrale de la Galaxie (Fig. A2.6) : il y a en effet dans cette région un très grand nombre d'étoiles, ce qui augmente beaucoup la probabilité de détection. Il est intéressant de constater qu'une éventuelle planète associée à l'étoile interposée peut produire son propre effet de lentille, qui donne une augmentation d'éclat distincte de celle qui est due à l'étoile. Les événement de ce type sont activement recherchés, mais sans résultat clair à ce jour. Cette méthode est très prometteuse, car c'est la seule qui puisse permettre à l'heure actuelle de détecter des planètes comme la Terre à grande distance de l'étoile.

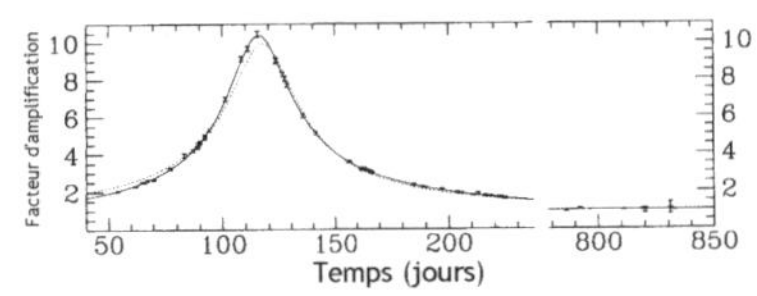

Figure A2.6. Variation de l'éclat d'une étoile due à l'amplification gravitationnelle par une masse passant à l'avant. Les barres représentent les mesures effectuées avec plusieurs télescopes. L'étoile appartient au bulbe de la Galaxie. On constate que la variation de la lumière est asymétrique dans le temps (courbe en traits gras ; la courbe en traits interrompus, dessinée pour comparaison, est symétrique). Cette asymétrie est due à un effet de parallaxe, la Terre se déplaçant beaucoup sur son orbite pendant la longue durée du phénomène. On peut alors déduire de l'observation la distance de l'objet interposé, soit environ 1,7 kpc, et sa masse qui est de l'ordre de 0,6 fois la masse du Soleil[13].

Notes bibliographiques

Chapitre 1 : 1910-1950, les débuts l'astronomie contemporaine. Physique et astronomie, l'ère des grands télescopes

[1] Voir Tobin W. (2002) *Léon Foucault,* EDP Sciences, 53.

[2] Kirchhoff G., Bunsen R. (1860) *Annalen der Physik und der Chemie* 110, 161.

[3] Rowland H.A. (1895) *Astrophysical Journal* 1, 29 et plusieurs articles suivants dans le même journal.

[4] Arago F. (1854-57) *Astronomie Populaire,* Gide, Paris et Weigel, Leipzig.

[5] Huggins W., Miller W.A. (1864) *Philosophical Transactions of the Royal Society of London* 154, pp. 413 et 437.

[6] Kapteyn J.C. (1909) *Astrophysical Journal* 29, 46 et 30, 284.

[7] Kapteyn J.C. (1922) *Astrophysical Journal* 55, 302.

[8] Comte A. (1842) *Cours de Philosophie Positive* (1830-1842) Texte téléchargeable sur http://www.uqac.uquebec.ca/zone30/Classiques_des_sciences_sociales/classiques/Comte_auguste/comte. html

[9] Secchi A. (1879) *Les étoiles,* 2 Vols., G. Baillière, Paris.

[10] Voir Russell H.N. 1928 *Astrophysical Journal* 68, 1.

[11] Balmer J.J. (1885) *Annalen der Physik und Chemie* 25, 80, trad. anglaise sur http://webserver.lemoyne.edu/faculty/giunta/balmer.html

[12] Bohr N. (1922) *The Theory of Spectra and Atomic Constitution,* Cambridge University Press.

[13] Bowen I.S. (1928) *Astrophysical Journal* 67, 1, reproduit dans Lang K.R., Gingerich O., Eds. (1979) *A Source Book in Astronomy and Astrophysics, 1900-1975,* Harvard University Press, Cambridge (Massachusetts) (voir la bibliographie ; ici désigné par le sigle LG), 581.

[14] Baldwin J.A., Ferland G.J., Martin P.G., Corbin M.R., Cota S.A., Peterson B.M., Slettebak A. (1991) *Astrophysical Journal* 374, 580.

[15] Edlén B. (1941) *Arkiv för matematik, astronomy och fysik* 28B, 1, reproduit dans LG, 122.

[16] Grotrian W. (1939) *Naturwissenchaften* 27, 214, traduction anglaise dans LG, 122.

[17] Kirchhoff G.R. (1859) *Monatsberichte der königlichen Preussischen Akademie des Wissenschaften zu Berlin,* 662.

[18] Schwarzchild K. (1906) *Nachrichten von der königlichen Gesellschaft der Wissenchaften zu Göttingen* 195, 41, trad. anglaise dans Menzel D.H., ed. (1966) *Selected Papers in the transfer of Radiation,* Dover Publications, New York.

[19] Einstein A. (1917), in Klein M.J. *et al.* ed. (1996) *The Collected Papers of Albert Einstein,* Vol. 6, Princeton University Press, Princeton.

[20] Voir par ex. Unsöld A. (1941) *Zeitschrift für Astrophysik* 21, 22, trad. anglaise dans LG, 270.

[21] Wildt R. (1939) *Astrophysical Journal* 89, 295.

[22] Hale G.E. (1908) *Astrophysical Journal* 28, 315.

[23] Zanstra H. (1927) *Publications of the Astronomical Society of the Pacific* 38, 295.

[24] Strömgren B. (1939) *Astrophysical Journal* 89, 526.

[25] Voir Menzel D.H. (1962) *Selected Papers on Physical Process in Ionized Plasmas,* Dover Publications, New York.

[26] Boltzmann L. (1895) *Vorlesungen über Gastheorie,* trad. anglaise par Brusch S.G. : (1964) *Lectures on gas theory,* University of California Press, Berkeley.

[27] Eddington A.S. (1926) *The Internal Constitution of the Stars,* Cambridge University Press.

[28] Voir la référence précédente.

[29] Eddington A.S. (1924) *Monthly Notices of the Royal Astronomical Society* 84, 308.

[30] Hertzprung et Russell sont parvenus indépendamment à ce diagramme : voir LG, 212.

[31] Eddington A.S. (1924) *Monthly Notices of the Royal Astronomical Society* 84, 308.

[32] Russell H.N. (1914) *Popular Astronomy* 22, 275, reproduit dans LG 212.

[33] Weizsäcker C.F. von (1938) *Physikalische Zeitschrift* 39, 633, trad. anglaise dans LG, 309.

[34] Bethe H.A. (1939) *Physical Review* 55, 434, reproduit dans LG, 322.

[35] Leavitt H.S. (1912) *Harvard College Observatory Circular* N° 173, 1, reproduit dans LG, 399.

[36] Leavitt H.S. (1912) *Harvard College Observatory Circular* N° 173, 1.

[37] Shapley H. (1921) *Bulletin of the National Research Council of the National Academy of Sciences* (Washington D.C.) 2, 171, reproduit dans LG, 525.

[38] Lindblad B. (1925) *Arkiv för matematik, astronomi och fysik* 19A, n° 21, 1, reproduit dans LG, 551.

[39] Oort J.H. (1927) *Bulletin of the Astronomical Institutes of the Netherlands* 3, 275, reproduit dans LG, 556.

[40] Pour un historique de ces découvertes, voir Adams W.S. (1941) *Astrophysical Journal* 193, 11.

[41] Trumpler R.J. (1930) *Lick Observatory Bulletin* 14, n° 420, 154, reproduit dans LG, 595.

[42] L'histoire assez complexe de la controverse Shapley-Curtis est détaillée par LG, 523, et les références qu'ils citent ou reproduisent.

[43] Hubble E.P. (1925) *Observatory* 48, 139, reproduit dans LG, 713.

[44] Slipher V.M. (1917) *Proceedings of the American Philosophical Society* 56, 403, reproduit dans LG, 705.

[45] Wirtz K. (1921) *Astronomische Nachrichten* 215, 349.

[46] Hubble E.P. (1929) *Proceedings of the National Academy of Sciences* 15, 168, reproduit dans LG, 726.

[47] Dyson F.W., Eddington A.S., Davidson C. (1920) *Philosophical Transactions of the Royal Society (London)* 220, 291, reproduit dans LG, 828. Cinq ans auparavant, Einstein avait déjà expliqué par la relativité générale l'avance anormale du périhélie de Mercure mise en évidence par Le Verrier : Einstein A. (1915) *Sitzungsberichte der Preussischen Akademie der Wissenschaft zu Berlin* 11, 831, traduction anglaise dans LG, 822.

[48] Shapiro I. I, Ash M.E., Ingalls R.P., Smith W.B., Campbell D.B., Dyce R.B., Jurgens R.F., Pettengill G.H. (1971) *Physical Review Letters* 26, 1132, reproduit dans LG 833.

[49] Friedmann A. (1922) *Zeitschrift für Physik* 10, 377, traduction anglaise dans LG, 551.

[50] Lemaître G. (1927) *Annales de la Société scientifique de Bruxelles* A47, 49, trad. anglaise dans *Monthly Notices of the Royal Astronomical Society* 91, 483 (1931).

[51] Fowler R.H. 1926, *Monthly Notices of the Royal Astronomical Society* 87, 114.

[52] Chandrasekhar S. (1931) *Astrophysical Journal* 74, 81 ; Landau L.D. (1932) *Physicalische Zeitschrift des Sowietunion* 1, 285, reproduit (en anglais) dans LG, 458.

[53] L'histoire des démêlés de Chandrasekhar avec Eddington est racontée en détail par Kameshwar C. Wali dans un article de *Physics today* (october 1982, 33) et dans son livre paru en 1991, *Chandra, a biography of S. Chandrasekhar*, University of Chicago Press, traduction française en 1998 (épuisée) *Chandrasekhar, une histoire de l'astrophysique* Ed. Diderot-Frontières, Paris.

[54] Oppenheimer J.R., Volkoff G.M. (1939) *Physical Review* 55, 374, reproduit dans LG, 473.

[55] Oppenheimer J.R., Snyder H.S. (1939) *Physical Review* 56, 455.

[56] Zwicky F. (1937) *Astrophysical Journal* 86, 217.

[57] Michelson A.A., Pease F.G. (1921) *Astrophysical Journal* 53, 249.

[58] Fabry C., Buisson H., Bourget H. (1914) *Astrophysical Journal* 40, 241 ; voir aussi Fabry C., Buisson H., (1921) *Journal de Physique* s. 6, t. 2, 197. Pour des détails sur ces travaux, et sur l'astronomie marseillaise en général, voir Aillaud G., Georgelin Y., Tachoire H., dir. (2002) *Marseille, 2600 ans de découvertes scientifiques*, 3 Vols., Publications de l'Université de Provence, Marseille.

[59] Abragam A. (2000) *De la physique avant toute chose ?* Ed. Odile Jacob, Paris.

[60] L'histoire de l'Observatoire de Haute Provence est racontée en détail, avec d'intéressants aperçus sur l'astronomie française en général, par Fehrenbach Ch. (1990) *Des hommes, des télescopes, des étoiles*, Ed. du CNRS, Paris.

Chapitre 2 : 1950-1970, nouveaux domaines, nouveaux objets

[1] Lyot B. (1924) *Comptes rendus de l'Académie des Sciences* 178, 1796 ; (1929) *Annales de l'Observatoire de Paris (Meudon)* 8, 37.

[2] Slipher V.M. (1909) *Lowell Observatory Bulletin* n° 42 ; Wildt R. (1931) *Naturwissenschaften* 10, 109 ; Dunham T. (1933) *Publications of the Astronomical Society of the Pacific* 45, 202.

[3] Voir par exemple Pettit E. & Nicholson S.B. (1924) *Publications of the Astronomical Society of the Pacific* 36, 227, où ils obtiennent à peu près 0 °C pour la surface visible de Vénus, qui est en fait la partie supérieure de sa couverture nuageuse.

[4] Nordmann C. (1902) *Comptes rendus des séances hebdomadaires de l'Académie des sciences* 134, pp. 273 et 529 ; Deslandres H. et Décombe, ibid. p. 527. Il n'est pas surprenant que la tentative de Nordmann ait échoué, car son antenne n'était sensible qu'à des longueurs d'onde décamétriques et hectométriques qui sont absorbées par l'ionosphère terrestre.

[5] Le dernier est Jansky K.G. (1934) *Proceedings of the Institute of Radio Engineers* 23, 1158, reproduit dans Lang K.R., Gingerich O., Eds. (1979) *A Source Book in Astronomy and Astrophysics, 1900-1975*, Harvard University Press, Cambridge (Massachusetts) (LG), 32.

[6] Reber G. (1944) *Astrophysical Journal* 100, 279.

[7] On trouvera une histoire détaillée des débuts de la radioastronomie dans Sullivan W.T. (1984) *The early years of radioastronomy*, Cambridge University Press.

[8] Hanbury Brown R., Twiss R.Q. (1956) *Nature* 178, 1046, reproduit dans LG, 9.

[9] Ryle M., Hewish A. (1960) *Monthly Notices of the royal Astronomical Society* 120, 220.

[10] Ryle M. (1962) *Nature* 170, 1063.

[11] Ce radiotélescope a été fermé en 1999.

[12] Hess V. (1912) *Physikalische Zeitschrift* 13, 1084.

[13] Mayer C.M., McCullough T.P., Sloanaker R.M. (1958) *Astrophysical Journal* 127, 1.

[14] Burke B.F., Franklin K.L. (1955) *Journal of Geophysical Research* 60, 213, reproduit dans LG, 144.

[15] Van Allen J.A., McIlwain C.E., Ludwig G.H. (1959) *Journal of Geophysical Research* 64, 271, reproduit dans LG, 149.

[16] Van Allen J.A., Franck L.A. (1959) *Nature* 183, 430.

[17] Sandage A.R., Schwarzchild M. (1952) *Astrophysical Journal* 116, 463 ; la solution du problème des géantes avait déjà été entrevue par Mario Schönberg et Chandrasekhar.

[18] Hoyle F. (1946) *Monthly Notices of the Royal Astronomical Society* 106, 333.

[19] Voir LG, 342.

[20] Salpeter E.E. (1952) *Astrophysical Journal* 115, 326.

[21] Burbidge E.M., Burbidge G.R., Fowler W.A., Hoyle F. (1957) *Reviews of Modern Physics* 29, 547, reproduit partiellement dans LG, 376.

[22] Cameron A.G.W. (1957) *Publications of the Astronomical Society of the Pacific* 69, 201 ; voir aussi LG, 376, pour d'autres références.

[23] Voir pour plus de détails Audouze J., Vauclair S. (1995) *L'astrophysique nucléaire*, 3e ed., Que sais-je, Presses Universitaires de France, Paris.

[24] Hey, J.S., Parsons S.J., Phillips J.W. (1946) *Nature* 158, 234.

[25] Bolton J.G., Stanley G.J., Slee O.B. (1949) *Nature* 164, 101 ; cet article contient aussi l'identification à des galaxies de deux autre sources, Virgo A et Centaurus A.

[26] Shklovskii I.S. (1953) *Doklady akademii nauk SSSR* 90, 983, traduction anglaise dans LG, 490. Il ignorait certainement que Hannes Alfvèn et Nicolai Herlofson en Suède avaient proposé en 1950 le mécanisme synchrotron pour expliquer l'émission radio de certaines sources (*Physical Review* 78, 616).

[27] Cocke W.J., Disney M.J., Taylor D.J. (1969) *Nature* 221, 525 ; Neugebauer G., Becklin E.E., Kristian J., Leighton R.B., Snellen G., Westphal J.A. (1969) *Astrophysical Journal* 156, L115.

[28] Shklovskii I.S. (1970) *Astrophysical Journal* 159, L77.

[29] Photographies publiées en 1956 dans le *Bulletin of the Astronomical Institutes of the Netherlands*, 12, 312, et reproduites dans LG, 493.

[30] Baade W., Minkowski R. (1954) *Astrophysical Journal* 119, 206 ; cet article contient également l'identification de Cygnus A à une galaxie très lointaine.

[31] Hewish A., Bell S.J., Pilkington J.D.H., Scott P.F., Collins R.A. (1968) *Nature* 217, 709 ; *Nature* 218, 126.

[32] Van de Hulst H.C. (1945) *Nederlands tijdschrift voor natuurkunde* 11, 210, traduction anglaise dans LG, 628 : un papier remarquable de prescience sur plusieurs points.

[33] Ewen H.I., Purcell E.M. (1951) *Nature* 168, 356.

[34] Oort J.H., Kerr F.J., Westerhout G. (1958) *Monthly Notices of the Royal Astronomical Society* 118, 379.

[35] Kiepenheuer K.O. (1950) *Physical Review* 79, 738.

[36] Denisse J.-F., Le Roux E., Steinberg J.-L. (1955) *Comptes rendus hebdomadaires de l'Académie des sciences* 240, 278.

[37] Ekers R.D., Sancisi R. (1977) *Astronomy & Astrophysics* 54, 973.

[38] Ryle M., Smith F.G., Elsmore B. (1950) *Monthly Notices of the Royal Astronomical Society* 110, 508.

[39] Voir les notes 25 et 30.

[40] Jennison R.C., Das Gupta M.K. (1953) *Nature* 172, 996.

[41] Schmidt M. (1963) *Nature* 197, 1040.

[42] Hazard C., Mackey M.B., Shimmins A.J. (1963) *Nature* 197, 1037.

[43] Schmidt M., Greenstein J.L. (1964) Astrophysical Journal 140, 1.

[44] Greenstein J.L., Matthews T.A. (1963) *Nature* 197, 1041.

[45] Bahcall J.N., Salpeter E.E. (1966) *Astrophysical Journal* 144, 847.

[46] Voir la référence en note 43.

[47] Bondi H., Gold T. (1948) *Monthly Notices of the Royal Astronomical Society* 108, 252.

[48] D'après Ryle M. (1968) *Annual Review of Astronomy and Astrophysics* 6, 249.

[49] Sandage A. (1961) *Astrophysical Journal* 133, 355.

[50] Penzias A.A., Wilson R. (1965) *Astrophysical Journal* 142, 419.

[51] Gamow G. (1948) *Nature* 162, 680 ; Alpher R.A., Hermann R.C. (1948) *Nature* 162, 774, reproduit dans LG, 866.

[52] Dicke R.H., Peebles P.J.E., Roll P.G., Wilkinson D.T., *Astrophysical Journal* 142, 414.

[53] Mather J.C., Cheng E.S., Epler R.E. *et al.* (1990) *Astrophysical Journal* 354, L37.

[54] Voir la référence de la note précédente.

[55] Baade W. (1944) *Astrophysical Journal* 100, 137.

[56] Hubble E. (1936) *The Realm of the nebulae,* Yale University press, New Haven ; réédité par Dover publications en 1958.

[57] Chemin L., Cayatte V., Balkowski C., Marcelin M., Amram P., van Driel W., Flores H. (2003) *Astronomy & Astrophysics* 405, 99.

[58] Seyfert C.K. (1943) *Astrophysical Journal* 97, 28.

[59] Peebles P.J.E. (1993) *Principles of Physical cosmology,* 2e édition, Princeton University Press.

[60] Alpher R.A., Herman R.C. (1950) *Review of Modern Physics* 22, 153.

Chapitre 3 : 1970-1980, l'ère de l'espace et des ordinateurs

[1] Toomre A., Toomre J. (1972) *Astrophysical Journal* 178, 623.

[2] Hibbard J.E., van der Hulst J.M., Barnes J.E., Rich R.M. (2001) *Astronomical Journal* 122, 2969.

[3] Krichbaum T.P., Alef W., Witzel A., Zensus J.A., Booth R.S., Greve A., Rogers A.E.E. (1998) *Astronomy & Astrophysics* 329, 873.

[4] Hulse R. A, Taylor J.H. (1975) *Astrophysical Journal* 195, L51.

[5] Voir Gezari D.Y., Labeyrie A., Stachnik R.V. (1972) *Astrophysical Journal* 173, L1.

[6] Bonneau D., Foy R. (1980) *Astronomy & Astrophysics* 92, L1.

[7] Weigelt G.P. (1978) *Astronomy & Astrophysics* 67, L11.

[8] Labeyrie A. (1975) *Astrophysical Journal* 196, L71.

[9] Voir la référence de la note précédente.

[10] Johnson F.S., Malitson H.H., Purcell J.D., Tousey R. (1955) *Astrophysical Journal* 127, 80.

[11] Carruthers G.R. (1970) *Astrophysical Journal* 161, L81.

[12] Morton D. (1975) *Astrophysical Journal* 197, 85.

[13] Rapporté par Friedmann H., Chubb T. A, Kupperian J.C., Lindsay J.C., *I.G.Y. Rocket Report Series* N° 1 ; I.G.Y. World Data Center A, Rockets and Satellites.

[14] Giacconi R., Gursky H., Paolini F.R., Rossi B.B. (1962) *Physical Review Letters* 9, 439, reproduit dans LG, 64.

[15] Bloemen H. (1989) *Annual Review of Astronomy & Astrophysics* 27, 469.

Chapitre 4 : 1980-1990, une période de transition

[1] Perley R.A., Dreher J.W., Cowan J.J. (1984) *Astrophysical Journal* 285, L35.

[2] Voir les nombreux articles par Penzias, Wilson et collaborateurs dans l'*Astrophysical Journal* en 1970 et 1971.

[3] Becklin E.E., Neugebauer G. (1968) *Astrophysical Journal* 151, 145.

[4] Voir par exemple la remarquable observation du centre galactique à la longueur d'onde de 100 micromètres par Hoffmann W.F. et Frederick C.L. (1969) *Astrophysical Journal* 155, L9.

[5] Davis R., Harmer D.S., Hoffman K.C., (1968) *Physical Review Letters* 20, 1205.

[6] On trouvera un excellent compte-rendu de ces recherches, ainsi que de celles concernant les neutrinos de la supernova SN 1987A, dans Tammann G.-A., Thielemann F.-K., Trautmann D. (2003) *Europhysics News* 34/2, 68.

[7] Hirata K., Kajita T., Koshiba M. *et al.* (1987), *Physical Review Letters* 58, 1490.

[8] Combes F., Sanders R.H. (1981) *Astronomy & Astrophysics* 96, 164.

Chapitre 5 : Après 1990 : la course au gigantisme

[1] Un historique et une description d'ADS se trouvent dans *Astronomy & Astrophysics Supplement* Series (2000), vol. 143.

[2] Pour savoir comment fonctionnent ces journaux, voir Bertout C., Schneider (2004) *Astronomy & Astrophysics,* 420, E1.

[3] Pour une description du CDS, voir *Astronomy & Astrophysics Supplement Series* (2000) 143, 1.

[4] Voir en particulier le site du télescope spatial Hubble (http://hubblesite.org/gallery/) et celui de l'Observatoire européen austral (http://www.eso.org/outreach/gallery/astro/).

[5] Ce système appelé International Celestial Reference System (ICRS) comprend 667 radiosources observées en VLBI avec une précision de l'ordre de 250 millionnièmes de seconde de degré : voir Ma C., Arias E.F., Eubanks T.M., Fey A.L., Gontier A.-M., Jacobs C.S., Sovers O.J., Archinal B.A., Charlot P. (1998) *Astronomical Journal* 116, 516.

[6] Perryman M.A.C., Lindegren L., Kovalevsky J. *et al.* (1995) *Astronomy & Astrophysics* 304, 69.

[7] Cernicharo J., Barlow M.J., González-Alfonso E., Cox P., Swinyard B., Lim T., Caux E., Baluteau J.-P. (1997) *ESA SP-401* 255.

[8] Feynmann R. (1988) *Physics today*, feb. 1988, 26.

[9] Wilson R.N. (2001-2002) *Reflecting Telescope Optics,* 2 vols., éd. corr., Springer-Verlag, Berlin.

[10] Wilson R.N. (2003) *The Messenger,* 113 (sept. 2003), 2. On consultera également Mountain M., Gillett F. (1998) *Nature,* 395 Suppl. A23.

[11] Draper H. (1864) *Smithsonian Institution Publication* 180 (Vol. 14, art. 4).

Chapitre 6 : Une vue contemporaine de l'Univers. I. Du Système solaire à la Galaxie

[1] Pour plus de détails sur ce sujet, voir Encrenaz T., Bibring J.-P., Blanc M., Barucci M.-A., Roques F., Zarka (2003) *Le Système solaire,* nouvelle édition, CNRS Editions et EDP Sciences.

[2] Une liste de ces objets tenue à jour se trouve sur le site www.harvard.edu/iau/lists/TNOs.html

[3] Oort J.H. (1950) *Bulletin of the Astronomical Institutes of the Netherlands* 11, 91, reproduit dans LG, 134.

[4] Smith B.A., Terrile R.J. (1984) *Science* 226, 1421.

[5] Voir par exemple Lecavelier des Etangs A. (1998) *Astronomy & Astrophysics* 337, 501.

[6] Gueth F., Guilloteau S. (1999) *Astronomy & Astrophysics* 343, 571.

[7] Voir Wolszczan A. (1994) *Science* 264, 538.

[8] Mayor M., Queloz D. (1995) *Nature* 378, 355.

[9] Les variations d'éclat de HD 209458 ont été observées avec le satellite HIPPARCOS (Robichon N., Arenou F. 2000, *Astronomy & Astrophysics* 355, 295; Castellano T., Jenkins J., Trilling D.E., Doyle L., Koch D. 2000, *Astrophysical Journal* 532, L51). Les premières observations au sol sont dues à Queloz D., Eggenberger A., Mayor M., Perrier C., Beuzit J.L., Naef D., Sivan J.-P., Udry S. (2000) *Astronomy & Astrophysics 359,* L13, et à Henry G.W., Marcy G.W., Butler, R.P., Vogt, S.S. (2000) *Astrophysical Journal* 532, L51.

[10] Mazeh T., Naef D., Torres G. *et al.* (2000) *Astrophysical Journal* 532, L55.

[11] Bouchy F., Pont F., Santos N.C., Melo C., Mayor M., Queloz D., Udry S. (2004) *Astronomy & Astrophysics,* 421, L13.

[12] Voir la référence de la note 8.

[13] Une liste tenue à jour se trouve sur le site http://www.obspm.fr/encycl/f-encycl.html

[14] Laskar J. (1989) *Nature* 338, 237.

[15] Wisdom J. (1982) *Astronomical Journal* 87, 577; (1987) *Icarus* 72, 241.

[16] Pour un article de vulgarisation voir Bois E. (2003) *Pour la Science,* décembre 2003, 152.

[17] Laskar (1994) *Astronomy & Astrophysics* 287, L9.

[18] Un ouvrage récent sur ce sujet, qui insiste sur les travaux faits en France, est : Gargaud M., ed. (2004) *Les Traces du Vivant,* Presses universitaires de Bordeaux, distr. par CID, 131 Bd St Michel, 75005 Paris.

[19] Pour plus de détails sur ce sujet, voir *La Recherche hors-série* « Le Soleil », Avril 2004, et pour un approfondissement plus grand, Dwivedi B.N., ed. (2004), *The Dynamic Sun,* Cambridge University Press.

[20] Les trous coronaux ont été découverts en 1973 grâce aux observations en rayons X par la mission spatiale Skylab : Timothy A.F., Krieger A.S., Vaina G.S. (1975) *Solar Physics* 42, 135.

[21] Leighton R.B., Noyes R.W., Simon G.W. (1962) *Astrophysical Journal* 135, 474.

[22] Christensen-Dalsgaard (2002) *Reviews of Modern Physics* 74, 1083.

[23] Grec G., Fossat E., Pomerantz M. (1980) *Nature* 288, 541.

[24] Voir (1996) *Science,* 272, 1233.

[25] Voir (1995) *Solar Physics,* 162 (N° spécial).

[26] Vauclair S. (1998) *Space Science Reviews* 85, 71.

[27] Voir pour plus de détails l'excellent petit livre de Prantzos N., Montmerle T. (1998) *Naissance, vie et mort des étoiles,* Coll. Que sais-je, Presses Universitaires de France, Paris.

[28] Les observations de la perte de masse avec IUE sont résumées dans trois articles : Cassinelli J.P., Lamers H.J.G.L.M. pour les étoiles chaudes « ordinaires », Willis A.G., Garmany C.D. pour les étoiles de Wolf-Rayet, et Dupree A.K., Reimers D. pour les étoiles froides, dans Kondo Y., ed. (1987) *Exploring the Universe with the IUE Satellite,* Reidel, Dordrecht, pp. 129, 157 et 321.

[29] Beaucoup d'astronomes ont travaillé sur cette question, par exemple C. de Loore en Belgique, C. Chiosi en Italie, R. Stothers aux États-Unis, A. Maeder en Suisse et Jean-Paul Zahn en France. Voir par exemple l'article suivant qui montre pour la première fois que les étoiles les plus massives peuvent évoluer directement vers les hautes températures de surface si la perte de masse est importante : Maeder A. (1980) *Astronomy & Astrophysics* 92, 101. Les modèles les plus récents d'évolution stellaire, dus à une équipe franco-suisse, se trouvent dans une série de 8 articles dont le dernier est : Charbonnel C., Däppen W. Schaerer D. Bernasconi P.A., Maeder A., Meynet G., Mowlavi N. (1999) *Astronomy & Astrophysics Supplement series* 135, 405. Grâce à la puissance des ordinateurs, il est possible de coupler les modèles d'évolution et les modèles d'atmosphère stellaire, et donc de savoir à quoi ressemble exactement l'étoile aux différents stades de son évolution : voir par exemple Schaerer D., de Koter A. (1997) *Astronomy & Astrophysics* 322, 598.

[30] Ceci a été proposé initialement par l'australienne Lindsay F. Smith en 1973 et l'américain Peter S. Conti en 1976.

[31] Schaller G., Schaerer D., Meynet G., Maeder A. (1992) *Astronomy & Astrophysics Supplement Series* 96, 269. Pour une étude détaillée de l'évolution des étoiles de grande masse, voir Meynet G., Maeder A., Schaller G., Schaerer D., Charbonnel C. (1994) *Astronomy & Astrophysics Supplement Series* 103, 97.

[32] Les modèles d'étoiles de faible masse (moins de 0,8 fois la masse du Soleil) sont publiés dans Baraffe I., Chabrier G., Allard F., Hauschildt P.H. (1997, 1998) *Astronomy & Astrophysics* 327, 1054 et 337, 403.

[33] Kraft R.P. (1964) *Astrophysical Journal* 139, 457.

[34] Boldt E. (1977) *Annals of the New York Academy of Sciences*, vol. 302; voir aussi Ryter C. *La Recherche*, février 1978, 159.

[35] Shakura N.I., Sunyaev R.A. (1973) *Astronomy & Astrophysics* 24, 337.

[36] Balbus S.A., Hawley J.F. (1991) *Astrophysical Journal* 376, 214.

[37] Voir pour un article de vulgarisation Mirabel F. (2003) *Pour la Science*, mai 2003, 54.

[38] Blandford R.D., Payne D.G. (1982) *Montly Notices of the Royal Astronomical Society* 199, 88.

[39] Il existe sur ce sujet difficile une abondante littérature scientifique, dont on peut trouver un résumé récent (pour spécialistes !) par Pudritz R.E., dans Beskin *et al.*, ed. (2003) *Accretion disks, jets and high energy phenomena in astrophysics*, EDP Sciences et Springer-Verlag, 187.

[40] Pour plus de détails voir Lequeux J., Falgarone E., Ryter C. (2002) *Le milieu interstellaire*, CNRS éditions et EDP Sciences, Paris.

[41] L'abondance de ces molécules est très bien connue grâce aux observations avec l'interféromètre de l'IRAM : voir Liszt H., Lucas R. (2002), *Astronomy & Astrophysics* 391, 693.

[42] Joulain K., Falgarone E., Pineau des Forêts G., Flower D. (1998) *Astronomy & Astrophysics* 340, 241.

[43] Chièze J.P., Pineau des Forêts G. (1989) *Astronomy & Astrophysics* 221, 89.

[44] Sellgren K. (1984) *Astrophysical Journal* 277, 652.

[45] Allamandola L.J., Tielens A.G.G.M., Barker J.R. (1984) *Astrophysical Journal* 290, L25.

[46] Léger A., Puget J.-L. (1984) *Astronomy & Astrophysics* 137, L5.

[47] Cesarsky D., Jones A., Lequeux J., Verstraete L. (2000) *Astronomy & Astrophysics* 358, 708.

[48] Contursi A., Lequeux J., Hanus M. *et al.* (1998) *Astronomy & Astrophysics* 336, 662.

[49] Whittet D.C.B., Schutte W.A., Tielens A.G.G.M. (1996) *Astronomy & Astrophysics* 315, L357.

[50] Voir le dernier chapitre de Prantzos N., Montmerle T. (1998) *Naissance, vie et mort des étoiles*, Coll. Que sais-je, Presses Universitaires de France, Paris.

[51] Cet effondrement se fait à une vitesse relativement faible, de l'ordre du km/s, ce qui le rend très difficile à observer : voir par exemple Williams J.P., Myers P.C., Wilner D.J., di Francesco J. (1999) *Astrophysical Journal* 513, L61.

[52] Lada C.J., Wilking B.A. (1984) *Astrophysical Journal* 287, 610 ; André P., Ward-Thomson D., Barsony M. (1993) *Astrophysical Journal* 406, 122 ; Bontemps S., André P., Terebey S., Cabrit S. (1996) *Astronomy & Astrophysics* 311, 858.

[53] Voir son article de revue : Hayashi Ch. (1966) *Annual Review of Astronomy and Astrophysics* 4, 171.

[54] André (2002) in *Star formation and the physics of young stars*, ed. J. Bouvier, J.-P. Zahn, EDP Sciences, Les Ulis, 1.

[55] De Pree C.G., Wilner D.J., Goss W.M., Welch W.J., Mc Grath E. (2000) *Astrophysical Journal* 540, 308.

[56] Un excellent article de revue récent sur la fonction de masse initiale est celui de Chabrier G. (2003) *Publications of the Astronomical Society of the Pacific* 115, 763.

[57] Weigelt G., Baier G. (1985) *Astronomy & Astrophysics* 150, L18.

[58] Brandner W., Grebel E., You-Hua Chu *et al.* (2000) *Astronomical Journal* 119, 292.

[59] Pour plus de détails, voir Binney J., Merrifield M. (1998) *Galactic Astronomy*, Princeton University Press.

[60] Voir le livre de Pagel B.E.J. (1997) *Nucleosynthesis and Chemical Evolution of Galaxies*, Cambridge University Press.

[61] Nordström B., Mayor M., Andersen J., Holmberg J., Pont F., Jorgensen B.R., Olsen E.H., Udry S., Mowlavi N. (2004) *Astronomy & Astrophysics* 418, 989.

[62] Nordström B., Mayor M., Andersen J., Holmberg J., Pont F., Jorgensen B.R., Olsen E.H., Udry S., Mowlavi N. (2004) *The Messenger* (ESO) 118, 61.

[63] Russeil D. 2003, *Astronomy & Astrophysics* 397, 133.

[64] Voir par exemple Dame T.M., Hartmann D., Thaddeus (2001) *Astrophysical Journal* 547, 792 et Digel S.W., Aprile E., Hunter S.D., Mukherjee R., Xu F. (1999) *Astrophysical Journal* 520, 196.

[65] Eggen O.J., Lynden-Bell D., Sandage A. (1962) *Astrophysical Journal* 136, 748.

[66] Azzopardi M., Lequeux J., Rebeirot E. (1985) *Astronomy & Astrophysics* 145, L4.

[67] Ibata R.A., Gilmore G., Irwin M.J. (1995) *Monthly Notices of the Royal Astronomical Society* 277, 781.

[68] Cayrel R., Spite M. (2004) *The Messenger* (ESO) 118, 55.

[69] Wakker B.P., Richter (2004) *Pour la science* février 2004, 25.

[70] Spitzer L., Jr. (1956) *Astrophysical Journal* 124, 20.

[71] Bregman J.N. (1980) *Astrophysical Journal* 236, 577.

[72] Ginzburg L.V., Syrovatskii S.I. (1964) *The origin of cosmic rays*, Pergamon Press, London ; voir pour des travaux plus récents Cesarsky C. (1980) *Annual Reviews of Astronomy and Astrophysics* 18, 289.

[73] Parker E.N. (1966) *Astrophysical Journal* 145, 811.

[74] Fich M., Blitz L., Stark A.A. (1989) *Astrophysical Journal* 342, 272.

[75] Ostriker J.P., Peebles P.J.E., Yahil A. (1974) *Astrophysical Journal* 193, L1.

[76] Paczynski B. (1986)) *Astrophysical Journal* 304, 1.

[77] Pfenniger D., Combes F., Martinet L. (1994) *Astronomy & Astrophysics* 285, 79 ; Pfenniger D., Combes F. (1994) *Astronomy & Astrophysics* 285, 94.

[78] Schrödel R., Ott T., Genzel R. *et al.* (2002) *Nature* 419, 694.

[79] Genzel R., Schrödel R., Ott T., Eckart A., Alexander T., Lacombe F., Rouan D., Aschenbach B. (2003) *Nature* 425, 934.

[80] Schrödel R., Ott T., Genzel R., Eckart A., Mouawad N., Alexander T. (2003) *Astrophysical Journal* 596, 1015.

Chapitre 7 : Une vue contemporaine de l'Univers. II. Astronomie extragalactique et cosmologie

[1] Pour plus de détails sur la plupart des sujets couverts dans ce chapitre, voir Combes F., Boissé P., Mazure A., Blanchard A. (2002) *Galaxies and Cosmology,* 2e édition, Springer-Verlag, Berlin.

[2] Lin C.C., Shu F.H. (1964) *Astrophysical Journal* 140, 646.

[3] Rots A.H. (1975) *Astronomy & Astrophysics* 45, 43.

[4] Bournaud F., Combes F. (2002) *Astronomy & Astrophysics* 392, 83.

[5] Friedli D., Benz W. (1993) *Astronomy & Astrophysics* 268, 65.

[6] Gerola H., Seiden P.E., Schulman L.S. (1980) *Astrophysical Journal* 242, 517.

[7] Gerola H., Seiden P.E. (1978) *Astrophysical Journal* 223, 129.

[8] Voir par exemple Milgrom M. (2002) *Scientific American,* août 2002, 30.

[9] Voir par exemple Kaplinghat M., Turner M. (2002) *Astrophysical Journal* 569, L19.

[10] Bosma A. (1981) *Astronomical Journal* 86, 1825.

[11] Rubin V.C., Ford W.K., Thonnard N. (1980) *Astrophysical Journal* 238, 471.

[12] Larson R.B., Tinsley B.M. (1978) *Astrophysical Journal* 219, 46. Pour une étude plus complète, voir l'ouvrage de Pagel B.E.J. (1997) *Nucleosynthesis and Chemical Evolution of Galaxies,* Cambridge University Press.

[13] Cuillandre J.-C., Lequeux J., Allen R.J., Mellier Y., Bertin E. (2001) *Astrophysical Journal* 554, 190.

[14] Lequeux J., Peimbert M., Rayo J.F., Serrano A., Torres-Peimbert S. (1979) *Astronomy & Astrophysics* 80, 155 ; cet article contient aussi un exemple de calcul d'évolution d'une galaxie.

[15] Voir par exemple Lequeux J., Kunth D., Mas-Hesse J.M., Sargent W.L.W. (1995) *Astronomy & Astrophysics* 301, 18.

[16] Voir la note 1 du chapitre 3.

[17] Bournaud F., Combes F. (2003) *Astronomy & Astrophysics* 401, 817.

[18] Duc P.-A., Mirabel I.F. (1994) *Astronomy & Astrophysics* 289, 83.

[19] Malin D.F., Quinn P.J., Graham J.A. (1983) *Astrophysical Journal* 272, L5.

[20] Quinn P.J. (1984) *Astrophysical Journal* 279, 596.

[21] Bahcall J.N., Kirhakos S., Saxe D.H., Schneider D.P. (1997) *Astrophysical Journal* 479, 642.

[22] Cohen M.H., Cannon W., Purcell G.H., Shaffer D.B., Broderick J.J., Kellermann K.I., Jauncey D.L. (1971) *Astrophysical Journal* 170, 207.

[23] On en trouvera l'histoire dans Kellermann K.I., Pauliny-Toth I.I.K. (1981) *Annual Review of Astronomy and Astrophysics* 19, 373.

[24] Blandford R.D., McKee C.F., Rees M.J. (1977) *Nature* 267, 211 ; l'explication avait déjà été proposée dans un autre contexte par l'anglais Martin Rees dès 1966-67.

[25] Scheuer P.A.G., Readhead A.C.S. (1979) *Nature* 277, 182.

[26] Biretta J.A., Sparks W.B., Macchetto F. (1999) *Astrophysical Journal* 120, 621.

[27] Il s'agit d'une idée ancienne, proposée indépendamment en 1964 par Salpeter (*Astrophysical Journal* 140, 796), et par les russes Zel'dovich et Novikov, et développée par l'anglais Lynden-Bell. Pour une revue assez complète, voir Richstone D., Ajhar E.A., Bender R. *et al.* (1998) *Nature* 395, A14.

[28] Pour un article de vulgarisation, voir Weaver K. (2003) *Pour la Science,* août 2003, 32.

[29] Sargent W.L.W., Young P.J., Lynds C.R., Boksenberg A., Shortridge K., Hartwick F.D.A. (1978) *Astrophysical Journal* 221, 731.

[30] Jaffe W., Meisenheimer H., Röttgering H.J.A. *et al.* (2004) *Nature* 429, 47.

[31] Sanders D.B., Soifer B.T., Elias J.H. *et al.* (1988) *Astrophysical Journal* 325, 74.

[32] Genzel R., Lutz D., Sturm E. *et al.* (1998) *Astrophysical Journal* 498, 579 ; Lutz D., Kunze D., Spoon H.W.W., Thornley M.D. (1998) *Astronomy & Astrophysics* 333, L75.

[33] Mirabel I.F., Vigroux L., Charmandaris V., Sauvage M., Gallais P., Tran C., Cesarsky C., Madden S.C., Duc P.-A. (1998) *Astronomy & Astrophysics* 333, L1.

[34] Pour un exemple, voir Collin S., Zahn J.-P. (1999) *Astronomy & Astrophysics* 344, 433.

[35] Combes F., Wiklind T. (1994) *Astronomy & Astrophysics* 286, 9.

[36] Giacconi R., Murray S., Gursky H. *et al.* (1972) *Astrophysical Journal* 178, 281.

[37] Ryle M., Windram W.D. (1968) *Monthly Notices of the Royal Astronomical Society* 138, 1 ; Miley G.K., Perola G.C., van der Kruit P.C., van der Laan H. (1972) *Nature* 237, 269.

[38] Cette explication des galaxies anémiques a été proposée pour la première fois en 1978 par le canadien Sydney van der Bergh (*Astrophysical Journal* 225, L93). Pour des images de galaxies d'amas en raie à 21 cm, voir Cayatte V., van Gorkom J.H., Balkowski C., Kotanyi C. (1990) *Astronomical Journal* 100, 604.

[39] Voir par exemple Gavazzi G., Boselli A., Mayer L., Iglesias-Paramo J., Vilchez J.M., Carrasco L. (2001) *Astrophysical Journal* 563, L23.

[40] Salomé P., Combes F. (2003) *Astronomy & Astrophysics* 412, 657 ; (2004) *Astronomy & Astrophysics* 415, L1.

[41] Sharma M., McNamara B.R., Nulsen P.E.J., Owers M., Wise M.W., Blanton E.L., Sarazin C.L., Owen F.N., David L.P. (2004) *Astrophysical Journal* 613, 180.

[42] Bonoli F., Braccesi A., Marano B., Merighi R., Zitelli V. (1980) *Astronomy & Astrophysics* 90, L10. Intéressés surtout par les quasars, ils n'ont cependant pas prêté une grande attention à cette importante découverte. Il est vrai que les observations spectroscopiques qui auraient permis d'obtenir le décalage spectral des galaxies observées n'étaient guère possibles à l'époque.

[43] Disney M.J. (2000) *General relativity and gravitation* 32, 1125 (aussi http://arXiv.org/abs/astro-ph/0009020).

[44] Tully R.B., Fisher J.R. (1977) *Astronomy & Astrophysics* 54, 661.

[45] Faber S.M., Jackson R.E. (1976) *Astrophysical Journal* 204, 668.

[46] Tonry J.L., Schneider D. (1988) *Astronomical Journal* 96, 807.

[47] Schmidt B.P., Eastman R.G., Kirschner R. (1994) *Astrophysical Journal* 432, 42.

[48] Freedman W.L., Madore B.F., Gibson B.K. *et al.* (2001) *Astrophysical Journal* 553, 47.

[49] Hoyle F., Fowler W.A. (1960) *Astrophysical Journal* 132, 565.

[50] Riess A.G., Filippenko A.V., Challis *et al.* (1998) *Astronomical Journal* 116, 1009.

[51] Perlmutter S., Aldering G., Goldhaber G. *et al.* (1999) *Astrophysical Journal* 517, 565.

[52] Riess A.G., Strolger L.-G., Tonry J. *et al.* (2004) *Astrophysical Journal* 607, 665.

[53] Ostriker J.P., Steinhardt P.J. (2001) *Scientific American*, janvier 2001, 37.

[54] Voir pour un article de vulgarisation Prunet S., Bouchet F. (2003) *Pour la science*, juin 2003, 44.

[55] Le nom de J.-J. Thomson, le découvreur de l'électron, prix Nobel de Physique pour 1906, est souvent orthographié à tort Thompson.

[56] Benoît A., Ade P., Amblard A. *et al.* (2003) *Astronomy & Astrophysics*, 399, L19.

[57] Les résultats obtenus avec WMAP sont résumés par Bennett C.L., Halpern M., Hinshaw G. *et al.* (2003) *Astrophysical Journal Supplement* 148, 1, article où l'on trouvera toutes les références aux autres observations du rayonnement de l'Univers. Il fait partie d'un numéro spécial où les résultats sont détaillés dans d'autres articles. Pour une version vulgarisée plus accessible, également en anglais, voir *Scientific American*, feb. 2004, 31-63.

[58] Peebles P.J.E., Yu J.T. (1970) *Astrophysical Journal* 162, 815.

[59] Sunyaev R.A., Zel'dovich Y.B. (1970) *Astronomy and Space Science* 7, 3.

[60] Guth A. (1981) *Physical Review* D23, 347 ; Linde A. (1983) *JETP Letters* (en russe) 38, 176.

[61] On en trouvera un exposé aussi élémentaire que possible, avec une discussion des implications cosmologiques, dans Veneziano G. (2004) *Pour la Science*, juin 2004.

[62] Ceci résulte des observations de cisaillement cosmique (cosmic shear) décrites dans l'appendice A2 : voir en particulier Pen U.-L., Lu T., van Waerbeke L., Mellier Y. (2003) *Monthly Notices of the Royal Astronomical Society* 346, 994.

[63] Venemans B.P., Kurk J.D., Miley G.K. *et al.* (2002) *Astrophysical Journal* 569, L11.

[64] Vauclair S.C., Blanchard A., Sadat R. *et al.* (2003) *Astronomy & Astrophysics* 412, L37.

[65] Tegmark M., Blanton M.R., Strauss M.A. *et al.* (2004) *Astrophysical Journal* 606, 702.

[66] Romanowsky A.J., Douglas N.G., Arnaboldi M., Kuijken K., Merrifield M.R., Napolitano N.R., Capaccioli M., Freeman K.C. (2003) *Science* 301, 1096.

[67] Pelló R., Schaerer D., Richard J., Le Borgne J.-F., Kneib J.-P. (2004) *Astronomy & Astrophysics* 416, L35.

[68] Elbaz D., Cesarsky C.J., Chanial P., Aussel H., Franceschini A., Fadda D., Chary R.R. (2002) *Astronomy & Astrophysics* 384, 848.

[69] Barger A.J., Cowie L.L., Sanders D.B. (1999) *Astrophysical Journal* 518, L5 ; Wang W.-H., Cowie L.L., Barger A.J. (2004) *Astrophysical Journal* 613, 655 et références dans cet article.

[70] Gispert R., Lagache G., Puget J.-L. (2000) *Astronomy & Astrophysics* 360, 1.

[71] Giavalisco M., Dickinson M., Ferguson H.C. *et al.* (2004) *Astrophysical Journal* 600, L103. Voir aussi Appenzeller I., Bender R., Böhm A. *et al.* (2004) *The Messenger* (ESO) 116, 18.

[72] Aussel H., Cesarsky C.J., Elbaz D., Starck J.L. (1999) *Astronomy & Astrophysics* 342, 313.

[73] Dole H., Gispert R., Lagache G. *et al.* (2001) *Astronomy & Astrophysics* 372, 364.

[74] On peut par exemple suivre l'évolution avec le décalage spectral du nombre des nuages intergalactiques qui produisent la forêt de Lyman : voir Waymann R.J., Jannuzi B.T., Lu L. *et al.* (1998) *Astrophysical Journal* 506, 1.

[75] Combes F., Maoli R., Omont A. (1999) *Astronomy & Astrophysics* 345, 369 ; Papadopoulos P.P., Röttgering H.J.A., van der Werf P.P., Guilloteau S., Omont A., van Breugel W.J.M., Tilanus R.P.J. (2000) *Astrophysical Journal* 528, 626.

[76] Walter F., Bertoldi F., Carilli C. *et al.* (2003) *Nature* 424 406.

[77] Cimatti A., Daddi E., Renzini A. *et al.* (2004) *Nature* 430, 184.

Chapitre 8 : Que pourrait être l'astronomie de demain ?

[1] Une liste plus complète en ce qui concerne les instruments au sol se trouve dans les résumés (en anglais) des communications au colloque de Berlin (avril 2004) sur les grands projets de l'astronomie du futur (http://www.oecd.org/sti/gsf).

[2] Pour plus de détails sur le projet OWL, voir Gilmozzi R., Dierickx (2000) *The Messenger* N° 100, June 2000, 1 (disponible *via* http://www.eso.org/owl ainsi que d'autres documents).

[3] Matsuhita S., Matsuo H., Pardo J.R., Radford S.J.E. (1999) *Publications of the astronomical society of Japan* 51, 603.

[4] European Science Foundation et European Astronomical Society (2004) *European Survey of National Priorities in Astronomy* (disponible *via* http://www.esf.org).

[5] Voir à ce propos le rapport de l'OCDE (2004) *Future Large-Scale Projects and Programmes in Astronomy and Astrophysics*, ainsi que les pièces annexes (http://www.oecd.org/sti/gsf).

Appendice 1 : Petite histoire de l'interférométrie en France

[1] Arsac J. (1956) *Revue d'optique théorique et appliquée* 35, pp. 65, 136 et 196.

[2] Cette histoire a fait l'objet de la thèse de 3e cycle de Gérard Darmon (1981) *Psychosociologie d'une décision en science lourde*, École des hautes études en sciences sociales.

[3] Labeyrie A., (1970) *Astronomy & Astrophysics* 6, 85.

[4] Cité par Aillaud G., Georgelin Y., Tachoire H., dir. (2002) *Marseille, 2600 ans de découvertes scientifiques*, 3 Vols., Publications de l'Université de Provence, Marseille, Vol. 3, 59.

[5] Stéphan E. (1874) *Comptes rendus hebdomadaires des séances de l'Académie des sciences* 76, 1008 et 78, 1008.

[6] Blazit A., Bonneau D., Josse M., Koechlin L., Labeyrie A. (1977) *Astrophysical Journal*, 217, L55.

Appendice 2 : L'optique gravitationnelle

[1] Ce sujet est développé dans l'ouvrage de Schneider P., Ehlers J., Falco E.E. (1992, réimpr. 1999) *Gravitational lenses*, Springer-Verlag, Berlin, auquel j'ai emprunté l'essentiel de cet appendice.

[2] Zwicky F. (1937) *Physical Review* 51, 290.

[3] Walsh D., Carswell R.F., Weymann R.J. (1979) *Nature* 279, 381.

[4] Vanderriest C., Schneider J., Herpe G., Chevreton M., Moles M., Wlérick G. (1989) *Astronomy & Astrophysics* 215, 1.

[5] Reasenberg R.D., Shapiro I.I., MacNeil P.E. *et al.* (1979) *Astrophysical Journal* 234, L219.

[6] Soucail G., Fort B., Mellier Y., Picat J.-P. (1987) *Astronomy & Astrophysics* 172, L14.

[7] Lynds R., Petrosian V. (1989) *Astrophysical Journal* 336, 1.

[8] D'après Schneider P., Ehlers J., Falco E.E. (1999) *Gravitational lenses*, Springer-Verlag, Berlin.

[9] Gavazzi R., Fort B., Mellier Y., Pelló R., Dantel-Fort M. (2003) *Astronomy & Astrophysics* 403, 11.

[10] Voir pour un exemple Koopmans L.V.E., Treu T., Fassnacht C.D., Blandford R.D., Surpi G. (2003) *Astrophysical Journal* 599, 70 : la valeur qu'ils trouvent pour le paramètre de Hubble est (75 ± 7) km/s par Mpc.

[11] Van Waerbeke L., Mellier Y., Erben T. *et al.* (2000) *Astronomy & Astrophysics* 358, 30.

[12] Maoli R., van Waerbeke L., Mellier Y., Schneider P., Jain B., Bernardeau F., Erben T., Fort B. (2001) *Astronomy & Astrophysics* 368, 766.

[13] Bennett D.P., Becker A.C., Quinn J.L. *et al.* (2002) *Astrophysical Journal* 579, 639.

Sigles

AAS	American Astronomical Society
AAT	Anglo-Australian Telescope
ADS	Astrophysics Data System
AGAPE	Andromeda Galaxy Amplified Pixel Experiment (France)
ALMA	Atacama Large Millimeter Array (Europe, États-Unis, Japon)
AMANDA	Antarctic Muon And Neutrino Detector Array
ANTARES	Astronomy with a Neutrino Telescope and Abyss environmental RESearch (France)
APEX	Atacama Pathfinder EXperiment
ARC	Astrophysics Research Consortium (Télescope, États-Unis)
ASCA	Advanced Satellite for Cosmology and Astrophysics (Japon, NASA)
ASE	Agence spatiale européenne (aussi ESA)
ATA	Allen Telescope Array
ATCA	Australian Telescope Compact Array
AXAF	Advanced X-ray Astrophysics Facility (États-Unis)
BIMA	Berkeley Illinois Maryland Array
BTA	russe pour « Grand Telescope Alt-azimuthal »
BOOME-RANG	Balloon Observations of Millimetric Extragalactic Radiation and Geophysics
CALTECH	California Institute of Technology (États-Unis)
CCD	Coupled Charge Device
CDS	Centre de Données astronomiques de Strasbourg
CEA	Commissariat à l'Énergie Atomique
CELT	California Extremely Large Telescope (Projet 30 m)
CERN	Centre Européen de Recherche Nucléaire
CESR	Centre d'Études Spatiales des Rayonnements
CFHT	Canada-France-Hawaii Telescope
CGRO	Compton Gamma-Ray Observatory
CHARA	Center for High Angular Resolution Astronomy (États-Unis)
CME	Coronal Mass Ejection
CNES	Centre National d'Études Spatiales
CNRS	Centre National de la Recherche Scientifique
COAST	Cambridge Optical Aperture Synthesis Telescope
COBE	Cosmic Background Explorer (États-Unis)
COROT	COnvection, ROtation and Transits (F, États-Unis, etc.)
COS-B	COsmic ray Satellite (Option B : rayons gamma) (ASE)
COSTAR	Corrective Optics Space Telescope Axial Replacement
CSIRO	Commonwealth Scientific and Industrial Research Organisation (Australie)
CSO	Caltech Submillimeter Telescope
DGRST	Délégation Générale à la Recherche Scientifique et Technique
DRAO ST	Dominion Radio Astronomy Observatory Synthesis Telescope (Canada)
EAS	European Astronomical Society
EDELWEISS	Expérience pour DEtecter Les Wimps en Site Souterrain (France)
ELSA	Extremely Large Synthesis Array (projet d'interféromètre optique)
ELT	Extremely Large Telescope (projet 50-100 m)
EROS	Expérience pour la Recherche d'Objets Sombres
ESA	European Space Agency (aussi ASE)
ESF	European Science Foundation
ESO	European Southern Observatory
ESRO	European Space Research Organisation
EUSO	Extreme Universe Space Observatory (pour rayons cosmiques de haute énergie)

EUVE	Extreme UltraViolet Explorer (NASA)
EVN	European VLBI Network
EXOSAT	Esa's X-ray Observatory SATellite
FASR	Frequency Agile Solar Radiotelescope
FUSE	Far UltraViolet Spectroscopic Explorer
GAIA	Global Astrometric Interferometer for Astrophysics
GALEX	GAlaxy Evolution EXplorer
GBT	Green Bank Telescope (États-Unis)
GI2T	Grand Interferomètre à 2 Télescopes (France)
GINGA	japonais pour « galaxie »
GLAST	Gamma ray Large Area Space Telescope (projet NASA)
GMRT	Giant Meterwave RadioTelescope (Inde)
GMT	Giant Magellan Telescope (projet 20 m)
GSMT	Giant Segmented Mirror Telescope (projet 30 m)
GTC	Gran Telescopio de Canarias (Espagne)
HALCA	Highly Advanced Laboratory for Communications and Astronomy (satellite ; ex. MUSES-B ; Japon)
HEAO	High Energy Astronomical Observatory
HESS	High Energy Stereoscopic System (rayons cosmiques de très haute énergie)
HHT	Heinrich Hertz Telescope (Allemagne, États-Unis)
HIPPARCOS	HIgh Precision PARallax COllecting Satellite
HST	Hubble Space Telescope
I2T	Interféromètre à 2 Télescopes (France)
INAG	Institut Nnational d'Astronomie et de Géophysique (CNRS)
INSU	Institut National des Sciences de l'Univers (CNRS)
INTEGRAL	INTErnational Gamma-Ray Astrophysics Laboratory (ASE)
IOTA	Infrared-Optical Telescope Array
IPAC	Infrared Processing and Analysis Center (États-Unis)
IRAM	Institut de RadioAstronomie Millimétrique (France, Allemagne, Espagne)
IRAS	InfraRed Astronomical Satellite
IRIS	InfraRed Imaging Surveyor (Japon)
IRTF	InfraRed Telescope Facility (États-Unis)
IRTS	InfraRed Telescope in Space (Japon)
ISI	Infrared Spatial Interferometer (États-Unis)
ISO	Infrared Space Observatory (ASE)
ISS	International Space Station
IUE	International Ultraviolet Explorer
JCMT	John Clerk Maxwell Telescope (Grande-Bretagne, Canada, Pays-Bas)
JIVE	Joint Institute for VLBI in Europe
JPL	Jet Propulsion Laboratory (États-Unis)
JWST	James Webb Space Telescope (ex New Generation Space Telescope ; NASA, ASE)
KAO	Kuiper Airborne Observatory (États-Unis)
LAMOST	Large sky Area Multi-Object Fiber Spectroscopic Telescope (Chine)
LBT	Large Binocular Telescope (États-Unis, D, I)
LEP	Large Electron Positron collider (au CERN)
LG	pour Lang K.R., Gingerich O., Eds. (1979) *A Source Book in Astronomy and Astrophysics* (voir bibliographie)
LHC	Large Hadron Collider (au CERN)
LIGO	Laser Interferometer Gravitational wave Observatory (États-Unis)
LISA	Laser Interferometry Space Antenna
LMT	Large Millimeter (radio) Telescope (Mexique, États-Unis)
LOFAR	LOw Frequency Array Radiotelescope
LSA	Large Submillimeter Array
LZT	Large Zenithal Telescope (Canada)
MACHO	MAssive Compact Halo Object
MAXIM	Micro Arcsecond X-ray Imaging Mission (projet)
MERLIN	Multi-Element Radio-Linked Interferometry Network
MICRO-SCOPE	MICROSatellite à traînée Compensée pour l'Observation du Principe d'Equivalence (F)
MMT	Multi-Mirror Telescope (États-Unis)
MOA	Microlensing Observations in Astrophysics
MPI	Max Planck Institut (Allemagne)
MPS	Microlensing Planet Search
NASA	National Aeronautics and Space Administration (États-Unis)
NGC	New General Catalogue
NGST	New Generation Space Telescope : voir JWST
NRAO	National Radio Astronomy Observatory (États-Unis)
NMO	Nobeyama Millimeter Observatory (Japon)

NPOI	Navy Prototype Optical Interferometer (États-Unis)
NSF	National Science Foundation (États-Unis)
NTT	New Technology Telescope (ESO)
OAO	Orbiting Astronomical Observatory
OGLE	Optical Gravitational Lensing Experiment (Pologne, États-Unis)
OSO	Orbiting Solar Observatory
OVNI	Objet Volant Non Identifié
OVRO	Owens Valley Radio Observatory (États-Unis)
OWL	OverWhelmingly Large telescope (ESO)
PAH	Polycyclic Aromatic Hydrocarbon
PHARAO	Projet d'Horloge Atomique par Refroidissement d'Atomes en Orbite (CNES)
PLANET	Probing Lensing Anomalies NETwork
PPARC	Particle Physics and Astronomy Research Council (UK)
PTI	Palomar Testbed Interferometer
RATAN-600	RAdio Telescope ANtenna de 600 m (Russie)
ROSAT	RÖntgen SATellite
RXTE	Rossi X-ray Timing Explorer (NASA)
SALT	South African Large Telescope
SAS	Small Astronomy Satellite (NASA)
SAX	Satellite per Astronomia X (Italie)
SCUBA	Submillimetre Common User Bolometer Array (UK)
SEST	Swedish-ESO Submillimeter Telescope
SETI	Search for Extra Terrestrial Intelligence
SIM	Space Interferometry Mission (projet NASA)
SKA	Square Kilometer Array (projet)
SMA	SubMillimeter Array (États-Unis)
SMART	Small Mission for Advanced Research in Technology (ASE)
SMM	Solar Maximum Mission (États-Unis)
SOAR	Southern Observatory for Astrophysical Research (États-Unis, Brésil)
SOFIA	Stratospheric Observatory for Infrared Astronomy (États-Unis, D)
SOHO	Solar and Heliospheric Observatory
SPAN	Space Physics Analysis Network
SSRT	Siberian Solar Radio Telescope
SUMO	SUperconducting Microwave Oscillator (NASA)
SUSI	Sydney University Stellar Interferometer (Australie)
STEP	Satellite Test of the Equivalence Principle
STScI	Space Telescope Science Institute
SWAS	Submillimeter Wave Astronomy Satellite (NASA)
SWIFT	*The spacecraft will « swiftly » repoint itself to see the burst* (NASA)
THEMIS	Télescope Héliographique pour l'Etude du Magnétisme et des Instabilités Solaires
TIM	Telescopio Infrarojo Mexicano (6,5 m)
TPF	Terrestrial Planet Finder (NASA)
UKIRT	United Kingdom InfraRed Telescope
UMR	Unité Mixte de Recherches
UTR	Ukrainian T-shape Radiotelescope
VLA	Very Large Array (États-Unis)
VLBA	Very Long Baseline Array (États-Unis)
VLBI	Very Long Baseline Interferometry
VLOT	Very Large Optical Telescope (projet 20 m)
VLT	Very Large Telescope (ESO)
VLTI	Very Large Telescope Interferometer (ESO)
VSOP	Vlbi Space Observatory Program (Japon)
WHT	William Herschel Telescope (Royaume Uni)
WIMP	Weakly Interacting Massive Particle
WIRE	Wide-field InfraRed Explorer
WIYN	Wisconsin Indiana Yale NOAO (télescope)
WMAP	Wilkinson Microwave Anisotropy Probe
WSRT	Westerbork Synthesis Radio Telescope (Pays-Bas)
XEUS	X-ray mission for Evolving Universe Spectroscopy

Glossaire

Absorption : l'absorption d'un photon par un atome ou une molécule le porte à un niveau d'énergie supérieur (transition). La probabilité de ce phénomène, comme celle de l'émission induite (voir ce mot) qui est le phénomène inverse, est proportionnelle à l'intensité du champ de rayonnement à la longueur d'onde de la transition.

Accrétion : capture gravitationnelle de gaz par un astre.
— (disque d' —) : la matière accrétée par un objet par rapport auquel elle est en mouvement se rassemble en général en un disque aplati en rotation à partir duquel elle tombe lentement sur l'objet.

Amas :
— d'étoiles : groupe d'étoiles nées sensiblement en même temps; on distingue les *amas ouverts* ou *galactiques* situés dans le plan de la Galaxie et qui sont généralement jeunes (10^9 ans au plus), et les *amas globulaires* plus compacts et non concentrés dans le plan galactique, et qui sont pour la plupart très vieux (plus de 10^{10} ans) ;
— de galaxies : une grande partie des galaxies sont groupées en amas, dont certains ne contiennent que des galaxies elliptiques et d'autres des galaxies elliptiques et des galaxies spirales.

Année-lumière : unité de longueur utilisée en astronomie, qui correspond à la distance parcourue en un an par la lumière dans le vide. Elle vaut $9{,}7 \times 10^{15}$ m, et 0,307 parsec (voir ce mot).

Astéroïde : petit corps solide appartenant au Système solaire; la plupart des astéroïdes gravitent sur des orbites situées entre celle de Mars et celle de Jupiter.

Astérosismologie : étude de la structure interne des étoiles à l'aide de l'observation de leurs oscillations, détectées par les faibles variations périodiques de leur vitesse radiale ou de leur éclat.

Astrométrie : mesure de la position, des mouvements apparents et de la distance des astres (planètes, satellites, étoiles).

Binaire (étoile —) : voir *étoile, double.*

Blanche (naine —) : voir *naine blanche.*

Ceinture de Oort : région située aux confins du Système solaire, à environ 1 année-lumière du Soleil, où résident les comètes jusqu'à ce qu'une perturbation gravitationnelle les envoie éventuellement près du Soleil.

Céphéide : étoile variable pulsante périodique, massive, très lumineuse et évoluée. Il existe une relation entre la période et la luminosité absolue des céphéides, qui permet par comparaison avec leur luminosité apparente d'estimer leur distance (et aussi celle des galaxies assez proches pour que l'on puisse les y observer).

Cerenkov (émission) : (du nom du physicien russe Cerenkov) émission de lumière qui se produit lorsqu'une particule chargée pénètre dans un milieu où sa vitesse est supérieure à la vitesse de la lumière dans ce milieu (laquelle est c/n, n étant l'indice de réfraction du milieu, qui est plus grand que 1). Cette émission est très utilisée pour détecter les particules de haute énergie.

Chromosphère : région de l'atmosphère de certaines étoiles (notamment du Soleil), de température élevée (10 000 à 100 000 K) où sont émises des raies d'émission.

Comète : astre appartenant au Système solaire, d'orbite très excentrique et très perturbée par les grosses planètes. Les comètes sont initialement des blocs solides (probablement surtout de glace) qui s'évaporent superficiellement à l'approche du Soleil, libérant gaz et poussières responsables de leur aspect optique.

Constante de Hubble : voir paramètre de Hubble : la loi de Hubble (voir ce mot) indique que la vitesse d'éloignement des galaxies dans l'Univers local est proportionnelle à leur distance, la constante de proportionnalité étant la constante H_0 de Hubble.

Continu (spectre —) : émission ou absorption couvrant un large domaine de longueurs d'onde sans qu'aucune longueur d'onde ne soit privilégiée.

Convection : instabilité qui peut se produire dans un fluide situé dans un champ de gravitation et soumis à un gradient de température. Par exemple, le chauffage par le Soleil du sol terrestre échauffe les basses couches de l'atmosphère et produit de ce fait une instabilité convective qui brasse verticalement l'atmosphère (les mouvements verticaux correspondants sont mis à profit par les rapaces et les planeurs). Les couches externes de nombreux types d'étoiles (par exemple le Soleil) sont convectives.

Coronographe : instrument qui permet l'observation de la couronne solaire en dehors des éclipses totales, en occultant le Soleil et en évitant la lumière diffusée. Par extension, instrument au sol ou à bord de satellites astronomiques permettant l'observation d'objets très faibles proches d'objets brillants.

Cosmiques (rayons —) : voir *rayons.*

Cosmogonie : au sens général, étude de la formation et de l'évolution des corps célestes. Ce mot est le plus souvent pris dans un sens restrictif et ne s'applique alors qu'au Système solaire.

Cosmologie : étude de la formation, de la structure et de l'évolution de l'Univers.

Couleur-magnitude (diagramme) : voir *Hertzprung-Russell* (diagramme de).

Couronne solaire, stellaire : atmosphère étendue, très chaude (environ 10^6 K) et relativement ténue, entourant le Soleil et certaines étoiles.

Co-volume : volume d'espace dont les dimensions suivent l'expansion de l'Univers. La masse contenue dans le co-volume est donc constante, au moins en première approximation.

Décalage spectral : déplacement global en longueur d'onde (ou en fréquence) du spectre d'une galaxie ou d'un quasar par rapport au spectre d'un objet semblable proche et sans vitesse radiale ; voir aussi *redshift, effet Doppler-Fizeau.*

Densité (onde de —) : voir *onde.*

Double (étoile —) : voir *étoile.*

Doppler-Fizeau (effet) : variation $\Delta\lambda$ de la longueur d'onde λ reçue d'une source en mouvement par rapport à la longueur d'onde émise λ_0. Si la vitesse v de la source n'est pas relativiste, on a $\Delta\lambda/\lambda_0 = v/c$, où c est la vitesse de la lumière. Les atomes d'un gaz étant agités de mouvements thermiques, une raie spectrale qu'ils émettent apparaît élargie par ce mécanisme, appelé alors élargissement Doppler thermique.

Elliptique (galaxie —) : voir *galaxies.*

Émission :
— *induite :* émission d'un photon par un atome ou une molécule sous l'effet d'un photon incident de même longueur d'onde ; le photon émis a la même direction et la même phase que le photon incident ;
— *spontanée :* émission d'un photon par un atome ou une molécule en l'absence de toute action extérieure ;
— *thermique :* toute émission produite par un corps solide, liquide ou gazeux à l'équilibre (ex. : rayonnement de corps noir, d'un plasma, etc.) ;
— *non thermique :* toute émission produite par un corps non à l'équilibre (ex. rayonnement d'un faisceau d'électrons relativistes, d'un laser ou maser, etc.) ;
— *synchrotron* : émission d'électrons relativistes dans un champ magnétique ; c'est le mécanisme d'émission le plus répandu dans les radiosources. Il est utilisé au laboratoire pour produire des flux intenses de rayonnement ultraviolet et X (par exemple instruments SOLEIL et European Synchrotron Radiation Facility).

Énergie noire : forme d'énergie de nature encore inconnue qui correspond à une force répulsive nécessaire pour produire l'accélération actuelle de l'Univers. Synonyme : *quintessence.*

Éruption : terme réservé à des sursauts (voir ce mot) solaires ou stellaires dans le domaine visible.

Étoile :

— *binaire cataclysmique :* étoile double très serrée siège de phénomènes violents; les novae (voir ce mot) sont des binaires cataclysmiques ;
— *filante :* météorite de petites dimensions pénétrant dans l'atmosphère terrestre et que son échauffement rend lumineux;
— *à neutrons :* étoile très dense (la masse du Soleil dans un rayon de 10 km) dont la matière est dégénérée, n'étant composée principalement que de neutrons. Les pulsars et certaines sources de rayons X sont des étoiles à neutrons, résidus de l'explosion de supernovae (voir ce mot) ;
— *double* (ou *binaire*): la moitié environ des étoiles sont associées par paires (ou ensembles plus nombreux). Les étoiles doubles serrées, qui sont plus ou moins en contact, sont le siège de phénomènes très intéressants

qui modifient leur évolution vis-à-vis de celle des étoiles isolées. Certaines sont des novae (voir étoile binaire cataclysmique), des sources de rayons X, etc. ;
— *géante :* étoile évoluée, qui commence à « brûler » l'hélium et dont l'enveloppe est très étendue et relativement froide. C'est le stade qui suit la station sur la *séquence principale* (voir ce mot) ;
— *naine* : étoile de la séquence principale (voir ce mot) de dimensions relativement faibles (ex. le Soleil) ; les naines blanches (voir ce mot) sont cependant des étoiles en fin d'évolution ;
— *supergéante :* étoile très massive et très lumineuse quittant ou ayant quitté la séquence principale.

Extinction interstellaire : affaiblissement de la lumière des étoiles ou autres objets lointains sous l'effet des poussières interstellaires (voir ces mots).

Extragalactique (nébuleuse, galaxie, matière —) : voir ces mots.

Filante (étoile —) : voir *étoile.*

Forêt de Lyman : raies Lyman α en absorption, très nombreuses, observées dans le spectre de certains quasars, dues à de nombreux nuages d'hydrogène interposés avec différents décalages spectraux.

Friction dynamique : freinage gravitationnel d'une masse traversant un ensemble de masses libres, par exemple les étoiles d'une galaxie. C'est ce phénomène qui permet la fusion entre galaxies.

Galactique (halo, nébuleuse, noyau —) : voir ces mots.

Galaxie (la —) : ensemble d'environ 2 10^{11} étoiles, dont le Soleil, et de matière interstellaire, formant un disque plat de 50 000 années lumière de rayon, où nous occupons une position excentrique.

Galaxies : ensembles d'étoiles et de matière interstellaire de grande masse et dimensions, et relativement isolés les uns des autres ;
— *(amas de —)* : voir *amas ;*
— *cD* : galaxies elliptiques (voir ces mots) très lumineuses situées au centre de certains amas de galaxies, qui résultent probablement de la fusion d'un certain nombre de galaxies ;
— *elliptiques :* galaxies de forme sphérique ou elliptique et sans grande structure apparente, relativement dépourvues de gaz et d'étoiles jeunes ;
— *irrégulières :* galaxies relativement informes, très riches en gaz et en étoiles jeunes ;
— *lenticulaires :* galaxies de forme très aplatie mais sans structure spirale ;
— *spirales :* galaxies aplaties et montrant une structure spirale ;
— *de Seyfert :* galaxies spirales dont le noyau, très brillant, montre des raies d'émission intenses.

La masse des galaxies va de 10^7 masses solaires (ou moins) à 10^{12} masses solaires.

Gazeuse (nébuleuse —) : voir *nébuleuse.*

Globulaire (amas —) : voir *amas.*

Gravitationnelles (ondes —) : voir *ondes.*
(lentilles —) : voir *lentilles.*
(microlentilles —) : voir *microlentilles.*

Halo galactique : ensemble plus ou moins sphérique entourant une galaxie comprenant des amas globulaires, des étoiles très vieilles et du gaz.

Héliosismologie : étude de la structure interne du Soleil à l'aide de l'observation de ses oscillations, détectées par les faibles variations périodiques de vitesse radiale ou d'éclat de sa surface.

Hertzprung-Russell (diagramme de), dit en résumé diagramme H-R ou diagramme CM (pour couleur-magnitude) : diagramme où l'on porte la luminosité des étoiles en fonction d'un traceur de leur température de surface. Initialement ce traceur était le type spectral de l'étoile ; on a utilisé ensuite une couleur, par exemple la différence des magnitudes B (bleu, à 450 nm de longueur d'onde) et V (« visible », soit 550 nm). La théorie de l'évolution stellaire permet de construire un diagramme HR dit « théorique » où la luminosité de l'étoile intégrée sur toutes les longueurs d'onde (luminosité bolométrique) est portée en fonction de la température de surface.

Horizon : distance dans l'Univers à partir de laquelle nous ne pouvons plus rien voir. C'est celle parcourue par la lumière depuis le Big Bang, donc en 14 milliards d'années environ. À des époques antérieures, l'horizon était donc plus réduit qu'aujourd'hui.

Hubble (paramètre de, loi de —) : voir ces mots.

Inflation (théorie de) : théorie cosmologique qui suppose que très peu après le Big Bang l'Univers s'est dilaté très rapidement.

Interféromètre : instrument constitué de plusieurs télescopes ou radiotélescopes (voir ce mot) interconnectés, permettant d'obtenir une résolution angulaire élevée, et de cartographier des objets célestes.

Intergalactique (matière —) : voir *matière.*

Interstellaire (extinction, matière, molécule, nuage, poussière —) voir ces mots.

Irrégulière (galaxie, nébuleuse —) : voir *galaxie.*

Ion : voir *ionisation.*

Ionisation : action d'arracher un électron à un atome, laissant ainsi un ion chargé positivement.

Lactée (Voie —) : notre Galaxie.

Laser : voir *maser.*

Lenticulaire (galaxie, nébuleuse —) : voir *galaxie.*

Lentille gravitationnelle : masse (par exemple galaxies ou amas de galaxies) interposée devant un objet (par exemple un quasar ou une galaxie) qui en dévie la lumière, en formant plusieurs images déformées et éventuellement amplifiées. C'est un effet de relativité générale (voir ces mots).

Loi de Hubble : cette loi affirme que la vitesse d'éloignement des galaxies, indiquée par le décalage vers le rouge de leur spectre est proportionnelle à leur distance. La constante de proportionnalité est le paramètre de Hubble (voir ce mot).

Magellan (Nuages de —) : voir *Nuages de Magellan.*

Magnétosphère : région supérieure de la haute atmosphère terrestre, caractérisée par des particules chargées d'énergie assez élevée, emprisonnées dans le champ magnétique terrestre. Jupiter et Saturne possèdent aussi une magnétosphère.

Magnitude : échelle logarithmique permettant de mesurer l'éclat d'un astre;
— *apparente :* mesure l'éclat apparent : $m = -2{,}5 \log F +$ constante, si F est le flux lumineux;
— *absolue :* mesure l'éclat intrinsèque; par convention, la magnitude absolue M et la magnitude apparente m d'un astre seraient identiques s'il était à une distance de 10 parsecs (32,6 années-lumière) :
$m - M = 5 - 5 \log D$, D étant la distance de l'objet en parsecs.

Marée : déformation produite sur un objet (planète, étoile, galaxie) par l'action gravitationnelle d'un corps voisin.

Maser : appareil ou milieu naturel où certains atomes ou molécules sont portés à un niveau d'énergie excité et sont capables d'amplifier ou d'émettre par émission stimulée (voir ce mot) un rayonnement à une longueur d'onde définie. Si cette longueur d'onde est radio, le système est dit maser; si elle est optique, il est dit laser.

Matière :
— *interstellaire :* elle est composée de gaz sous forme d'ions, d'atomes ou de molécules, situées entre les étoiles, et de poussière. C'est un milieu très hétérogène, avec des « nuages » immergés dans un gaz très dilué. La densité moyenne de cette matière près du Soleil est de l'ordre de 0,5 atome par centimètre cube;
— *intergalactique :* gaz dilué entre les galaxies ; son existence n'est prouvée que dans les amas de galaxies. Sa densité est au plus de 10^{-4} atomes par centimètre cube;
— *noire* : matière de nature encore inconnue qui constitue 90 % de la masse de notre Galaxie, et domine la masse de l'Univers.

Météorite : corps solide appartenant au Système solaire, dont on peut quelquefois observer la chute sur la Terre. Les météorites sont des roches très primitives; les chondrites carbonées sont les plus intéressantes pour comprendre la formation du Système solaire.

Microlentille gravitationnelle : étoile ou planète passant devant un objet (par exemple une étoile plus lointaine ou un noyau de galaxie) qui produit une amplification temporaire de sa lumière. C'est un effet de relativité générale (voir ces mots).

Milieu :
— *interstellaire, intergalactique :* voir *matière;*
— *interplanétaire :* gaz ionisé dilué contenant un champ magnétique qui remplit le Système solaire. Ce milieu est identique au vent solaire (voir ce mot).

Molécules interstellaires : on connaît aujourd'hui plus de 130 molécules dans le milieu interstellaire, dont certaines ont jusqu'à 11 atomes. Certaines se trouvent partout, mais il existe des nuages moléculaires (voir ce mot) presque entièrement composés de molécules et où se trouvent les plus complexes.

Monture :
— *équatoriale :* dispositif de soutien et d'entraînement d'un télescope dont l'un des axes est parallèle à l'axe de rotation de la Terre; il suffit d'un mouvement autour de cet axe pour suivre une étoile;
— *alt-azimutale :* monture dont l'un des axes est horizontal et l'autre vertical. Cette monture est de réalisation plus simple et moins coûteuse que la précédente.

Naine blanche : étoile très dense, dégénérée, stade final de l'évolution des étoiles de faible masse (moins de 5 masses solaires environ), où la matière est sous forme de noyaux atomiques et d'électrons. Les naines blanches sont des objets peu lumineux en raison de leur petite taille.

Naine brune : étoile de masse inférieure à 0,08 fois la masse du Soleil, où les réactions thermonucléaires ne peuvent pas se produire. Les naines brunes, n'étant pas alimentées en énergie, sont des objets froids et très peu lumineux.

Nébuleuse : terme général très imprécis désignant un objet céleste diffus (voir Encadré 1.1) ;
— *extragalactique, elliptique, irrégulière, lenticulaire, spirale :* voir *galaxies ;*
— *galactique (ou région HII) :* masse de gaz interstellaire ionisée par le rayonnement ultraviolet d'étoiles chaudes et jeunes; ex. : la Nébuleuse d'Orion ;
— *gazeuse :* synonyme de nébuleuse galactique ;
— *obscure :* masse de gaz et de poussières interstellaires opaque à la lumière ;
— *par réflexion :* matière interstellaire rendue visible par la diffusion par ses poussières de la lumière d'une étoile lumineuse, située à l'intérieur ou à proximité ;
— *planétaire :* masse de gaz éjectée par une étoile peu massive à la fin de son évolution et ionisée par le rayonnement de l'étoile résiduelle ;
— *protosolaire :* masse de gaz et de poussières interstellaires à partir de laquelle s'est formé le Système solaire ;
— *protostellaire : idem,* pour une étoile.

Neutrinos : particules élémentaires de masse très faible; ces particules sont abondantes dans l'Univers ; leur contribution à la masse totale de l'Univers n'est pas négligeable.

Neutrons (étoile à —) : voir *étoile.*

Noir (trou —) : voir *trou.*

Noire (matière —) : voir *matière.*

Noire (énergie —) : voir *énergie,* ou *quintessence.*

Non thermique (émission, rayonnement —) : voir *émission.*

Nova : étoile augmentant brusquement d'éclat et diminuant progressivement en quelques semaines. Les novae sont des étoiles doubles très serrées dont l'une des composantes est une naine blanche : au cours de son évolution, l'autre étoile éjecte de la matière qui tombe sur la naine blanche en s'échauffant considérablement, et des réactions thermonucléaires explosives se produisent. Certaines novae sont récurrentes.

Noyau :
— *galactique :* concentration de matière très dense se trouvant au centre de la Galaxie. Elle contient un trou noir de masse égale à $2{,}9 \times 10^6$ masses solaires ;
— *de galaxie :* beaucoup de galaxies possèdent un noyau souvent très brillant, variable et actif en optique, en radio et même en rayons X, qui contient un trou noir dont la masse peut atteindre 10^9 masses solaires. Les quasars sont des noyaux de galaxies particulièrement lumineux.

Nuage :
— *interstellaire :* la matière interstellaire est principalement distribuée en nuages de forme très variable (souvent en nappe ou filament), de dimensions égales à quelques parsecs et de masse allant de quelques masses solaires à plusieurs millions de masses solaires ;
— *moléculaire :* nuage interstellaire massif et relativement dense, composé presque entièrement de molécules ; de tels nuages sont des lieux de formation des étoiles ;
— *sombre :* synonyme de nuage moléculaire : en effet les nuages moléculaires contiennent beaucoup de poussières qui absorbent la lumière des étoiles situées derrière, et on les observe sous forme de nuages sombres, ou zones d'absence d'étoiles.

Nuages de Magellan : galaxies irrégulières satellites de notre Galaxie, à 50 000 et 63 000 parsecs respectivement pour le Grand et le Petit Nuage. Ce sont les galaxies les plus proches de nous, et leur étude peut être menée avec un luxe de détails impossible à atteindre dans les galaxies plus lointaines.

Nucléosynthèse : formation des éléments chimiques par réactions nucléaires dans les astres.

Observatoire virtuel : ensemble de données observationnelles accompagnées de programmes d'exploitation, accessible par Internet, qui permet en principe à un chercheur éloigné de faire ses recherches.

Onde :
— *de densité :* ondes de compression de la matière, agissant notamment sur la matière interstellaire, qui produisent les bras spirales des galaxies ;
— *gravitationnelles :* ondes émises par des corps massifs en mouvement, qui se propagent à la vitesse de la lumière et sont susceptibles d'affecter d'autres corps massifs. Leur existence est prévue par la théorie de la relativité générale (voir ce mot).

Optique active : technique permettant de corriger continuellement les défauts des miroirs de télescope en les déformant de façon contrôlée : voir l'encadré 5.3.

Optique adaptative : technique permettant de corriger continuellement les défauts d'une image astronomique par déformation contrôlée d'un petit miroir placé sur le trajet optique dans le télescope : voir l'encadré 5.4.

Parallaxe : terme astronomique désignant souvent la distance d'un objet, généralement exprimée en parsecs (voir ce mot) ;
— *géométrique* : obtenue par une triangulation utilisant comme base une grande distance sur la Terre ou dans son orbite autour du Soleil ;
— *photométrique* : obtenue en comparant la magnitude (voir ce mot) apparente d'une étoile avec sa magnitude absolue déterminée à partir de ses caractéristiques spectrales ou de ses variations;
— *statistique* : obtenue en utilisant les propriétés cinématiques globales d'un groupe d'étoiles se mouvant ensemble.

Paramètre de Hubble : la loi de Hubble (voir ce mot) indique que la vitesse d'éloignement des galaxies est proportionnelle à leur distance, la constante de proportionnalité étant le paramètre *H* de Hubble. Ce paramètre est une quantité locale, qui varie lentement avec le temps cosmique.

Parsec : unité de longueur très utilisée par les astronomes, telle que le demi- grand axe de l'orbite terrestre soit vu à la distance de 1 parsec sous un angle de 1 seconde de degré. 1 parsec = 3,26 années-lumière = 3,08 x 10^{16} m.

Petite planète : voir *astéroïde.*

Photosphère : surface apparente du Soleil ou d'une étoile dans le domaine visible.

Planétaire (nébuleuse —*)* : voir *nébuleuse.*

Planétésimal : petit corps formé par agglomération de poussières dans le disque protoplanétaire.

Planétoïde : corps plus important formé par fusion de planétésimaux (voir ce mot) suite à leurs collisions mutuelles ; les plus gros accrètent du gaz et deviennent des planètes, dans le modèle de Safronov.

Plasma : synonyme de *milieu ionisé* (voir ionisation).

Polarisation : propriété des ondes électromagnétiques dont le champ électrique, qui est perpendiculaire à la direction de propagation de l'onde, est plus intense dans une certaine orientation. Les ondes émises ou réfléchies par des surfaces solides ou liquides sont plus ou moins partiellement polarisées, de même que celles émises par rayonnement synchrotron (voir ce mot).

Population stellaire : ensemble des étoiles caractérisées par des compositions chimiques à peu près semblables. La *Population II* désigne les étoiles très vieilles et pauvres en éléments lourds, la *Population I* les étoiles de tous âges, riches en éléments lourds.

Poussières interstellaires : grains de faibles dimensions (0,1 µm au plus), constitués de silicates, graphite et glace et qui sont mélangés au gaz interstellaire, dont ils constituent environ 1 % de la masse. Ils absorbent, diffusent et polarisent la lumière des étoiles et sont le siège de la formation par catalyse de certaines molécules interstellaires.

Précession : mouvement de l'axe d'un corps en rotation, qui décrit un cône sous l'influence des forces extérieures, ou rotation de l'orbite d'une planète.

Pression de radiation : pression exercée sur un grain solide ou sur un gaz par la lumière arrivant d'une direction donnée. Cette pression est à l'origine des vents (voir ce mot) stellaires.

Principale (séquence —) : voir *séquence.*

Protosolaire (nébuleuse —) : voir *nébuleuse.*

Protostellaire (nébuleuse —) : voir *nébuleuse.*

Pulsar : objet stellaire émettant des impulsions radio (ou de rayons X, éventuellement optiques ou de rayons gamma) parfaitement périodiques. La période des pulsars varie de quelques millisecondes à quelques secondes; il s'agit d'étoiles à neutrons (voir ce mot) en rotation très rapide.

Quasar : objet d'apparence stellaire dont le spectre est caractérisé par un grand décalage vers le rouge. Ce sont fréquemment des radiosources puissantes et ils sont généralement variables en optique et en radio. Les quasars sont des noyaux de galaxies (voir ce mot) dans un stade d'activité particulièrement intense. Leur énergie provient de la chute de matière dans un trou noir très massif.

Quintessence : synonyme d'*énergie noire* (voir ces mots).

Radar : instrument permettant de déterminer la distance et la vitesse d'éloignement ou de rapprochement d'un objet par la mesure du temps de trajet et du décalage en longueur d'onde d'une onde radio réfléchie sur cet objet. Le radar est utilisé en astronomie pour mesurer la distance, la topographie et les mouvements (notamment la rotation) des planètes.

Radioastronomie : branche de l'astronomie qui consiste à étudier l'émission radio des astres. Le Soleil, les planètes, certaines étoiles, le gaz interstellaire atomique, moléculaire ou ionisé, les électrons de haute énergie du rayonnement cosmique, les pulsars, les galaxies, les quasars émettent des ondes radio.

Radiogalaxie : galaxie généralement elliptique (voir ce mot) émettant un rayonnement radio intense par émission synchrotron (voir ce mot).

Radiosource : source plus ou moins ponctuelle d'ondes radio. Voir *radioastronomie.*

Radiotélescope : antenne ou ensemble d'antennes servant à la radioastronomie.

Raie spectrale : renforcement ou diminution de l'intensité dans le spectre d'un objet survenant à une longueur d'onde déterminée ; la raie est dite en émission s'il y a renforcement, et en absorption s'il y a diminution. La longueur d'onde d'une raie est caractéristique de l'atome, ion ou molécule qui la produit.

Rayonnement : voir *émission ;*
— *cosmique :* voir *rayons cosmiques ;*
— *cosmologique :* rayonnement remplissant l'Univers, identique à celui d'un corps noir à 2,725 K.

Rayons cosmiques : particules chargées de haute énergie qui remplissent la Galaxie; on y trouve des électrons, des positrons et des noyaux de toutes sortes. Les rayons cosmiques qui sont reçus à la surface de la Terre sont en fait le résultat de l'interaction de ces particules avec l'atmosphère terrestre.

Redshift : mot anglais désignant le décalage spectral (voir ce mot) vers le rouge du spectre des objets extragalactiques.

Relativité générale : théorie de la gravitation due à Einstein qui repose sur plusieurs postulats, dont l'identité de la masse inerte et de la masse pesante. Les effets prédits par cette théorie, par exemple la déviation de la lumière par une masse qui produit les effets de lentille ou de microlentille gravitationnelle (voir ces mots), ont jusqu'à présent toujours été parfaitement vérifiés.

Relativité restreinte : théorie due à Poincaré et à Einstein dont la base est l'invariance de la vitesse de la lumière dans le vide vis-à-vis de la vitesse de l'émetteur et de l'observateur. On en déduit entre autres l'identité de la masse et de l'énergie (la relation $E = mc^2$).

Scintillation : variations de l'éclat apparent d'un astre dû à l'effet d'un milieu inhomogène en déplacement interposé; ce phénomène se produit dans l'atmosphère terrestre, et affecte également les ondes radio se propageant dans le milieu interplanétaire et le milieu interstellaire (voir ces mots).

Seeing : terme anglais désignant l'étalement des images due à la turbulence de l'atmosphère terrestre.

Séquence principale : lieu des points dans le diagramme couleur-luminosité où séjournent les étoiles lorsqu'elles brûlent l'hydrogène de leurs régions centrales. La position de l'étoile sur cette séquence et la durée de son séjour ne dépendent que de la masse en première approximation, les étoiles les plus massives étant les plus bleues, les plus lumineuses et celles qui évoluent le plus vite.

Solaire (couronne, sursaut, système, vent —) : voir ces mots.

Sombre (nuage —) : voir *nuage.*

Spirale (galaxie, nébuleuse —) : voir *galaxies.*

Sunyaev-Zel'dovich (effet) : changement spectral du rayonnement cosmologique à la traversée d'un amas de galaxies. La diffusion Compton des photons sur les électrons du gaz très chaud de l'amas produit une petite augmentation de l'énergie de ces photons, qui se traduit par un faible déplacement global du rayonnement de corps noir de l'Univers vers les longueurs d'onde plus courtes lorsqu'on l'observe à travers l'amas.

Supernova : explosion terminant la vie de certaines étoiles, principalement des étoiles massives. Plusieurs ont été observées historiquement dans la Galaxie. Après l'explosion, il reste dans certains cas une étoile à neutrons qui peut être un pulsar (voir ces mots). Le gaz éjecté à grande vitesse forme un *reste de supernova* aux propriétés optiques, X et radio très particulières. Les supernovae sont les sources des rayons cosmiques (voir ce mot).

Sursaut : émission sporadique brève et intense. On observe par exemple des sursauts radio et X du Soleil et de certaines étoiles, et des sursauts X ou des sursauts gamma.

Synchrotron (émission —) : voir *émission.*

Système de référence : système de coordonnées célestes matérialisées par la position d'objets célestes. Ces objets peuvent être des étoiles, ou des quasars et noyaux de galaxies observés en VLBI (voir ce mot). Dans ce dernier cas, les objets sont fixes à la précision des mesures actuelles, et le système de référence peut être considéré comme *galiléen*, ou *inertiel.*

Tavelures (interférométrie des) (en anglais : *speckle interferometry*) : technique permettant d'améliorer le pouvoir de résolution angulaire des télescopes dégradé par la turbulence atmosphérique, éventuellement jusqu'à la limite imposée par la diffraction. Elle repose sur l'analyse des images instantanées fournies par le télescope, qui sont formées de nombreux petits éléments dont chacun représente la figure d'interférence résultant de la combinaison entre le rayonnement provenant de deux zones différentes de l'ouverture du télescope.

Télescope de Schmidt : télescope à miroir sphérique possédant une lame transparente de fermeture dont la forme particulière corrige les aberrations du miroir et permet de bonnes images dans un champ très étendu. Cet instrument a été l'un des principaux outils de l'étude systématique du ciel.

Thermique (émission, rayonnement —) : voir *émission.*

Trou noir : objet dont le champ de gravitation est tel qu'aucun rayonnement n'en peut sortir et qui ne peut se manifester à l'observation que par son champ gravitationnel ou par des rayonnements de la matière qu'il capture. Ces objets sont prévus par la relativité générale (voir ce mot) ; certains sont stellaires, d'autres, beaucoup plus massifs, se trouvent dans le noyau (voir ce mot) des galaxies.

Turbulence : agitation d'un milieu sous forme de tourbillons aléatoires. C'est une situation fréquemment rencontrée dans la nature, particulièrement dans le milieu interstellaire et les couches extérieures des étoiles.

Unité astronomique : unité de longueur égale au demi-grand axe de l'orbite terrestre (150 millions de kilomètres).

Vent solaire : gaz éjecté continuellement par la couronne du Soleil.

Vent stellaire : perte de masse soit par des étoiles très massives, où le vent est rapide et dû à la pression de radiation sur les atomes du gaz de l'enveloppe, soit par des géantes et supergéantes rouges, où il est plus lent et dû à la pression de radiation sur les poussières condensées dans l'atmosphère de l'étoile.

VLBI : interférométrie radio à très longue base, éventuellement intercontinentale.

Voie lactée : notre Galaxie.

Bibliographie

Les ouvrages spécialisés, d'un abord plus difficile, sont indiqués par un astérisque. La sélection ne comprend des ouvrages en langue étrangère que lorsqu'ils n'ont pas d'équivalent en français.

Anonyme (1999) *Dictionnaire de l'Astronomie,* Encyclopaedia Universalis et Albin Michel, Paris.
Une bonne encyclopédie, qui contient beaucoup d'informations utiles dans un volume restreint.

*Anonyme (2001) *Encyclopaedia of Astronomy and Astrophysics,* 4 vols., IOP Publishing Ltd, Bristol, et Nature Publishing Group, London, Oxford.
Encyclopédie très détaillée en anglais, qui couvre à la fois les aspects contemporains et historiques. Les articles sont malheureusement inégaux, et on ne trouve pas toujours ce que l'on cherche. Une version électronique payante est disponible, avec mise à jour.

Audouze J., Israël G., ed. (1993) *Le grand atlas de l'astronomie,* Encyclopaedia Universalis, Paris.
Très bel atlas de conception classique, avec des textes très fournis.

* Bely, P., ed. (2003) *The Design and Construction of Large Optical Telescopes*, Springer-Verlag, Berlin.
Ouvrage très bien fait, d'un abord relativement aisé, indispensable pour qui désire bien connaître les techniques de construction des grands télescopes au sol et dans l'espace.

Blaauw A. (1991) *ESO's early history,* European Southern Observatory, Garching.
Ouvrage de première main, l'auteur ayant été Directeur général de l'ESO.

Blanchard A. (2000) *Histoire et géographie de l'Univers,* Coll. Croisée des sciences, CNRS Éditions et Belin, Paris.
Un bon livre de vulgarisation en cosmologie ; mais c'est un sujet qui évolue très vite.

Bleeker J.A.M., Geiss J., Huber M.C.E., ed. (2001) *The Century of Space Science,* Kluwer, Dordrecht.
Un exposé très complet des débuts de la recherche spatiale.

Bonnet R.M., Manno V. (1994) *International cooperation in Space: the example of the European Space Agency,* Harvard University Press.
Un exposé très complet des débuts de la recherche spatiale européenne.

Celnikier L. (1996) *Histoire de l'astronomie,* 2e édition, Lavoisier, Paris.
Un petit livre particulièrement bien écrit et agréable à lire.

* Combes F., Boissé P., Mazure A., Blanchard A. (2002) *Galaxies and Cosmology,* 2e édition, Springer-Verlag, Berlin.
Une somme, principalement destinée aux étudiants et aux jeunes chercheurs.

Crovisier J., Encrenaz T. (1995) *Les comètes*, Coll. Croisée des sciences, CNRS Éditions et Belin, Paris.
Excellent livre de vulgarisation, qui mériterait une nouvelle édition car les progrès sont rapides.

De la Cotardière P., Ferlet R., ed. (1999) *Le grand livre du Ciel,* Bordas, Paris.
Un bel atlas, de conception originale ; sera réédité avec révisions en 2005 par Larousse sous le titre Larousse du Ciel.

De la Cotardière P., Penot J.-P. (1999) *Dictionnaire de l'astronomie et de l'espace,* 2e édition, Larousse, Paris.
Ouvrage très utile, surtout en ce qui concerne l'astronomie spatiale et sa chronologie.

DeVorkin D.H. (1982) *The history of modern astronomy and astrophysics, A selected, annotated bibliography,* Garland Publishing, New York.
Une bibliographie utile à l'historien des sciences, mais qui couvre surtout les auteurs anglais et américains et dont l'intérêt s'arrête au milieu du XXe siècle.

Dwivedi B.N., ed. (2004) *The dynamic Sun,* Cambridge University Press.
Une revue générale très complète de la physique solaire, pour étudiants et chercheurs.

Edge D.O., Mulkay M.J. (1976) *Astronomy Transformed: the Emergence of Radio Astronomy in Britain,* John Wiley & Sons, New York.
Une étude de première main, très détaillée, surtout intéressante pour comprendre la sociologie des premiers radioastronomes.

Encrenaz T. (2000) *Atmosphères planétaires : origine et évolution,* Coll. Croisée des sciences, CNRS Éditions et Belin, Paris.
Un très bon ouvrage de semi-vulgarisation, par une spécialiste reconnue du domaine.

* Encrenaz T., Bibring J.-P., Blanc M., Barucci M.-A., Roques F., Zarka P. (2003) *Le Système solaire*, nouvelle édition, coll. Savoirs actuels, CNRS Editions et EDP Sciences, les Ulis.

Une somme, principalement destinée aux étudiants et aux jeunes chercheurs.

Gangui A., Peter P. (2003) *Des défauts dans l'Univers : cordes cosmiques et autres défauts dans l'espace-temps*, CNRS Éditions.

Ouvrage de semi-vulgarisation sur un sujet spécialisé.

Gargaud M., ed. (2004) *Les Traces du Vivant*, Presses universitaires de Bordeaux, distr. par CID, 131 Bd St Michel, 75005 Paris.

Un livre reportant les travaux français dans le domaine de l'exo-biologie.

* Hakim R. (1994) *Gravitation relativiste*, coll. Savoirs actuels, CNRS Editions et EDP Sciences, les Ulis.

Un très bon livre, d'un intérêt plus large que ne le laisse prévoir son titre, et plus accessible que la moyenne des ouvrages de cette collection.

* Lang K.R., Gingerich O., Eds. (1979) *A Source Book in Astronomy and Astrophysics, 1900-1975*, Harvard University Press, Cambridge (Massachusetts) ; désigné par **LG** dans le présent livre.

Un ouvrage fondamental pour l'historien des sciences, qui compile les articles originaux jugés par les auteurs comme étant les plus importants de l'astronomie pendant la période couverte, avec des notes explicatives d'un grand intérêt.

Lebeau A. (1986) *L'espace en héritage*, Odile Jacob, Paris.

Un livre recommandé à toute personne désirant en savoir plus sur les activités spatiales en général ; l'auteur a eu d'importantes responsabilités au CNES et à l'ESA.

* Léna P., Lebrun F., Mignard F. (1996) *Méthodes physiques de l'observation*, 2e édition, coll. Savoirs actuels, CNRS Editions et EDP Sciences, les Ulis.

Ouvrage fondamental, relativement accessible, sur les techniques de l'astronomie.

Léna P., dir. (1996) *Les Sciences du Ciel, Bilan et Perspectives, Concepts et Vocabulaire*, Flammarion, Paris.

Encyclopédie originale, en particulier par les chapitres « bilans et perspectives » qui font le point sur les différents aspects de l'astronomie d'aujourd'hui.

Leopardi G., Hack M. (2002) *Storia dell'Astronomia dalle origini al 2000 e oltre*, Edizioni dell'Altana, Roma.

Bonne histoire de l'astronomie, en italien, intéressante par ses aperçus sur l'astronomie stellaire et sur certains aspects de la cosmologie contemporaine.

* Lequeux J., avec Falgarone E. et Ryter C. (2002) *Le milieu interstellaire*, coll. Savoirs actuels, CNRS Editions et EDP Sciences.

Ouvrage très complet de niveau élevé, pour étudiants en astronomie et chercheurs ; 32 planches d'images en couleur commentées.

Leverington D. (1995) *A history of astronomy from 1890 to the present*, Springer-Verlag, Berlin.

Une histoire de l'astronomie surtout intéressante pour certains aspects de l'astronomie stellaire (photométrie), qui sont très développés.

Longair M. (2005) *A history of twentieth Century Astrophysics and Cosmology*, Cambridge University Press.

Insiste sur les processus physiques.

Pannekoek A. (1989) *A history of astronomy*, Dover Publications, New York.

Incontestablement la meilleure histoire de l'astronomie jusqu'à 1930 environ (la version originale date de 1951), malheureusement non traduite en français.

Paty M. (2003) *La physique du XXe siècle*, coll. Science et Histoires, EDP Sciences, Les Ulis.

Ouvrage récent complémentaire du présent livre ; l'astronomie y occupe une cinquantaine de pages.

* Rohlfs K., Wilson T.L. (2004) *Tools of Radio Astronomy*, Springer-Verlag, Berlin.

L'ouvrage de base sur la radioastronomie, pour étudiants et jeunes chercheurs.

Roy J.-R. (1998) *Les héritiers de Prométhée*, Presses de l'Université Laval, Québec.

Écrit par un astronome, un excellent livre de réflexions sur l'éthique scientifique et la place de la science dans la société.

* Schatzman, E., Praderie F. (1990) *Astrophysique : les étoiles*, InterÉditions et Éditions du CNRS.

Une somme, principalement destinée aux étudiants et aux jeunes chercheurs ; mais l'ouvrage est épuisé, a vieilli et une nouvelle édition s'impose.

* Stix M. (2002) *The Sun, an introduction*, 2e édition, Springer-Verlag, Berlin.

Ouvrage en anglais de niveau élevé, pour étudiants et jeunes chercheurs.

Sullivan W.T. (1984) *The early years of radioastronomy*, Cambridge University Press.

Le livre fondamental pour qui veut connaître les débuts de la radioastronomie.

Tassoul J.-L., Tassoul, M. (2004) *A concise history of solar and stellar physics*, Princeton University Press.

Un ouvrage tout récent qui devrait être de grande qualité, connaissant les auteurs.

Taton, R. (1957-64) *Histoire générale des sciences*, 3 vols., Presses Universitaires de France, Paris.

Le livre de base en français pour l'historien des sciences, mais qui ne couvre évidemment pas la période récente.

* Tourrenc P. (1992) *Relativité et gravitation*, Armand Colin, Paris.

Ouvrage complet et rigoureux, mais d'abord assez difficile.

Verdet J.P. (1990) *Une histoire de l'astronomie,* coll. Points Sciences, Ed. du Seuil, Paris.
Une bonne petite histoire de l'astronomie, mais où le XXe siècle est à peine couvert.

Wilson R. (1997) *Astronomy through the ages,* Taylor & Francis, London.
Une histoire de l'astronomie bien équilibrée entre les époques anciennes et contemporaines, d'une lecture facile et agréable pour qui comprend l'anglais.

* Wilson R.N. (2001-2002) Reflecting Telescope Optics, 2 vol., éd. corr., Springer-Verlag, Berlin.
L'ouvrage de référence sur les télescopes, y compris en ce qui concerne leur histoire ; certaines parties ne sont cependant accessibles qu'aux spécialistes.

Woltjer L. (2005) *Europe's quest for the Universe,* en préparation, EDP Sciences et Springer-Verlag.
Écrit par un ancien Directeur général de l'ESO, qui a également joué un rôle important à l'ESA, cet ouvrage fait le point sur l'astronomie européenne et sur ses réalisations présentes et futures. Lecture très recommandée pour approfondir beaucoup de points seulement effleurés ici.

SUR INTERNET

Pour l'histoire de l'astronomie, on pourra consulter (en anglais) :

http://www.astro.uni-bonn.de/~pbrosche/hist_astr

Pour des informations générales en français:

http://www.obspm.fr/resPedagogiques.fr.shtml

http://www.imcce.fr/serveur.html (principalement sur le Système solaire).

Index

A

B

C

D

H

I

P

Q

R

S

T

W

X

Y

Z

Liste des crédits

American Astronomical Society : Figs. 1.9, 1.11, 1.22, 1.24, 1.25, 2.3, 2.32, 2.35, 2.36, 2.39, 3.1, 3.8, 3.13, 3.14, 3.15, 4.3, 6.30, 6.36, 6.38, 6.39, 6.40, 7.3, 7.4, 7.10, 7.11, 7.14, 7.18, 7.19, 7.20, 7.21, 7.23, 7.26, 7.27, A2.6
American Astronomical Society, NRAO/AUI and John Hibbard : Fig. 3.2
American Physical Society : Fig. 6.26
Annual Reviews (www.annualreviews.org) : Figs. 2.34, 3.17
ASTRON : Fig. 8.4
Astronomical Society of Japan : Fig. 8.3
John Bahcall, Mike Disney and NASA : Fig. 7.13

Bibliothèque de l'Observatoire de Paris : Figs. 1.2, 1.8, 1.10, 2.37
Michel Boer, CESR : Fig. 5.24
Brookhaven National Laboratory : Fig. 4.11

Canada-France-Hawaii telescope/J.-C. Cuillandre/Coelum : Figs. 1.3, 1.6, 2.21
CSIRO : Figs. 2.5, 2.9, 2.12, 2.15, 2.16, 4.2
J.-C. Cuillandre (CFHT) : Fig. 3.11

Dominion Radio Astronomy Observatory/NRC : Fig. 5.2

European Southern Observatory : Couverture, Figs. 1.7, 1.12, 2.17, 2.20, 2.26, 2.29, 2.38, 3.7, 3.12, 4.6, 4.13, 5.4, 5.19, 5.20, 6.10, 6.17, 6.19, 6.21, 6.28, 6.32, 6.33, 6.37, 7.1, 7.2, 7.9, 7.16, 7.24, 7.28, 7.29, 8.1, 8.2, A2.1, A2.4, A2.5
R. Evans, J. Trauger, H. Hammel, HST Comet Science Team, NASA : Fig. 6.4
EVN Consortium : Fig. 3.6

GIOTTO Consortium : Fig. 6.12
GSFC/NASA : Fig. 5.11

The Hess Collaboration : Fig. 5.25
Hubble Space Telescope, C. Burrows, J. Hester, J. Morse : Fig. 6.16
Hubble Space Telescope, A. Schultz (CSC/STScI and NASA) : Fig. 6.14

The Huntington Library of San Marino, California : Fig. 1.19

IRAM : Fig. 4.5
IRAM (Photo R. Mausberger) : Fig. 4.4
Infrared Processing and Analysis Center, Caltech/JPL : Figs. 4.7, 4.8, 4.9, 4.10
ISO consortium (ESA/NASA) : Figs. 5.5, 5.6, 6.34
IUE Consortium (ESA/NASA) : Fig. 3.16

Alain Maury : Fig. 2.1
M.J. McCaughrean, C.R. O'Dell, NASA : Fig. 6.15
Musée des arts et métiers/CNAM : Fig. 1.1

NAIC Arecibo Observatory : Fig. 3.9
NASA and the Hubble Heritage Team (STScI/AURA) : Figs. 1.4, 2.28, 6.29, 7.7, 7.8
NASA, A. Fruchter and the ERO Team (STScI, ST-ECF) : Fig. A2.2
NASA/CXC/ASU/J. Hester et al. : Fig. 2.19
NASA, ESA, S. Beckwith (STScI) and The HUDF Team : Fig. 7.31
NASA, Galileo project : Fig. 6.1
NASA, Mars Global Surveyor Project : Fig. 6.9
NASA, Voyager project : Fig. 6.2
NASA/IPAC Extragalactic Data Base : Fig. 2.31
NASA/JPL-Caltech/B. Brandl : Fig. 5.7
NASA/JPL/Space Science Institute : Figs. 6.5, 6.6
National Center for Radio Astrophysics : Fig. 5.3
National Radio Astronomy Observatory/AUI : Figs. 2.18, 2.22, 5.1
National Radio Astronomy Observatory/AUI (Photo D. Finley) : Fig. 4.1
Nature : Figs. 2.14, 2.30, 6.18, 7.15, 7.30
Northrop Grummann Space Technology : Fig. 8.5
NSSDC, NASA/JPL : Fig. 6.8

Observatoire de Paris : Figs. 2.4, 2.7, 2.8, 2.13, 5.18, 6.22
C.R. O'Dell/Rice University, NASA : Fig. 1.5

The Planetary Society : Fig. 6.7

V. Romanenko, SAO : Figs. 3.3, 3.10
Royal Astronomical Society : Figs. 1.13, 1.21, 2.24
Royal Observatory Edinburgh : Fig. 5.17
Royal Observatory Edinburgh, UK Schmidt Telescope : Fig. 1.23

Francois Schweitzer (CIW/DTM), B. Whitmore (STScI), NASA : Fig. 7.6
SOHO/EIT consortium (ESA/NASA) : Figs. 6.23, 6.24
John Spencer (Lowell Observatory) and NASA : Fig. 6.3
Springer Verlag : Fig. A2.3
Stardust Team NASA/JPL : Fig. 6.13
A. Stern, M. Buie, NASA, ESA/HST : Fig. 6.11
STScI, Arturo Gomez : Fig. 4.12

Sylvie Vauclair : Fig. 6.25

John Webb : Fig. 7.17
www.nordeifel.de : Fig. 3.5
www.skynet.com.pl : Fig. 2.11

XMM consortium (ESA/NASA) : Figs. 5.21, 5.22

Dans la même collection

Léon Foucault

W. Tobin, J. Lequeux (trad.)

Concepteur du télescope moderne, pionnier de la photographie, inventeur du gyroscope, Léon Foucault, grâce à son pendule, a vu la Terre tourner. Le parcours exceptionnel de ce physicien touche-à-tout, dans un monde du XIXe siècle en plein développement industriel et remarquablement ouvert aux sciences.

- 2002
- 2-86883-615-1
- 368 pages · 29 €

Physique du XXe siècle (La)

M. Paty

Un regard sur les progrès accomplis dans nos connaissances en sciences physiques au cours d'un XXe siècle riche en événements, en mettant en évidence les rapports interdisciplinaires, les racines historiques, les nouveautés conceptuelles et les interrogations philosophiques. Un bilan qui amène aussi à s'interroger sur ce que sera la physique du XXIe siècle.

- 2003
- 2-86883-518-X
- 328 pages · 34 €

Jacques Hadamard, un mathématicien universel

V. Maz'ya et T. Shaposhnikova

Jacques Hadamard (1865-1963) est un des mathématiciens les plus importants du XXe siècle. Personnage hors du commun, cet éminent scientifique a exercé une grande influence sur le développement des mathématiques et sur la vie intellectuelle, politique et sociale française. Il s'agit de la première biographie jamais publiée sur cet homme.

- 2005
- 2-86883-707-7
- 554 pages · 34 €

Composition, mise en page et impression : Imprimerie BARNÉOUD
B.P. 44 - 53960 BONCHAMP-LÈS-LAVAL
Dépôt légal : Juin 2005 - N° d'imprimeur : 502067
Imprimé en France